博碩文化

Oracle實戰寶典

故障排除與效能提升 下 第二版

Troubleshooting
Oracle
Performance

Second Edition

U0086717

Oracle資料庫優化的里程碑著作
幫你系統性的發現並解決Oracle資料庫效能問題
源自一線Oracle效能優化實踐，涵蓋目前所有可用版本
被讀者譽為「透徹，但又易懂的效能優化好書」

Christian Antognini 著

王作佳、劉迪 譯

博碩文化 審校

Apress®

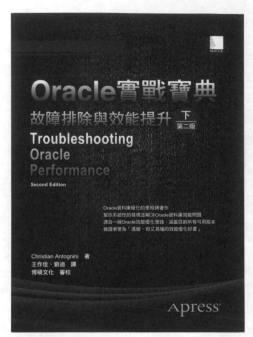

本書如有破損或裝訂錯誤，請寄回本公司更換

國家圖書館出版品預行編目(CIP)資料

Oracle實戰寶典：故障排除與效能提升 / Christian Antognini著；王作佳, 劉迪譯. -- 初版. -- 新北市：博碩文化, 2019.08

　冊；　公分

譯自：Troubleshooting Oracle performance，2nd ed.

ISBN 978-986-434-415-4(上冊：平裝). --

ISBN 978-986-434-416-1(下冊：平裝)

1.ORACLE(電腦程式)　2.SQL(電腦程式語言)

3.資料庫管理系統

312.49O6　　　　　　　　　　　108011667

Printed in Taiwan

博碩 粉絲團

歡迎團體訂購，另有優惠，請洽服務專線
(02) 2696-2869 分機 238、519

作　　者：Christian Antognini
譯　　者：王作佳、劉迪
審　　校：博碩文化
責任編輯：蔡瓊慧

董 事 長：蔡金崑
總 編 輯：陳錦輝
出　　版：博碩文化股份有限公司
地　　址：221新北市汐止區新台五路一段112號10樓A棟
　　　　　電話(02) 2696-2869 傳真(02) 2696-2867

發　　行：博碩文化股份有限公司
郵撥帳號：17484299　戶名：博碩文化股份有限公司
博碩網站：http://www.drmaster.com.tw
讀者服務信箱：dr26962869@gmail.com
訂購服務專線：(02) 2696-2869 分機 238、519
(週一至週五 09:30~12:00；13:30~17:00)
版　　次：2019 年 08 月初版一刷
建議零售價：新台幣 620 元
I S B N：978-986-434-416-1
律師顧問：鳴權法律事務所 陳曉鳴律師

商標聲明

有限擔保責任聲明

著作權聲明

譯者序 |

一次偶然的機會，在瀏覽圖靈網站新書的時候，無意間發現 TOP 這本書的第二版在招募譯者。之前中國大陸曾引進此書，作為 Oracle 效能調校領域的里程碑式著作，這本書給了 DBA 許多的啟發。因此發現此書的第二版之後，當即決定了翻譯意向，隨後在與編輯聯繫並試譯通過以後，即開始了翻譯工作。此書原版共 700 餘頁，我在開始翻譯之後馬上就感覺到了壓力，所以就聯繫了同為 DBA 的朋友、本人進入 Oracle 領域的引路人劉迪，請他幫忙分擔一部分翻譯工作。

此書從 Oracle 調校基礎講起，介紹了如何定位效能問題，同時對查詢最佳化工具的工作原理進行了詳細描述，最後總結了一些常見的調校技術。作者對 Oracle 調校技術的細節掌控方面令譯者深感敬佩，其嚴謹的態度也是譯者以及廣大 DBA 從業者學習的榜樣。在此，譯者感謝原著作者的辛苦付出。

此書第 1、2、6、7、8、9、10、14、15、16 章以及文前部分由王作佳翻譯，第 3、4、5、11、12、13 章由劉迪翻譯。

此書在翻譯過程中有很多名詞術語，譯者儘量全部翻譯，遇到表達不準的術語時，均盡力採用網路上常見的翻譯，另外多數不常見的術語譯者都標注了原文以供讀者參考。此書為譯者第一部譯作，因譯者水準有限以及書中涉及技術較深，再加之譯者時間有限，難免有誤譯漏譯現象，還請讀者見諒。如有發現錯誤，請透過譯者信箱或圖靈網站聯繫以便修正。

在此感謝圖靈公司的編輯朱巍老師，她給了我許多指導和幫助。同時感謝圖靈其他編輯老師為本書付出的辛苦努力。在翻譯初期，我的同事史盈盈女士提供了許多寶貴的建議，在此表示感謝。另外，感謝資料庫組的同事們在翻譯期間給予的理解和幫助。

王作佳

感謝我的團隊在翻譯期間給予的理解與支援。感謝王作佳提供的這次翻譯機會，讓我受益良多。感謝妻子孫婷的照顧與理解，能讓我有時間專心翻譯。感謝圖靈的各位編輯對本書付出的努力。

劉迪

i

第二版序 —— Jonathan Lewis

在為本書寫序言的時候，我在閱讀完樣章後，做的第一件事就是查看我為第一版寫的序言，看看其中有多少內容需要改動。顯然，參考的章節號是需要修改的。但令我吃驚的是，在關於為什麼有志向的 Oracle 專業人士都應該讀讀這本書的問題上，有幾個重要的觀點我沒能講清楚。借此修訂序言之機，我進一步闡述如下。

網際網路上充斥著關於 Oracle 的眾多資訊，但是這些資訊是高度碎片化的，亟需整理和提煉。許多已出版的 Oracle 書籍也都存在同樣的問題：書中提供了大量的資訊，但沒有按照任何形式的邏輯體系進行講述，這使得讀者很難抓住一個主題，也就無法作為後續學習和理解的切入點。甚至，Oracle 官方手冊也存在同樣的問題，但情況相對較好一些。在效能診斷的展示中我經常闡述的觀點是，在你的閱讀清單中應該包含以下三本 Oracle 官方手冊：*Oracle Database Concepts* 手冊、*Oracle Database Administrator's Guide* 和 *Oracle Database Performance Tuning Guide*。然而，在閱讀任意一本手冊時，你會發現，其中一些知識直到讀完其他兩本之後才能真正理解。本書的一大特色正是它在組織資訊的方式上避免了上述歷史問題，確認告訴我們需要達成的目的是什麼，為什麼要達成這些目的，以及如何達成這些目的。

有時，這種結構簡單得令人難以置信。我就被書中相鄰三章的標題所吸引，且不說這些章節的內容非常值得閱讀，僅就標題而言，已經對某些概念進行了異常清晰的闡述，將其長久未被認識到的重要性凸顯出來，它們正是在效能診斷過程中應當首先注意的問題：

- 第 3 章 分析可重現問題
- 第 4 章 即時分析不可重現問題
- 第 5 章 事後分析不可重現問題

你是否意識到問題的類型只有三種，而你解決問題的策略往往又取決於這三類別中的哪一類別？在所有的案例中，用來解決問題的資料的基本來源都是一樣的，但隨著時間的推移，某些資料的可用性和細微性會發生變化。因此，理解這種問題分類是系統化解決問題的第一步。

　　整本書都以一種相同的架構進行論述：整理各種資訊，並展示各種可能性以及如何獲取相對結果。例如，第 6 章列舉了一長串 Oracle 優化查詢時可能執行的轉換，第 13 章則提供了一個很長的列表，展示可能出現在執行計畫中根據分區操作的不同方法。

　　待讀完本書後，你可能會發現，學到的知識比想像的要多很多；而對於本來已經知曉的知識，由於分散的知識點被整合到了一起，空白點得以補充完善，如今又有了更深入的理解。Christian 的知識和見解已然讓資訊重構了！

——Jonathan Lewis
世界級 Oracle 專家，《Oracle 核心技術》作者

第二版序——Cary Millsap

在過去十年間，我認為在 Oracle 效能領域最令人欣慰的情形是：如今，在書店買到的書籍中所承載的資訊品質有了根本性的改善。

從前能買到的關於 Oracle 效能方面的書籍幾乎如出一轍。這些書不是在暗示你的 Oracle 系統必然承載了太多的 I/O（事實上並不一定），就是提到沒有足夠的記憶體（就像上一種說辭一樣，也不是真實情況）。它們可能會堆砌羅列大量你可能會執行的 SQL 敘述，並讓你優化這些 SQL，聲稱這樣可以解決一切效能問題。

那是一個黑暗的時代。

Chris 的這本書就是刺破這黑暗的光明使者之一。黑暗和光明的差別可歸結為一種簡單的理念，一種從你 10 歲起數學老師就讓你反復實踐的理念：展示你的做法。

我的意思並非「展示並介紹」，就像有人聲稱讓一個擁有數百用戶的網站提升了百分之幾百的效能（原話就是這樣說的），然後自封為專家。我所說的展示你的做法，是指先記錄一個相關的基線測量，再進行一次受控實驗，記錄另一個基線測量，然後公開透明地公布你的結果，讓讀者可以跟隨你的想法，甚至在需要時重現你的案例。

這一點很重要。當作者們開始那樣做時，Oracle 愛好者們就會受益匪淺。從 2000 年開始，在 Oracle 社區中提出深層次效能問題，並尋求高品質答案的人明顯增加了許多。這也使得人們更迅速地剔除那些曾被許多人信服的錯誤方法。

本書中，Chris 遵循了有效的模式。他向你講述有用的技術。但不止於此，他還介紹自己是如何知道這些技術的，換句話講，他告訴你如何自己找出問題答案。Chris 展示了他的做法。

這樣做有兩個益處。首先，能讓你更深入地理解他所展示的內容，進而更容易記住和應用他的課程。其次，透過理解這些例子，你不僅可以理解 Chris 正在展示給你的內容，同時還能夠解決 Chris 沒有提及的其他有意思的問題，比如像本書付印後 Oracle 的下一個版本會出現哪些新特性。

Preface

　　對我而言，這本書是兼具技術性與指導性的參考手冊，它包含了大量檔案化的可重用的作業案例。本書也包含幾個有說服力的新論據，使我可以分享 Chris 的觀點和熱忱。Chris 在此書中使用的論據可以幫我說服更多的人正確地做事。

　　Chris 不僅睿智而且精力充沛，他站在了一些 Oracle 專家的肩上，這些人包括：Dave Ensor、Lex de Haan、Anjo Kolk、Steve Adams、Jonathan Lewis、Tom Kyte，等等。這些人都是我心中的英雄，正是他們為這個領域帶來嚴謹之風。現在，我們也可以站在 Chris 的肩上了。

—— Cary Millsap
Method R 公司首席執行官，博客位址 http://carymillsap.blogspot.com。

第一版序

我從 20 多年前開始使用 Oracle 資料庫軟體，大概花了 3 年時間才發現，在人們看來，問題診斷和調校簡直神秘得不可思議。

曾經有個開發人員發給 DBA 團隊一條效能不好的查詢敘述。我檢查了執行計畫和資料樣本，然後指出大部分的工作量可以透過給其中的一張表新增一條索引來消除。開發人員的回答是：「這是張小表，並不需要索引啊。」（當時是 6.0.36 版本的時代，順便提一下，那時小表的定義是「不超過四個區塊的大小」。）最終我還是建立了索引，查詢速度提升了 30 倍，當然我又有一大堆要解釋的內容。

問題診斷並不依賴於魔法、秘訣或神話，更多的是依靠理解、觀察和解釋。理查・費曼曾說過：「無論你的理論有多完美，還是你有多聰明，如果你的理論和實驗結論不符，那這理論就是錯誤的。」在 Oracle 效能方面有許多這樣錯誤的「理論」，多年以前就應該從集體認知中清除掉，Christian Antognini 就是一個能幫你消除錯誤理論的人。

在本書中，Christian 著手描述事情真正的工作方式，你應該留意什麼樣的症狀，以及這些症狀代表什麼含義。另外，尤其難能可貴的是，他還鼓勵你要有條不紊地去進行觀察與分析，並密切關注過程中出現的相關細節。有了這個建議，你就能夠在出現效能問題時以最合適的方法定位出真正的癥結所在。

儘管這本書很可能需要你從頭至尾仔仔細細地閱讀，但是不同的讀者應該會以不同的方式從中獲益。有些人可能偶爾在瀏覽時發現一些獨到的見解，正如我此前多年一直搞不懂高度均衡長條圖為何如此命名，而直到讀了第 4 章後，Christian 的描述才讓我茅塞頓開。

一些讀者會找到一些特性的簡短描述，幫助他們理解 Oracle 為什麼要實現這些特性，並讓他們透過案例推導與他們的應用相關聯的情形。第 5 章關於「安全視圖合併」的描述對於我來說就是這樣。

另一部分讀者可能會屢次重複閱讀本書中的某一章節，因為這一章節含有他們正在使用的某些重要特性的許多細節。我想第 9 章中關於分區的深入討論就會讓人們孜孜不倦地反復閱讀。

本書內容豐富，值得仔細研讀。謝謝你，Christian。

——*Jonathan Lewis*

第二版致謝 |

面對現實吧，寫書並不是一件值得去做的事。根本不值！寫書會佔用你很多的業餘時間，用這些時間你本可以做些更有趣的事情。所以當我決定是否應該著手寫本書第二版的時候，我反復問自己，為什麼要繼續寫呢？最終，決定動筆最重要的因素是我從 2008 年第一版出版後陸續收到的數以百計的正面留言。我發現，出版一本書時得到大家的肯定就是一種回報！就衝這一點，最應該感謝的是那些讀完第一版後給了我回饋的讀者。沒有你們給我動力，第二版也不會存在了。

當然寫一本書只有動力還不行。之前提過，寫書牽扯大量的時間。在這方面我是幸運的，我所在的 Trivadis 公司（我從 1999 年入職該公司）給了我全力支援，Trivadis 不僅讓我本身的技術得到提升，同時還鼓勵我追求那些並非總有絕對把握的事情（比如寫書）。所以第二個感謝應該送給 Trivadis 公司。

當你集中精力寫一段文字超過一定的時間，有時會忽視一些顯而易見的事情。根據這一點，我得說身邊有幾個人時常幫你檢查你的工作是非常重要的。謹在此向技術評審人 Alberto、Franco 和 Jože 致以誠摯的謝意，是你們幫我極大地改進了本書的品質。當然，若有其他不足和錯誤都是我自己的責任。除了幾位「官方的」技術評審人以外，還要感謝 Dani Schnider、Franck Pachot、Randolf Geist 和 Tony Hasler 等人，他們在閱讀本書某些部分後提供了寶貴的評論和見解。

還要感謝 Apress 的工作人員在本書創作過程中給予的支援。尤其感謝 Jonathan Gennick，他堅持認為創作第二版是明智的選擇。

和第一版一樣，本書出版的另一個核心人物是 Curtis Gautschi。實際上，他再一次協助我校對了全書，儘管他並不能完全理解他讀到的內容（據他聲稱）。非常感謝你，Curtis，這麼多年來一直幫助我。

最後，特別感謝 Jonathan 和 Cary 為表示支援而為本書作序。你們在我職業生涯起步時激勵了我，如今希望本書可以激勵更多 Oracle 社區中的人做出正確的事情。

第一版致謝

許多人協助我寫出了你手中的這本書。我由衷地感激他們。沒有他們的幫助，這部作品就不會有機會面世。請允許我在跟各位分享這本書的簡史時，感謝成就這一切的人們。

雖然當時我並沒有意識到，但此書的寫作與出版歷程始於 2004 年 7 月 16 日，當時我正在為一個叫作「Oracle 優化解決方案」的研討會召開啟動會議，與幾個 Trivadis 的同事計畫寫一些材料。在會上，我們討論了研討會的目標和結構。那天以及隨後幾個月寫下的研討材料中產生的想法，都用在了本書中。非常感謝當時與 Arturo Guadagnin、Dominique Duay 和 Peter Welker 的合作。我們當時一起寫下的研討材料，相信以今天的眼光來看也是一流的。除了他們幾個，我還要感謝 Guido Schmutz，他雖然只參加了啟動會議，卻強烈影響了我們處理研討會中涉及的主題的方式方法。

2006 年春天，也就是兩年以後，我開始認真考慮要寫這本書。我當時決定聯繫在 Apress 工作的 Jonathan Gennick，告訴他我的想法並徵詢他的意見。從一開始，他就對我的提議很感興趣，所以僅僅幾個月後，我就決定將來在 Apress 出版此書。謝謝你，Jonathan，從一開始就支援我。此外，感謝所有為此書成功付梓而付出心血的 Apress 員工。我個人有幸與 Sofia Marchant、Kim Wimpsett 和 Laura Esterman 合作，但我知道還有其他很多人也同樣做出了貢獻。

有了想法和出版商並不足以寫出一本書，你還需要時間，大量的時間。幸運的是，我的公司 Trivadis 支持並允許我花費時間在此書的創作上。在這裡尤其要感謝 Urban Lankes 和 Valentin De Martin。

當你寫作時周圍有人幫你仔細檢查寫下的內容也是至關重要的。非常感謝 Alberto Dell'Era、Francesco Renne、Jože Senegacnik 和 Urs Meier 這幾位技術評審人，他們為幫助此書提高品質做出頗多貢獻。當然，如有其他遺留問題都是我的責任。除技術評審外，我還要感謝 Daniel Rey、Peter Welker、Philipp vondem Bussche-Hünnefeld 及 Rainer Hartwig，他們在閱讀了本書部分內容後提供了寶貴的評論和見解。

此書出版的另一個核心人物是 Curtis Gautschi。多年來，都是他幫忙校對並提升了我糟糕的英語。太感謝你了，Curtis，幫助了我這麼多年。我承認，某一天我真得加強一下英語技能了。不過，我發現改進根據 Oracle 應用程式的效能比學外語更有意思（也更容易）。

在這裡特別感謝 Cary Millsap 和 Jonathan Lewis 為本書作序。我知道這占去了你們很多寶貴的時間，非常感激二位。

同時特別感謝 Grady Booch 允許我在第 1 章中使用他的漫畫。

最後，我要感謝這些年我有幸當過顧問的公司，感謝所有那些參加了我的課程和研討會並提出很多好問題的人，感謝那些分享知識的 Trivadis 顧問。我從你們所有人當中獲益良多。

| 引言

Oracle 資料庫已經成長為超大型軟體。這不僅意味著僅憑一己之力不再能夠精通新版本提供的所有特性，同時也表明有一些特性很少會用到。實際上，在大多數情況下，能夠掌握並利用其中一部分核心特性就足以高效、成功地使用 Oracle 資料庫。所以在本書中，我根據經驗，僅挑選出那些在診斷資料庫相關效能問題時必然要用到的特性。

❋ 組織結構

本書分為四個部分。

第一部分（上冊）涵蓋了閱讀本書剩餘部分所需的基礎知識。第 1 章不僅解釋了為什麼一定要在正確的時間使用正確的方法處理效能問題，還說明為什麼一定要瞭解業務需求和問題所在。這一章也描述了由資料庫相關設計問題引發的一些常見的效能不佳的情況。第 2 章描述了資料庫引擎在解析和執行 SQL 敘述時所執行的操作，以及如何檢測應用程式碼和資料庫呼叫。另外，這一章也介紹了本書中常用的一些重要術語。

第二部分（上冊）解釋了如何在使用 Oracle 資料庫的環境中處理效能問題。第 3 章描述如何借助 SQL 追蹤和 PL/SQL 分析工具識別效能問題。第 4 章描述如何利用動態效能視圖提供的資訊，同時還將介紹幾個經常與動態效能視圖一起使用的工具和技術。第 5 章描述如何借助自動工作負載儲存庫 AWR 和 Statspack 來分析之前發生的效能問題。

第三部分（上冊）描述負責將 SQL 敘述產生執行計畫的元件：查詢最佳化工具。第 6 章概述了查詢最佳化工具的功能及其實現方式。第 7 章和第 8 章描述什麼是系統統計資訊和物件統計資訊，如何收集統計資訊，以及統計資訊對於查詢最佳化工具的重要性。第 9 章講述如何透過設定路線圖為查詢最佳化工具制定合理的設定。第 10 章描述獲得、解釋執行計畫和評估執行計畫效率所需瞭解的細節知識。

第四部分（下冊）展示了 Oracle 資料庫為高效執行 SQL 敘述提供的特性。第 11 章描述了如何透過 Oracle 資料庫提供的相關技術去影響查詢最佳化工具產生執行計畫。第 12 章描述了如何識別、解決以及排除由解析引發的效能問題。第 13 章描述存取資料的多種方法以及如何在其中選擇合適的。第 14 章討論如何高效聯結多個資料集。第 15 章描述類似平行處理、實體化視圖和結果集快取這樣的高級調校技術。第 16 章解釋為什麼優化資料庫的實體設計如此重要。

✻ 目標讀者

本書的目標讀者是那些因在應用程式中使用了 Oracle 資料庫，而涉及診斷效能問題的效能專家、應用程式開發人員和資料庫管理員。

本書不需要某些具體的優化方面的知識。但是，希望讀者具有 Oracle 資料庫相關的應用知識並熟練掌握 SQL。本書某些章節會涉及關於具體的程式設計語言（如 PL/SQL、Java、C#、PHP 以及 C 等）的一些特性。之所以提及這些特性，僅是為了照顧不同的應用開發人員，在使用不同的程式設計語言時所展現的資訊差異，你可以挑選自己正在使用的或者感興趣的語言。

✻ 涵蓋哪些版本

本書涉及的大部分重要概念都不依賴於你所使用的 Oracle 資料庫版本。然而不可避免地，當討論具體的實現細節時，某些內容是與版本相關的。本書主要討論的是目前可用的版本，包括從 Oracle Database 10g R2 至 Oracle Database 12c R1，如下所示。

- Oracle Database 10g R2，包含的版本至 10.2.0.5.0
- Oracle Database 11g R1，包含的版本至 11.1.0.7.0
- Oracle Database 11g R2，包含的版本至 11.2.0.4.0
- Oracle Database 12c R1，版本 12.1.0.1.0

Forewerd

注意，細微性是補丁集（patch set）層級，因此，本書不討論安全補丁和捆綁補丁（bundle patch）[1] 所帶來的變化。如果沒有確認説明某一特性僅適合某一特定版本，那麼它對所有提到的版本都有效。

✿ 線上資源

可以在網站 http://top.antognini.ch 上下載本書參照的檔案，也可以在其中找到勘誤和補充資料。另外，如果有關於本書的任何類型的回饋意見或問題，請發送到 top@antognini.ch。

✿ 與第一版的不同之處

本書修訂的主要目標包括以下各項。

- 增加關於 Oracle Database 11g R2 和 Oracle Database 12c R1 的內容。
- 刪掉關於 Oracle Database 9i 和 Oracle Database 10g R1 的內容。
- 補上第一版遺漏的內容，例如層次剖析工具、活動對話歷史（ASH）、AWR 及 Statspack 等。
- 當涉及具體的程式設計語言特性時，加入一些有關 PHP 的知識。
- 為提高可讀性重新組織了部分素材，例如，將系統和物件統計資訊拆分為兩章。

修復勘誤，改進行文組織。

---

1 一種臨時補丁，包含許多重要的 bug 修復，但是沒有 PSU 多，主要供 Windows 平台使用。這裡指未考慮小版本號差異，如 10.2.0.5.6 或 10.2.0.5.12。——譯者注

目錄 |

Contents

第三部分 查詢最佳化工具

06 查詢最佳化工具簡介

07 系統統計資訊

08 物件統計資訊

Contents

09 設定查詢最佳化工具

10 執行計畫

A 參考文獻

下冊

第四部分　優化

11　SQL 優化技巧

12　解析

Contents

16 優化實體設計

A 參考文獻

第四部分
優化

工程的目的並不在於獲得完美的解決方案，而在於使用有限的資源做到最好。

— 蘭迪·波許，The Last Lecture，2008

只有確定了效能問題的主要原因，你才應該去嘗試解決。無論遇到的是什麼問題，必須要達到的目的是減少（或者更好的情況—消除），最耗時操作花費的時間。請注意單獨一個操作，可以由多個動作一個接一個地執行。例如，一個回傳多行資料的查詢操作，會涉及多次獲取資料操作。

第 11 章將介紹可用的 SQL 優化技巧，並講解如何選擇它們。第 12 章將介紹解析是如何工作的，如何發現解析的問題，以及如何在不影響效能的情況下減小解析的影響。第 13 章將介紹如何利用可用的存取結構來更有效率地獲取單獨一張表裡的資料。第 14 章將拋開單表，介紹如何多表聯合獲取資料。第 15 章介紹平行處理和加速流插入的技術，以及減少元件間互動的技術。第 16 章將介紹實體儲存參數是如何顯著影響效能的。簡單地說，這部分章節的主要目的是利用 Oracle 資料庫提供的眾多特性，來縮短操作與 SQL 引擎相互影響的回應時間。

本部分內容

SQL 優化技巧

每當查詢最佳化工具無法自動產生有效的執行計畫時，就需要手動優化了。表 11-1 總結了 Oracle 資料庫為此提供的一些技術手段。本章目標不僅詳細介紹這些技巧，而且還會解釋每個技巧的作用及其適合的場景。你需要問自己下面三個基礎問題來決定使用哪種技巧。

- SQL 敘述是否為已知的和靜態的？
- 針對單個對話（或者整個系統），獲取到的測量值會影響單條 SQL 敘述還是所有 SQL 敘述？
- SQL 敘述可以修改嗎？

表 11-1 SQL 優化技巧及其影響

技巧	系統	對話	SQL 敘述	可用版本
修改存取結構	√			所有版本
修改 SQL 敘述			√*	所有版本
hint			√*	所有版本
修改執行環境		√	√*	所有版本
儲存概要			√	所有版本
SQL 概要			√	所有版本 †
SQL 計畫管理			√	從版本 11.1 開始 ‡

* 你必須更改 SQL 敘述才能使用此技巧。

† 需要 Tuning Pack，因此需要使用 Enterprise Edition。

‡ 需要 Enterprise Edition。

讓我來解釋這三個問題的重要性。首先，SQL 敘述有時無法簡單獲取到，因為它們是在執行時產生的，並幾乎在每次執行時都在改變。其他情況下，查詢最佳化工具無法正確處理許多 SQL 敘述使用的特殊模式（比如 WHERE 條件的限制，而不能使用索引）。在這些情況下，你需要利用技巧來解決對話或系統層級的問題，而不是 SQL 敘述層級。但這會帶來兩個問題。一方面，就像表 11-1 總結的那樣，一些技巧只能用在特定的 SQL 敘述上。它們無法在對話或系統層級使用。另一方面，就像第 9 章解釋的那樣，當資料庫設計良好並且查詢最佳化工具設定正確時，通常只需要優化一小部分 SQL 敘述。因此，需要避免技巧影響到由查詢最佳化工具自動提供高效執行計畫的 SQL 敘述。其次，每當處理不可控的 SQL 敘述應用時（要麼是因為程式碼無法存取，比如套件的應用，要麼就是 SQL 敘述是在執行時產生的），你都無法使用需要更改程式碼的技巧。總之，通常你的選擇是受限的。

本章的主要目的並非介紹如何找出指定 SQL 敘述的最佳執行計畫，例如，介紹特定存取或聯結方法應使用的場景。該分析會在本部分的其他章節介紹。本章的唯一目的是，介紹可用的 SQL 優化技巧。

介紹每一種 SQL 優化技巧的編排方式都是相同的：先是簡介，然後解釋該技巧的工作原理，告訴你應該在何時使用它，最後討論一些常見的誤區和謬誤。

11.1 修改存取結構

該技巧不是某一特定特性。SQL 敘述的回應時間不僅非常依賴於儲存資料處理的方式，同時也依賴於處理資料的存取方式。

11.1.1 工作原理

懷疑一個 SQL 敘述有效能問題時，首先要做的是確定目前使用的存取結構。根據在資料字典裡找到的資訊，可以獲得以下回饋。

- 涉及的表的組織類型是什麼？是堆表（heap table）、索引組織表還是外部表？或者是儲存在叢集中的表？
- 實體化視圖包含的資料是否可用？

- 表、叢集和實體化視圖上存在什麼索引？索引都包含了哪些列以及行的排列順序如何？
- 這些段是如何分區的？

接下來需要評估可用的存取結構，是否能夠高效處理你要優化的 SQL 敘述。例如，分析期間，你可能會發現對 SQL 敘述的 WHERE 條件增加索引，可以提高效率。假設你在研究以下查詢的效能：

```
SELECT *
FROM emp
WHERE empno = 7788
```

基本上，查詢最佳化工具會執行下面的執行計畫。第一個執行計畫執行一次全資料表掃描，而第二個透過索引存取表。當然，第二個只有在索引存在時才會產生：

```
------------------------------------
| Id  | Operation         | Name  |
------------------------------------
|  0  | SELECT STATEMENT  |       |
|  1  |  TABLE ACCESS FULL| EMP   |
------------------------------------


-----------------------------------------------
| Id  | Operation                  | Name   |
-----------------------------------------------
|  0  | SELECT STATEMENT           |        |
|  1  |  TABLE ACCESS BY INDEX ROWID| EMP    |
|  2  |   INDEX UNIQUE SCAN         | EMP_PK |
-----------------------------------------------
```

第四部分的多個章節會詳細介紹不同的存取結構應該用在何時以及如何使用，因此這裡不做過多介紹。現在，重要的是，認識到這是一種基本 SQL 優化技巧。

11.1.2 何時使用

在適當的位置沒有必要的存取結構，或許就不可能優化 SQL 敘述。因此，你需要在任何可以改變存取結構的時候使用該技巧。不幸的是，這並不總是可行，比如當你處理封裝的應用且供應商不支援修改存取結構時。

11.1.3 陷阱和謬誤

修改存取結構時，必須謹慎處理可能產生的影響。一般來說，每次修改存取結構都會帶來正面與負面的影響。實際上，這種影響不太可能只局限於單條 SQL 敘述。只有在少數情況下才不會產生影響。例如，在前面類似例子中要增加索引，就需要考慮索引會減慢索引表上每條 INSERT 和 DELETE 敘述的執行速度，同樣修改索引行的每條 UPDATE 敘述也會產生同樣的結果。還應該檢查是否有足夠的空間來增加存取結構。總的來說，在修改存取結構之前需要仔細判斷是否利大於弊。

11.2 修改 SQL 敘述

SQL 是一種非常強大並且靈活的查詢語言。你能夠用不同的方法頻繁地提交同樣的請求。這點對於開發人員來說特別有用。然而對於查詢最佳化工具來說，為各式各樣的 SQL 敘述提供高效的執行計畫，才是真正的挑戰。請記住，靈活是效能的敵人。

11.2.1 工作原理

舉例說，你選擇了 scott 模式下所有沒有員工的部門。以下四條 SQL 敘述回傳你想要的資訊。這些敘述都可以在 depts_wo_emps.sql 腳本中找到：

```
SELECT deptno
FROM dept
WHERE deptno NOT IN (SELECT deptno FROM emp)


SELECT deptno
FROM dept
```

```
WHERE NOT EXISTS (SELECT 1 FROM emp WHERE emp.deptno = dept.deptno)

SELECT deptno FROM dept
MINUS
SELECT deptno FROM emp

SELECT dept.deptno
FROM dept, emp
WHERE dept.deptno = emp.deptno(+) AND emp.deptno IS NULL
```

　　這四條 SQL 敘述的目的是相同的，回傳的結果集也是相同的。因此，你或許期望查詢最佳化工具為所有的情況提供相同的執行計畫。然後這是不可能的，實際上，只有第二條和第四條敘述使用相同的執行計畫。其他兩個完全不同。請注意這些執行計畫是在 12.1 版本中產生的。其他版本會產生不同的執行計畫：

```
------------------------------------
| Id | Operation          | Name    |
------------------------------------
|  0 | SELECT STATEMENT   |         |
|  1 |  HASH JOIN ANTI NA |         |
|  2 |   INDEX FULL SCAN  | DEPT_PK |
|  3 |   TABLE ACCESS FULL| EMP     |
------------------------------------


------------------------------------
| Id | Operation          | Name    |
------------------------------------
|  0 | SELECT STATEMENT   |         |
|  1 |  HASH JOIN ANTI    |         |
|  2 |   INDEX FULL SCAN  | DEPT_PK |
|  3 |   TABLE ACCESS FULL| EMP     |
------------------------------------


------------------------------------
| Id | Operation          | Name    |
------------------------------------
```

```
|  0 | SELECT STATEMENT    |         |
|  1 |   MINUS             |         |
|  2 |    SORT UNIQUE NOSORT|        |
|  3 |     INDEX FULL SCAN  | DEPT_PK |
|  4 |    SORT UNIQUE      |         |
|  5 |     TABLE ACCESS FULL| EMP    |
--------------------------------------


--------------------------------------
| Id | Operation          | Name    |
--------------------------------------
|  0 | SELECT STATEMENT    |        |
|  1 |   HASH JOIN ANTI    |        |
|  2 |    INDEX FULL SCAN  | DEPT_PK |
|  3 |    TABLE ACCESS FULL| EMP    |
--------------------------------------
```

　　基本上，即使用來存取資料的方法總是相同，用來合併資料產生結果集的方法卻不同。在這個特殊案例裡，兩張表都非常小，因此你不會真正注意到這些執行計畫的效能有哪些不同。自然，如果你處理更大的表，就不會是這樣了。通常來說，在你處理大量資料時，執行計畫裡每個細小的不同，都可在回應時間和資源利用率上帶來本質的不同。

　　這裡的關鍵點是，要明白同樣的資料可以由不同的 SQL 敘述擷取。要優化一條 SQL 敘述，應該先考慮是否存在其他等價 SQL 敘述。如果存在，請仔細對比它們的執行計畫，找出提供最佳效能的那個。

11.2.2 何時使用

　　只要能夠更改 SQL 敘述，都應該考慮使用該技巧。

11.2.3 陷阱和謬誤

　　SQL 敘述是程式碼。編寫程式碼的第一條原則就是可維護性。首先，這代表程式碼應該可讀性高並且簡明。不幸的是，就像前面解釋的那樣，最簡單或者最可讀的 SQL 編寫方法並不總是帶來高效的執行計畫。因此，某些情況下，為了效能你或許會被迫放棄可讀性與簡潔性，然而，僅當這樣做真正必要且有益時才會這樣做。

11.3 hint

根據 Merriam-Webster 線上字典，hint 是一個間接或概要的建議。在 Oracle 的術語中，hint 的定義稍有不同。簡單地說，hint 是新增到 SQL 敘述中的指令，用來影響查詢最佳化工具的判定。換句話說，hint 不是僅僅建議某個動作，而是向著該動作推進。在我看來，Oracle 選擇這個詞來命名此功能並不是最佳選擇。無論如何，名稱並不重要，hint 能為你做的才是重要的。不要讓名稱誤導你。

📢 **警告** 　僅因為 hint 是一個指令，並不代表查詢最佳化工具就總是會使用它。或者反過來說，僅因為查詢最佳化工具不使用 hint，並不代表 hint 僅僅是一個建議。就像我稍後將介紹的，有些案例裡，hint 只是不相關或不合法，因此不會影響查詢最佳化工具產生的執行計畫。

11.3.1 工作原理

接下來的部分介紹 hint 是什麼，hint 的分類別及如何使用它們。在討論細節之前需要注意，使用 hint 要比你想像來得重要。實際上，在實踐中，hint 被錯誤使用是很常見的。

1 什麼是 hint

當處理一條 SQL 敘述時，查詢最佳化工具會考慮許多種執行計畫。理論上，它會考慮所有可行的執行計畫。實際上，除了簡單的 SQL 敘述之外，優化器為了保持合理的優化時間，不會考慮太多種組合。因此，查詢最佳化工具會**根據推斷**排除某些執行計畫。當然，完全忽略一些執行計畫的決定很關鍵，並且這麼做，查詢最佳化工具的可信度也會受到懷疑。

指定一個 hint 時，你的目的要麼是改變執行環境，啟用或者禁用某個特性，要麼是降低查詢最佳化工具需要考慮的執行計畫數量。除非改變執行環境，使用 hint 你將告訴查詢最佳化工具，針對某條特定 SQL 敘述，應該考慮哪些操作或不應該考慮哪些操作。例如，查詢最佳化工具要為以下查詢產生執行計畫：

```
SELECT *
FROM emp
WHERE empno = 7788
```

如果 emp 表是堆表並且 empno 行有索引，那麼查詢最佳化工具至少考慮兩種執行計畫。第一種透過全資料表掃描徹底讀了一遍 emp 表：

```
-----------------------------------
| Id  | Operation          | Name |
-----------------------------------
|   0 | SELECT STATEMENT   |      |
|   1 |  TABLE ACCESS FULL| EMP   |
-----------------------------------
```

第二種是根據 WHERE 子句（empno=7788）的述詞做一次索引查找，然後透過在索引裡找到的 rowid 去存取表中的資料：

```
-------------------------------------------------
| Id  | Operation                  | Name       |
-------------------------------------------------
|   0 | SELECT STATEMENT           |            |
|   1 |  TABLE ACCESS BY INDEX ROWID| EMP       |
|   2 |   INDEX UNIQUE SCAN         | EMP_PK    |
-------------------------------------------------
```

在這樣的案例裡，要控制查詢最佳化工具提供的執行計畫，你可以加入 hint 來指定使用全資料表掃描或者索引掃描。重要的是需要明白，你不能告訴查詢最佳化工具，「我想要在 emo 表上執行全資料表掃描，所以去搜尋一個包含它的執行計畫」。然而，你可以告訴它，「如果需要在對 emp 表執行全資料表掃描還是索引掃描之間做出選擇，請選擇全資料表掃描」。這是一個輕量的、但本質上的不同。當查詢最佳化工具必須在幾個可能的執行計畫間選擇時，hint 可以允許你影響它的選擇。

為了進一步強調這點，讓我們來看一個根據圖 11-1 顯示的決策樹的例子。請注意，即使查詢最佳化工具利用決策樹，這也只是個一般的例子，並沒有與 Oracle 資料庫有直接關係。在圖 11-1 中，目的是從決策樹的根節點 (1) 向下終止於葉子節點（111~123）。換句話說，目的是從點 A 到點 B 選擇一條路徑。由於某些原因，這必定會經過節點 122 的。要這麼做，在 Oracle 的語法裡就需要兩個 hint，加入來修剪從節點 12 到節點 121 和節點 123 的路徑。從節點 12 到節點 122 只會存在這唯一的一條路徑。但這並不足以保證路徑經過節點 122。實際上，如果節點 1 經過節點 11 而不是節點 12，那麼這兩個 hint 就不會起作用。因此，要引導路徑透過節點 122，你需要增加另外一個 hint 來修剪從節點 1 到節點 11 的路徑。

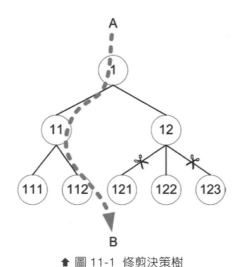

↑ 圖 11-1　修剪決策樹

查詢最佳化工具也會發生類似的情況。實際上，只有在查詢最佳化工具決定了應用 hint 的選擇後，才會對它做評估。因此，一旦指定了一個 hint，你或許會被迫加入幾個 hint 來確保它正常工作。並且在實踐中，隨著執行計畫複雜度的增加，想要找到所有可用的 hint 來獲得想要的執行計畫，會變得越來越困難。

2　指定 hint

hint 是 Oracle 的擴充。為了不影響 SQL 敘述與其他資料庫引擎的相容性，Oracle 決定把它們作為一種特殊的註釋來加入。註釋與 hint 僅有的不同如下所示。

- hint 必須緊隨 DELETE、INSERT、MERGE、SELECT 和 UPDATE 關鍵字。換句話說，它們不能像註釋那樣，指定在 SQL 敘述的任意位置。
- 註釋分隔符號的第一個字元必須是加號（+）。

一般而言，hint 的語法錯誤不會引發回傳錯誤。如果解析器無法解析它們，就會把它們當作註釋。有時，註釋與 hint 混合可能可行。下面的兩個例子展示了如何使用上一節介紹的查詢，強制在 emp 表上執行全資料表掃描：

```
SELECT /*+ full(emp) */ *
FROM emp
WHERE empno = 7788


SELECT /*+ full(emp) you can add a real comment after the hint */ *
FROM emp
WHERE empno = 7788
```

然而，混合註釋與 hint 並不總是可行的。例如，註釋加在 hint 前面就會使 hint 失效。以下查詢展示了這樣的案例：

```
SELECT /*+ but this one does not work full(emp) */ *
FROM emp
WHERE empno = 7788
```

因為註釋能使 hint 失效，所以不建議將註釋與 hint 混合使用。最好是分開它們。

3 hint 的類別

劃分 hint 的類別有好幾種方法（觀點）。個人而言，我喜歡按以下類別對它們進行分組。

- **初始化參數 hint**（**initialization parameter hint**）會重寫一些在系統或對話層級定義的初始化參數的設定。我將以下 hint 劃分在這個類別裡：all_rows、cursor_sharing_exact、dynamic_sampling、first_rows、gather_plan_statistics、optimizer_features_enable 和 opt_param。我會在 11.4 節中介紹這些 hint，並且已在第 10 章中介紹了 gather_plan_ statistics hint。請注意，當指定這些 hint 時，它們總是會重寫實例或對話層級的值。

- **查詢轉換 hint**（**query transformation hint**）控制著邏輯優化期間查詢轉換技術的利用率。我將以下 hint 劃分在這個類別裡：（no_）eliminate_join、no_expand、（no_）expand_table、（no_）fact、（no_）merge、（no_）outer_join_to_inner、（no_）rewrite、（no_）star_transformation、（no_）unnest、no_xmlindex_rewrite、no_xml_query_rewrite 和 use_concat。我會在後續幾節介紹部分 hint，其他 hint 會在第 14 章和第 15 章中進行介紹。

- **存取路徑 hint**（**access path hint**）控制著用來存取資料的方法（例如，是否使用索引）。我將以下 hint 劃分在這個類別裡：cluster、full、hash、（no_）index、index_asc、index_combine、index_desc、（no_）index_ffs、index_join、（no_）index_ss、index_ss_asc 和 index_ss_desc。我會在第 13 章介紹這些 hint 及其存取方法。

- **聯結 hint**（**join hint**）不僅控制著聯結方法，也包含用來聯合資料表的順序。我將以下 hint 劃分在這個類別裡：leading、（no_）nlj_batching、ordered、（no_）swap_join_inputs、（no_）use_cube、（no_）use_hash、（no_）use_merge、use_merge_cartesian、（no_）use_nl 和 use_nl_with_index。我會在第 14 章介紹這些 hint 及其聯結方法。

- **平行處理 hint**（**parallel processing hint**）控制如何使用以及是否使用平行處理。我將以下 hint 劃分在這個類別裡：（no_）parallel、（no_）parallel_index、（no_）pq_concurrent_union、pq_distribute、pq_filter、（no_）pq_skew、（no_）px_join_filter 和 （no_）statement_queuing。我會在第 15 章介紹這些 hint 及其平行處理。在第 14 章中會隨同智慧分區聯結一起提供 pq_distribute hint 的一個可能利用率。

- **其他 hint** 控制著不屬於上面任何類別的其他特性。我將以下 hint 劃分在這個類別裡：（no）append、append_values、（no_）bind_aware、（no_）result_cache、（no）cache、change_dupkey_error_index、driving_

site、(no_) gather_optimizer_statistics、ignore_row_on_dupkey_
index、inline、materialized、(no_) monitor、model_min_analysis、
(no_) monitor、qb_name 和 retry_on_row_change。我會在本章稍後介紹
qb_name hint，其他的一些 hint 的介紹會貫穿在整本書中。

儘管透過本書我介紹或展示了很多 hint 的例子，但我並未提供真實的參考或
它們完整的語法。此類別參考在 *Oracle Database SQL Lanaguage Reference* 手冊的
第 2 章中提供。

值得指出的是，存在大量 hint 會禁用某個特殊操作或特性（no_ 首碼的
hint）。好處是，有時指定某些操作或特性不可使用要更容易。

以上提供的 hint 列表並不完整，它們只介紹了記錄在 *SQL Reference Guide* 手
冊中的部分。還有很多 hint 並未記錄在檔案裡。你會在稍後的 11.6 節中看到部分
hint。從 11.1 版本起，可以查詢 v$sql_hint 視圖來獲取接近完整的 hint 列表。

4 hint 的有效性

簡單的 SQL 敘述只有單個查詢區塊。當使用視圖或集合時，才會存在多個查
詢區塊，如子查詢、內斂視圖和集合運算。例如，以下查詢有兩個查詢區塊（僅
僅出於展示的目的，我使用子查詢來替代一個真實的視圖）。第一個查詢區塊是參
照 dept 表的主查詢。第二個是參照 emp 表的子查詢：

```
WITH
  emps AS (SELECT deptno, count(*) AS cnt
           FROM emp
           GROUP BY deptno)
SELECT dept.dname, emps.cnt
FROM dept, emps
WHERE dept.deptno = emps.deptno
```

通常情況下，初始化參數 hint 對整個 SQL 敘述都有效（dynamic_sampling 是
個例外）。其他大多數 hint 僅對單個查詢區塊有效（有兩個例外，bind_aware 和
monitor）。對單個查詢區塊有效的 hint 必須指定在它們控制的區塊內。例如，如
果想讓上個查詢裡的兩張表都指定存取路徑 hint，那麼一個 hint 需要加在主查詢

裡，另一個需要加在子查詢裡。它們的有效性僅限於它們定義的查詢區塊中：

```
WITH
  emps AS (SELECT /*+ full(emp) */ deptno, count(*) AS cnt
          FROM emp
          GROUP BY deptno)
SELECT /*+ full(dept) */ dept.dname, emps.cnt
FROM dept, emps
WHERE dept.deptno = emps.deptno
```

這條規則的例外是**全域 hint**（**global hint**）。使用全域 hint 時，有可能透過使用點記法（dot notation）參照包含在其他查詢區塊中的物件（如果已命名它們）。例如，下面的 SQL 敘述，主查詢包含作用於子查詢的 hint。請注意子查詢對參照名稱的使用：

```
WITH
  emps AS (SELECT deptno, count(*) AS cnt
          FROM emp
          GROUP BY deptno)
SELECT /*+ full(dept) full(emps.emp) */ dept.dname, emps.cnt
FROM dept, emps
WHERE dept.deptno = emps.deptno
```

全域 hint 的語法支援超過兩層層級的參照（例如，一個視圖參照自另一個視圖）。物件必須要用點分隔開（例如，view1.view2.view3.table）。

★ **提示**　全域 hint 並非總處理某些查詢轉換，我建議你使用根據查詢區塊名稱（立刻顯示）的語法。

由於 WHERE 子句的子查詢不能命名，因此它們的物件無法被全域 hint 參照。為了解決這個問題，有另一種方法可以達到此目的。實際上，大多數 hint 可以接受一個參數，這個參數指定這些 hint 對哪個查詢區塊有效。這樣的話，hint 可以在 SQL 敘述開頭被分組，並且僅參照它們應用的查詢區塊。要使用這些參照，不僅需要查詢最佳化工具對每個查詢區塊產生一個**查詢區塊名稱**（**query block** name），而且允許你使用 qb_name hint 來自訂名稱。例如，下面的查詢，兩個查詢區塊分別叫 main 和 sq。接著在 full hint 裡，查詢區塊名稱透過首碼 @ 標識來參照。請注意在主查詢中指定對 emp 表進行子查詢的存取路徑 hint：

```
WITH
  emps AS (SELECT /*+ qb_name(sq) */ deptno, count(*) AS cnt
           FROM emp
           GROUP BY deptno)
SELECT /*+ qb_name(main) full(@main dept) full(@sq emp) */ dept.dname,
emps.cnt
FROM dept, emps
WHERE dept.deptno = emps.deptno
```

上一個例子顯示了如何指定自己的名稱。現在讓我們來看看如何使用查詢最佳化工具產生的名稱。首先，你必須知道它們是什麼。為此，你可以使用 EXPLAIN PLAN 敘述和 dbms_xplan 套件，如下面的例子所示。請注意，alias 選項被傳遞給 display 函數，以確保查詢區塊名稱和別名是輸出的一部分：

```
SQL> EXPLAIN PLAN FOR
  2  WITH emps AS (SELECT deptno, count(*) AS cnt
  3                   FROM emp
  4                   GROUP BY deptno)
  5  SELECT dept.dname, emps.cnt
  6  FROM dept, emps
  7  WHERE dept.deptno = emps.deptno;

SQL> SELECT * FROM table(dbms_xplan.display(NULL, NULL, 'basic +alias' ));
-------------------------------------
| Id | Operation           | Name |
-------------------------------------
|  0 | SELECT STATEMENT    |      |
|  1 |  HASH JOIN          |      |
|  2 |   VIEW              |      |
|  3 |    HASH GROUP BY    |      |
|  4 |     TABLE ACCESS FULL| EMP |
|  5 |   TABLE ACCESS FULL | DEPT |
```

```
--------------------------------------

Query Block Name / Object Alias (identified by operation id):
--------------------------------------------------------------

1 - SEL$2
2 - SEL$1 / EMPS@SEL$2
3 - SEL$1
4 - SEL$1 / EMP@SEL$1
5 - SEL$2 / DEPT@SEL$2
```

　　系統產生的查詢區塊名稱由首碼和字串組成。首碼是根據查詢區塊裡的操作產生的。表 11-2 做了總結。字串是查詢區塊的編號，根據它們解析 SQL 敘述時所在的位置（左或右）。在前面的例子中，主查詢區塊被命名為 SEL$2，子查詢區塊被命名為 SEL$1。

表 11-2　首碼在查詢區塊名稱中的使用

前綴	用途
CRI$	CREATE INDEX 敘述
DEL$	DELETE 敘述
INS$	INSERT 敘述
MISC$	其他 SQL 敘述，比如 LOCK TABLE
MRC$	MERGE 敘述
SEL$	SELECT 敘述
SET$	集合運算子，比如：UNION 和 MINUS
UPD$	UPDATE 敘述

　　如下所示，系統產生的查詢區塊名稱的利用率，與用戶定義的查詢區塊名稱的利用率並無不同：

```
WITH
  emps AS (SELECT deptno, count(*) AS cnt
           FROM emp
           GROUP BY deptno)
```

```
SELECT /*+ full(@sel$2 dept) full(@sel$1 emp) */ dept.dname, emps.cnt
FROM dept, emps
WHERE dept.deptno = emps.deptno
```

　　我需要對查詢轉換期間產生的查詢區塊名稱做最後一次解釋。由於它們不是 SQL 敘述的一部分，因而它們無法像其他物件那樣計數。因此，查詢最佳化工具會為它們產生 8 位的雜湊值。下面的例子展示了這種情況。這裡系統產生的查詢區塊名稱為 SEL$5DA710D3：

```
SQL> EXPLAIN PLAN FOR
  2   SELECT deptno
  3   FROM dept
  4   WHERE NOT EXISTS (SELECT 1 FROM emp WHERE emp.deptno = dept.deptno);

SQL> SELECT * FROM table(dbms_xplan.display(NULL,NULL,' basic +alias' ));


-----------------------------------
| Id  | Operation        | Name |
-----------------------------------
|   0 | SELECT STATEMENT   |      |
|   1 |  HASH JOIN ANTI    |      |
|   2 |   TABLE ACCESS FULL| DEPT |
|   3 |   TABLE ACCESS FULL| EMP  |
-----------------------------------


Query Block Name / Object Alias (identified by operation id):
---------------------------------------------------------------

   1 - SEL$5DA710D3
   2 - SEL$5DA710D3 / DEPT@SEL$1
   3 - SEL$5DA710D3 / EMP@SEL$2
```

　　在前面的輸出中，會發現一件有趣的事情，當查詢轉換發生時，執行計畫裡的一些列（比如第二列）會有兩個查詢區塊名稱。它們都可以使用 hint。但是從查詢最佳化工具的角度來看，僅當完全相同的查詢轉換發生時，查詢轉換之後的查詢區塊名稱（這裡是 SEL$5DA710D3）才可用。

11.3.2 何時使用

hint 的目的有兩個。首先，當查詢最佳化工具不能自動產生有效的執行計畫時，它們就成了方便的變通方法。這種情況下，你將用它們得到一個更好的執行計畫。這裡要強調的是，hint 是一種變通方法，因此不應該用在長期的解決方案裡。然而，在某些情況下，它們是解決問題的唯一可行方法。其次，在查詢最佳化工具對產生的執行計畫二選一時，hint 對評估選擇很有幫助。這種情況下，可以使用它們來做模擬分析。

11.3.3 陷阱和謬誤

每當你想透過存取路徑 hint、聯結 hint 或平行處理 hint 來鎖定某個特定的執行計畫時，必須指定足夠的 hint 來實現穩定性。這裡的穩定性表示即使在一定程度上，物件的統計資訊和存取結構發生了改變，執行計畫也不會改變。要鎖定某一執行計畫，正常情況下不僅要給 SQL 敘述裡的每張表新增存取路徑 hint，還要新增多個聯結 hint 來控制聯結方法和順序。請注意，其他類型的 hint（比如，初始化參數 hint 和查詢轉換 hint）通常不會受到此問題的影響。

當處理 SQL 敘述時，解析器會檢查 hint 的語法。儘管如此，當發現 hint 有無效的語法時，除非是行為奇怪的 change_dupkey_error_index、ignore_row_on_dupkey_inddex 和 retry_on_row_change 等 hint，否則並不會引發回傳錯誤。這代表解析器把這個假 hint 當作註釋來處理。從一方面看，僅僅因為輸入錯誤造成 hint 不可使用很讓人惱火。但另一方面，這對已經部署好的應用有益，比如經常會在 hint 裡參照物件（比如，index hint 會參照索引名稱）或升級到新的資料庫版本，都不會因為存取結構的改變而引起中斷。即便如此，我還是想要一種可以檢驗 SQL 敘述裡 hint 的方法。比如，透過 EXPLAIN PLAN 敘述，在這方面提供一個警告（比如，在 dbms_xplan 的輸出中多了條記錄）是非常簡單的。我所知道的唯一能部分實現該功能的方法就是設定 10132 事件。實際上，該事件產生的資料結尾部分就是留給 hint 的。你可以在這部分檢查兩件事。首先，每個 hint 都會被列出。如果有 hint 不在，這代表並沒有被識別。其次，檢查是否存在一條通知某些 hint 有錯誤的消息。（在這種情況下，會將 err 欄位設定為大於 0 的值）。請注意，為了獲得下面的輸出，已指定了兩個彼此衝突的初始化參數：

```
Dumping Hints
=============
  atom_hint=(@=0x6b796498 err=4 resol=0 used=0 token=454 org=1 lvl=1
txt=ALL_ROWS )
  atom_hint=(@=0x6b796578 err=4 resol=0 used=0 token=453 org=1 lvl=1
txt=FIRST_ROWS )
********** WARNING: SOME HINTS HAVE ERRORS *********
```

請注意，使用這種方法的話，hint 語法正確，但是參照了錯誤的物件並不會回傳錯誤。因此，這不是最終解決方案。

hint 使用中最常見的錯誤都與表別名有關。規則是當 hint 參照一張表時，只要表有別名，就應該使用別名代替表名。在下面的例子中，可以看到如何為 emp 表定義別名（e）。在這種情況下，當 full hint 參照表名時，這個 hint 不會起作用。請注意，在第一個例子裡使用了索引掃描而不是期望的全資料表掃描：

```
SQL> EXPLAIN PLAN FOR SELECT /*+ full(emp) */ * FROM emp e WHERE empno =
7788;

SQL> SELECT * FROM table(dbms_xplan.display(NULL,NULL,'basic'));


-----------------------------------------------
| Id | Operation                   | Name   |
-----------------------------------------------
|  0 | SELECT STATEMENT            |        |
|  1 |  TABLE ACCESS BY INDEX ROWID| EMP    |
|  2 |   INDEX UNIQUE SCAN         | EMP_PK |
-----------------------------------------------

SQL> EXPLAIN PLAN FOR SELECT /*+ full(e) */ * FROM emp e WHERE empno =
7788;

SQL> SELECT * FROM table(dbms_xplan.display(null,null,'basic'));


------------------------------------
| Id  | Operation            | Name |
```

```
--------------------------------
|  0 | SELECT STATEMENT  |     |
|  1 | TABLE ACCESS FULL| EMP  |
--------------------------------
```

　　升級期間應該檢查 hint 的影響，但是卻總是會被忘記。查詢最佳化工具不會自動提供高效的執行計畫，而是根據查詢最佳化工具使用的決策樹類型來決定效果，這時 hint 就是一種方便的變通方法；任何時候加過 hint 的 SQL 敘述，要在另一個版本的資料庫（且因此使用了另一版本的查詢最佳化工具）上執行，都要進行仔細檢查。換句話說，當檢驗新版本資料庫上的應用時，最好的解決方案是重新檢查並且重測所有包含 hint 的 SQL 敘述。出於測試目的，也應該在對話層級把未公開的初始化參數 _optimizer_ ignore_hints，設定為 TRUE 來禁用所有的 hint。請注意，要避免在系統層級設定該參數，因為資料庫引擎本身也會用到許多 hint。

　　由於視圖可能會用於不同的環境，因此不建議在視圖中指定 hint。如果真的想在視圖中新增 hint，確保加入的 hint 對所有模組都有意義。

■ 11.4 修改執行環境

　　第 9 章介紹了如何設定查詢最佳化工具。該設定就是所有使用者連線到資料庫引擎的預設執行環境。因此，它必須適合於大多數情況。當多個應用使用資料庫時（例如，由於資料庫伺服器整合），或單個應用根據模組需要不同環境時（例如，白天的 OLTP 和夜晚的批次處理），單獨一個環境無法滿足所有場景是很常見的。這種情況下，在對話層級甚至 SQL 敘述層級修改執行環境是恰當的。

11.4.1 工作原理

　　在對話層級修改執行環境與在 SQL 敘述層級修改完全不同。因此，我會分別介紹兩種情況。此外，我會介紹一些顯示資料庫實例、單個對話或子游標相關環境的動態效能視圖。

1 對話層級

第 9 章介紹的大多數初始化參數，都可以在對話層級使用 ALTER SESSION 敘述進行修改。因此，如果你有使用者或者模組需要特殊設定，可以簡單地在對話層級更改預設值。例如，根據連線到資料庫的使用者來設定執行環境，可以使用設定表和資料庫觸發器，如下面的例子所示。可以在 exec_env_trigger. sql 腳本中找到該 SQL 敘述：

```
CREATE TABLE exec_env_conf (username  VARCHAR2(30),
                            parameter VARCHAR2(80),
                            value     VARCHAR2(512))

CREATE OR REPLACE TRIGGER execution_environment AFTER LOGON ON DATABASE
BEGIN
  FOR c IN (SELECT parameter, value
            FROM exec_env_conf
            WHERE username = sys_context( 'userenv' ,' session_user' ))
  LOOP
    EXECUTE IMMEDIATE 'ALTER SESSION SET ' || c.parameter || '=' || c.value;
  END LOOP;
END;
```

接著針對需要某個特別設定的每個使用者，應該為每個初始化參數在設定表裡插入一列資料。例如，當名叫 Alberto 的用戶登入時，下面兩個 INSERT 敘述會在對話層級更改和定義兩個參數：

```
INSERT INTO exec_env_conf VALUES ( 'ALBERTO' , 'optimizer_mode' ,
'first_rows_10' )

INSERT INTO exec_env_conf VALUES ( 'ALBERTO' , 'optimizer_dynamic_sampling' ,
'0' )
```

當然，也可以為單個模式定義觸發器，或執行根據諸如 userenv 上下文的其他檢查。

2 SQL 敘述層級

SQL 敘述層級的執行環境透過初始化參數 hint 來更改。由於使用 hint，因此之前介紹的 hint 行為和效能都會生效。

並不是所有的初始化參數組成的查詢最佳化工具設定，都可以在 SQL 敘述層級上修改。表 11-3 總結了在 SQL 敘述層級上哪些參數和值，與初始化參數 hint 一樣可以實現相同的設定。請注意對於某些初始化參數（比如，cursor_sharing）來說，並不是所有的值都可以使用 hint 來設定。

表 11-3 SQL 敘述層級 hint 可修改的查詢最佳化工具設定

初始化參數	hint
cursor_sharing=exact	cursor_sharing_exact
optimizer_dynamic_sampling=x	dynamic_sampling(x)
optimizer_features_enable=x	optimizer_features_enable('x')
optimizer_features_enable not set	optimizer_features_enable(default)
optimizer_index_caching=x	opt_param('optimizer_index_caching' x)
optimizer_index_cost_adj=x	opt_param('optimizer_index_cost_adj' x)
optimizer_mode=all_rows	all_rows
optimizer_mode=first_rows	first_rows
optimizer_mode=first_rows_x	first_rows(x)
optimizer_secure_view_merging=x	opt_param('optimizer_secure_view_merging' 'x')
optimizer_use_pending_statistics=x	opt_param('optimizer_use_pending_statistics' 'x')
result_cache_mode=manual	no_result_cache
result_cache_mode=force	result_cache
star_transformation_enabled=x	opt_param('star_transformation_enabled' 'x')

3 動態效能視圖

有以下三個動態效能視圖提供執行環境的資訊。

- v$sys_optimizer_env 提供實例層級的執行環境資訊。例如，可以找出哪個初始化參數沒有設定成預設值：

```
SQL> SELECT name, value, default_value
  2  FROM v$sys_optimizer_env
  3  WHERE isdefault = 'NO' ;

NAME                             VALUE DEFAULT_VALUE
-------------------------------- ----- -------------
star_transformation_enabled true false
```

- v$ses_optimizer_env 提供每個對話的執行環境資訊。由於沒有行提供某個初始化參數是否在系統或對話層級被修改的資訊，因此可以使用以下查詢達到目的：

```
SQL> SELECT name, value
  2  FROM v$ses_optimizer_env
  3  WHERE sid = 124 AND isdefault = 'NO'
  4  MINUS
  5  SELECT name, value
  6  FROM v$sys_optimizer_env;

NAME            VALUE
--------------- -------------
cursor_sharing force
optimizer_mode first_rows_10
```

- v$sql_optimizer_env 提供函式庫快取中存在的每個子游標的執行環境資訊。比如，以下查詢可以查明同一父游標的兩個子游標，是否使用不同的執行環境：

```
SQL> SELECT e0.name, e0.value AS value_child_0, e1.value AS value_child_1
  2  FROM v$sql_optimizer_env e0, v$sql_optimizer_env e1
```

```
3   WHERE e0.sql_id = e1.sql_id
4   AND e0.sql_id = 'a5ks9fhw2v9s1'
5   AND e0.child_number = 0
6   AND e1.child_number = 1
7   AND e0.name = e1.name
8   AND e0.value <> e1.value;


NAME                     VALUE_CHILD_0  VALUE_CHILD_1
------------------------ -------------  -------------
hash_area_size           33554432       131072
optimizer_mode           first_rows_10  all_rows
cursor_sharing           force          exact
workarea_size_policy     manual         auto
```

11.4.2　何時使用

每當預設設定無法滿足應用的某一部分或部分使用者時，就應該修改預設設定。儘管在對話層級初始化參數隨時都可以修改，但 hint 只有在修改 SQL 敘述層級時才有效。

11.4.3　陷阱和謬誤

可以將設定集中在資料庫或應用中時，在對話層級修改執行環境是非常簡單的。如果使用的應用或模組共享的連線池需要不同的執行環境，你需要額外注意。實際上，對話參數與實體連線有關。由於其他應用或模組會使用實體連線，每次從連線池獲取到連線都要設定一次執行環境（當然代價很高，因為需要額外反復連線資料庫）。如果有的應用或者模組需要不同的執行環境，為了避免這種開銷，應該使用不同的連線池和不同的用戶。這樣，就可以針對每個連線池使用單獨的設定，並且透過定義不同的使用者連線到資料庫，你也許能夠將設定集中到一個簡單的資料庫觸發器中。

在 SQL 敘述層級修改執行環境也存在與 hint 一樣的誤區和謬誤。

■ 11.5 儲存概要

儲存概要的作用是，在執行環境或物件統計資訊中存在更改時，提供穩定的執行計畫。為此，這個功能也稱為**計畫穩定性（plan stability）**。在 Oracle 檔案中記錄了展現該功能優勢的兩個重要場景。第一個是從根據規則的優化器（RBO）向根據成本的優化器（CBO）的移動。第二個場景是將 Oracle 資料庫升級到新版本。在這兩個場景中，目的都是在應用使用舊設定或版本時，儲存關於執行計畫的資訊，然後使用該資訊來提供與新的設定或版本相同的執行計畫。不幸的是，實際上即使正確地使用儲存概要（stored outline），你仍能看到執行計畫在改變。或許是由於這個原因，我從未見過哪個資料庫大範圍地使用儲存概要。因此，實際上儲存概要僅會用在某些具體的 SQL 敘述上。

> **注意**　從 11.1 版本之後，儲存概要不再支援 **SQL 計畫管理（SQL plan management）**（本章稍後會介紹）。

11.5.1　工作原理

接下來的幾部分會介紹什麼是儲存概要以及如何使用它們。

1 什麼是儲存概要

儲存概要是與 SQL 敘述相關聯的物件，其作用是在為 SQL 敘述產生執行計畫時，影響查詢最佳化工具。更具體地說，儲存概要是一組 hint，或者更準確地說，是所有能強制查詢最佳化工具始終為指定 SQL 敘述產生特定執行計畫的 hint 組合。

> **注意**　並不是所有 hint 都可以儲存在儲存概要中。要想知道不能儲存哪些 hint，可以執行以下查詢：
>
> ```
> SELECT name FROM v$sql_hint WHERE version_outline IS NULL
> ```
>
> 儘管大多數無法儲存到儲存概要中的 hint 不會影響執行計畫（例如 gather_plan_statistics），但有些還是會的（例如 materialize 和 inline）。因此，有些執行計畫因無法在 SQL 敘述中指定 hint 而不能透過儲存概要固定。

儲存概要的優勢之一是，當它應用於某個 SQL 敘述時，你並不需要為了應用儲存概要而修改 SQL 敘述。儲存概要儲存在資料字典裡，並且查詢最佳化工具會自動選擇它們。圖 11-2 顯示了在選擇期間執行的基本步驟。首先，會將 SQL 敘述中的空格移除，進行標準化，並將非文字字串轉換為大寫。作為結果的 SQL 敘述簽名（SQL 敘述文字的雜湊值）會被計算。接著，根據簽名，在資料字典裡執行查找。每當找到包含同樣簽名的儲存概要時，就會執行檢查來確保這個 SQL 敘述是最優的，並且與綁定儲存概要的 SQL 敘述是等價的。這一步很重要，因為簽名是雜湊值，可能會產生衝突。如果測試成功，那麼 hint 組成的儲存概要就會包含在產生的執行計畫裡。

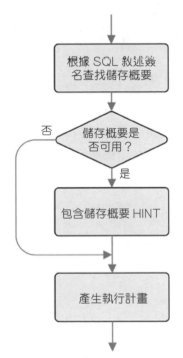

↑ 圖 11-2 選擇儲存概要期間要執行的主要步驟

2 建立儲存概要

可以使用兩種方法來建立儲存概要。資料庫自動建立和手動建立。如果想為指定對話，甚至整個系統執行的每條 SQL 敘述建立儲存概要，可以使用第一種方法。然而，就像前面提到的，通常沒有必要這麼做。因此，經常會手動建立它們。

要啟動自動建立，需要將初始化參數 create_stored_outlines 設定為 TRUE 或者指定一個**類別**（**category**）。使用類別的目的是要集合多個儲存概要來實現統一管理。將初始化參數設定為 TRUE 時，會使用預設類別，其名稱為 DEFAULT。可以在對話層級和系統層級動態，更改該初始化參數。要禁用自動建立，需要將初始化參數設定為 FALSE。

要手動建立儲存概要，必須使用 CREATE OUTLINE 敘述。下面的 SQL 敘述，摘錄自 outline_from_ text.sql 腳本，展示了名為 outline_from_text 的儲存概要的建立，該儲存概要與 test 類別相關聯，並根據 ON 子句中指定的查詢：

```
CREATE OR REPLACE OUTLINE outline_from_text
FOR CATEGORY test
ON SELECT * FROM t WHERE n = 1970
```

一旦建立好，就可以透過 user_outlines 和 user_outline_hints 視圖來顯示儲存概要的資訊和它們的屬性（對於這兩個視圖，也存在以 all、dba 開頭的視圖，同時，在 12.1 多租戶環境下，還有以 cdb 開頭的視圖）。User_outlines 視圖顯示除了 hint 以外的資訊。下面的查詢顯示的資訊為上一個 SQL 敘述建立的儲存概要：

```
SQL> SELECT category, sql_text, signature
  2  FROM user_outlines
  3  WHERE name = 'OUTLINE_FROM_TEXT' ;

CATEGORY SQL_TEXT                         SIGNATURE
-------- ------------------------------- --------------------------------
TEST      SELECT * FROM t WHERE n = 1970 73DC40455AF10A40D84EF59A2F8CBFFE

SQL> SELECT hint
  2  FROM user_outline_hints
  3  WHERE name = 'OUTLINE_FROM_TEXT' ;

HINT
-------------------------------------
FULL(@" SEL$1" "T" @" SEL$1" )
```

```
OUTLINE_LEAF(@" SEL$1" )
ALL_ROWS
DB_VERSION( '11.2.0.3' )
OPTIMIZER_FEATURES_ENABLE( '11.2.0.3' )
IGNORE_OPTIM_EMBEDDED_HINTS
```

也可以透過參照函式庫快取裡的游標來手動建立儲存概要。下面的例子，摘錄自 outline_from_sqlarea.sql 腳本產生的輸出，顯示了如何從函式庫快取裡選擇游標，並且透過 dbms_outln 套件下的 create_outline 過程建立儲存概要：

```
SQL> SELECT hash_value, child_number
  2  FROM v$sql
  3  WHERE sql_text = 'SELECT * FROM t WHERE n = 1970' ;

HASH_VALUE CHILD_NUMBER
---------- ------------
 308120306            0

SQL> BEGIN
  2    dbms_outln.create_outline(hash_value    => '308120306' ,
  3                              child_number => 0,
  4                              category     => 'test' );
  5  END;
  6  /
```

🔊 **警告** create_outline 過程不會根據與參照的游標相關聯的執行計畫，建立儲存概要。相反的，它接受與游標相關聯的 SQL 敘述的文字並重新解析它。因此，與儲存概要相關聯的執行計畫，並不需要和與游標相關聯的執行計畫一致。例如，一個不同的執行環境可以很容易導致另一個執行計畫的產生。

如下所示，create_outline 過程僅接受三個參數。這代表儲存概要的名稱是自動產生的。要找出系統產生的名稱，需要查詢視圖，比如 user_outlines。下面的查詢回傳最後建立的儲存概要名：

```
SQL> SELECT name
  2  FROM user_outlines
  3  WHERE timestamp = (SELECT max(timestamp) FROM user_outlines);

NAME
------------------------------
SYS_OUTLINE_13072411155434901
```

系統自動產生的儲存概要名稱是可以自訂的。下一部分將介紹如何修改。

3 修改儲存概要

要更改儲存概要名，需要執行 ALTER OUTLINE 敘述：

```
ALTER OUTLINE SYS_OUTLINE_13072411155434901 RENAME TO outline_from_sqlarea
```

使用 ALTER OUTLINE 敘述或 dbms_outln 套件下的 update_by_cat 過程，也可以修改儲存概要的類別。然而前者修改單個儲存概要的類別，後者把所有屬於一個類別的儲存概要，都移動到另一個類別中。可是由於 bug 5759631，使用 ALTER OUTLINE 不能修改儲存概要類別 DEFAULT（對於其他類別，不存在這個問題）。下面的例子介紹了當你嘗試修改時會發生什麼，同時還介紹了如何使用 update_by_cat 過程執行同樣的操作：

```
SQL> ALTER OUTLINE outline_from_text CHANGE CATEGORY TO DEFAULT;
ALTER OUTLINE outline_from_text CHANGE CATEGORY TO DEFAULT
                                                        *
ERROR at line 1:
ORA-00931: missing identifier

SQL> execute dbms_outln.update_by_cat(oldcat => 'TEST' , newcat => 'DEFAULT' )

SQL> SELECT category
  2  FROM user_outlines
  3  WHERE name = 'OUTLINE_FROM_TEXT' ;

CATEGORY
--------
DEFAULT
```

最後，使用 ALTER OUTLINE 敘述，也可以產生儲存概要，就像重建一樣。通常情況下，會在想要查詢最佳化工具產生一組新的 hint 時使用該敘述。如果更改了與儲存概要相關的物件的存取結構，可能有必要使用該敘述：

```
ALTER OUTLINE outline_from_text REBUILD
```

4 啟動儲存概要

只有在儲存概要被啟動後，查詢最佳化工具才會處理。要啟動它，儲存概要需要滿足兩個條件。第一，儲存概要必須是啟用的。在建立儲存概要時，預設是啟用的。要啟用和停用儲存概要，可以使用 ALTER OUTLINE 敘述：

```
ALTER OUTLINE outline_from_text DISABLE

ALTER OUTLINE outline_from_text ENABLE
```

第二個條件是類別（**category**）必須在對話或系統層級透過初始化參數 use_stored_outlines 來啟動。初始化參數可以接受的值為 TRUE、FALSE 或類別名。如果指定 TRUE，類別預設值為 DEFAULT。以下 **SQL** 敘述在對話層級啟動，屬於 test 類別的儲存概要：

```
ALTER SESSION SET use_stored_outlines = test
```

由於初始化參數 use_stored_outlines 只支援單個類別，因此在同一時間一個對話只能啟動一個類別。

要想知道查詢最佳化工具是否使用了儲存概要，可以利用 dbms_xplan 套件下的函數。實際上，正如下面的例子所示，輸出的 Note 部分確認提供了需要的資訊：

```
SQL> EXPLAIN PLAN FOR SELECT * FROM t WHERE n = 1970;

SQL> SELECT * FROM table(dbms_xplan.display);

---------------------------------
| Id  | Operation            | Name |
---------------------------------
|   0 | SELECT STATEMENT     |      |
```

```
|*  1 |  TABLE ACCESS FULL| T    |
-----------------------------------

  1 - filter( "N" =1970)

Note
-----
   - outline "OUTLINE_FROM_TEXT" used for this statement
```

對於函式庫快取中儲存的游標，v$sql 視圖的 outline_category 行會指明，在執行計畫產生期間是否使用了儲存概要。不幸的是，這只提供了類別名。儲存概要名本身卻是未知的。如果沒有使用儲存概要，該行將會是 NULL。

有一種方法可以知道在一段時間內是否使用過儲存概要，可以使用 dbms_outln 套件下的 clear_used 過程，來重設使用標記。接著，稍後再查看該標記，就可以判斷是否使用了這個儲存概要。然而，並不會提供更多的使用資訊（比如，使用次數或何時使用）：

```
SQL> execute dbms_outln.clear_used(name => 'OUTLINE_FROM_TEXT' )

SQL> SELECT used
  2  FROM user_outlines
  3  WHERE name = 'OUTLINE_FROM_TEXT' ;

USED
------
UNUSED

SQL> SELECT * FROM t WHERE n = 1970;

SQL> SELECT used
  2  FROM user_outlines
  3  WHERE name = 'OUTLINE_FROM_TEXT' ;

USED
------
USED
```

5 移動儲存概要

Oracle 並沒有提供用於移動儲存概要的特別功能。基本上，必須自己從一個資料字典複製到另一個資料字典。這比較簡單，因為資料只儲存在 outln 模式的三個表中：ol$、ol$hints 和 ol$nodes。可以使用下面的命令來匯入和匯出所有可用的儲存概要：

```
exp tables=(outln.ol$,outln.ol$hints,outln.ol$nodes) file=outln.dmp

imp full=y ignore=y file=outln.dmp
```

要想移動單個儲存概要（此例中為 outline_from_text），可以給 export 命令新增以下參數：

要想移動　個類別（這裡使用 test 類別）下的所有儲存概要，可以給 export 命令新增以下參數：

```
query=" WHERE category=' TEST'"
```

請小心，因為根據使用的作業系統和 shell，你可能必須新增某些轉義字元才能成功傳遞所有參數。例如，在 Linux 伺服器上，使用 bash 時，我必須執行以下命令：

```
exp tables=\(outln.ol\$,outln.ol\$hints,outln.ol\$nodes\) file=outln.dmp \
    query=\" WHERE ol_name=\' OUTLINE_FROM_TEXT\' \"
```

6 編輯儲存概要

使用儲存概要可以鎖定執行計畫。然而，只有在查詢最佳化工具能夠產生高效執行計畫，且稍後捕捉到，並由儲存概要鎖定才有用。如果不是這種情況，首先你需要研究的是，為了建立儲存高效執行計畫的儲存概要，是否有可能修改執行環境、存取結構或物件的統計資訊。比如，指定 SQL 敘述的執行計畫使用索引掃描，而你想避免使用它，那就應該在測試系統上刪除（或隱藏）索引，產生儲存概要，然後移動到生產環境中。

當你發現無法強制查詢最佳化工具自動產生一個高效的執行計畫時，最後的手段是手動修改儲存概要。簡單地說，你需要修改與儲存概要相關聯的 hint。

然而在實踐中，你無法對儲存在資料字典中的**公共儲存概要（public stored outline）**（這是到目前為止我們討論的儲存概要種類別）簡單地執行幾個 SQL 敘述。相反的，你必須執行像圖 11-3 總結的那樣修改。這個過程是根據**私有儲存概要（private stored outline）**的修改。這些與公共儲存概要類似，但不是儲存在資料字典中，而是儲存在**工作表（working table）**中。使用工作表的目的就是為了避免直接修改資料字典。因此，要修改儲存概要，你需要建立、修改並測試私有儲存概要。接著，當私有儲存概要工作正常後，就把它改成公共儲存概要。Dbms_outln_edit 套件和 CREATE OUTLINE 敘述的一些擴充都可以修改儲存概要。

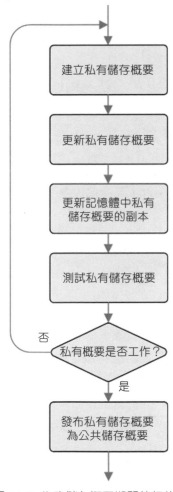

↑ 圖 11-3　修改儲存概要期間執行的步驟

根據 outline_editing.sql 腳本中的例子，我來介紹圖 11-3 總結的整個過程。目的是為以下查詢建立和修改儲存概要，來用索引掃描替代全資料表掃描：

```
SQL> EXPLAIN PLAN FOR SELECT * FROM t WHERE n = 1970;

SQL> SELECT * FROM table(dbms_xplan.display(NULL,NULL,'basic'));


-------------------------------------------
| Id | Operation                | Name |
-------------------------------------------
|  0 | SELECT STATEMENT         |      |
|  1 |  TABLE ACCESS BY INDEX ROWID| T  |
|  2 |   INDEX RANGE SCAN       | I    |
-------------------------------------------
```

首先，需要建立私有儲存概要。因此，會遇到兩種情況。第一種情況是像以下 SQL 敘述那樣，重新建立私有儲存概要。PRIVATE 關鍵字指定了要建立的儲存概要類型：

```
SQL> CREATE OR REPLACE PRIVATE OUTLINE p_outline_editing
  2  ON SELECT * FROM t WHERE n = 1970;
```

第二種情況是借助於類似以下 SQL 敘述，複製已經存在於資料字典中的公共儲存概要。PRIVATE 和 PUBLIC 關鍵字分別指定了需要建立和複製的儲存概要類型：

```
SQL> CREATE PRIVATE OUTLINE p_outline_editing FROM PUBLIC outline_editing;
```

兩種方法都會在工作表裡建立私有儲存概要。下面是與儲存概要相關的 hint 清單：

```
SQL> SELECT hint_text
  2  FROM ol$hints
  3  WHERE ol_name = 'P_OUTLINE_EDITING';

HINT_TEXT
-------------------------------------------
INDEX_RS_ASC(@"SEL$1" "T" @"SEL$1" ("T"."N"))
```

```
OUTLINE_LEAF(@" SEL$1" )
ALL_ROWS
DB_VERSION( '11.2.0.3' )
OPTIMIZER_FEATURES_ENABLE( '11.2.0.3' )
IGNORE_OPTIM_EMBEDDED_HINTS
```

　　一旦建立好私有儲存概要，就可以使用常規 DML 敘述修改它。然而，想要修改涵蓋所有需求並不是容易的事。一個比較容易實現的辦法是，再建立一個私有儲存概要來複製想要的執行計畫，然後交換這兩個執行計畫的內容。要建立附加儲存概要，需要執行以下 SQL 敘述。請注意，hint 是用來命令查詢使用全資料表掃描的：

```
SQL> CREATE OR REPLACE PRIVATE OUTLINE p_outline_editing_hinted
  2  ON SELECT /*+ full(t) */ * FROM t WHERE n = 1970;
```

　　然後透過執行如下 SQL 敘述來交換內容：

```
SQL> UPDATE ol$
  2  SET hintcount = (SELECT hintcount
  3                     FROM ol$
  4                     WHERE ol_name = 'P_OUTLINE_EDITING_HINTED' )
  5  WHERE ol_name = 'P_OUTLINE_EDITING' ;

SQL> DELETE ol$hints
  2  WHERE ol_name = 'P_OUTLINE_EDITING' ;

SQL> UPDATE ol$hints
  2  SET ol_name = 'P_OUTLINE_EDITING'
  3  WHERE ol_name = 'P_OUTLINE_EDITING_HINTED' ;
```

　　下面是交換完後，與私有儲存概要相關聯的 hint 列表。唯一的不同就是 index hint 被替換成了 full hint：

```
SQL> SELECT hint_text
  2  FROM ol$hints
  3  WHERE ol_name = 'P_OUTLINE_EDITING' ;
```

```
HINT_TEXT
--------------------------------------
FULL(@" SEL$1" "T" @" SEL$1" )
OUTLINE_LEAF(@" SEL$1" )
ALL_ROWS
DB_VERSION( '11.2.0.3' )
OPTIMIZER_FEATURES_ENABLE( '11.2.0.3' )
IGNORE_OPTIM_EMBEDDED_HINTS
```

為了確保記憶體中的儲存概要同步修改，可以執行以下 PL/SQL 呼叫：

```
SQL> execute dbms_outln_edit.refresh_private_outline( 'P_OUTLINE_EDITING' )
```

接著，將初始化參數 use_private_outlines 設定為 TRUE，或指定私有儲存概要所屬的類別名來啟動和測試私有儲存概要。請注意，執行計畫裡的全資料表掃描和 Note 部分裡的資訊，它們都確認了使用私有儲存概要。例如：

```
SQL> ALTER SESSION SET use_private_outlines = TRUE;

SQL> EXPLAIN PLAN FOR SELECT * FROM t WHERE n = 1970;

SQL> SELECT * FROM table(dbms_xplan.display(NULL,NULL,' basic +note' ));

-----------------------------------
| Id | Operation        | Name |
-----------------------------------
|  0 | SELECT STATEMENT |      |
|  1 |  TABLE ACCESS FULL| T    |
-----------------------------------

Note
-----
   - outline "P_OUTLINE_EDITING" used for this statement
```

一旦你滿意現有的私有儲存概要，就可以使用以下 SQL 敘述將它當作公共儲存概要進行發布：

```
SQL> CREATE PUBLIC OUTLINE outline_editing FROM PRIVATE p_outline_editing;
```

7 刪除儲存概要

使用 DROP OUTLINE 敘述或 dbms_outln 套件下的 drop_by_cat 過程，可以刪除儲存概要。前者刪除單個儲存概要，而後者刪除一個類別下的所有儲存概要：

```
DROP OUTLINE outline_from_text

execute dbms_outln.drop_by_cat(cat => 'TEST')
```

要刪除私有儲存概要，必須使用 DROP PRIVATE OUTLINE 敘述。

8 許可權

建立、修改和刪除儲存概要需要的系統許可權，分別是 create any outline、alter any outline 和 drop any outline。對儲存概要來說，不存在物件使用權限。

預設情況下，只有擁有 dba 或 execute_catalog_role 角色的用戶，才能執行 dbms_outln 套件。相反的，所有用戶都可以執行 dbms_outln_edit 套件下的程式（已將 execute 許可權賦予 public）。

終端使用者不需要特定許可權也可以使用儲存概要。

★ **提示** 你永遠不需要使用 outln 帳戶登入。因此，出於安全考慮，應該鎖定該帳戶或修改預設密碼。這很重要，因為該帳戶擁有一個非常危險的系統許可權：execute any procedure。

11.5.2 何時使用

有兩種情況需要考慮使用儲存概要。第一，想要優化一條 SQL 敘述而不能在應用裡修改它時（例如，無法新增 hint）。第二，遇到任何原因導致的執行計畫不穩定時。由於儲存概要的目的是強制查詢最佳化工具，為指定 SQL 敘述選擇指定執行計畫，因此只有當你想確認限制查詢最佳化工具選擇單個執行計畫時，才會使用該技巧。

從 11.1 版本之後，儲存概要不支援 SQL 計畫管理。因此，從 11.1 版本起，只會在標準版裡使用儲存概要。

11.5.3 陷阱和謬誤

奇怪的是，不能在初始設定檔案（init.ora 或 spfile.ora）中指定初始化參數 use_stored_outlines。因此，必須在每次實例啟動後，在系統層級設定該參數，或每次在對話建立後，在對話層級設定該參數。這兩種情況都可以透過資料庫觸發器來設定初始化參數。例如，下面的觸發器僅為名稱為 Joze 的用戶設定初始化參數 use_stored_outlines：

```
CREATE OR REPLACE TRIGGER enable_outlines AFTER LOGON ON joze.SCHEMA
BEGIN
  EXECUTE IMMEDIATE 'ALTER SESSION SET use_stored_outlines = TRUE' ;
END;
```

即使在執行計畫產生期間應用了儲存概要，也並不意味著查詢最佳化工具真正選擇的就是應用期望產生的執行計畫。這個很讓人困惑。更何況因為 dbms_xplan 套件的輸出和 v$sql 視圖的 outline_category 行，顯示了解析階段使用的儲存概要。下面的例子，是 outline_unreproducible.sql 腳本產生的輸出節選：

```
SQL> SELECT * FROM t WHERE n = 1970;


---------------------------------------------------
| Id  | Operation                          | Name |
---------------------------------------------------
|   0 | SELECT STATEMENT                    |      |
|   1 |  TABLE ACCESS BY INDEX ROWID BATCHED| T    |
|*  2 |   INDEX RANGE SCAN                  | I    |
---------------------------------------------------

   2 - access( "N" =1970)


Note
-----
  - outline "OUTLINE_UNREPRODUCIBLE" used for this statement


SQL> DROP INDEX i;
```

```
SQL> SELECT * FROM t WHERE n = 1970;

---------------------------------
| Id  | Operation         | Name |
---------------------------------
|  0  | SELECT STATEMENT  |      |
|* 1  | TABLE ACCESS FULL | T    |
---------------------------------

  1 - filter( "N" =1970)

Note
-----
  - outline "OUTLINE_UNREPRODUCIBLE " used for this statement
```

　　儲存概要最重要的一個屬性是，它們是從程式碼中分離出來的。不過這也會導致問題。實際上，由於儲存概要與 SQL 敘述之間沒有直接的參照，開發人員完全可以忽略儲存概要的存在。因此，如果開發人員修改了 SQL 敘述而導致它的簽名改變，儲存概要也就跟著失效了。同理，當你要部署的應用，需要使用儲存概要來保證正常執行時，在資料庫安裝期間別忘了安裝它們。

　　需要注意的是，當儲存概要依賴的物件被刪除時，儲存概要不會被刪除。這並不是個問題。例如，如果一個表或索引由於必須重組或移動而需要重建，那麼儲存概要沒有被刪除就是好事；否則還需要重建它們。

　　兩個有相同文字的 SQL 敘述擁有相同的簽名。即使它們參照的物件在不同的模式下。這代表單個儲存概要可以被兩個同名，但處於不同模式中的表使用。再次強調，你需要特別小心，尤其是資料庫裡同樣的物件有多個副本時。

　　當某個 SQL 敘述有儲存概要，同時還有 SQL 設定檔和 / 或 SQL 計畫基準（plan baseline）時，查詢最佳化工具僅會使用儲存概要。當然，前提是僅當儲存概要的使用處於活動狀態時。

11.6 SQL 設定檔

你可以將 SQL 優化委派給稱為**自動調整優化器**（**Automatic Tuning Optimizer**）的查詢最佳化工具的一個元件。將此任務委派給在第一個位置無法找到有效執行計畫的同一個元件，這可能看起來很奇怪。但實際上，這兩種情況很不同。事實上，在正常情況下，由於查詢最佳化工具需要快速運轉（基本是亞秒級）而被迫產生次優的執行計畫。相反的，自動調整優化器會有更多的時間來執行一個高效的執行計畫。進一步講，它可以使用耗時技術（如類比分析）和加大動態採樣技術的使用率，來驗證它的估算。

自動調整優化器是透過 **SQL 優化顧問**（**SQL Tuning Advisor**）導入的。它的目的是分析 SQL 敘述，並針對其效能的提高提出建議，包括收集缺失或陳舊的統計資訊，建立新的索引，修改 SQL 敘述或使用 SQL 設定檔。接下來的部分會專門介紹 SQL 設定檔。

關於 SQL 設定檔必須要知道的是，它只可以透過 SQL 優化顧問產生。但在稍後我會介紹，你也可以手動建立它們。

11.6.1 工作原理

接下來的幾個部分會介紹什麼是 SQL 設定檔，以及如何使用它們，還會提供關於它們的內部工作的資訊。要管理 SQL 設定檔，可以使用整合到企業管理器（Enterprise Manager）的圖形介面。我們不會花時間在這上面，因為在我看來，如果你懂得後台發生了什麼，那麼使用圖形介面就不會有問題。

1 SQL 設定檔的定義

SQL 設定檔是一種物件，這種物件包含可幫助查詢最佳化工具，為特定 SQL 敘述找到高效執行計畫的資訊。SQL 設定檔提供關於以下各項的資訊：執行環境、物件統計資訊和與查詢最佳化工具執行的評估相關的更正。SQL 設定檔的主要優勢之一是，可以影響查詢最佳化工具而不用修改 SQL 敘述，或它所在對話的執行環境。換句話說，它對於連線到資料庫引擎的應用是透明的。要理解 SQL 設定檔是如何工作的，讓我們來看看它是如何產生和使用的。

　　圖 11-4 舉例說明 SQL 設定檔產生期間的執行步驟。簡單來說，用戶請求 SQL 優化顧問來優化 SQL 敘述，然後當 SQL 設定檔提出建議後，SQL 優化顧問就會接受。

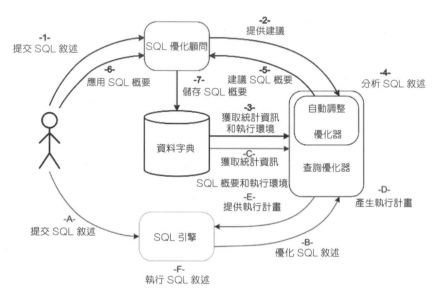

↑ 圖 11-4　SQL 設定檔產生期間執行的步驟

　　下面是詳細的步驟。

(1) 使用者將效能糟糕的 SQL 敘述傳遞給 SQL 優化顧問。

(2) SQL 優化顧問要求自動調整優化器針對需要優化的 SQL 敘述提供建議。

(3) 查詢最佳化工具獲取系統統計資訊、與 SQL 敘述參照的物件相關的物件統計資訊，以及設定執行環境的初始化參數。

(4) 分析 SQL 敘述。在這個過程中，自動調整優化器執行分析，並部分執行 SQL 敘述來驗證它的猜測。

(5) 自動調整優化器將 SQL 設定檔回傳給 SQL 優化顧問。

(6) 用戶使用 SQL 設定檔。

(7) 將 SQL 設定檔儲存到資料字典中。

　　圖 11-5 舉例說明使用 SQL 設定檔期間執行的步驟。重點是整個過程對用戶來說是透明的。

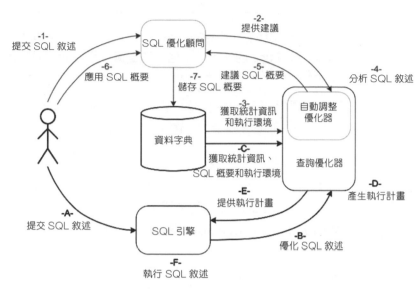

↑ 圖 11-5 SQL 敘述執行期間執行的主要步驟

下面是詳細的步驟。

A. 使用者將 SQL 敘述發送給 SQL 引擎來執行。

B. SQL 引擎要求查詢最佳化工具提供執行計畫。

C. 查詢最佳化工具獲取系統統計資訊、與 SQL 敘述參照的物件相關的物件統計資訊、SQL 設定檔，以及設定執行環境的初始化參數。

D. 查詢最佳化工具分析 SQL 敘述，並產生執行計畫。

E. 將執行計畫傳遞給 SQL 引擎。

F. SQL 引擎執行 SQL 敘述。

下一部分詳細介紹 SQL 設定檔產生和使用期間執行的核心步驟。特別關注涉及使用者的步驟。讓我們先從 SQL 優化顧問開始。

2 SQL 優化顧問

透過 dbms_sqltune 套件可以存取 SQL 優化顧問的核心介面。此外，在企業管理器中還整合了一個圖形介面。透過這兩個介面可以執行**優化任務（tuning task）**，還可以查看產生的建議並接受建議。在這裡我並不會向你展示圖形化使用者介面如何工作，因為更重要的是要瞭解後台發生了什麼。

> **注意** 要使用 SQL 優化顧問和 dbms_sqltune 套件，必須獲得使用 Diagnostics Pack 和 Tuning Pack 的許可。記住，這些選件僅在企業版可用。

要啟動優化任務，必須呼叫 dbms_sqltune 套件中的 create_tuning_task 函數，並將以下各項之一作為一個參數傳遞（函數會重載四次，以接受不同類型的參數）。

- SQL 敘述的文字。
- 對儲存在函式庫快取中的 SQL 敘述的參照（sql_id）。
- 對儲存在 AWR（Automatic Workload Repository，自動工作負載儲存庫）中的 SQL 敘述的參照（sql_id）。
- SQL 優化集的名稱。

SQL 優化集（SQL TUNING SETS）

簡單地說，**SQL 優化集**是將一組 SQL 敘述與其關聯的執行環境、執行統計資訊和可選執行計畫儲存在一起的物件。SQL 優化集是使用 dbms_sqltune 套件來管理的。

需要 Tuning Pack 或 Real Application Testing 才能使用 SQL 優化集，也就是說，要使用企業版。

可以在 *Oracle Database Performance Tuning Guide* 手冊（11.2 及之後版本）或者 *Oracle Database SQL Tuning Guide* 手冊（12.1 及之後版本）中，找到關於 SQL 優化集的更多資訊。

為了透過將單個 SQL 敘述當作一個參數來簡化 dbms_sqltune 套件中的 create_tuning_task 函數的執行，我編寫了 tune_last_statement.sql 腳本。其想法是，你執行希望已在 SQL*Plus 中分析過的 SQL 敘述，然後不使用參數來呼叫該腳本。該腳本會從 v$session 視圖中，獲取目前對話執行的最後一條 SQL 敘述的參照（sql_id），然後建立並執行一個參照該腳本的優化任務。該腳本的核心部分為以下匿名 PL/SQL 程式碼區塊：

```
DECLARE
  l_sql_id v$session.prev_sql_id%TYPE;
```

```
BEGIN
  SELECT prev_sql_id INTO l_sql_id
  FROM v$session
  WHERE audsid = sys_context( 'userenv' ,' sessionid' );

  :tuning_task := dbms_sqltune.create_tuning_task(sql_id => l_sql_id);
  dbms_sqltune.execute_tuning_task(:tuning_task);
END;
```

優化任務會將多個資料字典視圖中的分析輸出具體化。可以使用 dbms_ sqltune 套件中的 report_tuning_task 函數,來產生關於分析的詳細報告,而不用直接查詢視圖。下面的查詢展示了它的使用。請注意,需要使用上一個 PL/SQL 程式碼區塊回傳的優化任務名稱,來參照優化任務:

```
SELECT dbms_sqltune.report_tuning_task(:tuning_task)
FROM dual
```

上個查詢會產生類似以下的報告,來建議使用 SQL 設定檔。請注意,這部分選自 profile_opt_estimate.sql 腳本產生的輸出。第一部分顯示分析和 SQL 敘述的基本資訊。第二部分顯示結果和建議。本例中,建議使用 SQL 設定檔。最後一部分顯示應用建議之前和之後的執行計畫:

```
GENERAL INFORMATION SECTION
-------------------------------------------------------------------------------
Tuning Task Name    : TASK_3401
Tuning Task Owner   : CHRIS
Workload Type       : Single SQL Statement
Scope               : COMPREHENSIVE
Time Limit(seconds): 42
Completion Status   : COMPLETED
Started at           : 08/02/2013 15:31:44
Completed at         : 08/02/2013 15:31:45


-------------------------------------------------------------------------------
Schema Name: CHRIS
SQL ID     : bczb6dmm8gcfs
```

```
SQL Text   : SELECT * FROM t1, t2 WHERE t1.col1 = 666 AND t1.col2 > 42 AND
             t1.id = t2.id


-------------------------------------------------------------------------

FINDINGS SECTION (1 finding)
-------------------------------------------------------------------------


1- SQL Profile Finding (see explain plans section below)
--------------------------------------------------------

  A potentially better execution plan was found for this statement.


  Recommendation (estimated benefit: 65.35%)
  ------------------------------------------

  - Consider accepting the recommended SQL profile.
    execute dbms_sqltune.accept_sql_profile(task_name => 'TASK_3401' ,
          task_owner => 'CHRIS' , replace => TRUE);


-------------------------------------------------------------------------

EXPLAIN PLANS SECTION
-------------------------------------------------------------------------


1- Original With Adjusted Cost
------------------------------
Plan hash value: 2452363886


---------------------------------------------------------------------------------------

| Id | Operation                     | Name          | Rows | Bytes | Cost (%CPU)| Time     |

---------------------------------------------------------------------------------------

|  0 | SELECT STATEMENT              |               | 5000 | 9892K|  6210 (1)| 00:01:40 |
|  1 |  NESTED LOOPS                 |               |      |      |          |          |
|  2 |   NESTED LOOPS                |               | 5000 | 9892K|  6210 (1)| 00:01:40 |
|  3 |    TABLE ACCESS BY INDEX ROWID| T1            | 9646 | 9542K|  1385 (0)| 00:00:23 |
|* 4 |     INDEX RANGE SCAN          | T1_COL1_COL2_I| 9500 |      |    27 (0)| 00:00:01 |
|* 5 |    INDEX UNIQUE SCAN          | T2_PK         |    1 |      |     0 (0)| 00:00:01 |
|  6 |   TABLE ACCESS BY INDEX ROWID | T2            |    1 | 1013 |     1 (0)| 00:00:01 |

---------------------------------------------------------------------------------------
```

```
   4 - access( "T1" ." COL1" =666 AND "T1" ." COL2" >42 AND "T1" ." COL2" IS NOT NULL)
   5 - access( "T1" ." ID" =" T2" ." ID" )


2- Using SQL Profile
--------------------

Plan hash value: 2959412835


-------------------------------------------------------------------------------
| Id  | Operation           | Name  | Rows  | Bytes |TempSpc| Cost (%CPU)| Time      |
-------------------------------------------------------------------------------
|   0 | SELECT STATEMENT    |       | 5000  | 9892K|        | 1081  (1)| 00:00:18 |
|*  1 |  HASH JOIN          |       | 5000  | 9892K| 5008K|   1081  (1)| 00:00:18 |
|   2 |   TABLE ACCESS FULL| T2    | 5000  | 4946K|        |  174  (0)| 00:00:03 |
|*  3 |   TABLE ACCESS FULL| T1    | 9646  | 9542K|        |  344  (0)| 00:00:06 |
-------------------------------------------------------------------------------


   1 - access( "T1" ." ID" =" T2" ." ID" )
   3 - filter( "T1" ." COL1" =666 AND "T1" ." COL2" >42)
```

要使用 SQL 優化顧問推薦的 SQL 設定檔，你需要應用它。下一部分會介紹如何應用。無論是否應用 SQL 設定檔，一旦不再需要優化任務，就可以呼叫 dbms_sqltune 套件中的 drop_tuning_task 過程來刪掉它：

```
dbms_sqltune.drop_tuning_task( 'TASK_3401' );
```

3 接受 SQL 設定檔

dbms_sqltune 套件中的 accept_sql_profile 過程，用來接受 SQL 優化顧問建議的 SQL 設定檔。它接受以下參數。

- Task_name 和 task_owner 參數參照建議 SQL 設定檔的優化任務。
- Name 和 description 參數指定 SQL 設定檔的名稱和描述。例如，使用產生它的腳本名作為它的名稱。
- Category 參數用於將幾個 SQL 設定檔組合起來，以便於管理。預設值為 DEFAULT。

- Replace 參數指定是否替換已經可用的 SQL 設定檔。預設值為 FALSE。
- Force_match 參數指定如何執行文字標準化。預設值是 FALSE。下一部分會提供更多關於文字標準化的資訊。

只有 task_name 是強制性參數。例如，要應用上面報告中推薦的 SQL 設定檔，你需要使用以下 PL/SQL 呼叫：

```
dbms_sqltune.accept_sql_profile(task_name   => 'TASK_3401',
                                task_owner  => user,
                                name        => 'opt_estimate',
                                description => NULL,
                                category    => 'TEST',
                                force_match => TRUE,
                                replace     => TRUE);
```

一旦應用，SQL 設定檔就會儲存在資料字典中。dba_sql_profiles 視圖顯示了它的資訊。此外，從 12.1 版本之後，cdb_sql_profiles 視圖也可用。由於 SQL 設定檔不會被綁定到特定用戶，因此 all_sql_profiles 和 user_sql_profiles 視圖不存在：

```
SQL> SELECT category, sql_text, force_matching
  2  FROM dba_sql_profiles
  3  WHERE name = 'opt_estimate';

CATEGORY SQL_TEXT                                          FORCE_MATCHING
-------- ------------------------------------------------- --------------
TEST     SELECT * FROM t1, t2 WHERE t1.col1 = 666 AND      YES
         t1.col2 > 42 AND t1.id = t2.id
```

accept_sql_profile 函數與 accept_sql_profile 過程一樣。唯一不同的是函數會回傳 SQL 設定檔名。如果沒有在輸入函數中指定名稱，而系統需要產生結果時，這會變得很有用。

4 修改 SQL 設定檔

建立 SQL 設定檔之後，可以使用 `dbms_sqltune` 套件中的 `alter_sql_profile` 過程來修改它的一些屬性，並且還可以使用它來修改 SQL 設定檔的狀態（enabled 或 disabled）。該過程接受以下參數。

- Name 參數指定要修改的 SQL 設定檔。
- Attribute_name 參數指定要修改的屬性。它能接受的值有：name、description、category 和 status。
- Value 參數指定新的屬性值。

這三個參數是強制的。例如，以下 PL/SQL 呼叫會禁用上面例子建立的 SQL 設定檔：

```
dbms_sqltune.alter_sql_profile(name            => 'opt_estimate',
                               attribute_name => 'status',
                               value          => 'disabled' );
```

5 文字標準化

SQL 設定檔的一個主要優勢是，儘管它應用於某個 SQL 敘述，但它並不會對 SQL 敘述做任何修改。實際上，SQL 設定檔儲存在資料字典中，且查詢最佳化工具會自動選擇它們。圖 11-6 顯示在選擇過程中會實施的基本步驟。首先，會使 SQL 敘述標準化，這代表不僅要不區分大小寫，還要不使用空格。根據結果的 SQL 敘述會計算出簽名。然後會根據簽名在資料字典中進行查找。每當找到有相同簽名的 SQL 設定檔時，就會執行檢查來確保 SQL 敘述是最優的，並且關聯 SQL 設定檔的 SQL 敘述也是等價的。這一步很重要，因為簽名其實是個雜湊值，因此可能會存在衝突。如果檢測成功，會將與 SQL 設定檔關聯的 hint，加入到產生的執行計畫中。

如果 SQL 敘述包含的文字發生改變，它會像雜湊值簽名一樣改變。因此，SQL 設定檔是沒用的，因為 SQL 設定檔被綁定到某個僅會執行一次的 SQL 敘述。為了避免這個問題，資料庫引擎會在標準化階段去除文字部分。要啟用這個功能，需要在應用 SQL 設定檔時，將 `force_match` 參數設定為 TRUE。

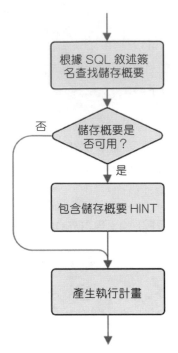

▲ 圖 11-6 SQL 設定檔選擇期間實施的主要步驟

為了研究文字標準化的工作原理，可以使用 dbms_sqltune 套件中的 sqltext_to_signature 函數。它需要兩個輸入參數，sql_text 和 force_match。前者指定 SQL 敘述，後者指定文字標準化的類型。下面是節選自 profile_signature.sql 腳本產生的輸出，展示了在簽名不同但是相似的 SQL 敘述上，force_match 參數的影響。

■ force_match 設定為 FALSE：空格和不區分大小寫。

```
SQL_TEXT                                                      SIGNATURE
------------------------------------------------- --------------------
SELECT * FROM dual  WHERE dummy = 'x'              7181225531830258335
select *  from  dual  where  dummy=' X'           7181225531830258335
SELECT * FROM dual WHERE dummy = 'x'              18443846411346672783
SELECT * FROM dual WHERE dummy = 'Y'               9099030715615515954
SELECT * FROM dual WHERE dummy = 'x' OR dummy = :b1 14508885911807130242
SELECT * FROM dual WHERE dummy = 'Y' OR dummy = :b1  816238779370039768
```

- force_match 設定為 TRUE：空格和不區分大小寫和文字。然而，如果 SQL 敘述中使用了綁定變數，那麼不會執行文字替換。

```
SQL_TEXT                                                   SIGNATURE
-------------------------------------------------- --------------------
SELECT * FROM dual WHERE dummy = 'X'              10668153635715970930
select  *  from  dual  where  dummy='X'          10668153635715970930
SELECT * FROM dual WHERE dummy = 'x'              10668153635715970930
SELECT * FROM dual WHERE dummy = 'Y'              10668153635715970930
SELECT * FROM dual WHERE dummy = 'X' OR dummy = :b1 14508885911807130242
SELECT * FROM dual WHERE dummy = 'Y' OR dummy = :b1  816238779370039768
```

請注意，同一 SQL 敘述可以有兩個 SQL 設定檔：一個使用設定為 FALSE 的 force_match 參數，另一個使用設定為 TRUE 的 force_match 參數。如果兩個 SQL 設定檔都存在，那麼使用設定為 FALSE 的 force_match 參數的 SQL 設定檔，會優先於設定為 TRUE 的。這是因為設定為 FALSE 的 force_match 參數，會比另一個更詳細些。這表示可以使用一個 SQL 設定檔來對應大多數文字，而另一個來對應需要特別處理的（比如，當對文字的限制應用在一個資料傾斜的行上時）。

6 啟動 SQL 設定檔

可以在系統或對話層級透過初始化參數 sqltune_category 來控制 SQL 設定檔的啟動。預設值為 DEFAULT。這也是 dbms_sqltune 套件中的 accept_sql_profile 過程中，category 參數的預設值。因此，如果應用 SQL 設定檔時未指定類別，那麼會啟動預設的 SQL 設定檔。應用 SQL 設定檔時，會把類別名當作一個值來處理。比如，下面的 SQL 敘述在對話層級啟動，屬於 test 類別的 SQL 設定檔：

```
ALTER SESSION SET sqltune_category = test
```

這個初始化參數只支援單個類別。很顯然在指定時間內，一個對話只能啟動一個類別。

為了查明查詢最佳化工具是否使用了 SQL 設定檔，可以利用 dbms_xplan 套件中的函數。正如下面的例子，它們輸出的 Note 部分，確認提供了需要的資訊：

```
SQL> EXPLAIN PLAN FOR SELECT * FROM t ORDER BY id;


SQL> SELECT * FROM table(dbms_xplan.display);


---------------------------------------------
| Id  | Operation                    | Name  |
---------------------------------------------
|   0 | SELECT STATEMENT             |       |
|   1 |  TABLE ACCESS BY INDEX ROWID | T     |
|   2 |   INDEX FULL SCAN            | T_PK  |
---------------------------------------------


Note
-----
  - SQL profile "import_sql_profile" used for this statement
```

對於儲存在函式庫快取中的游標，v$sql 視圖的 sql_profile 行顯示了在游標執行計畫產生期間使用的 SQL 設定檔名。當沒有使用 SQL 設定檔時，該行值為 NULL。

7 移動 SQL 設定檔

dbms_sqltune 套件提供了多個過程，以在資料庫之間移動 SQL 設定檔。如圖 11-7 顯示，會提供以下功能。

- 可以透過 create_stgtab_sqlprof 過程建立臨時表。
- 可以透過 pack_stgtab_sqlprof 過程，將資料字典中的 SQL 設定檔複製到臨時表中。
- 可以透過 remap_stgtab_sqlprof 過程，修改儲存在臨時表中的 SQL 設定檔名和類別。
- 可以透過 unpack_stgtab_sqlprof 過程，將臨時表中的 SQL 設定檔複製到資料字典中。

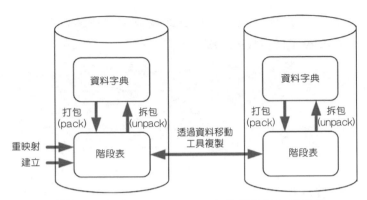

↑ 圖 11-7 使用 dbms_sqltune 套件移動 SQL 設定檔

　　請注意，在資料庫之間移動臨時表，依靠的是資料移動技術（例如，資料泵（Data Pump）或舊有的匯出（export）和匯入（import）程式），並不依靠 dbms_sqltune 套件本身。

　　下面的例子，參照自 profile_cloning.sql 腳本，顯示了如何在單個資料庫中複製 SQL 設定檔。首先，mystgtab 臨時表是在目前模式（schema）中建立的：

```
dbms_sqltune.create_stgtab_sqlprof(table_name       => 'MYSTGTAB' ,
                                   schema_name      => user,
                                   tablespace_name  => 'USERS' );
```

　　接著，會將名稱為 opt_estimate 的 SQL 設定檔，從資料字典複製到臨時表中：

```
dbms_sqltune.pack_stgtab_sqlprof(profile_name        => 'opt_estimate' ,
                                 profile_category    => 'TEST' ,
                                 staging_table_name  => 'MYSTGTAB' ,
                                 staging_schema_owner => user);
```

　　將 SQL 設定檔複製回資料字典中之前，必須修改 SQL 設定檔名。同時，也要修改它的類別：

```
dbms_sqltune.remap_stgtab_sqlprof(old_profile_name     => 'opt_estimate' ,
                                  new_profile_name     => 'opt_estimate_clone' ,
                                  new_profile_category => 'TEST_CLONE' ,
                                  staging_table_name   => 'MYSTGTAB' ,
                                  staging_schema_owner => user);
```

最後，將 SQL 設定檔從臨時表複製到資料字典中。由於參數會被替換成 TRUE，同名的 SQL 設定檔也會被改寫：

```
dbms_sqltune.unpack_stgtab_sqlprof(profile_name        => 'opt_estimate_clone',
                                   profile_category    => 'TEST_CLONE',
                                   replace             => TRUE,
                                   staging_table_name  => 'MYSTGTAB',
                                   staging_schema_owner => user);
```

8 刪除 SQL 設定檔

可以使用 dbms_sqltune 套件中的 drop_sql_profile 過程，來刪除資料字典中的 SQL 設定檔。Name 參數指定 SQL 設定檔名。Ignore 參數指定當 SQL 設定檔不存在時是否回傳錯誤。預設值為 FALSE：

```
dbms_sqltune.drop_sql_profile(name   => 'opt_estimate',
                              ignore => TRUE);
```

9 許可權

要建立、修改和刪除 SQL 設定檔，分別需要 create any sql profile、alter any sql profile 和 drop any sql profile 系統許可權。然而，從 11.1 版本開始，這三個系統許可權不再支援 administer sql management 系統許可權物件。SQL 設定檔沒有物件使用權限。要使用 SQL 優化顧問，就需要 advisor 系統許可權。

最終使用者不需要特定許可權也可以使用 SQL 設定檔。

10 未公開特性

SQL 設定檔如何影響查詢最佳化工具？ Oracle 並未在其檔案中提供答案。我認為高效地使用特性的最好方法，就是了解它的工作原理。因此，讓我們來看看它的內部。簡單地說，SQL 設定檔儲存了一組 hint 來表示查詢最佳化工具執行的優化。其中一些 hint 是在檔案裡有記錄的，並且也用於其他環境。其他 hint 是未公開的，並且通常只會由 SQL 設定檔使用。換句話說，它們都為了這個目的而使用。它們全部都是普通的 hint，因此也可以直接加入到 SQL 敘述中。

在討論如何查詢與 SQL 設定檔關聯的 hint 列表前，讓我們先導入一個根據 profile_all_rows.sql 腳本的例子。它的目的是為了展示，使用 SQL 設定檔是可以命令查詢最佳化工具改變優化模式的。在這個特定的例子中，需要改變優化器模式，是因為查詢包含了 rule hint，這會強制查詢最佳化工具在根據規則的模式下工作。查詢和它的執行計畫如下：

```
SQL> SELECT /*+ rule */ * FROM t ORDER BY id;
-------------------------------------------
| Id  | Operation                 | Name |
-------------------------------------------
|   0 | SELECT STATEMENT          |      |
|   1 |  TABLE ACCESS BY INDEX ROWID| T    |
|   2 |   INDEX FULL SCAN         | T_PK |
-------------------------------------------

Note
-----
   - rule based optimizer used (consider using cbo)
```

在讓 SQL 優化顧問在查詢上工作且應用 SQL 設定檔後，執行計畫也會改變。正如 Note 部分指出的那樣，會在執行計畫產生期間使用 SQL 設定檔：

```
SQL> SELECT /*+ rule */ * FROM t ORDER BY id;
--------------------------------------------------------------------------------
| Id  | Operation          | Name | Rows  | Bytes |TempSpc| Cost (%CPU)| Time     |
--------------------------------------------------------------------------------
|   0 | SELECT STATEMENT   |      | 10000 | 1015K|       |   277   (1)| 00:00:04 |
|   1 |  SORT ORDER BY     |      | 10000 | 1015K| 1120K|   277   (1)| 00:00:04 |
|   2 |   TABLE ACCESS FULL| T    | 10000 | 1015K|       |    38   (0)| 00:00:01 |
--------------------------------------------------------------------------------

Note
-----
   - SQL profile "all_rows" used for this statement
```

不幸的是，與 SQL 設定檔關聯的 hint，無法透過資料字典視圖顯示。實際上，只有兩個視圖能提供關於 SQL 設定檔的資訊：dba_sql_profiles 視圖和在 12.1 多租戶環境下的 cdb_sql_profiles 視圖，它們提供除了 hint 以外的所有資訊。如果想知道哪些 hint 被用於 SQL 設定檔，那麼你有兩個選擇。第一個是直接查詢內部資料字典表。下面的查詢會介紹針對由 profile_all_rows.sql 腳本產生的 SQL 設定檔該如何查詢。請注意，會用到兩個初始化參數 hint（all_rows 和 optimizer_features_enable）。此外，要命令查詢最佳化工具忽略目前 SQL 敘述中的 hint（本例是 rule hint），會用到 ignore_optim_embedded_hints。

- 該查詢在 10.2 版本中可用：

```
SQL> SELECT attr_val
  2  FROM sys.sqlprof$ p, sys.sqlprof$attr a
  3  WHERE p.sp_name = 'all_rows'
  4  AND p.signature = a.signature
  5  AND p.category = a.category;


ATTR_VAL
------------------------------------
ALL_ROWS
OPTIMIZER_FEATURES_ENABLE(default)
IGNORE_OPTIM_EMBEDDED_HINTS
```

- 該查詢在 11.1 版本中可用：

```
SQL> SELECT extractValue(value(h),' .' ) AS hint
  2  FROM sys.sqlobj$data od, sys.sqlobj$ so,
  3      table(xmlsequence(extract(xmltype(od.comp_data),' /outline_data/
hint' ))) h
  4  WHERE so.name = 'all_rows'
  5  AND so.signature = od.signature
  6  AND so.category = od.category
  7  AND so.obj_type = od.obj_type
  8  AND so.plan_id = od.plan_id;


HINT
```

```
----------------------------------
ALL_ROWS
OPTIMIZER_FEATURES_ENABLE(default)
IGNORE_OPTIM_EMBEDDED_HINTS
```

第二種可能是將 SQL 設定檔移動到臨時表中，這在「移動 SQL 設定檔」部分介紹過。接著，使用類似以下的查詢，可以從臨時表中獲取 hint。請注意，會執行透過 table 函數的非巢狀查詢，因為 hint 儲存在 VARCHAR2 變長陣列中：

```
SQL> SELECT *
  2  FROM table(SELECT attributes
  3             FROM mystgtab
  4             WHERE profile_name = 'opt_estimate' );

COLUMN_VALUE
----------------------------------
ALL_ROWS
OPTIMIZER_FEATURES_ENABLE(default)
IGNORE_OPTIM_EMBEDDED_HINTS
```

SQL 設定檔不僅可以更改優化器的模式，實際上，它還可以用來校正查詢最佳化工具執行錯誤的基數估算。Profile_opt_estimate.sql 腳本展示的就是這樣的例子。使用第 10 章介紹的技巧可以識別錯誤的估算。可以看到在下面的例子中，幾項操作的估算基數（E-Rows）與真實基數（A-Rows）完全不同：

```
-------------------------------------------------------------------------------
| Id  | Operation                     | Name          | Starts | E-Rows | A-Rows |
-------------------------------------------------------------------------------
|   0 | SELECT STATEMENT              |               |    1 |        |   4750 |
|   1 |  NESTED LOOPS                 |               |    1 |        |   4750 |
|   2 |   NESTED LOOPS                |               |    1 |     20 |   4750 |
|   3 |    TABLE ACCESS BY INDEX ROWID| T1            |    1 |     20 |   9500 |
|*  4 |     INDEX RANGE SCAN          | T1_COL1_COL2_I|    1 |     20 |   9500 |
|*  5 |    INDEX UNIQUE SCAN          | T2_PK         | 9500 |      1 |   4750 |
|   6 |   TABLE ACCESS BY INDEX ROWID | T2            | 4750 |      1 |   4750 |
-------------------------------------------------------------------------------
```

如果使用 SQL 優化顧問來分析這樣的案例且應用它的建議，就像 profile_ opt_estimate.sql 腳本那樣，那麼會建立包含以下 hint 的 SQL 設定檔：

```
OPT_ESTIMATE(@"SEL$1", INDEX_SCAN, "T1"@"SEL$1", "T1_COL1_COL2_I",
SCALE_ROWS=477.9096254)
OPT_ESTIMATE(@"SEL$1", NLJ_INDEX_SCAN, "T2"@"SEL$1", ("T1"@"SEL$1"),
"T2_PK", SCALE_ROWS=0.4814075109)
OPT_ESTIMATE(@"SEL$1", NLJ_INDEX_FILTER, "T2"@"SEL$1",
("T1"@"SEL$1"), "T2_PK", SCALE_ROWS=0.4814075109)
OPT_ESTIMATE(@"SEL$1", TABLE, "T1"@"SEL$1", SCALE_ROWS=486.2776343)
OPTIMIZER_FEATURES_ENABLE(default)
```

需要額外注意的是未公開的 hint opt_estimate。使用這個特別的 hint，就可以通知查詢最佳化工具，它的一些估算是錯誤的且還可以得知錯誤程度。例如，第一個 hint 告訴查詢最佳化工具對存取表 t1 的操作估算，按比例增加大約 478 倍（「大約」是因為 9500/20 的分母在 dbms_xplan 的輸出中被四捨五入了）。

適當地使用 SQL 設定檔，估算會變得更精確。同樣請注意，查詢最佳化工具選擇了另一個執行計畫，它是最初用來建立 SQL 設定檔的：

```
---------------------------------------------------------------
| Id  | Operation          | Name  | Starts | E-Rows | A-Rows |
---------------------------------------------------------------
|   0 | SELECT STATEMENT   |       |    1 |        |   4750 |
|*  1 |  HASH JOIN         |       |    1 |   5000 |   4750 |
|   2 |   TABLE ACCESS FULL| T2    |    1 |   5000 |   5000 |
|*  3 |   TABLE ACCESS FULL| T1    |    1 |   9666 |   9500 |
---------------------------------------------------------------
```

另一個 SQL 設定檔的用處是，當物件存在錯誤或遺失物件統計資訊時。當然這不應該發生，但當它發生且動態採樣無法為查詢最佳化工具提供需要的資訊時，就可以使用 SQL 設定檔。Profile_object_stats.sql 腳本提供了這樣的例子。腳本產生的 SQL 設定檔是由 hint 組成的，尤其是以下這些。正如 hint 名顯示的那樣，每個 hint 都在為表、物件或行提供物件統計資訊：

```
TABLE_STATS( "CHRIS" ." T2" , scale, blocks=735 rows=5000)
INDEX_STATS( "CHRIS" ." T2" , "T2_PK" , scale, blocks=14 index_rows=5000)
COLUMN_STATS( "CHRIS" ." T2" , "PAD" , scale, length=1000)
COLUMN_STATS( "CHRIS" ." T2" , "COL2" , scale, length=3)
COLUMN_STATS( "CHRIS" ." T2" , "COL1" , scale, length=3)
COLUMN_STATS( "CHRIS" ." T2" , "ID" , scale, length=3 distinct=5000 nulls=0
min=2 max=10000)
```

對於這部分關於未公開特性的內容，我最後想介紹的是手動建立 SQL 設定檔。換句話説，代替詢問 SQL 優化顧問分析並應用 SQL 設定檔，你可以建立自己的 SQL 設定檔。透過呼叫 dbms_sqltune 套件中的 import_sql_profile 過程，來手動建立 SQL 設定檔。下面的範例是根據 profile_import.sql 腳本的呼叫。Sql_text 參數指定了綁定 SQL 設定檔的 SQL 敘述，profile 參數指定 hint 列表。其他參數與之前介紹的 accept_sql_profile 過程的參數具有相同的定義：

```
dbms_sqltune.import_sql_profile(
    name        => 'import_sql_profile' ,
    description => 'SQL profile created manually' ,
    category    => 'TEST' ,
    sql_text    => 'SELECT * FROM t ORDER BY id' ,
    profile     => sqlprof_attr( 'first_rows(42)' ,' optimizer_features_
                   enable(default)' ),
    replace     => FALSE,
    force_match => FALSE
);
```

> **注意** 儘管 dbms_sqltune 套件中的 import_sql_profile 並不是官方記錄的，但建立 SQL 設定檔的方法，與應用 SQL 優化顧問的建議而由資料庫引擎建立的 SQL 設定檔是一樣的。因此，我認為使用 import_sql_profile 過程沒問題。此外，在 Oracle Suport 説明 *SQLT (SQLTXPLAIN) - Tool that helps to diagnose a SQL statement performing poorly or one that produces wrong results* (215187.1) 中的 coe_xfr_sql_profile.sql 腳本，使用了同樣的過程來建立 SQL 設定檔。另外，可以執行 coe_xfr_sql_profile.sql 腳本，來為函式庫快取中快取的或 AWR 中儲存的游標建立 SQL 設定檔。

11.6.2 何時使用

每當要優化一條特定的 SQL 敘述且無法在應用中更改它（例如，無法新增 hint）時，都應該考慮使用 SQL 設定檔。請記住，SQL 設定檔的目的，是為查詢最佳化工具提供關於要處理的資料，以及關於執行環境的附加資訊。因此，不要在需要為某條特定 SQL 敘述強制使用某個特定執行計畫時，使用該技術。

為此，應該使用儲存概要或 SQL 計畫管理。唯一的例外是當你想要利用與 force_match 參數相關的文字標準化功能時。實際上，儲存概要和 SQL 計畫管理都不提供類似的功能。

將初始化參數 control_management_pack_access 設定為 none 或 diagnostic 時，將無法使用 SQL 優化顧問。如果嘗試去使用，那麼資料庫引擎會引發 ORA-13717: Tuning Package License is needed for using this feature 錯誤。此外，查詢最佳化工具會忽略現有 SQL 設定檔。

11.6.3 陷阱和謬誤

SQL 設定檔最重要的屬性之一是，它們與程式碼是分開的。然而這也會帶來問題。實際上，由於在 SQL 設定檔與 SQL 敘述之間沒有直接的關聯，開發人員很可能會徹底忽略 SQL 設定檔的存在。結果，如果開發人員修改 SQL 敘述，將會導致它的簽名發生改變，這樣 SQL 設定檔就不會再生效了。同樣，當你部署一個應用，需要依靠 SQL 設定檔來保證它執行正確時，必須記得在資料庫設定期間安裝它們。

如果需要產生 SQL 設定檔，最好的做法是在生產環境中產生（如果可行），然後移動到其他環境中去做測試。但是，問題是在移動 SQL 設定檔之前，你不得不應用它。你不會想在未測試之前，就在生產環境中應用它，因此需要確保應用的 SQL 設定檔使用的類別，與初始化參數 sqltune_category 啟動的類別不同。那樣，SQL 設定檔就不會在生產資料庫上使用。總之，你總是可以在過後修改 SQL 設定檔的類別。

需要注意的是，SQL 設定檔依賴的物件被刪除時，SQL 設定檔並不會被刪除。但這並不是問題。例如，如果一個表或索引因為它必須重組或移動而需要重建，那麼 SQL 設定檔沒被刪除就是好事。否則，就有必要重建它們。

兩個有相同文字的 SQL 敘述擁有相同的簽名。即使它們參照的物件在不同的使用者下。這代表單個儲存概要可以被兩個同名，但是不同用戶的表使用。再次強調，你需要小心，尤其是當資料庫中同樣的物件有多個副本時。

在 11.2.0.2 及之前的版本中，因為 Oracle Support 檔案 *SQL profile not used in the Active Physical Standby*（10050057.8）中描述的 bug，導致 SQL 設定檔在 Active Data Guard 環境下受限。你可以在主實例上使用 SQL 設定檔，但並不總是能在備用實例上使用。

當 SQL 敘述有 SQL 設定檔和儲存概要時，查詢最佳化工具會僅使用儲存概要。當然，前提是儲存概要處於啟動狀態。

當 SQL 敘述有 SQL 設定檔和 SQL 計畫基線時，查詢最佳化工具會嘗試合併與 SQL 設定檔關聯的 hint 和與 SQL 計畫基線關聯的 hint。然而，合併 SQL 設定檔與 SQL 計畫基線有使用限制。實際上，就像下一部分介紹的那樣，SQL 計畫基線的目的是強制使用特定的執行計畫。結果，在考慮使用 SQL 計畫基線之前，SQL 設定檔的用處或許只是產生新的、不被應用的執行計畫。

11.7 SQL 計畫管理

從 11.1 版本開始，SQL 計畫管理（SPM）取代了儲存概要。其實，可以將 SQL 計畫管理看作是儲存概要的增強版。實際上，它們之間不僅具有相同的特性，且 SQL 計畫管理也具有同樣的設計目的，即使執行環境或物件統計資訊發生改變，也可以提供穩定的執行計畫。此外，與儲存概要一樣，SQL 計畫管理也可以在不修改應用的情況下，對應用進行優化。

📢 **警告** Oracle 檔案中唯一提到的 SQL 計畫管理的用法是穩定執行計畫。並未提及在不修改提交 SQL 敘述的應用的情況下，使用 SQL 計畫管理來改變目前的執行計畫（與某個指定的 SQL 敘述相關），出於某些原因，我也選擇忽略該功能。

下面是 SQL 計畫管理包含的關鍵元素。

- **SQL 計畫基線**：用來穩定執行計畫的實際物件。
- **敘述日誌**：之前執行過的 SQL 敘述列表。
- **SQL 管理基礎（SMB）**：儲存 SQL 計畫基線和敘述日誌的位置。需要的空間是在 sysaux 表空間中分配的。

11.7.1 工作原理

接下來的幾個部分會介紹 SQL 計畫管理是如何工作的。包括什麼是 SQL 計畫基線以及如何管理它們。要管理 SQL 計畫基線，可以使用整合到企業管理器的圖形介面。我們不會介紹這部分內容，因為在我看來，如果你懂得後台發生了什麼，那麼使用圖形介面就不會有問題。

1 什麼是 SQL 計畫基線

SQL 計畫基線是用來影響查詢最佳化工具產生執行計畫的物件。更具體一點，SQL 基線包含了一個或多個執行計畫，而執行計畫裡包含一組 hint。基本上，SQL 計畫基線用於強迫查詢最佳化工具，針對指定 SQL 敘述產生特定的執行計畫。

📢 **警告**　並不是所有的 hint 都會儲存在 SQL 計畫基線中。可以執行下面的查詢來查明不會儲存哪些 hint：

SELECT name FROM v$sql_hint WHERE version_outline IS NULL

即使大多數 hint 無法儲存在 SQL 計畫基線中，也不會影響到執行計畫（例如，gather_plan_statistics），但其中一些會影響（例如，materialize 和 inline）。因此，對於有些執行計畫，如果不增加 hint，在 SQL 敘述中是無法透過 SQL 計畫基線來強制修改的。

SQL 計畫基線的其中一個優勢為它適用於某個特定 SQL 敘述，且不需要修改 SQL 敘述本身。實際上，SQL 計畫基線儲存在 SQL 基礎管理平台上，且查詢最佳化工具會自動選擇它們。圖 11-8 顯示了選擇期間執行的基本步驟。

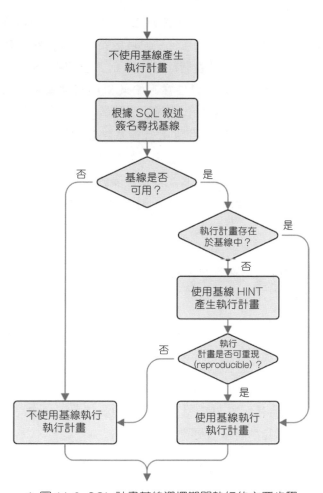

▲ 圖 11-8 SQL 計畫基線選擇期間執行的主要步驟

(1) 首先，SQL 敘述按照正常方法解析。換句話說，查詢最佳化工具不使用 SQL
計畫基線產生執行計畫。

(2) 接著，查詢最佳化工具會將 SQL 敘述標準化，使其不區分大小寫並且與文字
中的空格無關。計算出產生的 SQL 敘述的簽名，然後在 SQL 基礎管理平台中
執行查找。

如果找到相同簽名的 SQL 計畫基線，就會執行檢查來確保 SQL 敘述是最優
的，並且與關聯 SQL 計畫基線的 SQL 敘述是等價的。這一步是必要的檢查，
因為簽名是雜湊值，因此可能存在衝突。

(3) 檢查成功後，查詢最佳化工具會核實 SQL 計畫基線，是否包含沒有使用 SQL 計畫基線產生的執行計畫。如果包含它並且接受（信任）它，就會執行它。

(4) 如果將另外一個接受的執行計畫儲存在 SQL 計畫基線中，那麼與它相關的 hint 會用來產生另一個執行計畫。請注意，如果 SQL 計畫基線包含多個接受的執行計畫，查詢最佳化工具會選擇代價最小的那個。

(5) 最後，查詢最佳化工具檢查利用 SQL 計畫基線產生的執行計畫，是否會重現預估的執行計畫。只有最後這個檢查滿足條件時，執行計畫才可用。如果這個檢查通不過，查詢最佳化工具會嘗試其他接受的執行計畫，如果所有的執行計畫都無法重現，它會選擇沒有使用 SQL 計畫基線產生的執行計畫。

2 捕獲 SQL 計畫基線

可以透過幾個步驟來捕獲新的 SQL 計畫基線。基本上，它們是由資料庫引擎自動建立的，或由資料庫管理員或開發人員手動建立。下面三部分，分別介紹了三種方法。

⊙ 自動捕獲

將初始化參數 `optimizer_capture_sql_plan_baselines` 設定為 `TRUE` 時，查詢最佳化工具會自動儲存新的 SQL 計畫基線。預設情況下，會將初始化參數設定為 `FALSE`。可以在對話和系統層級更改它。

啟用自動捕獲時，查詢優化會為每條多次執行（即至少執行兩次）的 SQL 敘述儲存新的 SQL 計畫基線。為此，它會在 SQL 基礎管理平台中管理一個日誌來插入每條它處理的 SQL 敘述簽名。這代表某一 SQL 敘述第一次執行後，它的簽名僅會插入日誌。然後，當同一個 SQL 敘述第二次執行時，會建立僅包含目前執行計畫的 SQL 計畫基線，並且標記為接受。從第三次執行開始，由於 SQL 計畫基線已經與 SQL 敘述相關聯，因此查詢最佳化工具還會比較目前執行計畫與 SQL 計畫基線產生的執行計畫。如果它們不相符，這代表根據目前查詢最佳化工具的估算，最優的執行計畫並不是儲存在 SQL 計畫基線中的那個。為了儲存這個資訊，會將目前執行計畫新增到 SQL 計畫基線中，並且標記為不接受。然而，就像你之前看到的那樣，目前執行計畫無法使用。會強制查詢最佳化工具使用 SQL 計畫基線產生的執行計畫。圖 11-9 總結了整個處理過程。

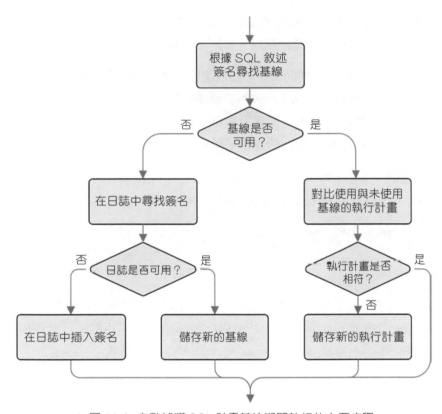

↑ 圖 11-9 自動捕獲 SQL 計畫基線期間執行的主要步驟

將某個新的執行計畫儲存到 SQL 計畫基線中時，重點需要區分以下兩種情況。

- 如果這是 SQL 計畫基線的第一個執行計畫，則會將執行計畫儲存為接受，因此，查詢最佳化工具將能夠使用它。
- 如果這不是 SQL 計畫基線的第一個執行計畫，則會將它儲存為不接受，因此，查詢最佳化工具無法使用它。「進化 SQL 計畫基線」部分，將介紹如何使 SQL 計畫基線生效，以使其對查優化器可用。

◉ 從函式庫快取中載入

要根據儲存在函式庫快取中的游標，手動將 SQL 計畫基線載入資料字典中，可以使用 dbms_spm 套件下的 load_plans_from_cursor_cache 函數。

實際上，會多次重載函數來支援確定必須處理哪些游標的不同方法。這包含兩種主要的可能。第一，透過指定以下屬性之一來標識多個 SQL 敘述。

- `sql_text`：SQL 敘述的文字。這個屬性支援萬用字元（例如 %）。
- `parsing_schema_name`：用來解析游標的模式名稱。
- `module`：執行 SQL 敘述的模組名稱。
- `action`：執行 SQL 敘述的動作名稱。

舉例說明，下面的呼叫參照自 `baseline_from_sqlarea1.sql` 腳本，為儲存在函式庫快取中包含註釋 `MySqlStm` 字串的每個 SQL 敘述，建立 SQL 計畫基線：

```
ret := dbms_spm.load_plans_from_cursor_cache(
                        attribute_name  => 'sql_text',
                        attribute_value => '%/* MySqlStm */%' );
```

第二，透過它的 SQL ID 來標識 SQL 敘述，以及可選執行計畫的雜湊值。如果雜湊值沒有指定或設定為 NULL，所有對指定 SQL 敘述可用的執行計畫都會被載入。下面的呼叫，參照自 `baseline_from_sqlarea2.sql` 腳本：

```
ret := dbms_spm.load_plans_from_cursor_cache(
                        sql_id          => '2y5r75r8y3sj0',
                        plan_hash_value => NULL);
```

使用這些函數載入的執行計畫會被儲存為可接受，因此查詢最佳化工具可以立即利用它們。

在之前的例子中，SQL 計畫基線根據函式庫快取中找到的 SQL 敘述的文字。這只有在你想確保目前的執行計畫，未來也會被用到時才有關係。有時，使用 SQL 計畫基線的目的是優化 SQL 敘述而不用修改應用。讓我們看這樣一個根據 `baseline_from_sqlarea3.sql` 腳本的例子。

假設應用執行以下 SQL 敘述。查詢最佳化工具根據全資料表掃描產生執行計畫。這是因為在 SQL 敘述中包含一個 hint，該 hint 強制查詢最佳化工具指向此操作：

```
SQL> SELECT /*+ full(t) */ count(pad) FROM t WHERE n = 42;

SQL> SELECT * FROM table(dbms_xplan.display_cursor);

------------------------------------
| Id | Operation            | Name |
------------------------------------
|  0 | SELECT STATEMENT     |      |
|  1 |  SORT AGGREGATE      |      |
|* 2 |   TABLE ACCESS FULL  | T    |
------------------------------------

  2 - filter( "N" =42)
```

你會注意到限制行（n）上有索引存在。接著你或許想知道當使用索引時效能
會怎樣。因此，正如下面的例子所示，使用某個 hint 來執行 SQL 敘述，以確保能
夠使用索引：

```
SQL> SELECT /*+ index(t) */ count(pad) FROM t WHERE n = 42;

SQL> SELECT * FROM table(dbms_xplan.display_cursor);

SQL_ID dat4n4845zdxc, child number 0
------------------------------------

Plan hash value: 3694077449

---------------------------------------------
| Id | Operation                   | Name |
---------------------------------------------
|  0 | SELECT STATEMENT            |      |
|  1 |  SORT AGGREGATE             |      |
|  2 |   TABLE ACCESS BY INDEX ROWID| T    |
|* 3 |    INDEX RANGE SCAN         | I    |
---------------------------------------------

  3 - access( "N" =42)
```

　　如果第二個執行計畫比第一個更有效率，你的目的就是讓應用使用它。如果無法更改應用來刪除或者修改 hint，可以利用 SQL 計畫基線來解決這個問題。可以自動或者手動建立 SQL 計畫基線來達到目的。在這種情況下，你決定使用初始化參數 optimizer_capture_sql_plan_baselines：

```
SQL> ALTER SESSION SET optimizer_capture_sql_plan_baselines = TRUE;

SQL> SELECT /*+ full(t) */ count(pad) FROM t WHERE n = 42;

SQL> SELECT /*+ full(t) */ count(pad) FROM t WHERE n = 42;

SQL> ALTER SESSION SET optimizer_capture_sql_plan_baselines = FALSE;
```

　　一旦 SQL 計畫基線建立好，就要檢查是否真的使用了它。透過 dbms_xplan 套件可以看到 SQL 計畫名，用來標識產生執行計畫的 SQL 計畫基線：

```
SQL> SELECT /*+ full(t) */ count(pad) FROM t WHERE n = 42;

SQL> SELECT * FROM table(dbms_xplan.display_cursor);

-----------------------------------
| Id | Operation          | Name |
-----------------------------------
|  0 | SELECT STATEMENT   |      |
|  1 |  SORT AGGREGATE    |      |
|* 2 |   TABLE ACCESS FULL| T    |
-----------------------------------

  2 - filter("N"=42)

Note
-----
   - SQL plan baseline SQL_PLAN_3u6sbgq7v4u8z3fdbb376 used for this statement
```

　　接著，根據之前的輸出提供的 SQL 計畫名，透過 dba_sql_plan_baselines 視圖，可以找到 SQL 計畫基線的識別字，即 **SQL 控制碼**（**SQL handle**）：

```
SQL> SELECT sql_handle
  2  FROM dba_sql_plan_baselines
  3  WHERE plan_name = 'SQL_PLAN_3u6sbgq7v4u8z3fdbb376';


SQL_HANDLE
--------------------
SQL_3d1b0b7d8fb2691f
```

最後，你使用 SQL 計畫基線替換執行計畫。要這麼做，需要載入執行索引掃描的執行計畫，並移除執行全資料表掃描的執行計畫。前者被 SQL 識別字以及執行計畫雜湊值參照，後者被 SQL 控制碼和 SQL 計畫名參照：

```
ret := dbms_spm.load_plans_from_cursor_cache(
                       sql_handle      => 'SQL_3d1b0b7d8fb2691f',
                       sql_id          => 'dat4n4845zdxc',
                       plan_hash_value => '3694077449' );


ret := dbms_spm.drop_sql_plan_baseline(sql_handle =>
                       'SQL_3d1b0b7d8fb2691f',
                       plan_name => 'SQL_PLAN_3u6sbgq7v4u8z3fdbb376' );
```

要檢查替換是否成功，可以測試新的 SQL 計畫基線。請注意，即使 SQL 敘述包含 full hint，執行計畫也不會再使用全資料表掃描。

> 📌 **注意**　在實踐中，不恰當的 hint 經常導致低效的執行計畫。能夠使用這部分技術來覆蓋它們是非常有用的。

```
SQL> SELECT /*+ full(t) */ count(pad) FROM t WHERE n = 42;


SQL> SELECT * FROM table(dbms_xplan.display_cursor);


---------------------------------------------
| Id  | Operation               | Name |
---------------------------------------------
|   0 | SELECT STATEMENT        |      |
```

```
|   1 |  SORT AGGREGATE               |     |
|   2 |   TABLE ACCESS BY INDEX ROWID| T   |
|*  3 |    INDEX RANGE SCAN          | I   |
-----------------------------------------------


  3 - access("N"=42)


Note
-----
  - SQL plan baseline SQL_PLAN_3u6sbgq7v4u8z59340d78 used for this statement
```

要想知道 SQL 計畫基線是否被用於某條 SQL 敘述，也可以查詢 v$sql 視圖的 sql_plan_baseline 行。請注意該行顯示的是 SQL 計畫名，不是 dbms_xplan 套件顯示的 SQL 控制碼。

◉ 從 SQL 調校集中載入

dbms_spm 套件下的 load_plans_from_sqlset 函數，可以從 SQL 調校集中載入 SQL 計畫基線。載入僅需要指定所有者（owner）和 SQL 調校集名稱。下面的呼叫，節選自 baseline_from_sqlset.sql 腳本：

```
ret := dbms_spm.load_plans_from_sqlset(sqlset_name => 'test_sqlset',
                                       sqlset_owner => user);
```

使用該函數載入的執行計畫會被儲存為可接受。因此，查詢最佳化工具可以立即利用它們。

升級到新版本可以用到該函數。實際上，10.2 版本的資料庫建立的 SQL 調校集，也可以載入到 11.2 版本的資料庫中。Baseline_upgrade_10g.sql 和 baseline_upgrade_11g.sql 腳本列舉了這樣的應用。

3 顯示 SQL 計畫基線

透過 dba_sql_plan_baseline 視圖（從 12.1 版本之後，也可以查詢 cdb_sql_plan_baselines 視圖），可以顯示可用 SQL 計畫基線的基本資訊。要顯示詳細資訊，可以使用 dbms_xplan 套件下的 display_sql_plan_ baseline 函數。請注意

它與第 10 章討論的 `dbms_xplan` 套件下的另一個函數相似。下面的例子展示了它可以顯示的資訊：

```
SQL> SELECT *
  2  FROM table(dbms_xplan.display_sql_plan_baseline(sql_handle =>
'SQL_971650b23f790eb7'));


--------------------------------------------------------------------------
SQL handle: SQL_971650b23f790eb7
SQL text: SELECT /* MySqlStm */ count(pad) FROM t WHERE n = 28
--------------------------------------------------------------------------


--------------------------------------------------------------------------
Plan name: SQL_PLAN_9f5khq8zrk3pr3fdbb376      Plan id: 1071362934
Enabled: YES      Fixed: NO      Accepted: YES   Origin : MANUAL-LOAD
--------------------------------------------------------------------------


Plan hash value: 2966233522


--------------------------------------------------------------------------
| Id  | Operation           | Name | Rows | Bytes | Cost (%CPU)| Time     |

|   0 | SELECT STATEMENT    |      |    1 |  505  |   20   (0)| 00:00:01 |
|   1 |  SORT AGGREGATE     |      |    1 |  505  |           |          |
|*  2 |   TABLE ACCESS FULL| T    |    1 |  505  |   20   (0)| 00:00:01 |
--------------------------------------------------------------------------


Predicate Information (identified by operation id):
---------------------------------------------------

  2 - filter("N"=28)
```

📢 **警告** 要想在 11.1 版本和 11.2 版本中正確顯示 SQL 計畫基線的資訊，`display_sql_plan_baseline` 函數必須能夠重現與其關聯的執行計畫。如果函數無法實現，它會回傳錯誤的結果甚至回傳錯誤資訊。為了避免這樣的問題，從 12.1 版本開始，執行計畫為了報告而儲存在 SQL 基礎管理平台中。可以執行 `baseline_unreproducible.sql` 腳本來觀察輸出結果，以免存在不可重現的執行計畫。

不幸的是，必須在 11.1 版本中查詢資料字典來顯示與 SQL 計畫基線關聯的 hint 列表。下面的 SQL 敘述顯示了一個範例。請注意，由於 hint 被儲存成 XML 格式，因此需要轉換成可讀的輸出：

```
SQL> SELECT extractValue(value(h),' .' ) AS hint
  2  FROM sys.sqlobj$data od, sys.sqlobj$ so,
  3       table(xmlsequence(extract(xmltype(od.comp_data),' /outline_data/
hint' ))) h
  4  WHERE so.name = 'SQL_PLAN_9f5khq8zrk3pr3fdbb376'
  5  AND so.signature = od.signature
  6  AND so.category = od.category
  7  AND so.obj_type = od.obj_type
  8  AND so.plan_id = od.plan_id;


HINT
------------------------------------
IGNORE_OPTIM_EMBEDDED_HINTS
OPTIMIZER_FEATURES_ENABLE( '11.2.0.3' )
DB_VERSION( '11.2.0.3' )
ALL_ROWS
OUTLINE_LEAF(@" SEL$1" )
FULL(@" SEL$1" "T" @" SEL$1" )
```

然而，從 11.2 版本之後，也同樣可以使用 display_sql_plan_baseline 函數來顯示 hint 清單。實際上，對於 dbms_xplan 套件下的其他函數，format 參數都可以用來影響它們的輸出。下面的例子參照自將 format 參數設定為 outline 時產生的輸出：

```
SQL> SELECT *
  2  FROM table(dbms_xplan.display_sql_plan_baseline(
                             sql_handle => 'SQL_971650b23f790eb7' ,
  3                           format     => 'outline' ));

Outline Data from SMB:

  /*+
```

```
    BEGIN_OUTLINE_DATA
    IGNORE_OPTIM_EMBEDDED_HINTS
    OPTIMIZER_FEATURES_ENABLE( '11.2.0.3' )
    DB_VERSION( '11.2.0.3' )
    ALL_ROWS
    OUTLINE_LEAF(@" SEL$1" )
    FULL(@" SEL$1" "T" @" SEL$1" )
    END_OUTLINE_DATA
*/
```

4 進化 SQL 計畫基線

如果杳詢最佳化工具產生的執行計畫，不是與它正在優化的 SQL 敘述相關聯的 SQL 計畫基線中的現有執行計畫，就會將一個新的未接受的執行計畫，自動新增到 SQL 計畫基線中。即使查詢最佳化工具無法立即使用未接受的執行計畫時，也會發生。這樣做的目的是，保留存在另一個可能更好的執行計畫的資訊。要驗證一個未接受的執行計畫，是否要比 SQL 計畫基線產生的執行計畫更好時，就必須嘗試**進化（evolution）**。這僅僅是要求 SQL 引擎用不同的執行計畫執行 SQL 敘述，並查明未接受的 SQL 計畫基線的效能，是否比接受的 SQL 計畫基線的效能更好。如果答案是肯定的，則會將未接受的 SQL 計畫基線設定為接受。

📢 **警告**　在進化期間，SQL 引擎使用特殊的方式處理 SQL 敘述。實際上，對於 INSERT/UPDATE/MERGE/DELETE 敘述，只是存取資料而不會修改資料。因此，SQL 敘述僅是部分執行。然而，我認為這沒什麼問題。實際上，修改資料的操作總是會執行相同的工作，而並不取決於如何存取修改的資料。

可以使用 dbms_spm 套件下的 evolve_sql_plan_baseline 函數來執行進化。要呼叫這個函數，除了使用 sql_handle 和 / 或 plan_name 參數來確定 SQL 計畫基線外，還需要以下參數。

- time_limit：以分鐘為單位，進化可持續的時間。這個參數接受自然數或 dbms_spm.auto_limit 和 dbms_spm.no_limit 常數。

- Verify：如果設定為 yes（預設），則會執行 SQL 敘述以驗證效能。如果設定為 no，就不會執行驗證，且 SQL 計畫基線也會簡單地變為接受。
- Commit：如果設定為 yes（預設），資料字典會根據進化的結果做修改。如果設定為 no，且 verify 參數設定為 yes，則會執行驗證，但不修改資料字典。

報告是函數的回傳值，它提供了進化的詳細資訊。下面的例子，參照自 baseline_automatic.sql 腳本產生的輸出，顯示 SQL 敘述用來啟動進化，且結果報告指出 SQL 計畫基線被進化了（包括導致這個決定的統計資訊）：

```
SQL> SELECT dbms_spm.evolve_sql_plan_baseline(sql_handle =>
'SQL_492bdb47e8861a89',
  2                                       plan_name => '',
  3                                       time_limit => 10,
  4                                       verify => 'yes',
  5                                       commit => 'yes')
  6  FROM dual;


-------------------------------------------------------------------------------
                       Evolve SQL Plan Baseline Report
-------------------------------------------------------------------------------


Inputs:
-------
  SQL_HANDLE = SQL_492bdb47e8861a89
  PLAN_NAME  =
  TIME_LIMIT = 10
  VERIFY     = yes
  COMMIT     = yes


Plan: SQL_PLAN_4kayv8zn8c6n959340d78
-------------------------------------
  Plan was verified: Time used .05 seconds.
  Plan passed performance criterion: 24.59 times better than baseline plan.
  Plan was changed to an accepted plan.
```

```
                         Baseline Plan      Test Plan        Stats Ratio
                         -------------      ---------        -----------
Execution Status:          COMPLETE          COMPLETE
Rows Processed:               1                 1
Elapsed Time(ms):           .527              .054               9.76
CPU Time(ms):               .333              .111               3
Buffer Gets:                 74                3                 24.67
Physical Read Requests:       0                 0
Physical Write Requests:      0                 0
Physical Read Bytes:          0                 0
Physical Write Bytes:         0                 0
Executions:                   1                 1


-------------------------------------------------------------------------
                            Report Summary
-------------------------------------------------------------------------
Number of plans verified: 1
Number of plans accepted: 1
```

　　除了剛剛介紹的手動進化外，SQL 計畫基線的自動進化需要 Tuning Pack 選件支援。原因是，在維護視窗期間，SQL 優化顧問處理 SQL 敘述會對系統造成重大影響。在可能的情況下，優化顧問提供建議來改進它們的回應時間。如果優化顧問注意到未接受的 SQL 計畫基線，比接受的 SQL 計畫基線的效能更好，它會建議 SQL 設定檔使用接受的 SQL 計畫基線。顯然，如果接受 SQL 設定檔，則也會接受 SQL 計畫基線。因此，只要 SQL 計畫基線自動接受，那麼 SQL 優化顧問產生的 SQL 設定檔也會自動接受。

　　必須要指出的是，SQL 設定檔只有在針對 SQL 優化顧問的 accept_sql_profile 參數設定為 TRUE 時，才會自動接受。預設情況下是 FALSE。你可以借助類似以下查詢，透過 dba_advisor_parameters 視圖檢查它的值（請注意，同樣 user 和 12.1 及之後版本中，與 cdb 相關的視圖也存在）：

```
SQL> SELECT parameter_value
  2  FROM dba_advisor_parameters
  3  WHERE task_name = 'SYS_AUTO_SQL_TUNING_TASK'
```

```
 4   AND parameter_name = 'ACCEPT_SQL_PROFILES' ;

PARAMETER_VALUE
---------------
FALSE
```

dbms_auto_sqltune 套件提供了 set_auto_tuning_task_parameter 過程，用來更改 accept_sql_profiles 參數的值。下面的例子展示如何將參數設定為 TRUE，來啟動 SQL 設定檔的自動接受：

```
dbms_auto_sqltune.set_auto_tuning_task_parameter(
                              parameter => 'ACCEPT_SQL_PROFILES' ,
                              value     => 'TRUE' );
```

從 12.1 版本開始，又有了一個新的顧問叫作 **SPM 進化顧問（SPM Evolve Advisor）**。它的目的是為與 SQL 計畫基線相關聯的未接受執行計畫執行進化。它在維護視窗期間執行，這一點與其他顧問一樣。可以使用 dbms_spm 套件下的 report_auto_evolve_task 函數，來顯示 SPM 進化顧問都做了什麼。如果只呼叫這個函數而不加任何參數，它會顯示最後一次執行的報告。下面的例子展示了當最後三次執行發生後，如何透過 dba_advisor_executions 視圖找到它（請注意，同樣 user 和 12.1 及之後版本中，與 cdb 相關的視圖也存在），以及如何顯示某個執行的報告：

```
SQL> SELECT *
  2  FROM (
  3    SELECT execution_name, execution_start
  4    FROM dba_advisor_executions
  5    WHERE task_name = 'SYS_AUTO_SPM_EVOLVE_TASK'
  6    ORDER BY execution_start DESC
  7  )
  8  WHERE rownum <= 3;

EXECUTION_NAME EXECUTION_START
-------------- ----------------
EXEC_6294      23-APR-14
EXEC_6182      22-APR-14
```

```
EXEC_6082      21-APR-14


SQL> SELECT dbms_spm.report_auto_evolve_task(execution_name => 'EXEC_6294' )
  2  FROM dual;


GENERAL INFORMATION SECTION
-------------------------------------------------


Task Information:
-------------------------------------------------
Task Name          : SYS_AUTO_SPM_EVOLVE_TASK
Task Owner         : SYS
Description        : Automatic SPM Evolve Task
Execution Name     : EXEC_6294
Execution Type     : SPM EVOLVE
Scope              : COMPREHENSIVE
Status             : COMPLETED
Started            : 04/23/2014 22:00:19
Finished           : 04/23/2014 22:00:19
Last Updated       : 04/23/2014 22:00:19
Global Time Limit  : 3600
Per-Plan Time Limit : UNUSED
Number of Errors   : 0
-------------------------------------------------


SUMMARY SECTION
-------------------------------------------------
  Number of plans processed : 0
  Number of findings       : 0
  Number of recommendations : 0
  Number of errors         : 0
-------------------------------------------------
```

5 修改 SQL 計畫基線

建立 SQL 計畫基線時，可以使用 dbms_spm 套件下的 alter_sql_plan_
baseline 過程來修改某些指定的參數。Sql_handle 和 plan_name 參數確定被修改的 SQL 計畫基線。必須指定這兩個參數中的一個。Attribute_name 和 attribute_value 參數確定被修改的屬性以及它們的新值。Attribute_name 參數可以接受以下值。

- enabled：可以將這個屬性設定為 yes 或 no，但只有在設定為 yes 時，查詢最佳化工具才可以使用 SQL 計畫基線。
- fixed：將這個屬性設定為 yes 時，不會將新的執行計畫新增到 SQL 計畫基線中，結果就是之後它都不能進化。此外，如果 SQL 計畫基線包含多個可接受的執行計畫，固定的執行計畫要比未固定的好。可以將這個值設定為 yes 或 no。
- autopurge：這個屬性設定為 yes 的 SQL 計畫基線，會在一段時間不使用後自動刪除（保留時間的設定會在稍後的「刪除 SQL 計畫基線」部分介紹）。可以將這個值設定為 yes 或 no。
- plan_name：這個屬性用來更改 SQL 計畫名。它可以是不超過 30 個字元的任意字串。
- description：這個屬性用來為 SQL 計畫基線附加描述。它可以是不超過 500 個字元的任意字串。

下面的呼叫中禁用與執行計畫關聯的 SQL 計畫基線：

```
ret := dbms_spm.alter_sql_plan_baseline(
                    sql_handle      => 'SQL_492bdb47e8861a89' ,
                    plan_name       => 'SQL_PLAN_4kayv8zn8c6n93fdbb376' ,
                    attribute_name  => 'enabled' ,
                    attribute_value => 'no' );
```

6 啟動 SQL 計畫基線

查詢最佳化工具只有在初始化參數 optimizer_use_sql_plan_baselines 設定為 TRUE（這是預設值）時，才會使用 SQL 計畫基線。可以在對話或系統層級更改它。

7 移動 SQL 計畫基線

dbms_spm 套件提供了多個過程，用來在資料庫之間移動 SQL 計畫基線。比如，當 SQL 計畫基線需要在開發環境或測試資料庫中產生，然後移動到生產環境中時。正如圖 11-10 所示，會提供以下特性。

- 可以使用 create_stgtab_baseline 過程來建立臨時表。
- 可以使用 pack_stgtab_baseline 函數，將 SQL 計畫基線從資料字典複製到臨時表中。
- 可以使用 unpack_stgtab_baseline 函數，將 SQL 計畫基線從臨時表複製到資料字典中。

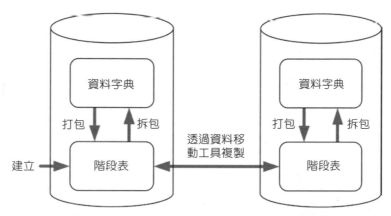

↑ 圖 11-10 使用 dbms_spm 套件移動 SQL 計畫基線

請注意，在資料庫之間移動臨時表，依靠的是資料移動技術（例如，資料泵（Data Pump）或舊有的匯出（export）和匯入（import）程式），而不是依靠 dbms_spm 套件本身（參見圖 11-10）。

下面的例子參照自 baseline_clone.sql 腳本，展示了如何將 SQL 計畫基線，從一個資料庫複製到另一個。首先，在目前模式下建立 mystgtab 臨時表：

```
dbms_spm.create_stgtab_baseline(table_name      => 'MYSTGTAB' ,
                                table_owner     => user,
                                tablespace_name => 'USERS' );
```

接著將 SQL 計畫基線，從資料字典複製到臨時表中。可以透過以下四種方法
識別要處理哪些 SQL 計畫基線。

- 透過 sql_handle 和可選的 plan_name 參數來準確識別 SQL 計畫基線。
- 選擇所有在 SQL 敘述文字中，包含特定字串的 SQL 計畫基線。為此，可
  以使用支援萬用字元（例如，%）的 sql_text 參數。請注意該參數區分大
  小寫。
- 選擇所有符合以下一個或多個參數的 SQL 計畫基線：creator、origin、
  enabled、accepted、fixed、module 和 action。如果指定了多個參數，那
  麼就需要滿足它們的所有值。
- 處理所有 SQL 計畫基線。這種方法不需要指定參數。

下面的呼叫展示了如何準確識別 SQL 計畫基線：

```
ret := dbms_spm.pack_stgtab_baseline(
                       table_name  => 'MYSTGTAB',
                       table_owner => user,
                       sql_handle  => 'SQL_492bdb47e8861a89',
                       plan_name   => 'SQL_PLAN_4kayv8zn8c6n93fdbb376');
```

此時，依靠資料移動程式，將 mystgtab 臨時表從一個資料庫複製到另一個。

最後，將 SQL 計畫基線，從臨時表複製到目標資料庫的資料字典中。要識別
處理的 SQL 計畫基線，可使用與 pack_stgtab_baseline 函數同樣的方法。下面的
呼叫展示了透過 SQL 敘述的文字來識別 SQL 計畫基線：

```
ret := dbms_spm.unpack_stgtab_baseline(table_name  => 'MYSTGTAB',
                                       table_owner => user,
                                       sql_text    => '%FROM t%');
```

8 刪除 SQL 計畫基線

可以使用 dbms_spm 套件下的 drop_sql_plan_baseline 過程，從資料字典中
刪除 SQL 計畫基線。sql_handle 和 sql_name 參數指定要刪除的執行計畫和 / 或
SQL 計畫基線。這兩個參數至少需要設定一個。下面的呼叫說明了這一點：

```
ret := dbms_spm.drop_sql_plan_baseline(
                       sql_handle => 'SQL_492bdb47e8861a89' ,
                       plan_name  => 'SQL_PLAN_4kayv8zn8c6n93fdbb376' );
```

未使用的 SQL 計畫基線有自動刪除條件設定的屬性設定為 yes，在一段時間後自動刪除。預設的週期是 53 週。目前值可以使用類似以下的查詢透過 dba_sql_management_config 視圖查看（在 12.1 及之後版本中，也存在 cdb 版本的視圖）：

```
SQL> SELECT parameter_value
  2  FROM dba_sql_management_config
  3  WHERE parameter_name = 'PLAN_RETENTION_WEEKS' ;

PARAMETER_VALUE
----------------
             53
```

可以呼叫 dbms_spm 套件下的 configure 過程來修改保留期。可以更改為 5 至 523 週。下面的例子展示了如何更改為 12 週。如果將 parameter_value 參數設定為 NULL，就會恢復成預設值：

```
dbms_spm.configure(parameter_name  => 'plan_retention_weeks' ,
                   parameter_value => 12);
```

9 許可權

自動捕獲 SQL 計畫基線時（即，透過將初始化參數 optimizer_capture_sql_plan_baselines 設定為 TRUE 來實現），並不需要特別的許可權來建立它們。

dbms_spm 套件只能由擁有 administer sql management object 系統許可權的使用者執行（預設情況下，dba 角色擁有該許可權）。SQL 計畫基線並不存在物件使用權限。

最終使用者不需要特定許可權也可以使用 SQL 計畫基線。

11.7.2 何時使用

在兩種情況下，需要考慮使用 SQL 計畫基線。第一，需要優化一條 SQL 敘述而不能在應用中修改它時（例如，無法增加 hint）。第二，遇到任何原因導致的執行計畫不穩定時。由於 SQL 計畫基線的目的是，強制查詢最佳化工具為指定 SQL 敘述選擇指定執行計畫，因此，僅當需要確認限制查詢最佳化工具選擇單個執行計畫時，才會使用該技巧。

遺憾的是，SQL 計畫基線僅可以在企業版中使用。標準版請使用儲存概要替代。

11.7.3 陷阱和謬誤

SQL 計畫基線最重要的屬性之一是，它們是從程式碼中分離的。然而這也會帶來問題。實際上，由於在 SQL 計畫基線與 SQL 敘述之間並沒有直接的關聯，開發人員很可能會徹底忽略 SQL 計畫基線的存在。結果，如果開發人員修改 SQL 敘述，將會導致它的簽名發生改變，這樣 SQL 計畫基線就不會在生效了。同樣，當你部署一個應用，需要依靠 SQL 計畫基線來保證執行正確時，必須記得在資料庫設定期間安裝它們。

需要注意的是，SQL 計畫基線依賴的物件刪除時，它並不會被刪除。但這並不是問題。例如，如果一個表或索引因為它必須重組或移動而需要重建，那麼 SQL 計畫基線沒被刪除就是好事。否則，就有必要重建它們。總之，未使用的 SQL 計畫基線會在週期過後被刪除。

兩個有相同文字的 SQL 敘述擁有相同的簽名。即使它們參照的物件在不同的模式下。這代表單個 SQL 計畫基線可以被兩個同名但是不同模式的表使用。再次強調，你需要小心，尤其是資料庫裡同樣的物件有多個副本時。

SQL 計畫基線不支援參照遠端資料庫表的 SQL 敘述。

在 11.2.0.2 及之前的版本中，因為 Oracle Support 檔案 *SQL profile not used in the Acive Physical Standby (10050057.8)* 中描述的 bug，導致 SQL 計畫基線在

Active Data Guard 環境下受限。可以在主實例上使用 SQL 計畫基線，但並不總是能在備用實例上使用。

SQL 計畫基線儲存在 sysaux 表空間中的 SQL 基礎管理平台上。預設情況下，該表空間最大 10% 的空間會留給它們。可以透過 dba_sql_management_config 視圖顯示目前值：

```
SQL> SELECT parameter_value
  2  FROM dba_sql_management_config
  3  WHERE parameter_name = 'SPACE_BUDGET_PERCENT' ;

PARAMETER_VALUE
---------------
             10
```

當超過限制的時候，會將警告資訊寫入 alert 日誌中。要改變預設的限制，可以使用 dbms_spm 套件下的 config 過程。值可以填寫 1% ～ 50%。下面的例子展示如何將它的值更改為 5%。如果將 parameter_value 參數設定為 NULL，參數就會恢復預設值：

```
dbms_spm.configure(parameter_name  => 'space_budget_percent' ,
                   parameter_value => 5);
```

當 SQL 敘述有 SQL 設定檔和儲存概要時，查詢最佳化工具會僅使用儲存概要。當然，前提是儲存概要處於啟動狀態。

當 SQL 敘述有 SQL 設定檔和 SQL 計畫基線時，查詢最佳化工具會嘗試合併與 SQL 設定檔關聯的 hint 和與 SQL 計畫基線關聯的 hint。然而，合併 SQL 設定檔與 SQL 計畫基線有使用限制。實際上，SQL 計畫基線的目的是強制使用特定的執行計畫。結果，在考慮使用 SQL 計畫基線之前，SQL 設定檔的用處或許只是產生新的不被應用的執行計畫。

11.8 小結

　　本章描述了多種 SQL 優化技巧。選擇其中一個並不總是那麼簡單。不過，如果你理解它們的工作原理和使用它們的利弊，那麼選擇起來就容易多了。即便如此，實際中不同的場景也會限制你使用不同的技巧。這或許是因為技巧的限制或授權問題。

　　第 12 章專門介紹解析，這是執行 SQL 敘述的核心步驟之一。解析之所以重要是因為，當查詢最佳化工具產生執行計畫時，為了總是能有高效地執行計畫，你會希望解析每條由資料庫引擎執行的 SQL 敘述。但是相反的，解析也是一個昂貴的操作。結果就是必須將它降到最低限度，且執行計畫應該盡可能地被重用，但不是重用太多。這表示執行計畫並不總是高效的。為了最大可能地利用資料庫引擎，必須理解工作原理和不同特性的利弊。

解析

解析對全部效能影響的可變因素非常多。在某些情況下，可以簡單地忽略它。在其他情況下，它是造成效能問題的主要原因。如果存在解析問題，這通常代表應用不能正確處理它。這是個主要問題，因為通常要改變應用的行為，你需要修改相應的程式碼。開發人員需要知道解析的影響，以及如何在寫程式碼時盡可能避免相關問題。

第 2 章介紹了游標的生命週期和解析的工作原理。本章介紹如何識別、解決和避開解析問題。我也會介紹與解析有關的總開銷。最後，我會介紹用來減少解析活動的通用應用程式設計介面提供的特性。

12.1 識別解析問題

當尋找解析問題時，很容易會遇到強迫性的混亂優化。發生這類別問題的原因是，多個動態效能視圖包含的計數器，詳細記錄了軟解析、硬解析和執行的次數。這些計數器和根據它們的比率一樣，都是沒用的，因為它們沒有提供關於解析花費時間的資訊。請注意對於解析，這才是真正的問題，因為它們沒有標準週期。實際上，根據 SQL 敘述的複雜度和它參照的物件，解析的週期通常會相差幾個數量級。簡單地說，這些計數器只能告訴你資料庫引擎是否完成少量或大量的解析，而沒有關於是否存在問題的資訊。因此，實際中它們只用來做趨勢分析。

如果你遵循第一部分和第二部分提供的建議，那麼應該清晰地知道，唯一有效識別解析問題的方法，就是衡量資料庫引擎花費了多少時間來解析 SQL 敘述。如果要查找單個對話或是整個系統的全部時間資訊，可以查詢提供時間模型統計資訊的動態效能視圖。這些視圖包括 v$sess_time_model、v$sys_time_model 和在 12.1 多租戶環境下的 v$con_sys_time_model。

例如，下面查詢的輸出顯示了一個對話花費了大量時間（將近 59%）來解析 SQL 敘述的資訊：

```
SQL> WITH
  2    db_time AS (SELECT sid, value
  3                 FROM v$sess_time_model
  4                 WHERE sid = 137
  5                 AND stat_name = 'DB time' )
  6  SELECT ses.stat_name AS statistic,
  7         round(ses.value / 1E6, 3) AS seconds,
  8         round(ses.value / nullif(tot.value, 0) * 1E2, 1) AS "%"
  9  FROM v$sess_time_model ses, db_time tot
 10  WHERE ses.sid = tot.sid
 11  AND ses.stat_name <> 'DB time'
 12  AND ses.value > 0
 13  ORDER BY ses.value DESC;


STATISTIC                                 SECONDS          %
---------------------------------------- ---------- ----------
DB CPU                                     18.204       99.3
parse time elapsed                         10.749       58.6
hard parse elapsed time                     8.048       43.9
sql execute elapsed time                    1.968       10.7
connection management call elapsed time      .021         .1
PL/SQL execution elapsed time                .009         .1
repeated bind elapsed time                      0          0
```

類似於這個查詢所提供的資訊，可以用來判斷解析是否存在問題。不幸的是，透過動態效能視圖提供的時間模型統計資訊，並不能明找出是哪個 SQL 敘述導致的問題！

如果要尋找的是證據而不是線索，那麼只有兩個資訊來源可以使用：由 SQL 追蹤產生的輸出，和來自 v$active_session_history 或 dba_hist_active_sess_ history 的活動對話歷史。實際上，在 SQL 敘述層級上，這些是僅有的可以提供關於解析定時資訊的來源。這就是為什麼本章我會僅根據 SQL 追蹤和活動對話歷史來討論解析問題的識別。

> 🔋 **注意** 如果想使用活動對話歷史來分析解析問題，需要知道四個限制。第一，使用活動對話歷史不僅需要企業版，還需要 Diagnostics Pack 選件。第二，僅在 11.1 及之後版本中，活動對話歷史才提供用於分析解析問題（in_ parse 和 in_hard_parse 標識）的必要資訊。第三，不能使用企業管理器來做分析。第四，既然 SQL 敘述的文字無法直接透過活動對話歷史獲得（只能得到 SQL ID），那麼獲得的資訊並不一定足夠用來識別導致解析問題的 SQL 敘述。

解析問題主要有兩種。第一種與持續時間非常短的解析有關，稱為**快速解析**（**quick parse**）。當然需要大量執行才會引起注意。第二種解析問題與持續時間很長的解析有關，稱為**長解析**（**long parses**）。通常是在 SQL 敘述相當複雜，或查詢最佳化工具需要很長時間才能產生高效執行計畫時才會出現。這種情況下與執行次數無關。

在接下來的兩節裡，我會介紹用來識別這兩類別解析問題的方法。既然對於這兩種問題的識別沒有本質的區別，我僅會全面介紹第一種。

12.1.1 快速解析

接下來介紹如何定位快速解析導致的效能問題。針對 11.2.0.3 版本的資料庫，執行 ParsingTest1.java 檔中的類別來產生負載範例。同樣在 PL/SQL、C(OCI)、C#（ODP.NET）和 PHP（PECL OCI8 擴充）中，也實現了同樣的處理過程。鑑於在第 3 章中介紹過兩個分析工具，TKPROF 和 TVD$XTAT，我會針對這兩個分析工具的輸出檔案來討論相同的例子。可以在 ParsingTest1.zip 檔中找到追蹤檔和輸出檔。

1 使用 TKPROF

正如第 3 章中建議的那樣，TKPROF 使用以下選項執行：

```
tkprof <trace file> <output file> sys=no sort=prsela,exeela,fchela
```

要開始分析輸出檔，最好先看一下最後幾列。在本例裡，需要重點注意的是處理持續了大約 14 秒，應用程式執行了 10,000 個 SQL 敘述，並且所有 SQL 敘述都不相同（user SQL statements 與 unique SQL statements 相等）。

```
     1   session in tracefile.
 10000   user SQL statements in trace file.
     0   internal SQL statements in trace file.
 10000   SQL statements in trace file.
 10000   unique SQL statements in trace file.
120060   lines in trace file.
    14   elapsed seconds in trace file.
```

接著，需要檢查輸出中的第一個 SQL 敘述執行了多長時間。由於指定了 sort 選項，SQL 敘述可以根據其回應時間進行排序。有趣的是，第一個游標的回應時間要小於百分之一秒（0.00）。換句話說，所有 SQL 敘述的執行都低於百分之一秒。實際上，平均一個執行持續了 1.4 毫秒（14/10,000）。這很明顯意味著是短時間內處理的大量 SQL 敘述，佔用了大量的回應時間，而不是少量長時間執行的 SQL 敘述。

call	count	cpu	elapsed	disk	query	current	rows
Parse	1	0.00	0.00	0	0	0	0
Execute	1	0.00	0.00	0	0	0	0
Fetch	1	0.00	0.00	0	2	0	0
total	3	0.00	**0.00**	0	2	0	0

這種情況下，要想判斷是不是解析的問題，就必須檢查總計的部分。根據執行統計資訊，解析時間大約佔用整個執行時間的 95%（5.7/6）。這明顯證明了資料庫引擎除了解析什麼都沒做。

call	count	cpu	elapsed	disk	query	current	rows
Parse	10000	5.54	**5.70**	0	0	0	0
Execute	10000	0.17	0.15	0	0	0	0
Fetch	10000	0.13	0.14	0	23051	0	3048
total	30000	5.86	**6.00**	0	23051	0	3048

下面這列也顯示這 10,000 個解析都是硬解析。注意，即使高比例的硬解析通常並不是我們想要的，但這未必就有問題。但這證明了存在次優的部分。

```
Misses in library cache during parse: 10000
```

執行統計資訊的問題是缺少大約 57%（1-6.00 / 14）的回應時間。實際上，透過查看彙總等待事件的表，可以看到等待用戶端用去了 6.24 秒。然而，仍然有大約 2 秒（14-6.00-6.24）下落不明。

Event waited on	Times Waited	Max. Wait	Total Waited
SQL*Net message to client	10000	0.00	0.02
SQL*Net message from client	10000	0.02	**6.24**
latch: shared pool	5	0.00	0.00
log file sync	1	0.00	0.00

當你知道解析出了問題時，明智的做法是查看一下 SQL 敘述。本例中，查看它們其中的一些即可（下面是排名前五位的 SQL 敘述），很明顯它們都非常類似。只有在 WHERE 子句中用到的文字不同。這是不用綁定變數的典型案例。

```
SELECT pad FROM t WHERE val = 0
SELECT pad FROM t WHERE val = 2139
SELECT pad FROM t WHERE val = 9035
SELECT pad FROM t WHERE val = 8488
SELECT pad FROM t WHERE val = 1
```

這種情況的問題是，TKPROF 無法識別只有文字不同的 SQL 敘述。實際上，即使當 aggregate 選項設定為 yes（預設就是），也只有同樣文字的 SQL 敘述會集合在一起。實際中這會造成 TKPROF 很難對快速解析問題進行分析。但指定 record 選項可以使這個過程簡單一些。這樣的話，檔案僅會包含產生的 SQL 敘述。

```
tkprof <trace file> <output file> sys=no sort=prsela, exeela, fchela
record=<sql file>
```

接著可以使用命令列工具，如 grep 和 wc 來找出相似的 SQL 敘述有多少條。例如，下面的命令回傳的值是 10,000：

```
grep "SELECT pad FROM t WHERE val =" <sql file> | wc -l
```

2 使用 TVD$XTAT

TVD$XTAT 不需要指定特別的選項：

```
tvdxtat -i <trace file> -o <output file>
```

輸出檔的分析從查看整體資源使用率設定檔開始。處理持續了 14 秒。這段時間中，43% 的時間花在了等待用戶端回應上，40% 的時間用於 CPU 計算。這裡的指標基本與上一部分介紹的一致。只有精度不同。在第一部分唯一附加的資訊是，準確提供了未説明用途的時間。

Component	Total Duration	%	Number of Events	Duration per Event
SQL*Net message from client	6.243	**43.075**	10,000	0.001
CPU	5.862	**40.444**	n/a	n/a
unaccounted-for	2.364	16.309	n/a	n/a
SQL*Net message to client	0.024	0.168	10,000	0.000
latch: shared pool	0.000	0.002	5	0.000
log file sync	0.000	0.002	1	0.000
Total	**14.494**	100.000		

僅觀察彙總的非遞迴 SQL 敘述，可以看到全部的處理操作只有單獨一條 SQL 敘述。這是 TKPROF 和 TVD$XTAT 之間明顯的區別。實際上，TVD$XTAT 識別類似的 SQL 敘述，合併在一起記錄到報告裡。

```
Statement           Total           Number of Duration per
ID        Type   Duration      %  Executions   Execution
--------- ------ -------- ------ ---------- ------------
#1        SELECT   12.130 83.689     10,000        0.001
#2        COMMIT    0.000  0.002          1        0.000
--------- ------ -------- ------
Total            12.130 83.691
```

　　根據沒有遞迴敘述的 1 號 SQL 敘述執行統計資訊，解析時間佔用了處理時間的 95%（5.705/6.009）。這清晰地表明，資料庫引擎除了解析沒有做其他事情。TKPROF 和 TVD$XTAT 的資料檔案在執行統計資訊上略微不同的是，TVD$XTAT 在解析呼叫數旁顯示未命中數（換句話説，硬解析）。

```
Call    Count  Misses   CPU Elapsed PIO    LIO Consistent Current Rows
------- ------ ------ ----- ------- --- ------ ---------- ------- -----
Parse   10,000 10,000 5.548   5.705   0      0          0       0     0
Execute 10,000      0 0.176   0.156   0      0          0       0     0
Fetch   10,000      0 0.138   0.148   0 23,051     23,051       0 3,048
------- ------ ------ ----- ------- --- ------ ---------- ------- -----
Total   30,000 10,000 5.862   6.009   0 23,051     23,051       0 3,048
```

　　這些執行統計資訊的問題是，大約 51% 的回應時間不存在。不管怎樣，你可以透過查看此處顯示的 SQL 敘述層級上的資源使用率設定檔，看到部分遺失的時間；特別是，等待用戶端花費了 6.243 秒。

```
                          Total           Number of Duration per
Component                Duration      %   Events     Event
------------------------ -------- ------ --------- ------------
SQL*Net message from client 6.243 51.470    10,000        0.001
CPU                         5.862 48.327       n/a          n/a
SQL*Net message to client  0.024  0.201    10,000        0.000
latch: shared pool         0.000  0.003         5        0.000
------------------------ -------- ------ --------- ------------
Total                      12.130 100.000
```

3 使用活動對話歷史

　　活動對話歷史根據採樣。因此要執行明智的分析，需要大量的採樣。考慮到測試案例 1 只執行了十幾秒，使用活動對話歷史並不能分析出準確的資訊。本節的目的是向你展示查詢的類型，你或許想要識別哪個 SQL 敘述被解析以及它花費的時間。

　　在活動對話歷史中，in_parse 和 in_hard_parse 旗標告訴你取樣時對話是否在解析 SQL 敘述。根據這些旗標，可以針對某一對話寫出類似下面的查詢，來評估 DB time 和解析 SQL 敘述花費的時間（請注意，這兩個數位的數字都是秒）：

```
SQL> SELECT count(*) AS db_time,
  2          count(nullif(in_parse, 'N' )) AS parse_time,
  3          count(nullif(in_hard_parse, 'N' )) AS hard_parse_time
  4  FROM v$active_session_history
  5  WHERE session_id = 68
  6  AND session_serial# = 23;


DB_TIME PARSE_TIME HARD_PARSE_TIME
------- ---------- ---------------
      5          4               4
```

　　如果發現解析有問題（比如，根據上一個資料，80% 的時間用於解析），你不僅需要知道具體解析的 SQL 敘述，還要知道每條敘述花費的時間。不幸的是，活動對話歷史其中一個局限性就是，並不能直接看到 SQL 文字。要獲取敘述文字，需要根據 SQL ID 來去查詢另一個視圖。例如，可以將 v$active_session_history 聯結到 v$sqlarea。

　　不幸的是，游標儲存在函式庫快取中的時間很短，尤其是因為快速解析而導致繁忙的資料庫實例經歷效能問題時。結果，你或許無法獲取足夠的資訊。要想略微提高獲取更多資訊的可能性，可以使用 v$sqlstats 來代替 v$sqlarea。實際上，前者有更大的保留期。例如，下面的查詢能夠取回與解析相關的四個採樣中，僅有的兩條 SQL 敘述（請記住，測試案例 1 執行了 10,000 條 SQL 敘述）：

```
SQL> SELECT a.sql_id, s.sql_text, count(*) AS parse_time
  2  FROM v$active_session_history a, v$sqlstats s
  3  WHERE a.sql_id = s.sql_id(+)
  4  AND a.session_id = 68
  5  AND a.session_serial# = 23
  6  AND a.in_parse = 'Y'
  7  GROUP BY a.sql_id, s.sql_text
  8  ORDER BY count(*) DESC;


SQL_ID        SQL_TEXT                          PARSE_TIME
------------- --------------------------------- ----------
a6z6qamdcwqdv                                            1
2hcrrthw3w4y8                                            1
aydf9rbd6mz1m SELECT pad FROM t WHERE val = 9580         1
50m9q01tmghmw SELECT pad FROM t WHERE val = 7574         1
```

4 總結問題

　　透過活動對話歷史執行的分析對本例來說並不是特別有幫助。這是因為對單個對話在十幾秒內進行採樣只能得到幾個樣本。然而，TKPROF 和 TVD$XTAT 執行的分析，清晰地展示了資料庫引擎單獨解析的處理資訊。但是，在資料庫端，解析只占了全部回應時間的 39%（5.705/14.494）。

　　這代表排除它大於一半回應時間的可能。分析也顯示了如下的 10,000 條 SQL 敘述只解析並執行一次：

```
SELECT pad FROM t WHERE val = 0
```

　　由於使用的文字不斷變化，在函式庫快取中的共享游標無法重用。換句話說，每個解析都是硬解析。圖 12-1 圖示了這個處理。

> **注意** 圖 12-1 顯示的處理稍後會被當作測試案例 1。

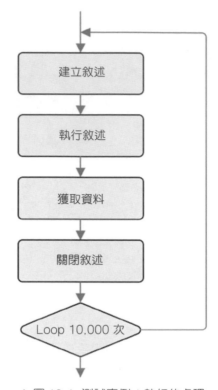

建立敘述

執行敘述

獲取資料

關閉敘述

Loop 10,000 次

↟ 圖 12-1　測試案例 1 執行的處理

毫無疑問，這樣的處理是低效的。請參考 12.2 節，找尋對應的解決方案。

12.1.2　長解析

接下來的部分將介紹如何識別長解析造成的效能問題。但是，不包含活動對話歷史。原因很簡單，解析呼叫很難看到超過幾秒的。因此，大多數時候透過活動對話歷史來分析這樣的問題是不明智的。總之，如果遇到解析呼叫花費了幾分鐘的情況，那麼使用活動對話歷史進行分析的過程與 12.1.1 節介紹的類似。鑒於第 3 章介紹了兩個分析工具，TKPROF 和 TVD$XTAT，我會使用與它們的輸出檔相同的例子。本節用到的範例追蹤檔是透過執行 `long_parse.sql` 腳本產生的。追蹤檔和輸出檔可在 `long_parse.zip` 檔案中找到。

1 使用 TKPROF

與快速解析一樣，分析開始於 TKPROF 輸出的尾部。在這個案例中，重點需要注意處理持續了大約 2 秒，而應用僅執行了 3 條 SQL 敘述。其他的 SQL 敘述都是有資料庫引擎遞迴呼叫的。

```
    1   session in tracefile.
    3   user SQL statements in trace file.
   13   internal SQL statements in trace file.
   16   SQL statements in trace file.
   16   unique SQL statements in trace file.
 9644   lines in trace file.
    2   elapsed seconds in trace file.
```

透過查看輸出檔中第一個 SQL 敘述的執行統計資訊，可以看出它不僅佔用了全部的回應時間（超過 2 秒），而且所有的時間都用在單獨一個解析上：

Call	count	cpu	elapsed	disk	query	current	rows
Parse	1	2.65	2.65	0	0	0	0
Execute	1	0.00	0.00	0	0	0	0
Fetch	2	0.00	0.00	10	10	0	1
total	4	2.65	2.66	10	10	0	1

2 使用 TVD$XTAT

與快速解析一樣，TVD$XTAT 輸出分析始於查看整體資源使用率設定檔。處理持續了 2.8 秒，其中 98% 的時間花在了 CPU 執行上。還要注意，在本例裡，未說明時間非常短，因此完全可以忽略。

Component	Total Duration	%	Number of Events	Duration per Event
CPU	2.769	98.383	n/a	n/a
db file sequential read	0.027	0.943	314	0.000
unaccounted-for	0.017	0.596	n/a	n/a

```
SQL*Net message from client    0.002   0.078        3        0.001
SQL*Net message to client      0.000   0.000        3        0.000
--------------------------   --------  -------
Total                          2.814 100.000
```

　　僅透過查看非遞迴 SQL 敘述彙總，可以看到執行了 3 條 SQL 敘述。其中一條 SELECT 敘述佔用了幾乎全部的回應時間。

```
Statement           Total           Number of Duration per
ID         Type   Duration      % Executions   Execution
--------- ------  --------  --------- ----------  ------------
#1        SELECT    2.791   99.167           1        2.791
#9        PL/SQL    0.005    0.166           1        0.005
#12       PL/SQL    0.002    0.071           1        0.002
--------- ------  --------  -------
Total               2.797   99.404
```

　　根據導致該問題 SQL 敘述的遞迴執行統計資訊，單獨一個解析操作佔用了大約 100%（2.654/2.661）的回應時間。這清晰地顯示了資料庫引擎除了解析，沒有做其他任何事。

```
Call      Count Misses   CPU Elapsed PIO LIO Consistent Current Rows
-------   ----- ------ ----- ------- --- --- ---------- ------- ----
Parse         1      1 2.653   2.654   0   0          0       0    0
Execute       1      0 0.002   0.002   0   0          0       0    0
Fetch         2      0 0.004   0.006  10  10         10       0    1
-------   ----- ------ ----- ------- --- --- ---------- ------- ----
Total         4      1 2.659   2.661  10  10         10       0    1
```

3 總結問題

　　分析顯示單個 SQL 敘述佔用了幾乎全部的回應時間。此外，整個回應時間是用來解析這個 SQL 敘述的。刪除它也許會大大減少回應時間。

12.2 解決解析問題

解決解析問題很明顯的方式是避免解析。但這並不總是可行。實際上，根據解析問題是與快速解析有關，還是與長解析有關，你需要使用不同的技巧來解決問題。我會分別介紹這些技巧。12.1 節中使用的例子將用作解釋解決方案的基礎。

> 🛢**注意** 接下來的部分會透過效能測試的不同結果，來展示解析的影響。效能指標僅用來輔助對比不同的處理，使你充分理解解析的影響。記住，每個系統和應用都有它們各自的特點。因此，根據環境不同，使用的技巧也會不同。

12.2.1 快速解析

本節介紹如何利用預處理敘述來避免不必要的解析操作。鑒於執行細節跟開發環境有關，這裡無法詳細介紹。在本章稍後，特別是 12.4 節，我提供了關於 PL/SQL、OCI、JDBC、ODP.NET 和 PHP 的詳細資訊。

1 使用預處理敘述

當一個 SQL 敘述使用不斷變化的文字導致解析問題時，首先要做的是，使用綁定變數替換文字。為此，你需要使用**預處理敘述（prepared statement）**。使用預處理敘述的目的是讓所有相似的 SQL 敘述（這些敘述之間只有綁定變數是否使用的文字差異）共享單個游標，以此來避免不必要的硬解析轉換成軟解析。圖 12-2 圖示了案例 1 提升測試效能的操作。

> 🛢**注意** 圖 12-2 顯示的操作，稍後將作為測試案例 2。

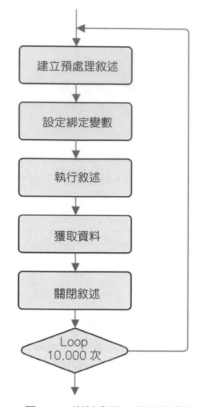

↑ 圖 12-2 測試案例 2 執行的操作

正如圖 12-3 所示，隨著效能的提升，與測試案例 1 相比，測試案例 2 的回應時間下降了大約 41%。這歸功於預處理敘述，因為新的程式碼只需要執行一次硬解析。因此，測試案例 1 裡資料庫引擎執行的大多數處理都可以避免。但是，請注意，仍需執行 10,000 個軟解析。

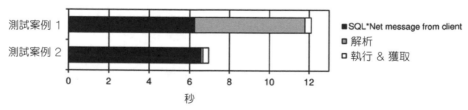

↑ 圖 12-3　對比測試案例 1 和測試案例 2 的資料庫端資源使用率設定檔（佔用少於 1% 回應時間的元件不會顯示，因為它們不可見）

2 重用預處理敘述

上一節我建議使用預處理敘述。重用它們可以充分清除硬解析和軟解析。由於測試案例 2 中，解析的執行時間幾乎可以忽略，你應該考慮一下原因。在提供答案之前，請查看重用單個預處理敘述相關處理的效能指標。圖 12-4 圖示了測試案例 2 提升效能的操作。

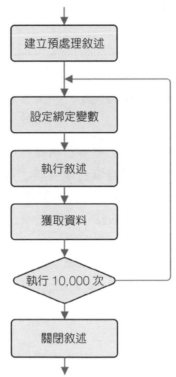

↟ 圖 12-4　測試案例 3 執行的操作

> 🛢️ **注意**　圖 12-4 顯示的操作，稍後將作為測試案例 3。

　　正如圖 12-5 所示，隨著效能的提升，與測試案例 1 和測試案例 2 相比，測試案例 3 的回應時間分別下降了大約 61% 和 33%。這歸功於預處理敘述，因為新的程式碼只需要執行一次硬解析。因此，測試案例 1 中資料庫引擎執行的大多數處理都可以避免。但請注意，仍需執行 10,000 個軟解析。真正重要的區別並不在解析上的 CPU time（在測試案例 2 中已經非常低了），而是對 SQL*Net message from client 等待的減少造成的。這代表你在網路或用戶端節省了資源，也可能這兩方面都節省了資源。

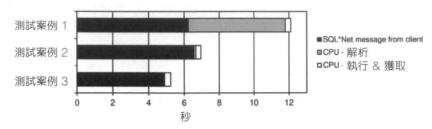

↑ 圖 12-5　對比三個測試案例的資料庫端資源使用率設定檔（佔用少於 1% 回應時間的元件不會顯示，因為它們不可見）

　　在測試案例 2 中，資料庫層級的軟解析執行持續了大約十分之一秒。問題是，提升是從哪來的？肯定不是來自資料庫層級上資源使用率的降低。你或許認為由於用戶端與伺服器端減少了通訊而提高了效能。然而，透過查看 SQL*Net message from client 和 SQL*Net message to client 等待數，可以發現在這三個測試案例中並沒有區別。在每個案例中，都是 10,000 次通訊。顯然這是因為完成了一萬次執行，因此，這意味著在這個案例中，所有必要的呼叫（包括解析、執行以及擷取的呼叫），都被用戶端驅動程式打套件到單條 SQL*Net 消息中了。然而，在網路層用戶端和伺服器端傳輸的消息大小不同。可以使用以下查詢來獲取關於它們的資訊：

```
SELECT sn.name, ss.value
FROM v$statname sn, v$sesstat ss
WHERE sn.statistic# = ss.statistic#
AND sn.name LIKE 'bytes%client'
AND ss.sid = 42
```

> 📖 **注意**　在 SQL 敘述層級，無法檢查用戶端與伺服器端之間傳輸的總資料量。因此，上一個查詢取回的統計資訊是對話層級上的。在這個案例中，這麼做沒有問題，因為我可以保證這個對話僅執行我的測試案例的 SQL 敘述。此外，我透過另一個對話來對動態效能視圖進行查詢。

　　圖 12-6 顯示了三個測試案例的網路流量。需要重點注意的是，在測試案例 2 中，切換到預處理敘述時，由資料庫引擎接收到的資訊大小略有增加。將測試案例 3 與其他兩個測試案例相比，最重要的區別是大量減少資料庫引擎接收和發送資訊的大小。這是因經過網路發送的資料，為了打開和關閉新游標（在測試案例 3 中，SQL 敘述的文字透過網路發送，連同打開游標只執行一次，而游標也在最後僅關閉一次）而引起的。

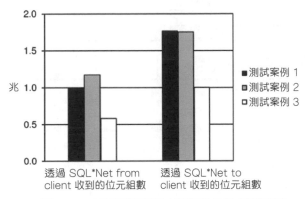

◆ 圖 12-6 三個測試案例中單個執行的網路流量

　　由於透過網路發送的資訊大小不同，期望的回應時間會根據網路速度。如果網路快，用戶端與伺服器端之間的通訊影響就小，或者甚至可以忽略。如果網路慢，影響會很大。圖 12-7 顯示了兩種網路速度的回應時間。顯然資料庫引擎處理測試案例的呼叫時間，並不依賴網路速度。

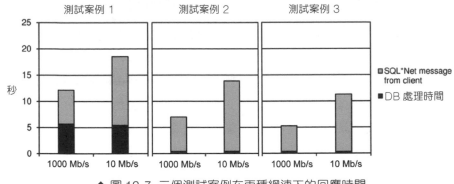

◆ 圖 12-7 三個測試案例在兩種網速下的回應時間

即使網路速度對整體的回應時間影響非常大，需要重點注意的還是三個測試案例對用戶端資源的影響，特別是使用不同 CPU 的影響。圖 12-8 顯示了三個測試案例中用戶端的 CPU 使用率。測試案例 1 和測試案例 2 的指標對比顯示出，使用綁定變數會對用戶端造成開銷。測試案例 2 和測試案例 3 的指標對比顯示出，建立和關閉 SQL 敘述也會對用戶端造成開銷。

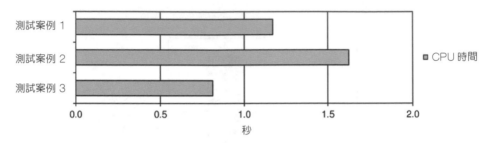

↑ 圖 12-8 三個測試案例中用戶端的 CPU 使用率

3 用戶端敘述快取

如果應用打開和關閉太多游標而導致太多軟解析，引起了效能問題，就可以使用該特性來解決。測試案例 2 就是這個問題。

用戶端敘述快取的概念非常簡單。每當應用關閉一個游標，代替真實的關閉，用戶端資料庫層（負責與資料庫引擎之間的通訊）會保持它打開，並將其新增到快取中。接著，稍後如果再次打開和解析根據同樣 SQL 敘述的游標，代替真正的打開和解析，會重用用戶端快取的游標。因而不會發生軟解析。基本上，目標是使應用的行為像測試案例 3 一樣，即使它的寫法很像測試案例 2。

要使用這個特性，通常僅需要應用它並定義可快取的最大游標數。請注意當快取滿了時，最近最少使用的游標會被關閉並替換成新游標。應用新增初始化程式碼或在環境中設定變數時，會觸發啟動。它如何工作完全取決於開發環境。本章稍後，特別是在 12.4 節，會提供關於 PL/SQL、OCI、JDBC、ODP.NET 和 PHP 的詳細資訊。要設定最大快取游標數，需要瞭解使用的應用。如果不知道，應該分析它，並找出屬於高軟解析數的 SQL 敘述數量。但這僅是首次估算。之後，仍需要執行一些測試來確保設定了正確的值。總之，它不應該超過初始化參數 open_cursors 的值。

正如圖 12-9 所示，使用用戶端敘述快取的測試案例 2，幾乎與測試案例 3 一樣。準確地說，它們都執行了一個硬解析和一個軟解析。因此，多虧了敘述快取，用戶端處理大幅度下降。

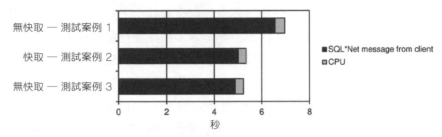

➤ 圖 12-9　對比使用和不使用用戶端敘述快取的資料庫端資源使用率設定檔（佔用少於 1% 回應時間的元件不會顯示，因為它們不可見）

4　**總結**

　　透過利用帶綁定變數的預處理敘述來避免不必要的硬解析，有時很重要。然而，當使用它們時，你應該能預料到會在用戶端的 CPU 使用率和網路流量上有小的開銷。你可以證明這個開銷會造成效能問題，因此預處理敘述和綁定變數應該僅在必要時使用。既然開銷幾乎可以忽略不計，那麼最佳實踐就是，只要它們沒有導致低效的執行計畫（更多詳細資訊，請參考第 2 章），就應該盡可能使用預處理敘述和綁定變數。每當預處理敘述頻繁使用時，就應該重用它。這麼做不僅可以避免軟解析，同時也可以降低用戶端 CPU 使用率和減少網路流量。唯一的問題是，一個預處理敘述要保持打開狀態，就會使用用戶端和伺服器端更多的記憶體。這代表當每個對話保持上千個游標打開時，需要謹慎處理，並且只有在記憶體足夠時才使用。同樣需要注意，初始化參數 open_cursors 限制了單個對話同時打開游標的數量。萬一快取了許多預處理敘述，最好是使用用戶端敘述快取，並仔細設定快取大小，而不是手動保持它們打開。這樣的話，透過允許有限的預處理敘述快取，記憶體壓力或許會減輕。

12.2.2　長解析

　　如果長解析只執行了幾次（或者如上一個例子，只有一次），通常無法避免長解析。實際上，SQL 敘述必須至少解析一次。此外，如果 SQL 敘述很少執行，那麼通常必然會進行硬解析，因為在各次執行之間，游標會因過期而從函式庫快取中交換出來，尤其是在沒有使用綁定變數的時候。因此，唯一可能的解決方案就是減少它本身的解析時間。

是什麼導致長解析時間？通常，是由於查詢最佳化工具評估了太多不同的執行計畫。此外，也可能是由於執行遞迴呼叫時，正在進行動態採樣。解決後者的方法很明顯：要麼降低動態採樣層級，要麼徹底禁用它。然而，解決前者會有些麻煩。實際上，要縮短解析時間，必須減小評估執行計畫的數量。這通常可以透過 hint 或儲存概要來強制使用某個執行計畫。例如，在 12.1 節的例子中，SQL 敘述建立儲存概要後，解析時間縮短了 6 倍（請查看圖 12-10）。透過直接指定 hint 在 SQL 敘述中，也可以達到同樣的效果，當然前提是你可以修改程式碼。

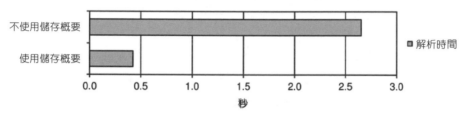

↑ 圖 12-10 使用和不使用儲存概要的解析時間對比

12.3 避開解析問題

之前的章節描述了三個與快速解析有關的測試案例。第一個是一個糟糕程式碼書寫的例子。第二個比第一個要好得多。第三個在大多數情況下是最好的一個。目前的窘境是，類似於測試案例 1 這樣的程式碼必須修改，才可以改善效能，但遺憾的是，這並非總是可行的。這是因為要麼是程式碼不可用，技術性壁壘阻止增強程式碼（例如，預編譯敘述在程式設計環境中不可用），要麼是實現所有必要的修改太過「昂貴」。

接下來的部分會介紹如何處理這樣的問題，來使效能接近不存在解析問題的應用的效能。這樣的方案即使效能不能與正確的實現一樣好，但在某些情況下也比什麼都不做要好。

> **注意** 下面的小節透過展示不同的效能測試結果來描述解析的影響。效能指標只用來輔助對比不同的處理,使你充分理解解析的影響。記住,每個系統和應用都有它們各自的特點。因此,根據環境不同,使用的技巧也會不同。

12.3.1 游標共享

這項功能是用來解決由應用程式未使用綁定變數引起的效能問題,因為這樣做會導致過多的硬解析。在本章前面的部分,我在測試案例 1 中指出過這個問題。

游標共享(cursor sharing)的概念很簡單。如果一個應用程式執行包含文字的 SQL 敘述,並且游標共享處於啟用狀態,那麼資料庫引擎會自動使用綁定變數替換文字。這樣,對於只有文字不同的 SQL 敘述來說,硬解析可能會轉為軟解析。基本上,目標是讓一個應用程式表現得與測試案例 2 類似,即使它的寫法與測試案例 1 類似。

> **注意** 游標共享不會替換透過 PL/SQL 執行的靜態 SQL 敘述中的文字。對於動態 SQL 敘述來說,只有當字面值不會與綁定變數混淆的時候才會發生替換。這不是一個 bug,而是一項設計決策。可以使用 cursor_sharing_mix.sql 腳本來重現這種行為。

游標共享是透過 cursor_sharing 初始化參數控制的。如果設定為 exact,該特性會被禁用。換句話說,只有當 SQL 敘述的文字完全相同時,它們才會共享父游標。如果將 cursor_sharing 設定為 force 或 similar,則會啟用該特性。預設值是 exact。可以在系統和對話層級上修改它。也可以在 SQL 敘述層級上透過指定 cursor_sharing_exact 提示,來顯式禁用游標共享。

Oracle Support 檔案 1169017.1(*Deprecating the cursor_sharing = 'SIMILAR' setting*)顯示,從 11.1 版本開始,將廢棄 cursor_sharing 初始化參數的 similar 值。此外,從 11.2.0.3 版本開始,將這個參數設定為 similar 時,資料庫引擎會將其作為 force 來處理!廢棄值 similar 的主要原因有兩個。第一,你很快就會明

白，它的實現存在問題。第二，自我調整游標共享（該特性的相關資訊請參考第 2 章）的導入使得沒有必要再使用 similar。事實上，自我調整游標共享可以在游標共享設定為 force 時起作用。

📢 **警告**　游標共享以不穩定而聞名。這是因為，經過這些年，找到並修復了與之相關的大量 bug。因此，如果你正在考慮使用它，我的建議是仔細查閱 Oracle Support 檔案 94036.1（*Init.ora Parameter「CURSOR_SHARING」Reference Note*），尤其是已知 bug 列表。

　　鑑於游標共享可以透過兩個值來啟用，force 和 similar，我們討論一下其中的區別。出於這個目的，會在 10.2.0.5 版本的資料庫上分別使用不同的 cursor_sharing 值執行測試案例 1。 我們來看一下使用值 force 時的結果。如圖 12-11 所示，測試案例 1（使用值 force）中的資料庫端資源使用率設定檔，與測試案例 2 中的類似。實際上，它們兩個都執行了一次單獨的硬解析和 9,999 次軟解析。結果，多虧有了游標共享，解析時間大幅降低了。使用值 force，只是在 CPU 使用率上有輕微的改善。因為資料庫引擎為了使用綁定變數替換字面值，而必須執行更多的工作，但這是在預料之中的。

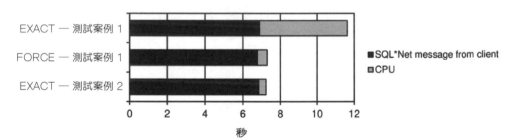

⬆ 圖 12-11　將游標共享設定為 force 時，對比資料庫端資源使用率設定檔（這裡不會顯示回應時間不足 1% 的那些元件）

　　如果不考慮自我調整游標共享，值 force 相關的問題就變成，替換文字的所有 SQL 敘述會共享相同的文字來使用單個子游標。因此，文字（它對於長條圖來說很關鍵）只有在與第一條提交的 SQL 敘述關聯的執行計畫產生時會被掃視到。當後續的執行計畫中，使用的文字可能需要不同的執行計畫時，這會導致效能問題。為了避免這種情況的發生，可以使用值 similar。事實上，使用 similar，在重用一個已經可用的的游標之前，SQL 引擎會檢查其中一個被替換的文字，是否有對應的長條圖存在。如果不存在，則可以使用任何有相容執行環境的子游標。如果確實存在，則只有使用一樣文字建立的子游標才可以被使用。結果，使用 similar 會針對每一個文字值使用單獨的游標（使用更少的記憶體），這會代替針對每個文字值使用單獨的父游標。

如圖 12-12 所示，在測試案例 1 中，使用值 similar 的資料庫端，資源使用率設定檔要表現得比使用值 exact 還要糟。問題不僅是執行了 10,000 次硬解析，由於游標共享，這樣的解析操作的 CPU 使用率也會更高。事實上，解析時間會隨著每個父游標的子游標數量直線上升。解析時間直線上升，是因為在解析期間，SQL 引擎必須檢查是否有可用的子游標可以重用。因此，必須掃描子游標的清單，並探測每個子游標的相容性。簡單來說，過多的子游標抑制了良好的效能。注意在替換完文字值後，所有 SQL 敘述擁有相同的文字。因此，函式庫快取包含著單獨一個父游標，該父游標擁有成千的子游標。

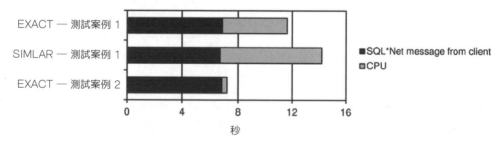

↑ 圖 12-12 將游標共享設定為 similar 時，比較資料庫端資源使用率設定檔（這裡不會顯示回應時間不足 1% 的那些元件）

總之，如果一個應用程式使用文字值，並且將游標共享設定為 similar，其效能取決於是否存在相關長條圖。如果它們存在，similar 的表現就與 exact 類似。如果它們不存在，similar 表現就與 force 類似。這意味著如果面臨解析問題，通常使用 similar 是沒有意義的。

12.3.2 伺服器端敘述快取

這個功能與用戶端敘述快取類似，它是用來在發生過多的軟解析時減少負載的。從概念上來看，這兩種類型的敘述快取是類似的，除了一個在伺服器端實現，另一個在用戶端實現。從效能的角度來看，差別還是很大的。事實上，伺服器端實現遠不及用戶端實現強大。這是因為伺服器端實現，僅在伺服器端減少軟解析的負載，而多數情況下，用戶端軟解析的負載遠比伺服器端要大。實現伺服器端敘述快取的唯一優勢，是可以在資料庫引擎中，快取部署的 PL/SQL 或 Java 程式碼執行的 SQL 敘述。

如果一個應用程式執行大量的軟解析，在函式庫快取的閂鎖和互斥（latches and mutexes）上過高的壓力，也會導致在資料庫引擎上出現顯著的爭用。下面的資料庫端資源使用率設定檔展示了這樣情況。當資料庫引擎為相同的 SQL 敘述，每秒處理超過 30 000 次解析時，啟動了測試案例 2。儘管這肯定不是一個正常的負載，但它有助於證實伺服器端游標快取的影響。

Component	Total Duration	%	Number of Events	Duration per Event
SQL*Net message from client	4.166	54.569	10,000	0.000
library cache: mutex X	2.622	34.339	158	0.017
CPU	0.557	7.294	n/a	n/a
latch free	0.265	3.473	1	0.265
SQL*Net message to client	0.014	0.177	10,000	0.000
cursor: pin S	0.011	0.148	1	0.011
Total	7.635	100.000		

一旦伺服器端軟解析的負載影響效能而又無法修改應用程式時，伺服器端敘述快取可能會有幫助。這個例子中，在啟用並施加相同的負載後，產生的資源使用率設定檔如下所示。注意關聯到函式庫快取的閂鎖和互斥上的大部分等待已消失。

Component	Total Duration	%	Number of Events	Duration per Event

```
SQL*Net message from client      4.646 85.959     10000         0.000
CPU                              0.420  7.769       n/a           n/a
cursor: pin S                    0.328  6.070         2         0.164
SQL*Net message to client        0.011  0.202     10000         0.000
-------------------------------- -------- -------
Total                            5.405 100.000
```

　　伺服器端敘述快取是透過 session_cached_cursors 初始化參數設定的。它的值指定每個對話能夠快取的最大游標數量。所以如果將它設定為 0，就會禁用該特性。反之如果設定的值大於 0，則會啟用該特性。在 10.2 版本中，預設值是 20；從 11.1 版本開始，預設值是 50。在系統層級上，只有重啟實例才能改變它。在對話層級上，可動態修改該參數。與用戶端敘述快取一樣，要決定快取游標的最大數量，需要瞭解正在使用的應用程式，或分析以找出有多少 SQL 敘述產生了大量軟解析。然後，根據這個初步的估算，有必要進行一些測試來驗證這個值是否合適。在這些測試期間，要驗證快取是否有效，可以透過驗證對回應時間的影響，也可以透過從下面的查詢中查看統計結果來驗證。注意，在系統層級上也有相同的統計資訊可用。無論如何，應該關注單獨一個存在負債問題的對話，以便找出可用的線索。

```
SQL> SELECT sn.name, ss.value
  2   FROM v$statname sn, v$sesstat ss
  3   WHERE sn.statistic# = ss.statistic#
  4   AND sn.name IN ( 'session cursor cache hits' ,
  5                    'session cursor cache count' ,
  6                    'parse count (total)' )
  7   AND ss.sid = 42;

NAME                      VALUE
------------------------- ----------
session cursor cache hits      9997
session cursor cache count        9
parse count (total)           10008
```

　　第一，將快取游標的數量（session cursor cache count）與 session_cached_cursors 初始化參數的值進行對比。如果前者小於後者，則意味著增加該初始化參數的值應該對快取的游標數量沒有影響。否則，如果兩個值相等，增加該初始化參數的值可能有助於快取更多的游標。無論如何，超過 open_cursors 初始化參數的值都是沒意義的。例如，根據上面的統計資訊，現在快取中有九個游標。因為測試期間 session_cached_cursors 初始化參數被設定為 50，增加它的值就沒有用處。

第二，使用這些附加的指標，可以檢查相對於解析呼叫的總數（parse count (total)），有多少解析呼叫是透過伺服器端敘述快取優化的（session cursor cache hits）。如果兩個值接近，可能並不值得花時間增加快取的大小。在上面這些統計資訊中，因為快取避免了超過 99%（9,997/10,008）的解析，所以增加它很可能沒什麼意義。

小心 Bug！

由 parse count (total) 和 session cursor cache hits 統計資訊提供的值經常會引起幾個 bug。這些 bug 中你最可能碰到的是以下這些。

- 從 11.1.0.6 版本開始，session cursor cache hits 統計資訊會為利用 PL/SQL 用戶端敘述快取的游標增加數值。因此，session cursor cache hits 統計資訊可能會比 parse count (total) 統計資訊高出許多。預設情況下會將用戶端敘述快取在 PL/SQL 程式中。因此，使用 PL/SQL 時，session cursor cache hits 統計資訊就變得沒用了。

- 從 11.2.0.1 版本開始，對話層級上的 session cursor cache hits 統計資訊儲存在一個佔用 16 位元的不帶正負號的整數中。因此，命中超過 65,535 次的對話會溢出，並且值會從 0 重新開始。而且，即使這個統計資訊在系統層級沒有這樣的限制，在對話層級的溢出，仍然會引起系統層級的統計資訊減少 65,535。結果，session cursor cache hits 統計資訊在系統和對話層級上幾乎沒有用處。

- 在 11.2.0.3 版本中，parse count (total) 統計資訊並沒有為使用伺服器端敘述快取的游標增加資料。結果，session cursor cache hits 統計資訊要比 parse count (total) 統計資訊的值高得多。由於預設會使用伺服器端敘述快取，實際上 parse count (total) 統計資訊在 11.2.0.3 版本中沒有實際用處。該 bug 在 11.2.0.4 版本中已修復。

綜上所述，當依賴並解釋 session cursor cache hits 統計資訊時，要十分小心。回顧已知 bug 來確保沒有適用於你的情況，特別是要記住這裡列出的三個 bug。

在之前的統計資訊中還有一件重點需要注意的事情，快取中「只有」9,997 次命中。既然測試案例 2 執行了相同的 SQL 敘述 10,000 次，為什麼不是 9,999？答案是一個游標只有在它已經被執行多次的情況下，才會被放入游標快取中。這麼做的原因是防止快取那些只執行一次的游標。獲得 9,999 這個數，只能是在第一次解析呼叫之前，就已經有一個可共享游標存在於函式庫快取中。

總之，伺服器端敘述快取是一個重要的功能。事實上，如果正確設定大小，它可能會節省一些伺服器端的負載。然而，不能因為這個功能，應用就找藉口不再管理游標。這是因為正如你上面看到的，當快取在伺服器端執行而不是用戶端執行時，解析的負載會更高。

12.4 使用應用程式設計介面

本節的目標是描述與為不同的應用程式設計介面解析相關的功能。在之前章節的描述中，為了避免不必要的硬解析和軟解析，應該有三個關鍵的功能可以使用：綁定變數、重用敘述以及用戶端敘述快取。表 12-1 總結了在不同的應用程式設計介面中，這些特性的可用情況。接下來的小節會為 PL/SQL、OCI、JDBC、ODP.NET 以及 PHP 提供一些詳細的資訊。

表 12-1 由不同的應用程式設計介面提供的功能概覽

應用程式設計介面	綁定變數	敘述重用	用戶端敘述快取
Java 資料庫連線 (JDBC)			
`java.sql.Statement`			
`java.sql.PreparedStatement`	√	√	√
Oracle Call Interface (OCI)	√	√	√
Oracle C++ Call Interface (OCCI)	√	√	√
Oracle Data Provider for .NET (ODP.NET)	√		√
Oracle Objects for OLE (OO4O)	√		
Oracle Provider for OLE DB	√		√
PHP (PECL OCI8 擴充)	√	√	√

應用程式設計介面	綁定變數	敘述重用	用戶端敘述快取
PL/SQL			
靜態 SQL	√		√
本地動態 SQL(EXECUTE IMMEDIATE)	√		√
本地動態 SQL(OPEN/FETCH/CLOSE)	√		
使用 dbms_sql 套件的動態 SQL	√	√	
預編譯器	√	√	√
SQLJ	√		√

12.4.1 PL/SQL

PL/SQL 提供了不同的方法來執行 SQL 敘述。主要的兩個類別是靜態 SQL 和動態 SQL。動態 SQL 能夠進一步分成三個子類別：EXECUTE IMMEDIATE、OPEN/FETCH/CLOSE 以及 dbms_sql 套件。唯一與解析相關的功能是，它們都可以使用綁定變數。而實際上，只有重用敘述和快取用戶端敘述的部分可以使用。它們並不是對所有 SQL 敘述類別都有效。接下來的小節將會描述這四種類別的每個細節。

> **📖注意**　鑒於 PL/SQL 是在資料庫引擎中執行的，討論用戶端敘述快取好像有點奇怪。其實，從 SQL 引擎的視角來看，PL/SQL 引擎就是一個用戶端。在這個用戶端中，用戶端敘述快取的概念將在這裡實現。

在本節例子中提供的 PL/SQL 程式碼區塊來自 ParsingTest1.sql、ParsingTest2.sql 以及 ParsingTest3.sql 腳本，分別實現測試案例 1、2 和 3。

1 靜態 SQL

靜態 SQL 被整合到 PL/SQL 語言中。就像它的名稱一樣它是靜態的，因此，在 PL/SQL 編譯期間，SQL 敘述必須是完全已知的。出於這個原因，如果一條 SQL 敘述參照了 PL/SQL 變數，則不可避免地要使用綁定變數。例如，不可能使用靜態 SQL 寫出一段程式碼來重現測試案例 1。

編寫靜態 SQL 有兩種方式。第一種是根據隱式游標，但它沒有控制游標生命週期的能力。下面的 PL/SQL 程式碼區塊實現了測試案例 2：

```
DECLARE
  l_pad VARCHAR2(4000);
BEGIN
  FOR i IN 1..10000
  LOOP
    SELECT pad INTO l_pad
    FROM t
    WHERE val = i;
  END LOOP;
END;
```

第二種方式是根據顯式游標。在這種情況下，可以對游標進行某些控制。不管怎樣，打開 / 解析 / 執行階段被合併成一個單獨的操作（OPEN）。這意味著僅可以控制擷取和關閉階段。下面的 PL/SQL 程式碼區塊實現了測試案例 2：

```
DECLARE
  CURSOR c (p_val NUMBER) IS SELECT pad FROM t WHERE val = p_val;
  l_pad VARCHAR2(4000);
BEGIN
  FOR i IN 1..10000
  LOOP
    OPEN c(i);
    FETCH c INTO l_pad;
    CLOSE c;
  END LOOP;
END;
```

儘管這兩種方式都防止了不良程式碼（測試案例 1），但它們也不允許寫出特別高效的程式碼（測試案例 3）。這是因為沒有完全控制游標。但從效能的角度看，這兩種方法是類似的。

為了解決這個問題，可以使用用戶端敘述快取。快取游標的最大數量由 session_cached_cursors 初始化參數決定。在 10.2 版本中，預設的快取游標數量是 20，而從 11.1 版本開始是 50。這個初始化參數，並不與用戶端敘述快取直接相關，而是「錯誤」地設定了它！事實上，這與用於控制伺服器端敘述快取的初始化參數是同一個。

② 本地動態 SQL：EXECUTE IMMEDIATE

從游標管理的角度來看，根據 EXECUTE IMMEDIATE 的本地動態 SQL 與使用隱式游標的靜態 SQL 類似。換句話說，它不能控制游標的生命週期。下面的 PL/SQL 程式碼區塊實現了測試案例 2：

```
DECLARE
  l_pad VARCHAR2(4000);
BEGIN
  FOR i IN 1..10000
  LOOP
    EXECUTE IMMEDIATE 'SELECT pad FROM t WHERE val = :1' INTO l_pad USING i;
  END LOOP;
END;
```

沒有了對游標的控制，不可能寫出實現測試案例 3 的程式碼。出於這個原因，可以像靜態 SQL 那樣使用用戶端游標快取。

③ 本地動態 SQL：OPEN/FETCH/CLOSE

從游標管理的角度來看，根據 OPEN/FETCH/CLOSE 的本地動態 SQL 與使用隱式游標的靜態 SQL 類似。換句話說，它僅能控制擷取（FETCH）階段。下面的 PL/SQL 程式碼區塊實現了測試案例 2：

```
DECLARE
  TYPE t_cursor IS REF CURSOR;
  l_cursor t_cursor;
  l_pad VARCHAR2(4000);
BEGIN
  FOR i IN 1..10000
  LOOP
    OPEN l_cursor FOR 'SELECT pad FROM t WHERE val = :1' USING i;
    FETCH l_cursor INTO l_pad;
```

```
    CLOSE l_cursor;
  END LOOP;
END;
```

　　沒有對游標的完全控制，不可能寫出實現測試案例 3 的程式碼。此外，使用根據 OPEN/FETCH/CLOSE 的動態 SQL，資料庫引擎無法利用用戶端敘述快取。這意味著要解決這種程式碼引起的解析問題的唯一途徑，是使用 EXECUTE IMMEDIATE 或 dbms_sql 套件對敘述進行改寫。作為一種變通方案，還可以考慮伺服器端敘述快取。

4 本地動態 SQL：dbms_sql 套件

　　dbms_sql 套件提供對游標的生命週期的完全控制。在下面的 PL/SQL 程式碼區塊中（測試案例 2），請注意顯式編碼的每一步：

```
DECLARE
  l_cursor INTEGER;
  l_pad VARCHAR2(4000);
  l_retval INTEGER;
BEGIN
  FOR i IN 1..10000
  LOOP
    l_cursor := dbms_sql.open_cursor;
    dbms_sql.parse(l_cursor, 'SELECT pad FROM t WHERE val = :1', 1);
    dbms_sql.define_column(l_cursor, 1, l_pad, 10);
    dbms_sql.bind_variable(l_cursor, ':1', i);
    l_retval := dbms_sql.execute(l_cursor);
    IF dbms_sql.fetch_rows(l_cursor) > 0
    THEN
      NULL;
    END IF;
    dbms_sql.close_cursor(l_cursor);
  END LOOP;
END;
```

因為可以完全控制游標，實現測試案例 3 就沒有問題了。下面的 PL/SQL 程式碼區塊展示了這樣的例子。注意，為了避免不必要的軟解析，準備游標（open_cursor、parse、define_column）和關閉游標（close_cursor）的過程被放置到迴圈外。

```
DECLARE
  l_cursor INTEGER;
  l_pad VARCHAR2(4000);
  l_retval INTEGER;
BEGIN
  l_cursor := dbms_sql.open_cursor;
  dbms_sql.parse(l_cursor, 'SELECT pad FROM t WHERE val = :1' , 1);
  dbms_sql.define_column(l_cursor, 1, l_pad, 10);
  FOR i IN 1..10000
  LOOP
    dbms_sql.bind_variable(l_cursor, ':1' , i);
    l_retval := dbms_sql.execute(l_cursor);
    IF dbms_sql.fetch_rows(l_cursor) > 0
    THEN
      NULL;
    END IF;
  END LOOP;
  dbms_sql.close_cursor(l_cursor);
END;
```

使用 dbms_sql 套件時，資料庫引擎無法利用用戶端敘述快取。所以，為了優化一個有太多軟解析的應用程式（如測試案例 2），必須修改它以重用游標（如測試案例 3）。作為一個權宜方案，可以考慮伺服器端敘述快取。

12.4.2 OCI

OCI 是一種低層級的應用程式設計介面。因此，它可以提供對游標生命週期的完全控制。例如，在下面的程式碼片段中，實現了測試案例 2，請注意顯式編碼的步驟：

```
for (i=1 ; i<=10000 ; i++)
{
  OCIStmtPrepare2(svc, (OCIStmt **)&stm, err, sql, strlen(sql), NULL, 0,
OCI_NTV_SYNTAX,
                  OCI_DEFAULT);
  OCIDefineByPos(stm, &def, err, 1, val, sizeof(val), SQLT_STR, 0, 0, 0,
OCI_DEFAULT);
  OCIBindByPos(stm, &bnd, err, 1, &i, sizeof(i), SQLT_INT, 0, 0, 0, 0, 0,
OCI_DEFAULT);
  OCIStmtExecute(svc, stm, err, 0, 0, 0, 0, OCI_DEFAULT);
  if (r = OCIStmtFetch2(stm, err, 1, OCI_FETCH_NEXT, 0, OCI_DEFAULT) ==
OCI_SUCCESS)
  {
    // 對資料進行某些處理
  }
  OCIStmtRelease(stm, err, NULL, 0, OCI_DEFAULT);
}
```

既然可以對游標進行完全控制，也就可以實現測試案例 3。下面的程式碼片段就是一個例子。注意，為了避免不必要的軟解析，準備游標（OCIStmtPrepare2 和 OCIDefineByPos）和關閉游標（OCIStm- tRelease）的函數被放置到迴圈外。

```
OCIStmtPrepare2(svc, (OCIStmt **)&stm, err, sql, strlen(sql), NULL, 0,
OCI_NTV_SYNTAX,
                OCI_DEFAULT);
OCIDefineByPos(stm, &def, err, 1, val, sizeof(val), SQLT_STR, 0, 0, 0,
OCI_DEFAULT);
for (i=1 ; i<=10000 ; i++)
{
  OCIBindByPos(stm, &bnd, err, 1, &i, sizeof(i), SQLT_INT, 0, 0, 0, 0, 0,
OCI_DEFAULT);
  OCIStmtExecute(svc, stm, err, 0, 0, 0, 0, OCI_DEFAULT);
  if (r = OCIStmtFetch2(stm, err, 1, OCI_FETCH_NEXT, 0, OCI_DEFAULT) ==
OCI_SUCCESS)
  {
    // 對資料進行某些處理
```

```
  }
}
OCIStmtRelease(stm, err, NULL, 0, OCI_DEFAULT);
```

OCI 不僅啟用對游標的完全控制，而且還支援用戶端敘述快取。要使用它，
僅需啟用敘述快取，並使用 OCIStmtPrepare2 和 OCIStmtRelease 函數（如上面的
例子那樣）。呼叫 OCIStmtRelease 函數時，會將游標新增到快取中。然後，透過
OCIStmtPrepare2 函數建立新的游標時，就會存取快取，以查找是否有一條擁有相
同文字的 SQL 敘述在其中。

啟用敘述快取的方法有多種。基本上，只需要在對話打開或從一個池中恢復
時指定它就可以。例如，如果透過 OCILogon2 函數打開一個沒有儲存到池中的對
話，有必要指定 OCI_LOGON2_STMTCACHE 這個值來啟用這種模式。

```
OCILogon2(env, err, &svc, username, strlen(username), password,
strlen(password),
          dbname, strlen(dbname), OCI_LOGON2_STMTCACHE)
```

預設情況下，快取的大小是 20。下面的程式碼片段展示如何透過設定服務上
下文上的 OCI_ATTR_STMTCACHESIZE 屬性，將快取的大小更改為 50。注意，將這個
屬性設定為 0 會禁用敘述快取。

```
ub4 size = 50;
OCIAttrSet(svc, OCI_HTYPE_SVCCTX, &size, 0, OCI_ATTR_STMTCACHESIZE, err);
```

本節中提供的 C 程式碼的例子，分別摘錄自實現了測試案例 1、2 和 3 的
ParsingTest1.c、ParsingTest2.c 以及 ParsingTest3.c 的檔案。

12.4.3 JDBC

java.sql.Statement 是由 JDBC 提供的執行 SQL 敘述的基礎類別。如表 12-1
所示，使用它時出現解析問題並非不可能。事實上，它不支援綁定變數、游標的
重用以及用戶端敘述快取。基本上，使用它僅可能實現測試案例 1。下面的程式碼
片段進行了示範：

```
sql = "SELECT pad FROM t WHERE val = ";
for (int i=0 ; i<10000; i++)
{
  statement = connection.createStatement();
  resultset = statement.executeQuery(sql + Integer.toString(i));
  if (resultset.next())
  {
    pad = resultset.getString( "pad" );
  }
  resultset.close();
  statement.close();
}
```

為了避免由上面的程式碼片段執行所產生的硬解析，必須使用 `java.sql.PreparedStatement` 類別（或者它的一個子類別），它是 `java.sql.Statement` 的子類別。下面的程式碼片段展示了使用它實現測試案例 2。注意，用於查找的值是透過綁定變數定義的（在 Java 中使用一個問號定義並稱作**預留位置**），而不是迴圈傳遞給 `sql` 變數（如上面例子那樣）。

```
sql = "SELECT pad FROM t WHERE val = ?";
for (int i=0 ; i<10000; i++)
{
  statement = connection.prepareStatement(sql);
  statement.setInt(1, i);
  resultset = statement.executeQuery();
  if (resultset.next())
  {
    pad = resultset.getString( "pad" );
  }
  resultset.close();
  statement.close();
}
```

接下來的改進還要避免軟解析，換言之，實現測試案例 3。如下面的程式碼片段所示，可以透過將建立和關閉預編譯敘述的程式碼，移動到迴圈外面來實現這個目標：

```
sql = "SELECT pad FROM t WHERE val = ?" ;
statement = connection.prepareStatement(sql);
for (int i=0 ; i<10000; i++)
{
  statement.setInt(1, i);
  resultset = statement.executeQuery();
  if (resultset.next())
  {
    pad = resultset.getString( "pad" );
  }
  resultset.close();
}
statement.close();
```

Oracle JDBC 驅動程式提供兩個用於支援用戶端敘述快取的擴充：隱式和顯式敘述快取。如名稱所示，前者幾乎不需要程式碼的變更，後者必須顯式實現。

透過顯式敘述快取，敘述依靠 Oracle 定義的方法來打開和關閉。鑒於這對程式碼有巨大的影響，並且與隱式敘述快取相比，編寫更快的程式碼會變得更困難。想瞭解更多資訊，請參考 *JDBC Developer's Guide* 手冊。

透過隱式敘述快取，當呼叫 close 方法時，會將預編譯的敘述新增到快取中。然後，當一條新的預編譯敘述透過 prepareStatement 方法進行產生實體時，就會檢查快取以查明是否擁有相同文字的游標已經存在於其中。

> **🔖注意** 只有實現了 java.sql.PreparedStatement 和 java.sql.CallableStatement 介面的類別才支援隱式敘述快取。換句話說，普通的敘述（根據 java.sql.Statement）不支援隱式敘述快取。

下面的程式碼列展示了在對話層級上啟用隱式敘述快取。小心：需要將快取的大小設定為一個大於 0 的值。因為這兩個方法都是 Oracle 的擴充程式：

```
((oracle.jdbc.OracleConnection)connection).setImplicitCachingEnabled(true);
((oracle.jdbc.OracleConnection)connection).setStatementCacheSize(50);
```

另一種啟用隱式敘述快取的方式，是透過 OracleDataSource 類別的 setImplicitCachingEnabled 和 setMaxStatements 方法。但是需要注意，setMaxStatements 方法已被棄用。

預設情況下，所有預編譯的敘述都透過隱式敘述快取被快取起來。當快取占滿時，最近最少使用的那一個就會關閉，並被一個新的取代。如果有必要，可以禁用特定敘述的快取。下面的程式碼舉例說明：

```
((oracle.jdbc.OraclePreparedStatement)statement).setDisableStmtCaching(true);
```

本節中作為例子的 Java 程式碼，摘錄自分別實現了測試案例 1、2 和 3 的 ParsingTest1.java、ParsingTest2.java 以及 ParsingTest3.java 檔案。

12.4.4 ODP.NET

ODP.NET 提供對游標生命週期的少量控制。在下面實現測試案例 1 的程式碼片段中，ExecuteReader 方法在同一時間觸發解析、執行和擷取呼叫：

```
sql = "SELECT pad FROM t WHERE val = ";
command = new OracleCommand(sql, connection);
for (int i = 0; i < 10000; i++)
{
  command.CommandText = sql + i;
  reader = command.ExecuteReader();
  if (reader.Read())
  {
    pad = reader[0].ToString();
  }
  reader.Close();
}
```

為避免上面的程式碼片段執行所產生的全部硬解析，OracleParameter 類別必須用於傳遞參數（綁定變數）。下面的程式碼片段展示了使用它來實現測試案例 2。注意，用於查找的值是透過參數定義的，而不是迴圈傳遞給 sql 變數（如上面例子那樣）。

```
String sql = "SELECT pad FROM t WHERE val = :val";
OracleCommand command = new OracleCommand(sql, connection);
OracleParameter parameter = new OracleParameter("val", OracleDbType.Int32);
command.Parameters.Add(parameter);
OracleDataReader reader;
for (int i = 0; i < 10000; i++)
{
  parameter.Value = Convert.ToInt32(i);
  reader = command.ExecuteReader();
  if (reader.Read())
  {
    pad = reader[0].ToString();
  }
  reader.Close();
}
```

　　使用 ODP.NET，不可能實現測試案例 3。但是，要達到同樣的效果，可以使用用戶端敘述快取。有兩種方法來啟用它並設定快取的大小。第一種，為所有控制敘述快取，並使用特定 Oracle home 的應用程式，在註冊表中設定下面的值。如果設定為 0，會禁用敘述快取。如果設定為其他值，則會啟用敘述快取，且這個值指定快取的大小（<Assembly_Version> 是 Oracle.DataAccess.dll 的完整版本號）。

```
HKEY_LOCAL_MACHINE\SOFTWARE\ORACLE\ODP.NET\<Assembly_Version>\
StatementCacheSize
```

　　第二種方法是直接在程式碼中透過 OracleConnection 類別提供的 Statement Cache Size 屬性控制敘述快取。基本上，它扮演的角色與註冊表是一樣的，不過只針對一個單獨的連線。下面的程式碼片段展示了啟用敘述快取，並將其大小設定為 10：

```
String connectString = "User Id=" + user +
                       ";Password=" + password +
                       ";Data Source=" + dataSource +
                       ";Statement Cache Size=10";
OracleConnection connection = new OracleConnection(connectString);
```

注意，在對話層級上的設定會覆蓋註冊表中的設定。此外，當啟用敘述快取時，可以在命令列層級上，透過將 AddToStatementCache 屬性設定為 false 來禁用它。

本節中作為例子的 C# 程式碼，分別摘錄自實現了測試案例 1 和 2 的 ParsingTest1.cs 和 ParsingTest2.cs 檔案。

12.4.5 PHP

在 PHP 中，PECL OCI8 擴充提供了對游標生命週期的完全控制。例如，在下面實現了測試案例 2 的程式碼片段中，請注意顯式編碼的步驟：

```
$sql = "SELECT pad FROM t WHERE val = :val";
for ($i = 1; $i <= 10000; $i++)
{
  $statement = oci_parse($connection, $sql);
  oci_bind_by_name($statement, ":val", $i, -1, SQLT_INT);
  oci_execute($statement, OCI_NO_AUTO_COMMIT);
  if ($row = oci_fetch_assoc($statement))
  {
      $pad = $row['PAD'];
  }
  oci_free_statement($statement);
}
```

既然可以完全控制游標，也就可以實現測試案例 3 了。下面的程式碼片段會舉例說明。請注意，為了避免不必要的軟解析，將準備游標（oci_parse 和 oci_bind_by_name）和關閉游標（oci_free_statement）的函數，放置在迴圈外面。

```
$sql = "SELECT pad FROM t WHERE val = :val";
$statement = oci_parse($connection, $sql);
oci_bind_by_name($statement, ":val", $i, -1, SQLT_INT);
for ($i = 1; $i <= 10000; $i++)
{
  oci_execute($statement, OCI_NO_AUTO_COMMIT);
  if ($row = oci_fetch_assoc($statement))
```

```
  {
    $pad = $row[ 'PAD' ];
  }
}
oci_free_statement($statement);
```

　　PHP 不僅可以完全控制游標，而且從 OCI8 1.1 開始，還支援用戶端敘述快取。要使用它，可以使用 oci8.statement_cache_size 指令。大於 0 的值會啟用用戶端敘述快取，並指定快取游標個數。預設值是 20，允許用戶端最多快取 20 個游標。要更改這個值，請在 php.ini 設定檔中新增類似以下的內容：

```
oci8.statement_cache_size = 50
```

　　本節中作為例子使用的 PHP 程式碼，摘錄自 ParsingTest1.php、ParsingTest2.php 以及 ParsingTest3.php 檔案。這些檔分別實現了測試案例 1、2 和 3。

12.5 小結

　　本章描述如何識別、解決以及避開解析問題。核心內容是，透過瞭解應用程式的工作原理以及利用應用程式設計介面，進而能夠透過在開發階段，編寫高效程式碼來避免解析問題。

　　鑒於在一個游標的生命週期中，執行階段緊跟著 SQL 敘述的解析和變數的綁定，有必要瞭解資料庫引擎存取資料時使用的技術。下一章會討論這方面的內容，並描述如何利用不同類型的索引以及分區方法，以便幫助加速 SQL 敘述的執行。

優化資料存取

就像第 10 章描述的那樣，執行計畫是由多個操作組成的。最常使用的操作是存取、篩檢和轉換資料。本章主要涉及資料存取操作，也就是，資料庫引擎能夠存取資料的方式。

基本上在一張表中定位資料的方式僅有兩種。第一，是掃描整張表。第二，是根據額外的存取結構（比如索引）或包含表本身（比如雜湊叢集（hash cluster））的結構來進行查找。此外，在分區情況下，會將存取限制到分區的一個子集。這與在本書中尋找特定資訊沒有區別。要麼讀完整本書，要麼閱讀單獨一章，或者使用索引或內容表來找出想要的資訊。

本章的第一部分將描述，透過看 SQL 追蹤或動態效能視圖提供的執行時統計資訊，來識別低效的存取路徑。第二部分介紹可用的存取方法和使用它們的場合。對於每個存取路徑，也會介紹可以用來複製的 hint 和與它相關的執行計畫操作。

注意　本章多個 SQL 敘述包含 hint。我這麼做不光是要向你展示 hint 對應的存取路徑，同時也舉例說明它們的使用。總之，提供的既不是真實的參照也不是完整的語法。可以在 *SQL Reference* 手冊的第 2 章中找到相關資訊。

13.1 識別次優存取路徑

第 10 章介紹了透過查看查詢最佳化工具的估值和正確識別的限制，判斷執行計畫是否高效的方法。重點需要明白，即使查詢最佳化工具正確選擇了最優的執行計畫，並不代表這個執行計畫就會高效執行。也許在修改了 SQL 敘述或存取結構（例如，增加索引）之後，會想到更好的執行計畫。在接下來的幾部分中，會介紹用來識別低效存取路徑時可以執行的額外檢查，以及導致存取路徑低效的原因和避免的方法。

13.1.1 識別

最有效的存取路徑是能夠使用最少的資源來處理資料。因此，要識別存取路徑是否高效，可以識別它處理使用的資源數是否可以接受。要做到這些，需要定義如何衡量資源的使用，以及怎樣才算是可以接受。此外，還需要考慮檢查的可行性。換句話說，也需要考慮執行檢查需要做多少工作。它必須盡可能簡單。實際上，完善的檢查需要花費太多的時間去執行，在實際中這是無法接受的，尤其是需要處理數十甚至數百條等待優化的 SQL 敘述，或者僅僅是因為你工作的時間很緊。

作為附注，請記得本節關注的是效率，不僅僅是速度。重點需要知道往往最高效的存取路徑並不是最快的。正如第 15 章所述，使用平行處理時，有時即使使用的資源更多，但也可以獲得更好的回應時間。當然，當你考慮整個系統時，SQL 敘述使用越少的資源（換句話說，效率更高），系統的擴充性就會越高，速度越快。這是因為很顯然資源是有限的。

作為第一近似值，當存取路徑使用的資源數與回傳列數（即，回傳執行計畫裡父操作的列數）成正比時，是可接受的。換句話說，當回傳少量的列，那麼預期的資源使用率會降低，而回傳大量列時，資源使用率會升高。因此，檢查應該根據回傳單列時的資源使用數。

理想情況下，你會衡量資料庫引擎使用的全部四種資源類型（CPU、記憶體、磁片和網路）的消耗。當然，這可以做到，但不幸的是，獲取所有這些指標會花費很多時間和精力，並且通常也只對優化對話中一小部分的 SQL 敘述有效。你也應該考慮當處理一列時，CPU 處理時間是依賴處理器的速度的，這在系統與系統之間會有明顯的不同。進一步講，記憶體使用的總數幾乎與回傳列數成正比，而磁片和網路並不是總會用到。實際上，長時間執行的 SQL 敘述使用適度的記憶體量且沒有磁片或網路存取也不是罕見的。

幸運的是，有一個資料庫度量很容易收集到，它可以告訴你很多資料庫引擎工作的資訊：邏輯讀數，即，在 SQL 敘述執行期間存取的區塊數。對於它來說有五個好處。第一，邏輯讀是 CPU-bound 操作，因此可以充分反映 CPU 使用率。第二，或許邏輯讀會導致實體讀，因此如果減少邏輯讀數，也可能會減少磁片 I/O 操作。第三，邏輯讀是序列化操作。由於你經常需要優化多使用者負載，最小化邏輯讀可以充分避免擴充性問題。第四，在 SQL 敘述和執行計畫操作層級上，邏輯讀數在 SQL 追蹤檔和動態效能試圖中是現成的。第五，邏輯讀數獨立於 CPU 和磁片 I/O 子系統的負載。

由於邏輯讀數很接近整體的資源消耗數，因此你可以主要處理（至少在第一輪優化中）回傳的列中，有較高邏輯讀數的存取路徑。下面是一些通常認為好的「經驗法則」。

- 每列小於 5 個邏輯讀的存取路徑基本上是好的。
- 每列最多 10~15 個邏輯讀的存取路徑基本上可以接受。
- 通常認為每列超過 20 個邏輯讀的存取路徑是低效的。換句話說，可能有提升的空間。

要檢查每列的邏輯讀數，通常有兩種方法。第一，利用動態效能視圖提供的執行統計資訊，然後透過 dbms_xplan 套件來顯示（第 10 章已詳細介紹過該技術），下面的執行計畫是使用這種方法產生的。對於每個操作，你能看到回傳的列數（A-Rows 行）和為了回傳列執行的邏輯讀數（buffer 行）：

```
SELECT * FROM t WHERE n1 BETWEEN 6000 AND 7000 AND n2 = 19

-------------------------------------------------------------------
| Id  | Operation                   | Name |  A-Rows | Buffers   |
-------------------------------------------------------------------
|   0 | SELECT STATEMENT            |      |      3  |      28   |
```

```
|*  1 |   TABLE ACCESS BY INDEX ROWID| T        |    3 |      28 |
|*  2 |     INDEX RANGE SCAN          | T_N2_I |   24 |       4 |
---------------------------------------------------------------


  1 - filter(( "N1" >=6000 AND "N1" <=7000))
  2 - access( "N2" =19)
```

　　第二種方法是利用 SQL 追蹤提供的資訊（第 3 章已經詳細介紹過該技術）。以下程式碼片段參照自 TKPROF 產生的輸出，使用的是與上一個例子相同的查詢。請注意，回傳列數（Row 行）和邏輯讀（cr 屬性）與之前的指標吻合。

```
Rows       Row Source Operation
-------    -------------------------------------------------------
    3      TABLE ACCESS BY INDEX ROWID T (cr=28 pr=0 pw=0 time=80 us)
   24      INDEX RANGE SCAN T_N2_I (cr=4 pr=0 pw=0 time=25 us)(object id 39684)
```

　　根據之前提到的經驗法則，可以接受這樣的執行計畫作為例子來使用。實際上，存取路徑回傳的每列邏輯讀數大約是 9（28/3）。讓我們來看看同樣的 SQL 敘述執行計畫糟糕時是什麼樣子。請注意，糟糕是因為存取路徑回傳的每列邏輯讀數是 130（390/3），並不是因為它包含全資料表掃描！

```
---------------------------------------------------------
| Id | Operation          | Name | A-Rows | Buffers |
---------------------------------------------------------
|  0 | SELECT STATEMENT   |      |    3   |   390   |
|* 1 |  TABLE ACCESS FULL| T    |    3   |   390   |
---------------------------------------------------------


 1 - filter(( "N2" =19 AND "N1" >=6000 AND "N1" <=7000))
```

　　需要再次強調本節是關於存取路徑的。因此，你必須僅在存取路徑層面考慮這些指標，而不是針對整個 SQL 敘述。實際上，在 SQL 敘述層級上這些指標或許會造成誤導。要理解可能發生的問題，讓我們來檢查以下查詢。如果是在 SQL 敘述層級（大概是操作 0）上，那麼執行了 387 邏輯讀來回傳一列資料。換句話說，這會導致錯誤地將其歸類別為低效的。然而，如果存取操作的指標（操作 2）正確列入考慮範圍內，那麼邏輯讀數（387）和回傳列數（160）的比率，會將這個存取路徑歸類別為高效的。本例中的問題是操作 1 對操作 2 回傳的列使用 sum 函數。結果，它永遠都只會回傳單列，並且「隱藏」了存取路徑的效能指標：

```
SELECT sum(n1) FROM t WHERE n2 > 246


--------------------------------------------------------
| Id  | Operation            | Name | A-Rows | Buffers |
--------------------------------------------------------
|  0  | SELECT STATEMENT     |      |      1 |    387  |
|  1  |   SORT AGGREGATE     |      |      1 |    387  |
|* 2  |    TABLE ACCESS FULL | T    |    160 |    387  |
--------------------------------------------------------

  2 - filter( "N2" >246)
```

　　如果你真的只能看 SQL 敘述層級的指標（例如，由於 SQL 追蹤檔不包含執行計畫），那麼使用之前提供的經驗法會變得很困難，僅僅因為你沒有足夠的資訊。然而，在這種情況下，至少對於簡單的 SQL 敘述來說，可以嘗試猜測存取路徑指標而適應經驗法則。比如，可以仔細檢查 SQL 敘述是否存在彙總，找出 SQL 敘述中參照了多少張表，然後對應參照表的數量，按比例增加經驗法則中的限制。

13.1.2 誤區

　　檢查邏輯讀數時，必須注意兩個會曲解指標的誤區。第一個與一致讀有關，第二個與列預取有關。

1 一致讀

　　對於每一條 SQL 敘述，資料庫引擎都會保證處理資料的一致性。為了達到這個目的，資料區塊的一致性副本會根據目前資料區塊和復原區塊在執行時建立。要執行這樣的操作需要完成數個邏輯讀。因此，存取路徑操作執行的邏輯讀數，非常依賴於需要重建的區塊數。以下程式碼參照自 read_consistency.sql 腳本產生的輸出。請注意使用的查詢與上節相同。根據執行統計資訊，會回傳相同的列數

（實際上回傳相同的資料）。然而，它會執行更多的邏輯讀（相比 28，一共執行了 354）。會造成這個影響，是因為修改了資料區塊的另一個對話需要執行該查詢。由於在查詢開始時修改並未提交，資料庫引擎就必須重建這些區塊。這會導致更高的邏輯讀：

```
SELECT * FROM t WHERE n1 BETWEEN 6000 AND 7000 AND n2 = 19

-------------------------------------------------------------------
| Id  | Operation                    | Name   | A-Rows | Buffers |
-------------------------------------------------------------------
|   0 | SELECT STATEMENT             |        |      3 |    354  |
|*  1 |  TABLE ACCESS BY INDEX ROWID | T      |      3 |    354  |
|*  2 |   INDEX RANGE SCAN           | T_N2_I |     24 |    139  |
-------------------------------------------------------------------

  1 - filter(( "N1" >=6000 AND "N1" <=7000))
  2 - access( "N2" =19)
```

2 列預取

從優化的角度來看，應該避免根據列的處理。例如，當用戶端從資料庫取回資料時，它可以逐列取回，或者更好些，一次取回多列。這個技術，被稱為**列預取**（**row prefetching**），會在第 15 章中詳細介紹。現在，讓我們只看它對邏輯讀數的影響。簡單地說，每當資料庫引擎存取一個區塊，邏輯讀就會計數一次。針對全資料表掃描，會有兩個極端。如果將列預取設定為 1，回傳每列大約一個邏輯讀。如果將列預取設定為大於每個表區塊中儲存的列數，那麼邏輯讀就接近表的區塊數。以下程式碼參照自 row_prefetching.sql 腳本產生的輸出。在第一個執行中，列預取設定為 2（這個值的選擇會在 15.5 節中介紹），邏輯讀數（5,388）大約是列數（10,000）的一半。在第二個執行中，由於列預取數（100）高於每個區塊的平均列數（25），邏輯讀數（488）大約等於區塊數（401）：

```
SQL> SELECT num_rows, blocks, round(num_rows/blocks) AS rows_per_block
  2  FROM user_tables
  3  WHERE table_name = 'T' ;
```

```
NUM_ROWS BLOCKS ROWS_PER_BLOCK
-------- ------ --------------
  10000    401              25

SQL> set arraysize 2

SQL> SELECT * FROM t;


--------------------------------------------------------
| Id | Operation          | Name | A-Rows | Buffers |
--------------------------------------------------------
|  0 | SELECT STATEMENT   |      | 10000  |   5388  |
|  1 |  TABLE ACCESS FULL | T    | 10000  |   5388  |
--------------------------------------------------------


SQL> set arraysize 100


--------------------------------------------------------
| Id | Operation          | Name | A-Rows | Buffers |
--------------------------------------------------------
|  0 | SELECT STATEMENT   |      | 10000  |    488  |
|  1 |  TABLE ACCESS FULL | T    | 10000  |    488  |
--------------------------------------------------------
```

> **📖 注意**　在 SQL*Plus 中，透過 arraysize 系統變數管理列預取數。預設值是 15。

　　考慮到列預取對邏輯讀數的依賴，每當出於測試目的使用，諸如 SQL*Plus 之類別的工具執行 SQL 敘述時，都應該仔細將列預取值設定得與應用一致。換句話說，用來測試的工具預取的列數應與應用一致。如果不這樣做，會導致很多錯誤的結果。

　　當執行的操作被阻塞時（例如，彙總操作），SQL 引擎會在內部使用列預取。結果，當彙總是執行計畫的一部分時，存取路徑的邏輯讀數會非常接近區塊數。

換句話説，無論列預取設定成什麼，每次 SQL 引擎存取一個區塊，它都會包含所有列。下面舉例説明：

```
SQL> set arraysize 2

SQL> SELECT sum(n1) FROM t;


----------------------------------------------------------
| Id  | Operation          | Name | A-Rows | Buffers |
----------------------------------------------------------
|   0 | SELECT STATEMENT   |      |      1 |     388 |
|   1 |  SORT AGGREGATE    |      |      1 |     388 |
|   2 |   TABLE ACCESS FULL| T    |  10000 |     388 |
----------------------------------------------------------
```

13.1.3　原因

造成低效存取路徑的主要原因有以下幾個。

■　沒有使用適合的存取結構（比如索引）。

■　使用適合的存取結構，但是 SQL 敘述的語法不允許查詢最佳化工具使用它。

■　表或索引是分區的，但是無法修剪。結果，所有的分區都需要存取。

■　表和 / 或索引沒有適當的分區。

除了之前清單中的例子之外，還有另外兩種情況會導致低效存取路徑。

■　查詢最佳化工具做出錯誤判斷時，可能是由於缺少物件統計資訊，或是由於物件統計資訊過舊，或由於使用了錯誤的查詢最佳化工具設定。這些沒有放在上面的列表中，是因為預設物件統計資訊必須是最近的，且查詢最佳化工具也是設定正確的（第 8 章和第 9 章詳細介紹了這兩個話題）。

■　當查詢最佳化工具本身出現問題時，比如，當出現內部 bug 或底層限制時。我也不會處理這些，因為 bug 或查詢最佳化工具限制涉及的問題太少了。

13.1.4 解決方案

正如上一部分描述的那樣，要高效執行 SQL 敘述，目標就是最小化邏輯讀，或者換句話說，使用存取路徑存取更少的區塊。要達到這個目標，或許需要增加新的存取結構（比如，索引），或者改變實體設計（比如，對表或者它們的索引進行分區）。指定的 SQL 敘述，會有很多存取結構和實體設計的組合。幸運的是，為了使選擇更容易，可以根據選擇性將 SQL 敘述（或者更容易些，資料存取操作）分成以下兩大類別：

- 弱選擇性操作
- 強選擇性操作

選擇性很重要，因為存取結構和設計對弱選擇性操作支援較好，對強選擇性操作支援較差，反之亦然。然而，請注意這兩個類別並沒有確認的界限。相反的，它是依賴於操作的，依賴於它處理的資料和資料儲存的方式。例如，資料分布和每區塊儲存列數嚴重影響著效能。換句話說，並沒有這樣絕對的說法：選擇率小於 0.1 必定是強選擇性，而超過這個值就是弱選擇性（或其他任何你想到的值）。儘管如此，實際上限制的範圍通常是 0.05~0.25。如圖 13-1 所示，你只能確認接近 0 或 1 的值。

↑ 圖 13-1 在強、弱選擇性之間並沒有固定的界限

重點需要明白要決定一個操作的類別，與它回傳的列數完全無關，只與選擇性有關。例如，一個操作回傳 500,000 列與選擇的存取路徑完全無關。相反的，一個操作的選擇性為 0.001，可以確認把它放在強選擇性類別中。

類別對於選擇存取路徑的類型很重要，它關聯著高效的執行計畫。圖 13-2 概括地將選擇性與存取路徑關聯在一起，通常來說這是最優化的方式。當使用合適的索引時，可以高效地執行強選擇性操作。在本章稍後的部分，可以看到在一些場景中，rowid 存取或雜湊叢集也可能會有幫助。另一方面，透過讀取全表，可以高效執行弱選擇性操作。在這兩種可能性之間，分區表和雜湊叢集扮演著重要的角色。

↑ 圖 13-2 指定的存取路徑只有在指定的選擇性範圍內才能高效執行

> **📖 注意** 將資料儲存在 Exadata 儲存伺服器上時，使用 smart scan 操作可以利用**儲存索引（storage index）**來減少從磁片實體讀取的資料量。因此，一些平衡選擇性的操作或者強選擇性的操作，可以高效執行讀取全表。我們不能控制儲存索引，它們由 Exadata 儲存伺服器自動管理。因此，本章不會介紹關於儲存索引的內容。

讓我們來看兩個展示實驗。在第一個實驗中，取回單列資料，而第二個實驗取回了上千列資料。

1 取回單列

這個實驗使用 access_structures_1.sql 腳本，目的是用取回一列資料所需要的邏輯讀數，與以下適當的存取結構進行對比：

- 帶有主鍵（primary key）的堆表（heap table）
- 索引組織表（index_organized table）
- 主鍵作為叢集鍵（cluster key）的單表雜湊叢集（single-table hash cluster）

> **📖 注意** 本章只介紹處理 SQL 敘述期間，如何利用不同類型的段（比如表、叢集和索引）最小化邏輯讀。可以在 *Oracle Database Concepts* 手冊中找到它們的基本資訊，尤其是「Schema Objects」這一章。

下面是用於實驗的查詢。請注意，id 行是這個表的主鍵。存在值為 6 的列，並且 rid 變數儲存著對應列的 rowid：

```
SELECT * FROM sales WHERE id = 6


SELECT * FROM sales WHERE rowid = :rid
```

由於邏輯讀數與索引高度相關，實驗在儲存了 10、10,000 和 1,000,000 列的表上執行。圖 13-3 彙總了結果。它們闡述了以下四種主要事實。

- 對於所有的存取結構，都是透過 rowid（顯然，要讀取這列儲存的區塊，你無法做到比這個還少的邏輯讀）執行單個邏輯讀的。
- 對於堆表來說，至少需要兩個邏輯讀：一個用於索引，另一個用於表。隨著列數的增加，索引高度的增加，邏輯讀數也會增加。
- 存取索引組織表可以比存取堆表少一個邏輯讀。
- 對於單表雜湊叢集，不僅邏輯讀數不依賴於列數，而且它總是導致單個邏輯讀。

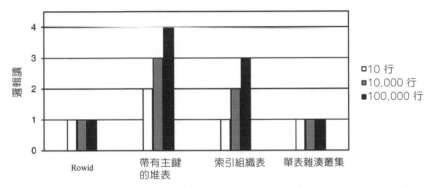

◆ 圖 13-3　不同的存取結構導致不同的邏輯讀數

總之，要取回單列，一個「普通」的表加上索引是最低效的存取結構。然而，正如我在本章後續描述的那樣，最常用的是「普通」的表，因為只有在特殊場景才可以利用其他存取結構。

2 取回多列

這個實驗根據 access_structures_1000.sql 腳本，目的是用取回上千列資料所需的邏輯讀數，與以下適當的存取結構進行對比。

- 沒有索引的非分區表。
- 列表分區表。Prod_category 行是分區行。
- 單表雜湊叢集。Prod_category 行是叢集鍵。

- 在 prod_category 行上有索引的非分區表。對於這個實驗，會測試表中的
  列分布在兩個不同的段的情況（因此，存在不同的叢集因數）。

測試的資料集包含 918,843 列。下面的查詢顯示 prod_category 行的資料分布
情況：

```
SQL> SELECT prod_category, count(*), ratio_to_report(count(*)) over() AS
selectivity
  2  FROM sales
  3  GROUP BY prod_category
  4  ORDER BY count(*);

PROD_CATEGORY    COUNT(*) SELECTIVITY
-------------- ---------- -----------
Hardware            15357        .017
Photo               95509        .104
Electronics        116267        .127
Peripherals        286369        .312
Software/Other     405341        .441
```

以下是用來測試的查詢：

```
SELECT sum(amount_sold) FROM sales WHERE prod_category = 'Hardware'

SELECT sum(amount_sold) FROM sales WHERE prod_category = 'Photo'

SELECT sum(amount_sold) FROM sales WHERE prod_category = 'Electronics'

SELECT sum(amount_sold) FROM sales WHERE prod_category = 'Peripherals'

SELECT sum(amount_sold) FROM sales WHERE prod_category = 'Software/Other'

SELECT sum(amount_sold) FROM sales
```

對於每一個查詢，都會記錄邏輯讀數。圖 13-4 彙總了結果，產生了以下四個
要點。

- 沒有索引的非分區表需要的邏輯讀數與選擇性無關。因此,它只在弱選擇性時高效。
- 因為表已經根據 prod_category 行進行分區,所以列表分區表的單獨一個分區需要的邏輯讀數與選擇性成正比。因此,在所有情況下,會實施最小邏輯讀。
- 單表雜湊叢集需要的邏輯讀數,僅跟選擇性中等和高的值成正比(正如稍後會看到的,當選擇性強時,雜湊叢集會很有用。然而,在這個實驗中,由於資料分布不均勻,它們處於劣勢)。
- 透過索引讀表需要的邏輯讀數非常依賴於資料實體分布。因此,僅知道選擇性不足以發現存取路徑是否能高效處理資料。

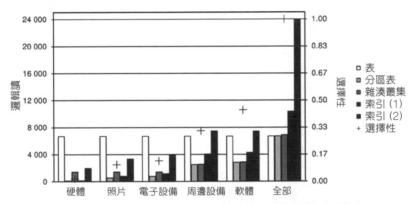

↑ 圖 13-4 特定的存取路徑僅對特定範圍的選擇性高效執行

現在你知道在不同的情況下,高效存取資料的主要可行方法,接下來該詳細介紹用來處理強和弱選擇性 SQL 敘述的存取路徑了。

13.2 弱選擇性的 SQL 敘述

要高效處理資料,弱選擇性的 SQL 敘述需要使用全資料表掃描或全分區掃描。但是在大多數情況下,僅全資料表掃描可用。這主要有三個原因。第一,分區是企業版的選項。因此,如果使用標準版你將不能使用它,或者你沒有分區選項的授權。第二,即使可以使用分區選項,實際上並不是所有的表都會分區。第三，一張表僅被有限數量的行分區。結果就是即使表是分區的，並不是所有的 SQL 敘述都會參照它來利用分區技術，除非它們都參照**分區鍵（partitioning key）**，這在實際中通常不會發生。

特殊情況下，全資料表掃描和全分區掃描會被全索引掃描替代。這種情況下，目的不再是利用索引來搜尋特定的值，而僅是因為它們要比表小。

13.2.1 全資料表掃描

所有的堆表上都可以執行全資料表掃描。由於這種掃描沒有任何特殊要求，有時它是唯一可用的存取路徑。下面的查詢是個例子。請注意在執行計畫中，TABLE ACCESS FULL 操作相當於全資料表掃描。該例子也展示了如何使用 full hint 來強制執行全資料表掃描：

```
SELECT /*+ full(t) */ * FROM t WHERE n2 = 19
-----------------------------------
| Id  | Operation        | Name |
-----------------------------------
|  0  | SELECT STATEMENT |      |
|* 1  | TABLE ACCESS FULL| T    |
-----------------------------------

 1 - filter( "N2" =19)
```

在全資料表掃描時，伺服器進程連續讀取表高水位線下所有的區塊。直到 10.2 版本（包括該版本）伺服器進程才開始執行緩衝區快取讀取。從 11.1 版本之後，該類別磁片 I/O 操作依賴於需要讀取的區塊數，目標表的小部分區塊已在緩衝區快取中，無論是否將 BUFFER_POOL 儲存參數設定為 KEEP。簡單地說，當從磁片讀取的區塊數較低或使用了 KEEP 緩衝集區時，伺服器進程就執行緩衝區快取讀取。此外，它們執行直接讀。這個選項執行直接讀，主要是確保大量資料不必透過緩衝區快取載入（在這裡會被立即丟棄）。

全資料表掃描執行的最小邏輯讀數依賴於區塊數，而不是列數。如果表中包含大量空或者接近空的區塊，就會導致次優的效能。顯然，需要讀取區塊才能知道它是否包含資料。一個導致表產生大量分布稀疏區塊最常見的場景，就是當表刪除多於插入時。下面的例子，參照自 full_scan_hwm.sql 腳本產生的輸出。

- 最初，查詢執行了 468 次邏輯讀，回傳 40 列：

```
SQL> SELECT * FROM t WHERE n2 = 19;

SQL> SELECT last_output_rows, last_cr_buffer_gets, last_cu_buffer_gets
  2  FROM v$session s, v$sql_plan_statistics p
  3  WHERE s.prev_sql_id = p.sql_id
  4  AND s.prev_child_number = p.child_number
  5  AND s.sid = sys_context( 'userenv' ,' sid' )
  6  AND p.operation_id = 1;


LAST_OUTPUT_ROWS LAST_CR_BUFFER_GETS LAST_CU_BUFFER_GETS
---------------- ------------------- -------------------
              40                 468                   1
```

- 接著，刪除幾乎所有的列（10,000 列中的 9,960 列）。然而，執行查詢的邏輯讀數並沒有改變。換句話說，許多空區塊被無用地存取了：

```
SQL> DELETE t WHERE n2 <> 19;

9960 rows deleted.

SQL> SELECT * FROM t WHERE n2 = 19;

SQL> SELECT last_output_rows, last_cr_buffer_gets, last_cu_buffer_gets
  2  FROM v$session s, v$sql_plan_statistics p
  3  WHERE s.prev_sql_id = p.sql_id
  4  AND s.prev_child_number = p.child_number
  5  AND s.sid = sys_context( 'userenv' ,' sid' )
  6  AND p.operation_id = 1;


LAST_OUTPUT_ROWS LAST_CR_BUFFER_GETS LAST_CU_BUFFER_GETS
---------------- ------------------- -------------------
              40                 468                   1
```

- 要降低高水位線，需要實體重組表。如果表儲存在自動段空間管理的表空間中，那麼可以使用下面的 SQL 敘述。請注意，必須啟用列移動，因為在重組期間，列或許會獲得一個新的 rowid：

```
SQL> ALTER TABLE t ENABLE ROW MOVEMENT;

SQL> ALTER TABLE t SHRINK SPACE;
```

- 重組後，查詢僅執行了 23 邏輯讀，回傳 40 列：

```
SQL> SELECT * FROM t WHERE n2 = 19;

SQL> SELECT last_output_rows, last_cr_buffer_gets, last_cu_buffer_gets
  2  FROM v$session s, v$sql_plan_statistics p
  3  WHERE s.prev_sql_id = p.sql_id
  4  AND s.prev_child_number = p.child_number
  5  AND s.sid = sys_context( 'userenv' ,' sid' )
  6  AND p.operation_id = 1;


LAST_OUTPUT_ROWS LAST_CR_BUFFER_GETS LAST_CU_BUFFER_GETS
---------------- ------------------- -------------------
              40                  23                   0
```

請注意，全資料表掃描執行的邏輯讀數強烈依賴於列預取的設定。關於這方面的例子，請參考 13.1.2 節。

13.2.2　全分區掃描

當選擇性非常弱時（即，接近 1），全資料表掃描是獲取資料最有效的方法。隨著選擇性的降低，全資料表掃描會存取許多不需要的區塊。由於使用索引並不益於弱選擇性，因此分區是用來減少，邏輯讀數最常用的選項。使用分區的原因是利用查詢最佳化工具的能力，去對分區處理中包含的不相關處理資料做排除。這個特性稱作**分區裁剪（partition pruning）**。

要對一個 SQL 敘述使用分區裁剪有兩個基本的先決條件。第一，表必須是分區的。第二，必須在 SQL 敘述中指定對分區鍵的限制或聯結條件。如果這兩個條件可以滿足，那麼查詢最佳化工具會用一個或多個全分區掃描替換全資料表掃描。但在實踐中，事情沒那麼簡單。實際上，查詢最佳化工具需要處理多個特殊場景，或許也可能不會導致分區裁剪。要充分理解這些場景，接下來的部分會詳述分區裁剪的基礎，也包含高級裁剪技術比如 OR（where 條件裡使用 or）、multicolumn（多行）、subquery（子查詢）和 join-filter pruning（聯結篩檢裁剪）。之後是一些關於如何實施分區的實用性建議。請注意索引分區會在本章稍後的 13.3 節介紹。

13.2.3 範圍分區

要舉例說明分區裁剪的工作原理，讓我們來檢查根據 pruning_range.sql 腳本的多個例子。Test 表就是範圍分區並且使用以下 SQL 敘述建立。為了能夠展示所有類型的分區裁剪，分區鍵由兩行組成：n1 和 d1。表由 n1 行四個不同的值和根據 d1 行的月份進行分區。這代表每年有 48 個分區：

```
CREATE TABLE t (
  id NUMBER,
  d1 DATE,
  n1 NUMBER,
  n2 NUMBER,
  n3 NUMBER,
  pad VARCHAR2(4000),
  CONSTRAINT t_pk PRIMARY KEY (id)
)
PARTITION BY RANGE (n1, d1) (
  PARTITION t_1_jan_2014 VALUES LESS THAN (1, to_date('2014-02-01',
'yyyy-mm-dd')),
  PARTITION t_1_feb_2014 VALUES LESS THAN (1, to_date('2014-03-01',
'yyyy-mm-dd')),
  PARTITION t_1_mar_2014 VALUES LESS THAN (1, to_date('2014-04-01',
'yyyy-mm-dd')),
  ...
  PARTITION t_4_oct_2014 VALUES LESS THAN (4, to_date('2014-11-01',
'yyyy-mm-dd')),
  PARTITION t_4_nov_2014 VALUES LESS THAN (4, to_date('2014-12-01',
'yyyy-mm-dd')),
```

```
  PARTITION t_4_dec_2014 VALUES LESS THAN (4, to_date( '2015-01-01',
'yyyy-mm-dd' ))
)
```

📢 **警告**　像這樣存在兩個分區鍵的案例，如果第一個鍵無法唯一定位一個單獨分區，資料引擎會僅使用第二個鍵來插入新列。因此，當指定 PARTITION BY RANGE 子句時，n1 行會指定在 d1 行前。

　　圖 13-5 是 Test 表的圖示。

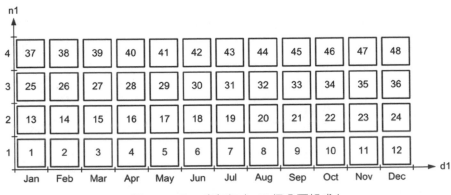

▲ 圖 13-5　Test 表每年由 48 個分區組成 [1]

　　每個分區都可以透過其名稱或在表中的「位置」（後者在圖 13-5 中）進行識別。當然，兩個值之間的對應可以在資料字典中找到。下面的查詢展示了如何從 user_tab_partitions 視圖中獲取這些資訊：

```
SQL> SELECT partition_name, partition_position
  2  FROM user_tab_partitions
  3  WHERE table_name = 'T'
  4  ORDER BY partition_position;

PARTITION_NAME PARTITION_POSITION
```

1　自 12.1.0.2 起，**PARTITON RANGE ITERATOR** 操作也用於根據區域圖的分區裁剪。

```
------------- ------------------
T_1_JAN_2014              1
T_1_FEB_2014              2
T_1_MAR_2014              3
...
T_4_OCT_2014             46
T_4_NOV_2014             47
T_4_DEC_2014             48
```

　　對於這個表來說，如果在分區鍵上有限制，查詢最佳化工具就能識別出，且能夠排除包含處理不相關資料的分區。由於資料字典中包含分區的界限，因此查詢最佳化工具可以拿它們與 SQL 敘述中的限制或聯結條件作對比。然而，由於限制，分區裁剪並不總是可用。下一小節會展示不同的例子來指出查詢最佳化工具在何時、如何使用分區裁剪。

> 🛢**注意**　這部分例子中只使用了查詢。這並不代表分區裁剪只能應用於查詢。實際上，它也可以應用於同樣的 SQL 敘述，如 UPDATE 和 DELETE。只是為了方便起見我才只使用查詢。

1　PARTITON RANGE SINGLE

　　下面的 SQL 敘述，WHERE 子句包含兩個限制：對應分區鍵的每行。在這樣的情況下，查詢最佳化工具識別出，只有單獨一個分區包含相關資料。結果，在執行計畫裡會顯示 PARTITION RANGE SINGLE 操作。重點需要知道它的子操作（TABLE ACCESS FULL）並不是對整張表進行全資料表掃描。相反的，只存取了單獨一個分區。這也被 Starts 行的值所證實。Pstart 和 Pstop 行指明了存取的分區：

```
SELECT * FROM t WHERE n1 = 3 AND d1 = to_date( '2014-07-19' ,' yyyy-mm-dd' )


----------------------------------------------------------------
| Id  | Operation                | Name | Starts | Pstart| Pstop|
----------------------------------------------------------------
|   0 | SELECT STATEMENT         |      |    1 |       |      |
|   1 |  PARTITION RANGE SINGLE|      |    1 |    31 |   31 |
```

```
|* 2 |      TABLE ACCESS FULL  | T    |      1 |     31 |     31 |
------------------------------------------------------------------

  2 - filter("D1"=TO_DATE('2014-07-19 00:00:00','syyyy-mm-dd
hh24:mi:ss') AND "N1"=3)
```

圖 13-6 為這種行為的示意圖。

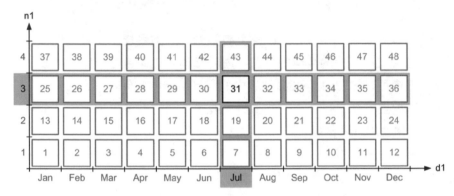

↑ 圖 13-6 PARTITION RANGE SINGLE 操作的表現

正如下面查詢的輸出顯示，Pstart 和 Pstop 行的分區數與 user_tab_partitions 視圖中的 partition_position 行的值吻合：

```
SQL> SELECT partition_name
  2  FROM user_tab_partitions
  3  WHERE table_name = 'T'
  4  AND partition_position = 31;


PARTITION_NAME
--------------
T_3_JUL_2014
```

每當綁定變數在限制中使用時，查詢最佳化工具就不能在解析階段判斷該存取哪個分區。這種情況下，分區裁剪在執行時執行。執行計畫不會改變，但是 Pstart 和 Pstop 行會設定成 KEY。這代表發生了分區裁剪，但是在解析階段，查詢最佳化工具並不知道哪個分區包含了相關資料：

```
SELECT * FROM t WHERE n1 = :n1 AND d1 = to_date(:d1,'YYYY-MM-DD')


-----------------------------------------------------------------
| Id  | Operation              | Name | Starts | Pstart| Pstop |
-----------------------------------------------------------------
|  0  | SELECT STATEMENT       |      |    1 |       |       |
|  1  |   PARTITION RANGE SINGLE|     |    1 |  KEY  |  KEY  |
|* 2  |    TABLE ACCESS FULL   |  T   |    1 |  KEY  |  KEY  |
-----------------------------------------------------------------

 2 - filter(("D1"=TO_DATE(:D1,'YYYY-MM-DD') AND "N1"=:N1))
```

2 PARTITION RANGE ITERATOR

上一部分介紹的執行計畫包含 PARTITION RANGE SINGEL 操作。這是因為查詢最佳化工具識別出，用戶只有單獨一個分區包含相關處理資料。顯然，會存在需要存取多個分區的情況。例如，在下面的查詢中，限制使用了小於條件（<）而不是相等條件（=），因此，操作變成了 PARTITION RANGE ITERATOR，並且 Pstart 和 Pstop 行顯示被存取的分區範圍（請查看圖 13-7）。此外，Starts 行顯示操作 1 只執行了一次，但是操作 2 每個分區執行了一次。換句話説，執行了多次全分區掃描：

```
SELECT * FROM t WHERE n1 = 3 AND d1 < to_date('2014-07-19','YYYY-MM-DD')


-----------------------------------------------------------------
| Id  | Operation                | Name | Starts | Pstart| Pstop |
-----------------------------------------------------------------
|  0  | SELECT STATEMENT         |      |    1 |       |       |
|  1  |   PARTITION RANGE ITERATOR|     |    1 |  25   |  31   |
|* 2  |    TABLE ACCESS FULL     |  T   |    7 |  25   |  31   |
-----------------------------------------------------------------

 2 - filter(("N1"=3 AND "D1"<TO_DATE('2014-07-19 00:00:00','syyyy-
mm-dd hh24:mi:ss')))
```

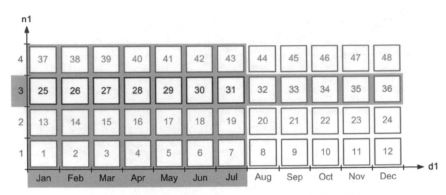

↑ 圖 13-7 PARTITION RANGE ITERATOR 動作表現 [2]

　　PARTITION RANGE ITERATOR 操作也會用於當限制根據分區鍵的前導行時。下面的查詢舉例說明，限制應用於分區鍵的第一個行上。請注意也會存取分區 37。這是因為如果 d1 行存在大於 2014 年 12 月 31 日的值，那麼 n1 行等於 3 的列就儲存在這個分區裡：

```
SELECT * FROM t WHERE n1 = 3


--------------------------------------------------------------
| Id | Operation               | Name | Starts | Pstart| Pstop |
--------------------------------------------------------------
|  0 | SELECT STATEMENT        |      |    1 |      |      |
|  1 |   PARTITION RANGE ITERATOR|    |    1 |   25 |   37 |
|* 2 |    TABLE ACCESS FULL    | T    |   13 |   25 |   37 |
--------------------------------------------------------------

 2 - filter( "N1" =3)
```

　　就像這個操作的名稱所暗示的那樣，它只對連續的分區範圍有效。當使用非連續分區時，就會用到下一節的操作。

2　自 12.1.0.2 起，PARTITION RANGE ITERATOR 操作也用於根據區域圖的分區裁剪。

3 PARTITION RANGE INLIST

　　如果限制根據一個或多個由超過一個元素組成的 IN 條件時,那麼在執行計畫中就會有 PARTITION RANGE INLIST 操作。使用這個操作,Pstart 和 Pstop 行不會提供存取哪個分區的具體資訊。相反的,它們會顯示 KEY(I) 的值。這代表對 IN 條件中的每個值分別執行分區裁剪。此外,Starts 行顯示存取了多少個分區(本例為 2):

```
SELECT * FROM t WHERE n1 IN (1,3) AND d1 = to_date('2014-07-19','
YYYY-MM-DD')


----------------------------------------------------------------
| Id | Operation              | Name | Starts | Pstart| Pstop |
----------------------------------------------------------------
|  0 | SELECT STATEMENT       |      |    1 |       |       |
|  1 | PARTITION RANGE INLIST |      |    1 |KEY(I) |KEY(I) |
|* 2 |   TABLE ACCESS FULL    | T    |    2 |KEY(I) |KEY(I) |
----------------------------------------------------------------


  2 - filter(( "D1" =TO_DATE( '2014-07-19 00:00:00', 'syyyy-mm-dd
hh24:mi:ss') AND
          INTERNAL_FUNCTION( "N1" )))
```

　　在此特定案例中,根據 WHERE 子句,可以推斷出僅會存取分區 7 和 31。圖 13-8 說明了這一點。

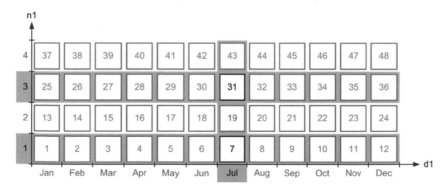

▲ 圖 13-8 PARTITION RANGE INLIST 動作表現

當然，如果 IN 條件中的值是完全分散的，那就有可能大部分分區都要存取到。這種情況下執行計畫會認為所有分區都需要存取，就會使用下一節的操作。

4 PARTITION RANGE ALL

如果在分區鍵上沒有限制，那麼所有分區都必須存取。這種情況下，執行計畫包含 PARTITION RANGE ALL 操作，並且 Starts、Pstart 和 Pstop 行顯示所有分區都會被存取：

```
SELECT * FROM t WHERE n3 BETWEEN 6000 AND 7000


----------------------------------------------------------------
| Id | Operation            | Name | Starts | Pstart| Pstop |
----------------------------------------------------------------
|  0 | SELECT STATEMENT     |      |    1 |       |       |
|  1 |  PARTITION RANGE ALL |      |    1 |    1 |   48 |
|* 2 |   TABLE ACCESS FULL  | T    |   48 |    1 |   48 |
----------------------------------------------------------------

 2 - filter(( "N3" >=6000 AND "N3" <=7000))
```

在主鍵上使用不等式作為限制時，也會使用這個相同的執行計畫。下面的查詢是一個例子：

```
SELECT * FROM t WHERE n1 != 3 AND d1 != to_date( '2014-07-19',
'YYYY-MM-DD' )
```

當在分區鍵上根據運算式或函數進行限制時，也會使用相同的執行計畫。例如，下面的查詢，在 n1 行上加 1，並且透過 to_char 函數修改 d1 行：

```
SELECT * FROM t WHERE n1 + 1 = 4 AND to_char(d1,' YYYY-MM-DD' ) =
'2014-07-19'
```

這代表要利用分區裁剪，不僅要根據分區鍵的限制，而且不能在分區鍵上使用運算式或函數。如果必須要使用運算式，從 11.1 版本開始，可以選擇虛擬行作為主鍵。

5 PARTITION RANGE EMPTY

當查詢最佳化工具發現沒有分區儲存相關處理資料時，執行計畫中會出現這個特別的操作 PARTITION RANGE EMPTY。例如，下面的查詢查找的資料沒有分區儲存（對於 n1 行來說，值 5 超出了範圍）。同樣需要注意的是，不僅會將 Pstart 和 Pstop 行設定為 INVALID，而且只會執行操作 1（不會消耗任何資源，因為基本上這是個空操作）：

```
SELECT * FROM t WHERE n1 = 5 AND d1 = to_date( '2014-07-19' ,' YYYY-MM-DD' )


-----------------------------------------------------------
| Id | Operation            | Name | Starts | Pstart| Pstop |
-----------------------------------------------------------
|  0 | SELECT STATEMENT     |      |   1 |       |       |
|  1 |  PARTITION RANGE EMPTY|     |   1 |INVALID|INVALID|
|* 2 |   TABLE ACCESS FULL  | T    |   0 |INVALID|INVALID|
-----------------------------------------------------------


 2 - filter(( "D1" =TO_DATE( ' 2014-07-19 00:00:00' , 'syyyy-mm-dd
hh24:mi:ss' ) AND "N1" =5))
```

6 PARTITION RANGE OR

本節介紹的裁剪類型，也叫作 OR 裁剪，它是分區鍵上的分隔述詞用在 WHERE 子句上（由 OR 條件組合的述詞）。下面的查詢就是這樣的例子。當使用這種類型的裁剪時，執行計畫中出現 PARTITION RANGE OR 操作。請注意 Pstart 和 Pstop 行也會被設定為 KEY(OR)。在下面的例子中，根據 Starts 行，會存取 18 個分區。之所以是 18 個分區，是因為儘管應用在 n1 行上的限制存取分區 25 和 37，但是應用在 d1 行上的限制存取分區 1、3、13、15、25、27、37 和 39（分區 1 用來找出是否存在包含 n1 行值在 PARTITION BY RANGE 子句中未指定上限的列）：

```
SELECT * FROM t WHERE n1 = 3 OR d1 = to_date( '2014-03-06' ,' YYYY-MM-DD' )


-----------------------------------------------------------
| Id | Operation            | Name | Starts | Pstart| Pstop |
-----------------------------------------------------------
```

```
|  0 | SELECT STATEMENT   |   |  1 |        |        |
|  1 |  PARTITION RANGE OR|   |  1 |KEY(OR)|KEY(OR)|
|* 2 |   TABLE ACCESS FULL| T |  18 |KEY(OR)|KEY(OR)|
-----------------------------------------------------------------

 2 - filter(( "N1" =3 OR "D1" =TO_DATE( '2014-03-06 00:00:00',
'syyyy-mm-dd hh24:mi:ss' )))
```

7 PARTITION RANGE SUBQUERY

在之前的部分中，所有用來分區裁剪的限制都是根據文字或綁定變數。然而，限制是聯結條件的情況也很常見。每當根據分區鍵聯結時，不僅查詢最佳化工具不會總利用分區裁剪，而且在一些情況下這麼做也是不明智的。要選擇最低成本的執行計畫，查詢最佳化工具需要在三種策略中選擇。

> 📔 **注意** 第 14 章會詳細介紹聯結方法。

第一種策略是避免使用分區裁剪。下面的查詢（請注意 tx 表是 t 表的副本；唯一的不同是 tx 表沒有分區）舉例說明，t 表上沒有執行分區裁剪。實際上，因為操作 4 是 PARTITON RANGE ALL，操作 5 處理了所有分區。在本例中，執行計畫是非常低效的。尤其是當查詢的選擇性強時：

```
SELECT * FROM tx, t WHERE tx.d1 = t.d1 AND tx.n1 = t.n1 AND tx.id = 19
```

Id	Operation	Name	Starts	Pstart	Pstop
0	SELECT STATEMENT		1		
* 1	HASH JOIN		1		
2	TABLE ACCESS BY INDEX ROWID	TX	1		
* 3	INDEX UNIQUE SCAN	TX_PK	1		
4	**PARTITION RANGE ALL**		1	**1**	**48**
5	TABLE ACCESS FULL	T	**48**	1	48

```
1 - access("TX"."D1"="T"."D1" AND "TX"."N1"="T"."N1")
3 - access("TX"."ID"=19)
```

　　這種策略總是有效的。然而，如果聯結條件的選擇性不接近於 1，或者換句話說，在應用分區裁剪的情景中，就會導致糟糕的效能。

　　第二種策略是使用 NESTED LOOPS 操作來執行聯結並存取表，這會觸發作為第二個子操作的分區裁剪。實際上，正如在第 10 章中討論的那樣，NESTED LOOPS 操作是關聯合併操作，因此，它的第一個子操作控制著第二個子操作。下面的例子展示了這樣的場景。請注意，PARTITION RANGE ITERATOR 操作以及 Pstart 和 Pstop 行的值證實發生了分區裁剪。根據 Starts 行，會存取單獨一個分區。在本例中，下面的執行計畫要遠比第一種策略使用的執行計畫高效：

```
SELECT * FROM tx, t WHERE tx.d1 = t.d1 AND tx.n1 = t.n1 AND tx.id = 19
-------------------------------------------------------------------------
| Id  | Operation                    | Name  | Starts | Pstart| Pstop |
-------------------------------------------------------------------------
|   0 | SELECT STATEMENT             |       |    1 |       |       |
|   1 |  NESTED LOOPS                |       |    1 |       |       |
|   2 |   TABLE ACCESS BY INDEX ROWID| TX    |    1 |       |       |
|*  3 |    INDEX UNIQUE SCAN         | TX_PK |    1 |       |       |
|   4 |   PARTITION RANGE ITERATOR   |       |    1·|  KEY  |  KEY  |
|*  5 |    TABLE ACCESS FULL         | T     |    1 |  KEY  |  KEY  |
-------------------------------------------------------------------------

  3 - access("TX"."ID"=19)
  5 - filter(("TX"."D1"="T"."D1" AND "TX"."N1"="T"."N1"))
```

　　這種策略只有在 NESTED LOOP 操作（本例為操作 2）的第一個子操作回傳的列數很小時，才能表現良好。否則，很可能同樣的分區會被第二個子操作（本例為操作 4）存取很多次。

　　第三種策略是使用 HASH JOIN 或 MERGE JOIN 操作來執行聯結。沒有根據常規分區使用這些聯結方法的聯結條件進行裁剪。實際上，正如第 10 章介紹的那樣，它們是非關聯合併操作，因此，兩個子操作會單獨執行。這種情況下，查詢最佳化工具會利用另一種類型的分區裁剪，**子查詢裁剪（subquery pruning）**。它的目的是透過遞迴查詢，找出第二個子操作應該存取哪個分區。為了這個目的，SQL引擎執行遞迴查詢（透過第一個子操作存取表）來取回聯結條件與第二個子操作分區鍵相符的行。接著，查詢儲存在資料字典中第二個子操作的分區定義，識別出被第二個子操作存取的分區，這樣就僅需掃描它們。下面的查詢舉例說明。請注意，PARTITION RANGE SUBQUERY 操作和 Pstart 與 Pstop 行的值（KEY(SQ)），證實發生了分區裁剪。根據 Starts 行，存取了單獨一個分區：

```
SELECT * FROM tx, t WHERE tx.d1 = t.d1 AND tx.n1 = t.n1 AND tx.id = 19


-----------------------------------------------------------------------
| Id  | Operation                    | Name  | Starts | Pstart| Pstop |
-----------------------------------------------------------------------
|   0 | SELECT STATEMENT             |       |   1 |       |       |
|*  1 |  HASH JOIN                   |       |   1 |       |       |
|   2 |   TABLE ACCESS BY INDEX ROWID| TX    |   1 |       |       |
|*  3 |    INDEX UNIQUE SCAN         | TX_PK |   1 |       |       |
|   4 |   PARTITION RANGE SUBQUERY   |       |   1 |KEY(SQ)|KEY(SQ)|
|   5 |    TABLE ACCESS FULL         | T     |   1 |KEY(SQ)|KEY(SQ)|
-----------------------------------------------------------------------

 1 - access( "TX" ." D1" =" T" ." D1" AND "TX" ." N1" =" T" ." N1" )
 3 - access( "TX" ." ID" =19)
```

事實上，SQL 引擎遞迴執行了以下操作來找出需要存取的分區。這個遞迴查詢取回包含 tbloridx$part$num 函數與相關資料的分區數。操作 5 可以利用這個資訊使用分區裁剪。例如，本例中只需掃描分區 37：

```
SQL> SELECT DISTINCT TBL$OR$IDX$PART$NUM( "T" , 0, 1, 0, "N1" , "D1" ) AS
PART_NUM
  2  FROM (SELECT "TX" ." N1" "N1" , "TX" ." D1" "D1"
  3        FROM "TX" "TX"
  4        WHERE "TX" ." ID" =19)
  5  ORDER BY 1;
```

```
PART_NUM
----------
        37
```

　　很明顯，僅在遞迴查詢執行引起的開銷小於分區裁剪增加的開銷時，使用第
三種技術才有意義。對於本例中使用的查詢，第二種和第三種策略產生的執行計
畫效率是非常相似的。然而，如果選擇性弱，第三種策略產生的執行計畫會更有
效率。

8 PARTITION RANGE JOIN-FILTER

　　子查詢裁剪是非常有用的優化技術。然而，正如前面部分討論的那樣，部分
SQL 敘述會執行兩次。為了避免這種兩次執行的情況，從 11.1 版本開始，資料
引擎提供了另一類別的分區裁剪：**聯結篩檢裁剪**（**join-filter pruning，也被稱
為 bloom-filter pruning**）。要理解它的工作原理，讓我們看一下與子查詢裁剪
部分相同的查詢產生的執行計畫。請注意會出現一些新東西：PART JOIN FILTER
CREATE 操作、PARTITION RANGE JOIN-FILTER 操作和在 Name，Pstart 和 Pstop 行
上的字串 BF0000。

```
SELECT * FROM tx, t WHERE tx.d1 = t.d1 AND tx.n1 = t.n1 AND tx.id = 19
--------------------------------------------------------------------------------
| Id | Operation                     | Name    | Starts | E-Rows | Pstart| Pstop |
--------------------------------------------------------------------------------
|  0 | SELECT STATEMENT              |         |    1 |        |        |        |
|* 1 | HASH JOIN                     |         |    1 |    7 |        |        |
|  2 |  PART JOIN FILTER CREATE      | :BF0000 |    1 |    1 |        |        |
|  3 |   TABLE ACCESS BY INDEX ROWID | TX      |    1 |    1 |        |        |
|* 4 |    INDEX UNIQUE SCAN          | TX_PK   |    1 |    1 |        |        |
|  5 |  PARTITION RANGE JOIN-FILTER  |         |    1 | 10000 |:BF0000|:BF0000|
|  6 |   TABLE ACCESS FULL           | T       |    1 | 10000 |:BF0000|:BF0000|
--------------------------------------------------------------------------------

 1 - access( "TX" ." N1" =" T" ." N1" AND "TX" ." D1" =" T" ." D1" )
 4 - access( "TX" ." ID" =19)
```

執行計畫的執行如下所示。

- 操作 3 和 4 透過 tx_pk 索引存取 tx 表。
- 根據操作 3 回傳的資料，操作 2 根據在聯結條件（tx.d1 和 tx.n1）中使用的行值建立記憶體結構（布隆篩檢程式（bloom filter））。
- 根據操作 2 建立的記憶體結構，操作 5 能夠利用分區裁剪，因此能夠只存取包含相關資料的分區。這種情況下，會存取單獨分區（請查看 Starts 行）。

9 PARTITION RANGE MULTI-COLUMN

如果分區鍵由多行組合而成，重點需要觀察當限制沒有固定在所有行上時，會發生什麼。主要問題是，查詢最佳化工具會利用分區裁剪嗎？答案是，會利用**多行裁剪（multicolumn pruning）**。多行裁剪的目的很簡單：不依賴於限制定義的行，總會發生分區裁剪。

讓我們看一下這個特性在之前相同實驗中的作用。由於 Test 表的分區鍵是由兩行組成的，因此需要考慮兩種情況：限制會應用在第一行或第二行。下面的查詢舉例說明前者：

```
SELECT * FROM t WHERE n1 = 3
---------------------------------------------------------------------
| Id  | Operation               | Name | Starts | Pstart| Pstop |
---------------------------------------------------------------------
|  0  | SELECT STATEMENT        |      |    1 |       |       |
|  1  |   PARTITION RANGE ITERATOR|    |    1 |   25 |   37 |
|* 2  |    TABLE ACCESS FULL     | T    |   13 |   25 |   37 |
---------------------------------------------------------------------

 2 - filter( "N1" =3)
```

下面的查詢舉例說明後者。請注意 PARTITION RANGE MULTI-COLUMN 操作以及 Pstart 和 Pstop 行的值證實發生了分區裁剪；然而，並沒有提供具體存取了哪個分區：

```
SELECT * FROM t WHERE d1 = to_date( '2014-07-19' ,' YYYY-MM-DD' )


--------------------------------------------------------------------
| Id  | Operation                     | Name | Starts | Pstart| Pstop |
--------------------------------------------------------------------
|  0  | SELECT STATEMENT              |      |    1 |        |        |
|  1  | PARTITION RANGE MULTI-COLUMN  |      |    1 |KEY(MC)|KEY(MC)|
|* 2  |   TABLE ACCESS FULL           | T    |    8 |KEY(MC)|KEY(MC)|
--------------------------------------------------------------------


 2 - filter( "D1" =TO_DATE( ' 2014-07-19 00:00:00' , 'syyyy-mm-dd
hh24:mi:ss' ))
```

10 PARTITION RANGE AND

在某些情況下，正如前面部分介紹的那樣，查詢最佳化工具可以利用多個裁剪技術。例如，請查看下面的查詢：

```
SELECT * FROM tx, t WHERE tx.d1 = t.d1 AND tx.n1 = t.n1 AND t.n1 = 3 AND
tx.n2 = 42
```

查詢最佳化工具需要對這樣的 SQL 敘述考慮至少使用以下兩種裁剪技術。

■ 根據 t.n1 = 3 限制的分區裁剪：

```
------------------------------------------------------------------------
| Id  | Operation                | Name | Starts | Pstart| Pstop | Buffers |
------------------------------------------------------------------------
|  0  | SELECT STATEMENT         |      |    1 |        |       |   889 |
|* 1  |  HASH JOIN               |      |    1 |        |       |   889 |
|* 2  |   TABLE ACCESS FULL      | TX   |    1 |        |       |   403 |
|  3  |   PARTITION RANGE ITERATOR|     |    1 |   25 |   37 |   486 |
|* 4  |    TABLE ACCESS FULL     | T    |   13 |   25 |   37 |   486 |
------------------------------------------------------------------------

 1 - access( "TX" ." N1" =" T" ." N1" AND "TX" ." D1" =" T" ." D1" )
 2 - filter(( "TX" ." N2" =42 AND "TX" ." N1" =3))
 4 - filter( "T" ." N1" =3)
```

- 根據 tx.d1 = t.d1 和 tx.n1 = t.n1 聯結條件（利用 tx.n2 = 42 限制）
  的分區裁剪：

```
-----------------------------------------------------------------------------
| Id  | Operation                    | Name      | Starts | Pstart| Pstop  | Buffers |
-----------------------------------------------------------------------------
|  0  | SELECT STATEMENT             |           |    1 |        |        |   963 |
|* 1  |  HASH JOIN                   |           |    1 |        |        |   963 |
|  2  |   PART JOIN FILTER CREATE    | :BF0000   |    1 |        |        |   403 |
|* 3  |    TABLE ACCESS FULL         | TX        |    1 |        |        |   403 |
|  4  |   PARTITION RANGE JOIN-FILTER|           |    1 |:BF0000|:BF0000|   560 |
|* 5  |    TABLE ACCESS FULL         | T         |   15 |:BF0000|:BF0000|   560 |
-----------------------------------------------------------------------------

1 - access( "TX" ." N1" =" T" ." N1" AND "TX" ." D1" =" T" ." D1" )
3 - filter( "TX" ." N2" =42)
5 - filter( "T" ." N1" =3)
```

　　從 11.2 版本起，查詢最佳化工具可以同時利用多個裁剪技術。這可以保證
存取最少的分區（對比這三種情況的 Starts 行）。下面的例子顯示當使用這種叫
作 **AND 裁剪** 的類型時，執行計畫中會出現 PARTITION RANGE AND 操作。也請注
意 Pstart 和 Pstop 行被設定為 KEY(AP)。在本例中，分區裁剪根據限制（t.n1 =
3）和聯結條件（tx.d1 = t.d1 AND tx.n1 = t.n1）。請注意為聯結條件建立的布
隆篩檢程式：

```
SELECT * FROM tx, t WHERE tx.d1 = t.d1 AND tx.n1 = t.n1 AND t.n1 = 3 AND tx.n2 = 42


-----------------------------------------------------------------------------
| Id  | Operation                    | Name      | Starts | Pstart| Pstop  | Buffers |
-----------------------------------------------------------------------------
|  0  | SELECT STATEMENT             |           |    1 |        |        |   630 |
|* 1  |  HASH JOIN                   |           |    1 |        |        |   630 |
|  2  |   PART JOIN FILTER CREATE    | :BF0000   |    1 |        |        |   403 |
|* 3  |    TABLE ACCESS FULL         | TX        |    1 |        |        |   403 |
|  4  |   PARTITION RANGE AND        |           |    1 |KEY(AP)|KEY(AP)|   227 |
|* 5  |    TABLE ACCESS FULL         | T         |    6 |KEY(AP)|KEY(AP)|   227 |
-----------------------------------------------------------------------------
```

```
1 - access( "TX" ." N1" =" T" ." N1" AND "TX" ." D1" =" T" ." D1" )
3 - filter(( "TX" ." N2" =42 AND "TX" ." N1" =3))
5 - filter( "T" ." N1" =3)
```

13.2.4 雜湊和列表分區

上一部分只介紹了範圍分區。雜湊和列表分區也可以使用範圍分區介紹的大部分技術。

下面是雜湊分區可用的技術。Pruning_hash.sql 腳本提供的執行計畫例子中，包含了這些操作：

- PARTITION HASH SINGLE
- PARTITION HASH ITERATOR
- PARTITION HASH INLIST
- PARTITION HASH ALL
- PARTITION HASH SUBQUERY
- PARTITION HASH JOIN-FILTER
- PARTITION HASH AND

下面是列表分區可用的技術。Pruning_list.sql 腳本提供的執行計畫例子中，包含了這些操作：

- PARTITION LIST SINGLE
- PARTITION LIST ITERATOR
- PARTITION LIST INLIST
- PARTITION LIST ALL
- PARTITION LIST EMPTY
- PARTITION LIST OR
- PARTITION LIST SUBQUERY
- PARTITION LIST JOIN-FILTER
- PARTITION LIST AND

13.2.5 複合分區

關於複合分區沒什麼可介紹的。基本上，在分區層級應用的一切，也適用於子分區。不過，至少舉個例子來說明。下面的 Test 表是根據範圍（range）進行分區（根據 d1 行），而子分區是根據清單（list）進行分區（根據 n1 行）。下面的 SQL 敘述參照自 pruning_composite.sql 腳本，用來建立該表。請注意本例中，也是每年 48 個分區：

```
CREATE TABLE t (
  id NUMBER,
  d1 DATE,
  n1 NUMBER,
  n2 NUMBER,
  n3 NUMBER,
  pad VARCHAR2(4000),
  CONSTRAINT t_pk PRIMARY KEY (id)
)
PARTITION BY RANGE (d1)
SUBPARTITION BY LIST (n1)
SUBPARTITION TEMPLATE (
  SUBPARTITION sp_1 VALUES (1),
  SUBPARTITION sp_2 VALUES (2),
  SUBPARTITION sp_3 VALUES (3),
  SUBPARTITION sp_4 VALUES (4)
)(
  PARTITION t_jan_2014 VALUES LESS THAN (to_date( '2014-02-01' ,' YYYY-MM-DD' )),
  PARTITION t_feb_2014 VALUES LESS THAN (to_date( '2014-03-01' ,' YYYY-MM-DD' )),
  PARTITION t_mar_2014 VALUES LESS THAN (to_date( '2014-04-01' ,' YYYY-MM-DD' )),
  PARTITION t_apr_2014 VALUES LESS THAN (to_date( '2014-05-01' ,' YYYY-MM-DD' )),
  PARTITION t_may_2014 VALUES LESS THAN (to_date( '2014-06-01' ,' YYYY-MM-DD' )),
  PARTITION t_jun_2014 VALUES LESS THAN (to_date( '2014-07-01' ,' YYYY-MM-DD' )),
  PARTITION t_jul_2014 VALUES LESS THAN (to_date( '2014-08-01' ,' YYYY-MM-DD' )),
  PARTITION t_aug_2014 VALUES LESS THAN (to_date( '2014-09-01' ,' YYYY-MM-DD' )),
  PARTITION t_sep_2014 VALUES LESS THAN (to_date( '2014-10-01' ,' YYYY-MM-DD' )),
  PARTITION t_oct_2014 VALUES LESS THAN (to_date( '2014-11-01' ,' YYYY-MM-DD' )),
  PARTITION t_nov_2014 VALUES LESS THAN (to_date( '2014-12-01' ,' YYYY-MM-DD' )),
```

```
   PARTITION t_dec_2014 VALUES LESS THAN (to_date( '2015-01-01' ,' YYYY-MM-DD' ))
)
```

　　圖 13-9 是 Test 表的示意圖。如果將其與之前的（請看圖 13-5）進行對比，貫穿整張表唯一的不同就是，沒有任何值標記子分區的位置。實際上，子分區的位置根據它的「父」分區。

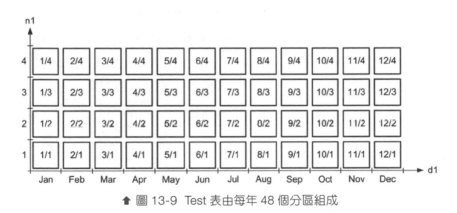

↑ 圖 13-9 Test 表由每年 48 個分區組成

　　當然，本例中 name 和 position 之間的對應也可以在資料字典中找到。下面的查詢展示了如何在 user_tab_partitions 和 user_tab_subpartitions 視圖中獲取這些資訊：

```
SQL> SELECT subpartition_name, partition_position, subpartition_position
  2  FROM user_tab_partitions p, user_tab_subpartitions s
  3  WHERE p.table_name = 'T'
  4  AND s.table_name = p.table_name
  5  AND s.partition_name = p.partition_name
  6  ORDER BY p.partition_position, s.subpartition_position;

SUBPARTITION_NAME PARTITION_POSITION SUBPARTITION_POSITION
----------------- ------------------ ---------------------
T_JAN_2014_SP_1                    1                     1
T_JAN_2014_SP_2                    1                     2
T_JAN_2014_SP_3                    1                     3
T_JAN_2014_SP_4                    1                     4
T_FEB_2014_SP_1                    2                     1
```

```
...
T_NOV_2014_SP_4                  11                    4
T_DEC_2014_SP_1                  12                    1
T_DEC_2014_SP_2                  12                    2
T_DEC_2014_SP_3                  12                    3
T_DEC_2014_SP_4                  12                    4
```

下面的查詢是在分區和子分區層級上都應用限制的例子。操作在上一部分都介紹過。操作 1 應用在分區層級，而操作 2 應用在子分區層級。在分區層級，存取分區 1 和 7。對於每個分區，只存取子分區 3。圖 13-10 展示了這個行為。請注意 Pstart 和 Pstop 行的值，與之前查詢資料字典回傳值的對應關係：

```
SELECT * FROM t WHERE n1 = 3 AND d1 < to_date( '2014-07-19' ,' YYYY-MM-DD' )

-------------------------------------------------------------------
| Id  | Operation                | Name | Starts | Pstart| Pstop |
-------------------------------------------------------------------
|  0  | SELECT STATEMENT         |      |    1 |       |       |
|  1  |  PARTITION RANGE ITERATOR|      |    1 |    1 |     7 |
|  2  |   PARTITION LIST SINGLE  |      |    7 |    3 |     3 |
|* 3  |    TABLE ACCESS FULL     | T    |    7 |  KEY |   KEY |
-------------------------------------------------------------------

 3 - filter( "D1" <TO_DATE( ' 2014-07-19 00:00:00' , 'syyyy-mm-dd
hh24:mi:ss' ))
```

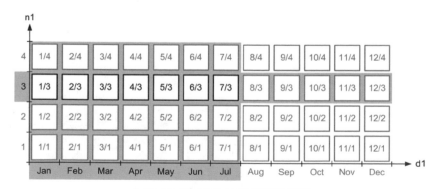

▲ 圖 13-10 複合分區裁剪的表現

13.2.6 設計要素

正如上節介紹的那樣，查詢最佳化工具可以在大部分情況下使用分區裁剪。表 13-1 總結了對於每種類型的分區方法何時會發生分區裁剪，以及最常見的 SQL 條件。

表 13-1 導致分區裁剪的條件 *

條　　　件	範　　圍	列　　表	雜　　湊
Equality (=)	√	√	√
IN	√	√	√
BETWEEN、>、>=、< 或 <=	√	√	
IS NULL	√	√	

* 不等值（例如 != 或 <>）、NOT IN、IS NOT NULL 條件和根據運算式和函數的限制不會發生分區裁剪。

需要設計分區表時，選擇分區鍵和分區方法大概是需要做出的最重要的決定。目的是高效地利用分區裁剪處理盡可能多的 SQL 敘述。例如，如果 SQL 敘述頻繁根據天來處理資料，那就應該按照天來分區。或者，如果 SQL 敘述頻繁地按照國家來處理資料，那就應該按照國家來分區。如果錯誤地分區，就無法利用分區裁剪。下面的四個特點是你的應用需要仔細考慮的，因為它們最影響分區策略。

(1) 哪個行是限制會應用的，以及它的頻率。

(2) 這裡儲存了什麼類型的資料。

(3) 限制會使用什麼 SQL 條件。

(4) 資料是否會定期壓縮或刪除，以及處理的標準。

第一和第四條是選擇分區鍵的關鍵。第二和第三條用於選擇分區方法。讓我們詳細討論一下。

重點是要知道限制會應用到哪些行上，因為如果在分區鍵上沒有限制，就不會使用分區裁剪。換句話說，根據這個標準，應選擇在有限的行數內應用限制。實際上，在不同的 SQL 敘述上，應用多個不同的限制很常見。因此，也需要知道不同 SQL 敘述使用的頻率。這樣，就可以決定哪個限制是最需要優化的。總之，只需要考慮有弱選擇性的限制。實際上，強選擇性的限制可以使用其他存取結構（比如，索引）優化。

一旦知道了可能作為分區鍵的行，就該查看它們儲存的資料了。目的是找出應該應用哪種分區方法。為此，需要重點注意兩件事。第一，只有範圍和清單分區允許集合「相關」資料（例如，七月的全部銷售額或所有歐洲國家），或者準確地對應特定的值與特定的分區。第二，每種分區方法僅適用於特定類型的資料。

- Range 適用於自然連續的值。典型實例是時間戳記和序列產生的數字。
- List 適用於常見且有限的值。典型實例是所有類型的狀態資訊（例如，enabled、disabled、processed）和描述人（例如，性別、婚姻狀況）或事（例如，國家、郵遞區號、貨幣、類別、格式）的屬性。
- Hash 適用於不同的值超出分區數很多的所有類型資料（例如，客戶編號）。

分區方法需要適用於這種資料，也適用於限制應用組成分區鍵的行。在表 13-1 描述的與雜湊（hash）分區有關的限制，也應該考慮到。此外，注意，即便技術上能夠在列表（list）分區表上使用範圍條件，這種不能使用分區裁剪的情況也很常見。實際上，清單分區表中的資料是自然排列的，而不是連續的。

若發生定期壓縮或刪除，也應該考慮它們是否可以使用分區。比如，刪除或截斷一個分區，要比刪除它包含的資料快得多。這種策略通常只用在範圍或列表分區上。

一旦選擇了分區鍵，就需要確定分區鍵是否可以修改。這樣的修改代表著移動列到另一個分區（與刪除舊列然後在另一個分區裡重新插入的操作，非常相似），即改變它的 rowid。通常，列從來不改變它的 rowid。因此，如果發生改變，不光要啟用表層級的列移動來允許資料庫引擎做出修改，同時使用 rowid 的應用也需要特殊處理。

最後一個註釋，但在我看來也是非常重要的註釋，用來組織一些最常見的錯誤，這些錯誤我已經在實施分區的專案中經歷過了。錯誤是在設計與實現資料庫與應用時，並沒有使用分區，而是在之後才分區。通常，這種方法註定會失敗。我強烈建議在專案最初就計畫使用分區。如果你認為自己可以在之後輕鬆地使用它，那麼就要體驗到「大驚喜」了。

13.2.7 全索引掃描

　　資料庫引擎不僅可以利用索引擷取 rowid 清單，也可以將它們作為指標來讀取表中對應的列，但它也可以直接讀取索引鍵部分的行值，進而避免根據 rowid 再去存取表。多虧了這項重要的優化技術，當索引包含查詢需要存取的所有資料時，全資料表掃描或全分區掃描會由**全索引掃描**（**full index scan**）替代。並且由於索引段通常要比表段小，用來減小邏輯讀會很有用。

　　全索引掃描主要用於三種情況。第一是當索引儲存查詢需要的所有行時。比如，因為 n1 行有索引，下面的查詢可以使用全索引掃描。下面的執行計畫證實了沒有執行存取表的操作（請注意本節所有的例子都根據 index_full_scan.sql 腳本）：

```
SELECT /*+ index(t t_n1_i) */ n1 FROM t WHERE n1 IS NOT NULL


---------------------------------
| Id  | Operation       | Name    |
---------------------------------
|   0 | SELECT STATEMENT |        |
|*  1 | INDEX FULL SCAN | T_N1_I |
---------------------------------


  1 - filter("N1" IS NOT NULL)
```

　　重點需要明白這個執行計畫是合理的，因為 WHERE 子句（n1 IS NOT NULL）的條件，確定了索引儲存著所有需要處理的資料（在 n1 行上的 NOT NULL 約束也能有同樣的效果，因為它確保沒有 NULL 值插入）。否則，因為單行 B 樹索引不儲存 NULL 值，就必須執行全資料表掃描了。

　　正如上面例子所示，INDEX FULL SCAN 操作可以由 index hint 強制使用，根據它的結構掃描索引。這麼做的優點是可以透過索引鍵取回儲存的資料。缺點是如果索引區塊沒在緩衝區快取中的話，那麼它會使用單區塊讀從資料檔案中讀取它（跟隨葉子區塊中的一個指標到下一個/上一個葉子區塊）。由於全索引掃描會讀取許多資料，所以這通常是低效的。要改善這種情況下的效能，可以使用**索引快速全掃描**（**index fast full scans**）。下面的執行計畫舉例說明：

```
SELECT /*+ index_ffs(t t_n1_i) */ n1 FROM t WHERE n1 IS NOT NULL
----------------------------------------
| Id  | Operation            | Name   |
----------------------------------------
|   0 | SELECT STATEMENT     |        |
|*  1 |  INDEX FAST FULL SCAN| T_N1_I |
----------------------------------------


  1 - filter( "N1" IS NOT NULL)
```

　　INDEX FAST FULL SCAN 操作可以透過 index_ffs hint 強制執行，它的特性是使用多區塊讀從資料檔案中讀取索引區塊，就像全資料表掃描存取表一樣。在掃描期間，可以簡單地丟棄根和分支區塊，因為所有資料都儲存在葉子區塊中（通常根和分支區塊只是索引段的一小部分，所以即使讀取它們，開銷通常也忽略不計）。結果，並不考慮存取的索引結構，因此取回的資料並沒有根據索引鍵來儲存。

　　第二個案例與第一個類似。唯一的不同是資料需要按照索引中儲存的順序傳輸。例如，正如下面的查詢所示，因為指定了 ORDER BY 子句，情況就是這樣的。由於順序的關係，僅 INDEX FULL SCAN 操作可以用來排序操作：

```
SELECT /*+ index(t t_n1_i) */ n1 FROM t WHERE n1 IS NOT NULL ORDER BY n1


-----------------------------------
| Id  | Operation        | Name   |
-----------------------------------
|   0 | SELECT STATEMENT |        |
|*  1 |  INDEX FULL SCAN | T_N1_I |
-----------------------------------


  1 - filter( "N1" IS NOT NULL)
```

　　由於 INDEX FULL SCAN 操作執行的磁片 I/O 操作要比 INDEX FAST FULL SCAN 操作低效，前者只在排序時才會用到。

📢 **警告**　nls_sort 參數影響 ORDER BY 操作。如果未將它的值設定為 binary，那麼僅在索引行的資料類型不受 NLS 設定（比如，NUMBER 和 DATE）影響，或使用語言索引（linguistic index，13.3.2 節提供了關於這種索引的資訊）時，索引全掃描才可以用來優化 ORDER BY。

　　預設情況下，索引掃描昇冪執行。因此，index **hint** 會使查詢最佳化工具也按照這種方式執行。要確認指定掃描順序，可以使用 index_asc 和 index_desc hint。下面的查詢介紹了操作方式。執行計畫中顯示了降冪（DESCENDING）掃描：

```
SELECT /*+ index_desc(t t_n1_i) */ n1 FROM t WHERE n1 IS NOT NULL ORDER BY
n1 DESC


---------------------------------------------
| Id | Operation                  | Name    |
---------------------------------------------
|  0 | SELECT STATEMENT           |         |
|* 1 |  INDEX FULL SCAN DESCENDING| T_N1_I |
---------------------------------------------

   1 - filter( "N1" IS NOT NULL)
```

　　第三個案例與 count 函數有關。如果查詢包含它，查詢最佳化工具會嘗試利用索引而避免全資料表掃描。下面的查詢舉例說明。請注意，SORT AGGREGATE 操作是用來執行 count 函數的：

```
SELECT /*+ index_ffs(t t_n1_i) */ count(n1) FROM t


-------------------------------------------
| Id | Operation            | Name         |
-------------------------------------------
|  0 | SELECT STATEMENT     |              |
|  1 |  SORT AGGREGATE      |              |
|  2 |   INDEX FAST FULL SCAN| T_N1_I      |
-------------------------------------------
```

　　當 count 處理可為空（nullable）的行時，查詢最佳化工具會挑出任何包含該行（因為 NULL 值無法計數）的索引。當執行 count（*）或針對非空行執行 count 時，查詢最佳化工具能夠選擇任何包含非空行的 B 樹索引（因為只有在本例中索引專案的數目保證與列數一致），或任意點陣圖索引。因此，它會考慮選擇更小的索引。

　　即使本節的例子都是根據 B 樹索引，大多數技術也可以用於點陣圖索引。只有兩點不同。第一，點陣圖索引不能降冪掃描（由於實現的限制）。第二，點陣圖索引總是儲存 NULL 值。因此，它們應用的範圍要比 B 樹索引更大。以下查詢展示的例子與之前的相似：

```
SELECT /*+ index(t t_n2_i) */ n2 FROM t WHERE n2 IS NOT NULL


------------------------------------------------
| Id  | Operation                    | Name    |
------------------------------------------------
|  0  | SELECT STATEMENT             |         |
|  1  |  BITMAP CONVERSION TO ROWIDS |         |
|* 2  |   BITMAP INDEX FULL SCAN     | T_N2_I  |
------------------------------------------------

 2 - filter("N2" IS NOT NULL)


SELECT /*+ index_ffs(t t_n2_i) */ n2 FROM t WHERE n2 IS NOT NULL


------------------------------------------------
| Id  | Operation                    | Name    |
------------------------------------------------
|  0  | SELECT STATEMENT             |         |
|  1  |  BITMAP CONVERSION TO ROWIDS |         |
|* 2  |   BITMAP INDEX FAST FULL SCAN| T_N2_I  |
------------------------------------------------

 2 - filter("N2" IS NOT NULL)


SELECT /*+ index(t t_n2_i) */ n2 FROM t WHERE n2 IS NOT NULL ORDER BY n2
```

```
-------------------------------------------------
| Id | Operation                     | Name   |
-------------------------------------------------
|  0 | SELECT STATEMENT              |        |
|  1 |  BITMAP CONVERSION TO ROWIDS|        |
|* 2 |   BITMAP INDEX FULL SCAN      | T_N2_I |
-------------------------------------------------

 2 - filter( "N2" IS NOT NULL)

SELECT /*+ index_ffs(t t_n2_i) */ count(n2) FROM t

-------------------------------------------------
| Id | Operation                     | Name   |
-------------------------------------------------
|  0 | SELECT STATEMENT              |        |
|  1 |  SORT AGGREGATE               |        |
|  2 |   BITMAP CONVERSION TO ROWIDS |        |
|  3 |    BITMAP INDEX FAST FULL SCAN| T_N2_I |
-------------------------------------------------
```

13.3 強選擇性的 SQL 敘述

要高效處理強選擇性的 SQL 敘述，資料需要透過 rowid、索引或單表雜湊叢集存取[3]。這三種會在接下來的部分中介紹。

13.3.1 Rowid 存取

存取一列資料最高效的方法就是在 WHERE 子句中直接指定它的 rowid。然而，要利用這個存取路徑，就必須首先獲得 rowid，儲存它，然後在以後的存取中重用

---

[3] 實際上，還有多表雜湊叢集和索引叢集。這裡不介紹是因為在實際中它們很少使用。

它。換句話說，這個方法只有在一列資料至少被存取兩次時，才會考慮用到。實際上，當 SQL 敘述有強選擇性時，這會發生得很頻繁。例如，應用使用手動方式維護資料（換句話說，並不是批次）通常會存取同樣的列至少兩次，至少顯示目前資料一次和至少再次儲存修改一次。這種情況下，高效利用 rowid 存取就有意義了。

　　Oracle 其中一個工具（SQL Developer）提供了一個很好的例子。比如，當 SQL Developer 顯示資料時，它會獲取資料和它的 rowid。比如 scott 模式下的 emp 表，工具會執行以下查詢。請注意，在 SELECT 子句中的第一個行就是 rowid：

```
SELECT ROWID,"EMPNO","ENAME","JOB","MGR","HIREDATE","SAL","COMM",
"DEPTNO" FROM "SCOTT"."EMP"
```

　　稍後，rowid 可以用來直接存取特定的列。例如，如果你打開 Single Record View 對話方區塊（請查看圖 13-11），修改 comm 行，並且提交修改，會執行下面的 SQL 敘述。正如你看到的，工具會使用 rowid 參照修改的列而不是主鍵（因此節省了從主鍵索引讀取多個區塊的開銷）：

```
UPDATE "SCOTT"."EMP" SET COMM=:sqldevvalue WHERE ROWID = :sqldevgridrowid
```

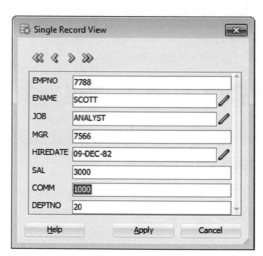

▲ 圖 13-11　SQL Developer 的對話方區塊用來顯示、瀏覽和修改資料

　　從優化的角度考慮，使用 rowid 非常有益，因為可以直接存取列，不需要其他的存取結構（比如索引）。下面的執行計畫與這樣的 SQL 敘述有關：

```
-------------------------------------------
| Id | Operation                  | Name |
-------------------------------------------
|  0 | UPDATE STATEMENT           |      |
|  1 |  UPDATE                    | EMP  |
|  2 |   TABLE ACCESS BY USER ROWID| EMP |
-------------------------------------------
```

請注意，TABLE ACCESS BY USER ROWID 操作專門用在當 rowid 作為參數或文字直接傳遞時。在下一節，你會看到當 rowid 從索引中擷取出來，會使用 TABLE ACCESS BY INDEX ROWID 操作替代。存取這些表的效率是一樣的；這兩個操作僅用來區分 rowid 的來源。

當一條 SQL 敘述透過 IN 條件指定多個 rowid 時，執行計畫裡會多出額外的 INLIST ITERATOR 操作。下面的查詢舉例說明。請注意操作 1（父操作）指出了操作 2（子操作）被處理了多次。根據操作 2 的 Starts 行值，它處理了兩次。換句話說，emp 表透過 rowid 存取了兩次：

```
SELECT * FROM emp WHERE rowid IN ( 'AAADGZAAEAAAAAoAAH' ,
'AAADGZAAEAAAAAoAAI' )


----------------------------------------------------
| Id | Operation                  | Name | Starts |
----------------------------------------------------
|  0 | SELECT STATEMENT           |      |   1 |
|  1 |  INLIST ITERATOR           |      |   1 |
|  2 |   TABLE ACCESS BY USER ROWID| EMP |   2 |
----------------------------------------------------
```

總之，每當指定列被存取至少兩次，就應該考慮在第一次存取時獲取 rowid，然後利用它來進行後續的存取。

13.3.2 索引存取

索引存取是目前對強選擇性 SQL 敘述最常用的存取路徑。要使用它們，必須在 WHERE 子句中使用至少一個限制，或透過索引使用聯結條件。要這麼做，不僅索引行要提供強選擇性，同時還要理解透過索引哪種類型的條件才可以高效使用。
資料庫引擎支援不同類型的索引。在詳細介紹 B 樹索引和點陣圖索引支援的存取
路徑和屬性前，重點需要說一下叢集因數，或者換句話說，為什麼資料分布影響
索引掃描的效能（請查看圖 13-4）。

📗**注意** 儘管資料庫引擎針對負載的資料（如 PDF 檔案或圖片）支援域索
引，但在本書中不作介紹。更多的資訊請參考 Oracle 資料庫官方檔案。

---

1 叢集因數

正如第 8 章中介紹的那樣，叢集因數指示有多少相鄰的索引鍵，不參照表中
相同的資料區塊（點陣圖索引是例外，因為總是會將其叢集因數設定為索引中鍵
的數量）。下面一張記憶圖像或許會有幫助：如果整張表透過索引存取，且在緩衝
區快取中有單獨一個緩衝區儲存著資料區塊，那麼叢集因數是對表執行實體讀的
數量。例如，圖 13-12 展示索引的叢集因數是 10（請注意，總共有 12 列，且僅有
2 個醒目提示顯示的相鄰索引鍵，參照相同的資料區塊）。

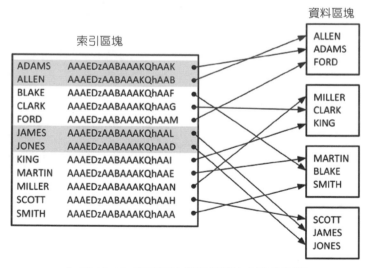

↑ 圖 13-12 索引區塊與資料區塊之間的關係

下面的 PL/SQL 函數可以在 clustering_factor.sql 腳本中找到，舉例說明
了它是如何計算的。請注意，這個函數僅能使用在單列 B 樹索引上：

```
CREATE OR REPLACE FUNCTION clustering_factor (
  p_owner IN VARCHAR2,
  p_table_name IN VARCHAR2,
  p_column_name IN VARCHAR2
) RETURN NUMBER IS
  l_cursor              SYS_REFCURSOR;
  l_clustering_factor BINARY_INTEGER := 0;
  l_block_nr            BINARY_INTEGER := 0;
  l_previous_block_nr BINARY_INTEGER := 0;
  l_file_nr            BINARY_INTEGER := 0;
  l_previous_file_nr  BINARY_INTEGER := 0;
BEGIN
  OPEN l_cursor FOR
    'SELECT dbms_rowid.rowid_block_number(rowid) block_nr, '||
    '       dbms_rowid.rowid_to_absolute_fno(rowid, ''' ||
                                             p_owner||''' ,''' ||
                                             p_table_name||''' ) file_nr '||
    'FROM '||p_owner||' .' ||p_table_name||' '||
    'WHERE '||p_column_name||' IS NOT NULL '||
    'ORDER BY ' || p_column_name ||' , rowid' ;
  LOOP
    FETCH l_cursor INTO l_block_nr, l_file_nr;
    EXIT WHEN l_cursor%NOTFOUND;
    IF (l_previous_block_nr <> l_block_nr OR l_previous_file_nr <> l_file_nr)
    THEN
      l_clustering_factor := l_clustering_factor + 1;
    END IF;
    l_previous_block_nr := l_block_nr;
    l_previous_file_nr := l_file_nr;
  END LOOP;
  CLOSE l_cursor;
  RETURN l_clustering_factor;
END;
```

請注意，它產生的值與資料字典中統計資訊的相符：

```
SQL> SELECT i.index_name, i.clustering_factor,
  2         clustering_factor(user, i.table_name, ic.column_name) AS
```

```
my_clus_fact
  3   FROM user_indexes i, user_ind_columns ic
  4   WHERE i.table_name = 'T'
  5   AND i.index_name = ic.index_name
  6   ORDER BY i.index_name;


INDEX_NAME CLUSTERING_FACTOR MY_CLUS_FACT
---------- ----------------- ------------

T_PK                     990          990
T_VAL_I                   77           77
```

叢集因數計算是悲觀的

dbms_stats 套件使用的演算法用來計算叢集因數是相當悲觀的。

實際上，演算法考慮在索引範圍掃描期間，只有區塊被快取中的前索引鍵參照到。實際上，早期的多個區塊可能留在快取中。結果，叢集因數無法準確描述真實的資料分布並不罕見。

為了防止或者解決關於悲觀計算的問題，從 11.2.0.4 版本開始（或者安裝了解決 bug 13262857 的補丁之後），可以透過 dbms_stats 套件來設定 table_cached_blocks。它的值從 1 至 255，用來指定會有多少個區塊期望被快取。預設值是 1。即使建議值總是很難提供，但好像任何大於 1 的值都會使叢集因數更可靠。實際上，預設值實在是太悲觀了。此外，dbms_stats.auto_table_cached_blocks 的值指定使用 255、表區塊的 1% 或緩衝區快取的 0.1%，會選擇它們之中最小的那個。

從效能的觀點看，應該避免根據列的處理。這在本章之前介紹過，多虧了列預取，資料庫引擎也會盡可能地避免它。實際上，當必須從同樣的區塊中取出多列時，在單個存取中所有的列會擷取出來，而不是每取出一列都會存取一次區塊（即，邏輯讀）。要強調這一點，讓我們來看一個根據 clustering_factor.sql 腳本的例子。下面是由腳本建立的 Test 表：

```
SQL> CREATE TABLE t (
  2      id NUMBER,
  3      val NUMBER,
  4      pad VARCHAR2(4000),
  5      CONSTRAINT t_pk PRIMARY KEY (id)
```

```
  6  );

SQL> INSERT INTO t
  2  SELECT rownum, dbms_random.value, dbms_random.string('p',500)
  3  FROM dual
  4  CONNECT BY level <= 1000;
```

由於 id 行的值是按照遞增順序插入的，索引支援主鍵的叢集因數接近表中的區塊數。換句話說，這是好事：

```
SQL> SELECT blocks, num_rows
  2  FROM user_tables
  3  WHERE table_name = 'T';


    BLOCKS    NUM_ROWS
---------- ----------
        80        1000

SQL> SELECT blevel, leaf_blocks, clustering_factor
  2  FROM user_indexes
  3  WHERE index_name = 'T_PK';


    BLEVEL LEAF_BLOCKS CLUSTERING_FACTOR
---------- ----------- -----------------
         1           2                77
```

當整張表透過主鍵存取時（使用 hint 強制執行這樣的執行計畫），查看執行的邏輯讀數會很有幫助。第一個實驗將列預取設定為 2。因此，資料庫引擎至少執行 500 次呼叫來取回 1,000 列。可以透過查看邏輯讀數（Buffers 行）來證實這種行為：索引上 503，表上 539（1,042-503）。多虧了叢集因數，基本上對於每次呼叫，都會從索引區塊上擷取兩個 rowid，且幾乎每次它們的資料也會在相同的資料區塊上找到：

```
SQL> set arraysize 2

SQL> SELECT /*+ index(t t_pk) */ * FROM t;
```

```
---------------------------------------------------------------------
| Id  | Operation                    | Name  | Starts | A-Rows | Buffers |
---------------------------------------------------------------------
|  0  | SELECT STATEMENT             |       |   1 |  1000 |  1042 |
|  1  |  TABLE ACCESS BY INDEX ROWID | T     |   1 |  1000 |  1042 |
|  2  |   INDEX FULL SCAN            | T_PK  |   1 |  1000 |   503 |
---------------------------------------------------------------------
```

第二個實驗將列預取設定為 100。因此，資料庫引擎執行 10 次呼叫就足以取回所有列。這個行為也可以透過邏輯讀數來證實：索引上是 13，表上是 87（100-13）。基本上，對於每次呼叫，100 個 rowid 從索引區塊中擷取出來，而它們表中相應的行，通常也會在相同的區塊中找到，並且只需要存取一次：

```
SQL> set arraysize 100

SQL> SELECT /*+ index(t t_pk) */ * FROM t;

---------------------------------------------------------------------
| Id  | Operation                    | Name  | Starts | A-Rows | Buffers |
---------------------------------------------------------------------
|  0  | SELECT STATEMENT             |       |   1 |  1000 |   100 |
|  1  |  TABLE ACCESS BY INDEX ROWID | T     |   1 |  1000 |   100 |
|  2  |   INDEX FULL SCAN            | T_PK  |   1 |  1000 |    13 |
---------------------------------------------------------------------
```

現在讓我們使用更高的叢集因數執行相同的實驗。要完成這個實驗，會將根據隨機值的 ORDER BY 子句新增到 INSERT 敘述中，用來將資料存入表中。唯一改變的統計資訊就是叢集因數。請注意，這個值接近列數。換句話說，這不是好事：

```
SQL> TRUNCATE TABLE t;

SQL> INSERT INTO t
  2  SELECT rownum, dbms_random.value, dbms_random.string( 'p' ,500)
  3  FROM dual
  4  CONNECT BY level <= 1000
```

```
  5  ORDER BY dbms_random.value;

SQL> SELECT blocks, num_rows
  2  FROM user_tables
  3  WHERE table_name = 'T' ;


    BLOCKS    NUM_ROWS
---------- ----------
        80        1000


SQL> SELECT blevel, leaf_blocks, clustering_factor
  2  FROM user_indexes
  3  WHERE index_name = 'T_PK' ;


    BLEVEL LEAF_BLOCKS CLUSTERING_FACTOR
---------- ----------- -----------------
         1           2               990
```

下面是兩個實驗的邏輯讀數。一方面，兩個實驗中索引上的邏輯讀數都沒有改變。因為索引上以完全相同的順序儲存著相同的鍵（只有對應的 rowid 不同）。另一方面，兩個實驗在表上的邏輯讀數都接近列數。因為索引上臨近的 rowid 幾乎不會涉及相同的區塊：

```
SQL> set arraysize 2

SQL> SELECT /*+ index(t t_pk) */ * FROM t;


----------------------------------------------------------------
| Id | Operation                   | Name | Starts | A-Rows | Buffers |
----------------------------------------------------------------
|  0 | SELECT STATEMENT            |      |      1 |   1000 |   1499 |
|  1 |  TABLE ACCESS BY INDEX ROWID| T    |      1 |   1000 |   1499 |
|  2 |   INDEX FULL SCAN           | T_PK |      1 |   1000 |    502 |
----------------------------------------------------------------
```

```
SQL> set arraysize 100

--------------------------------------------------------------------------
| Id  | Operation                     | Name  | Starts | A-Rows | Buffers |
--------------------------------------------------------------------------
|   0 | SELECT STATEMENT              |       |      1 |   1000 |    1003 |
|   1 |  TABLE ACCESS BY INDEX ROWID  | T     |      1 |   1000 |    1003 |
|   2 |   INDEX FULL SCAN             | T_PK  |      1 |   1000 |      13 |
--------------------------------------------------------------------------
```

總之，使用高叢集因數的列預取更低效，因此會執行更高的邏輯讀數。叢集因數對資源消耗的影響非常高，以至於查詢最佳化工具（在第 9 章中介紹過，尤其是公式 9-4）使用叢集因數計算索引存取相關的成本，這通常是計算的主要因素。

2 B 樹索引與點陣圖索引

簡單來說，有些情況下只會使用 B 樹索引。如果不是這些情況，大多數情況下也會使用點陣圖索引。表 13-2 總結了決定使用 B 樹索引和點陣圖索引時需要考慮的特性。

表 13-2　僅支援 B 樹索引和點陣圖索引的重要特性

特　　性	B 樹索引	點陣圖索引
主鍵和唯一鍵	✓	
列級鎖	✓	
多個索引的高效組合		✓
分區表上的全域索引和非分區索引	✓	

> 📘 **注意**　點陣圖索引僅在企業版中可用。

點陣圖索引的使用主要有兩種情況限制。第一，只有 B 樹索引可以使用主鍵和唯一鍵。這通常沒有選擇。第二，只有 B 樹索引支援列級鎖，因為索引（B 樹索引和點陣圖索引）中的鎖是在內部設定索引專案。因為單個點陣圖索引專案可能指向數千列，點陣圖索引行的修改可能會阻止其他幾千列（參照自相同索引專案）的修改，這會在很大程度上抑制可擴充性。另一個點陣圖索引的劣勢是，當修改它們時，資料庫引擎會產生更多的 redo。這是因為，大多數情況下點陣圖索引鍵要比 B 樹索引鍵大。

請注意索引的選擇性或不重複的鍵數，與選擇 B 樹索引或點陣圖索引無關。儘管如此，許多關於點陣圖索引的書和文章還是包含以下建議：

點陣圖索引適用於低基數不常修改的資料。當一行不重複值的數量與整個列數相比低很多時，資料具有低基數。

透過壓縮技術，這些索引可以使用最小 **I/O** 產生許多 **rowid**。當使用的查詢中包含以下特徵時，點陣圖索引可以提供特別有用的存取路徑：

- WHERE 子句中的多個條件
- 在低基數行上的 **AND** 和 **OR** 操作
- COUNT 函數
- 為空值選擇的述詞

——*Oracle Database SQL Tuning Gude* 12*c* Release 1

老實說從我的觀點來看，這樣的資訊至少有些誤導。事實上，弱選擇性的 SQL 敘述不可能透過從索引獲取 rowid 清單來高效執行。這是因為對於 B 樹索引和點陣圖索引來說，用來建立 rowid 清單的邏輯讀的數量，要比使用它們存取表的邏輯讀的數量少得多。因此，無論是 B 樹索引還是點陣圖索引，大部分時間都用來讀表了。這就是說，點陣圖索引要比具有較少數量的非重複按鍵的 B 樹索引表現得更好（請注意在摘錄中，術語**基數**（**cardinality**）與本書中使用的有不同的含義）。但是請注意，更好並不代表高效。例如，一個糟糕的產品並不好，因為它僅僅比一個非常糟的產品更好。組合點陣圖索引或許非常高效，但是建立 rowid 列表僅是開始。之後仍然需要存取列。我也應該提到 OR。如果你能想到，就會意識到使用 OR 組合多個非選擇性條件，只會帶來更弱的選擇性，而如果想高效使用索引，那麼目標應該是提高選擇性。

★ **提示**　需要在 B 樹索引和點陣圖索引中選擇時，請忽略選擇性和基數。

除了表 13-2 總結的不同之外，當處理相同的 SQL 條件時，B 樹索引和點陣圖索引並未顯示相同的效率。實際上，點陣圖索引通常更強大些。表 13-3 總結兩種類型的索引，以及它們處理不同類型條件的能力。下一節的目標是提供一些關於它們的例子。我也會介紹不同的效能和限制。

表 13-3 可能導致 Index Unique/Range Scan 的條件

條　　件	B 樹索引	點陣圖索引
Equality (=)	√	√
IS NULL	√*	√
Range（BETWEEN、>、>=、< 和 <=）	√	√
IN	√	√
LIKE	√	√
Inequality（!= 和 <>）和 IS NOT NULL		√†

* 不適用於單行索引；僅在另一個條件導致索引範圍掃描或 NULL 值儲存在索引中時，適用於複合索引。

† 僅在多個點陣圖索引組合時適用。

接下來的部分中許多例子都是根據 conditions.sql 腳本。Test 表和它的索引使用以下 SQL 敘述建立：

```
CREATE TABLE t (
  id NUMBER,
  d1 DATE,
  n1 NUMBER,
  n2 NUMBER,
  n3 NUMBER,
  n4 NUMBER,
  n5 NUMBER,
  n6 NUMBER,
  c1 VARCHAR2(20),
  c2 VARCHAR2(20),
  pad VARCHAR2(4000),
  CONSTRAINT t_pk PRIMARY KEY (id)
```

```
);

CREATE INDEX i_n1 ON t (n1);

CREATE INDEX i_n2 ON t (n2);

CREATE INDEX i_n3 ON t (n3);

CREATE INDEX i_n123 ON t (n1, n2, n3);

CREATE BITMAP INDEX i_n4 ON t (n4);

CREATE BITMAP INDEX i_n5 ON t (n5);

CREATE BITMAP INDEX i_n6 ON t (n6);

CREATE INDEX i_c1 ON t (c1);

CREATE BITMAP INDEX i_c2 ON t (c2);
```

3 等式條件與 B 樹索引

使用 B 樹索引時，等式條件會使用其中一個操作執行。第一，INDEX UNIQUE SCAN，專門用來使用唯一索引。顧名思義，使用它最多回傳一個 rowid。下面的查詢舉例說明。執行計畫證實透過操作 2 存取述詞，在 id 行上的條件使用了 t_pk 索引。接著，操作 1 使用從索引中擷取的 rowid 來存取表。這是透過 TABLE ACCESS BY INDEX ROWID 操作來完成的。請注意這兩個操作都是只執行一次：

```
SELECT /*+ index(t) */ * FROM t WHERE id = 6

-----------------------------------------------------------------
| Id  | Operation                   | Name  | Starts | A-Rows |
-----------------------------------------------------------------
|   0 | SELECT STATEMENT            |       |    1   |    1   |
|   1 |  TABLE ACCESS BY INDEX ROWID| T     |    1   |    1   |
|*  2 |   INDEX UNIQUE SCAN         | T_PK  |    1   |    1   |
```

```
-------------------------------------------------------------

 2 - access ( "ID" =6)
```

📖 **注意**　本節內容，要強制索引掃描，只需指定表名來使用 index hint。當這麼使用時，查詢最佳化工具可以在所有可用的索引中任意選擇。在所有例子中，單述詞存在於 WHERE 子句中。為此，查詢最佳化工具總是選擇根據參照述詞行上的索引。

　　第二，INDEX RANGE SCAN，用來使用非唯一索引。這個操作與之前的唯一區別就是它可以擷取許多 rowid（本例為 527），而不僅是一個：

```
SELECT /*+ index_asc(t) */ * FROM t WHERE n1 = 6


-------------------------------------------------------------
| Id  | Operation                   | Name  | Starts | A-Rows |
-------------------------------------------------------------
|   0 | SELECT STATEMENT            |       |    1 |    527 |
|   1 |  TABLE ACCESS BY INDEX ROWID| T     |    1 |    527 |
|*  2 |   INDEX RANGE SCAN          | I_N1  |    1 |    527 |
-------------------------------------------------------------

 2 - access ( "N1" =6)
```

　　從 12.1 版本開始，根據從索引範圍掃描回傳的 rowid 來存取表的操作是 TABLE ACCESS BY INDEX ROWID BATCHED。這個操作的目的是利用存取多個 rowid 來優化表存取。下面的例子展示的執行計畫與上一個查詢一致：

```
SELECT /*+ index_asc(t) */ * FROM t WHERE n1 = 6


----------------------------------------------------------------------
| Id  | Operation                           | Name  | Starts | A-Rows |
----------------------------------------------------------------------
|   0 | SELECT STATEMENT                    |       |    1 |    527 |
|   1 |  TABLE ACCESS BY INDEX ROWID BATCHED| T     |    1 |    527 |
```

```
|*  2 |    INDEX RANGE SCAN                | I_N1 |      1 |    527 |
------------------------------------------------------------------

  2 - access( "N1" =6)
```

　　預設情況下，索引掃描按照昇冪執行。因此，index hint 命令優化器也按照這個循序執行。要確認指定掃描順序，可以使用 index_asc 和 index_desc hint。下面的查詢舉例說明。在執行計畫中，降冪掃描顯示為 INDEX RANGE SCAN DESCENDING 操作：

```
SELECT /*+ index_desc(t) */ * FROM t WHERE n1 = 6


--------------------------------------------------------------
| Id  | Operation                    | Name | Starts | A-Rows |
--------------------------------------------------------------
|  0  | SELECT STATEMENT             |      |      1 |    527 |
|  1  |  TABLE ACCESS BY INDEX ROWID | T    |      1 |    527 |
|* 2  |   INDEX RANGE SCAN DESCENDING| I_N1 |      1 |    527 |
--------------------------------------------------------------

  2 - access( "N1" =6)
      filter( "N1" =6)
```

　　請注意，INDEX RANGE SCAN 和 INDEX RANGE SCAN DESCENDING 回傳相同的資料。只是順序不同。稍後，在範圍條件部分會介紹何時會用到這樣的存取路徑。

4 等式條件與點陣圖索引

　　使用點陣圖索引時，等式條件會使用三個操作。按照執行的次序，第一個操作是 BITMAP INDEX SINGLE VALUE，它會掃描索引並應用限制。顧名思義，這個操作尋找單個值。第二個操作是 BITMAP CONVERSION TO ROWIDS，透過第一個操作獲得的內容轉換成 rowid 清單。第三個操作使用第二個操作建立的 rowid 列表來存取表。請注意這三個操作都只執行一次：

```
SELECT /*+ index(t i_n4) */ * FROM t WHERE n4 = 6
```

```
------------------------------------------------------------
| Id | Operation                     | Name | Starts | A-Rows |
------------------------------------------------------------
|  0 | SELECT STATEMENT              |      |    1 |    527 |
|  1 |  TABLE ACCESS BY INDEX ROWID  | T    |    1 |    527 |
|  2 |   BITMAP CONVERSION TO ROWIDS |      |    1 |    527 |
|* 3 |    BITMAP INDEX SINGLE VALUE  | I_N4 |    1 |      1 |
------------------------------------------------------------

  3 - access( "N4" =6)
```

📢**警告**　在這一節裡，要強制索引掃描，只需指定表名來使用 index hint。換句話說，hint 指定了該使用哪個索引。當這麼使用時，hint 只有在同名索引存在時才有效。由於索引名很容易改變（例如，使用 ALTER INDEX RENAME 敘述），所以實際上 hint 也容易發生語法錯誤，導致其失效。

對於 B 樹索引來說，從 12.1 版本開始，使用索引回傳的多個 rowid 存取表的操作是：TABLE ACCESS BY INDEX ROWID BATCHED。下面的例子展示的執行計畫與上一個查詢一致：

```
SELECT /*+ index(t i_n4) */ * FROM t WHERE n4 = 6


------------------------------------------------------------
| Id | Operation                         | Name | Starts | A-Rows |
------------------------------------------------------------
|  0 | SELECT STATEMENT                  |      |    1 |    527 |
|  1 |  TABLE ACCESS BY INDEX ROWID BATCHED| T  |    1 |    527 |
|  2 |   BITMAP CONVERSION TO ROWIDS     |      |    1 |    527 |
|* 3 |    BITMAP INDEX SINGLE VALUE      | I_N4 |    1 |      1 |
------------------------------------------------------------

  3 - access( "N4" =6)
```

5 `IS NULL` **條件與 B 樹索引**

使用 B 樹索引，`IS NULL` 條件僅能透過複合 B 樹索引來使用，如果其他條件導致索引範圍掃描或 `NULL` 值儲存在索引中，那麼這兩個條件至少需要滿足一個，因為僅有 `NULL` 值的索引專案既不存在於單行索引中，也不存在 於組合索引中。

下面的查詢舉例說明指定兩個條件的案例。執行計畫證實透過存取操作 2 的述詞，n2 行上的條件使用 i_n123 索引。同時請注意操作 2 僅回傳了 5 列，然而在「等式條件與 B 樹索引」部分，並沒有 n2 `IS NULL` 限制，範圍掃描回傳了 527 列：

```
SELECT /*+ index(t) */ * FROM t WHERE n1 = 6 AND n2 IS NULL


---------------------------------------------------------------
| Id | Operation                  | Name    | Starts | A-Rows |
---------------------------------------------------------------
|  0 | SELECT STATEMENT           |         |    1   |    5   |
|  1 |  TABLE ACCESS BY INDEX ROWID| T      |    1   |    5   |
|* 2 |   INDEX RANGE SCAN         | I_N123  |    1   |    5   |
---------------------------------------------------------------

  2 - access( "N1" =6 AND "N2" IS NULL)
```

正如下面例子所示，同樣的執行計畫也用於當 `IS NULL` 條件指定在索引前導行上時：

```
SELECT /*+ index(t) */ * FROM t WHERE n1 IS NULL AND n2 = 8


---------------------------------------------------------------
| Id | Operation                  | Name    | Starts | A-Rows |
---------------------------------------------------------------
|  0 | SELECT STATEMENT           |         |    1   |    4   |
|  1 |  TABLE ACCESS BY INDEX ROWID| T      |    1   |    4   |
|* 2 |   INDEX RANGE SCAN         | I_N123  |    1   |    4   |
---------------------------------------------------------------

  2 - access( "N1" IS NULL AND "N2" =8)
      filter( "N2" =8)
```

其他 IS NULL 條件可以透過複合 B 樹索引應用的情況，是當 NULL 值儲存在索引中時。下面的查詢就是這種情況。請注意，由於 n2 的 IS NOT NULL 條件，它保證了所有滿足 WHERE 子句的列都會在 i_n123 索引中有對應的索引專案。因此，可以使用索引範圍掃描來找到它們：

```
SELECT /*+ index(t) */ * FROM t WHERE n1 IS NULL AND n2 IS NOT NULL


-----------------------------------------------------------------
| Id | Operation                   | Name    | Starts | A-Rows |
-----------------------------------------------------------------
|  0 | SELECT STATEMENT            |         |      1 |    521 |
|  1 |  TABLE ACCESS BY INDEX ROWID| T       |      1 |    521 |
|* 2 |   INDEX RANGE SCAN          | I_N123  |      1 |    521 |
-----------------------------------------------------------------


 2 - access( "N1" IS NULL)
     filter( "N2" IS NOT NULL)
```

當至少有一行為非空時，NULL 值也會儲存在組合索引中。一個特別的案例滿足這個條件，索引建立在可為空的行和常數上。不用說也知道這是圈套。但是在某些情況下，這是很有用的。下面的索引舉例説明（請注意，可以使用另一個值來代替 0）：

```
CREATE INDEX i_n1_nn ON t (n1, 0)
```

使用這樣的索引，類似以下的查詢能夠執行索引範圍掃描：

```
SELECT /*+ index(t) */ * FROM t WHERE n1 IS NULL


--------------------------------------------------------------------------
| Id | Operation                   | Name    | Starts | E-Rows | A-Rows |
--------------------------------------------------------------------------
|  0 | SELECT STATEMENT            |         |      1 |        |    526 |
|  1 |  TABLE ACCESS BY INDEX ROWID| T       |      1 |    526 |    526 |
|* 2 |   INDEX RANGE SCAN          | I_N1_NN |      1 |    526 |    526 |
--------------------------------------------------------------------------
```

```
2 - access( "N1" IS NULL)
```

　　然而，單行索引不能用於 IS NULL 條件。這是因為 NULL 值無法儲存在索引中。因此，在本例中查詢最佳化工具無法利用索引範圍掃描。即使嘗試強制使用 index hint，也會執行全資料表掃描或全索引掃描：

```
SELECT /*+ index(t i_n1) */ * FROM t WHERE n1 IS NULL


-------------------------------------------------------
| Id | Operation          | Name | Starts | A-Rows |
-------------------------------------------------------
|  0 | SELECT STATEMENT   |      |    1 |   526 |
|* 1 |  TABLE ACCESS FULL | T    |    1 |   526 |
-------------------------------------------------------


 1 - filter( "N1" IS NULL)
```

6　IS NULL 條件與點陣圖索引

　　使用點陣圖索引，IS NULL 條件使用與等式條件相同的方法執行。因為點陣圖索引儲存 NULL 值的方式與儲存其他值的方式一致：

```
SELECT /*+ index(t i_n4) */ * FROM t WHERE n4 IS NULL


------------------------------------------------------------------
| Id | Operation                    | Name | Starts | A-Rows |
------------------------------------------------------------------
|  0 | SELECT STATEMENT             |      |    1 |   526 |
|  1 |  TABLE ACCESS BY INDEX ROWID | T    |    1 |   526 |
|  2 |   BITMAP CONVERSION TO ROWIDS|      |    1 |   526 |
|* 3 |    BITMAP INDEX SINGLE VALUE | I_N4 |    1 |     1 |
------------------------------------------------------------------


 3 - access( "N4" IS NULL)
```

7　範圍條件與 B 樹索引

使用 B 樹索引，範圍條件使用與等式條件在非唯一索引上相同的執行方法，或者換句話說，使用 INDEX RANGE SCAN 操作。對於範圍條件來說，與其索引類型（即其獨特性）無關。由於是範圍掃描，總是可以回傳多個 rowid。例如，下面的查詢顯示範圍條件應用在由主鍵構成的行上：

```
SELECT /*+ index(t (t.id)) */ * FROM t WHERE id BETWEEN 6 AND 19


---------------------------------------------------------------
| Id  | Operation                    | Name  | Starts | A-Rows |
---------------------------------------------------------------
|   0 | SELECT STATEMENT             |       |   1 |     14 |
|   1 |  TABLE ACCESS BY INDEX ROWID | T     |   1 |     14 |
|*  2 |   INDEX RANGE SCAN           | T_PK  |   1 |     14 |
---------------------------------------------------------------

  2 - access("ID">=6 AND "ID"<=19)
```

> **注意**　在這一節裡，透過指定表名以及在哪一行建立索引，來使用多個 hint 強制索引掃描。對比這種語法與指定索引名的方法，優勢在於 hint 並不需要依賴索引名。這讓 hint 的可靠性更強。它的劣勢是 hint 不能保證查詢最佳化工具總是選擇相同的索引。

正如在上一部分提到的那樣，索引掃描預設是昇冪執行的。這意味著將使用二進位比較（稍後會在「語言索引」部分提供關於不同類型的比較，以及如何處理它們的資訊）的 ORDER BY 作為範圍條件應用於相同的行時，已對結果集進行排序。因此，就不需要再執行排序了。然而，當 ORDER BY 需要降冪排列時，就需要確認執行排序，正如下面的查詢所示。排序由操作 1 SORT ORDER BY 執行。請注意索引掃描被 index_asc hint 強制昇冪掃描：

```
SELECT /*+ index_asc(t (t.id)) */ * FROM t WHERE id BETWEEN 6 AND 19 ORDER
BY id DESC
```

```
---------------------------------------------------------------
| Id | Operation                     | Name | Starts | A-Rows |
---------------------------------------------------------------
|  0 | SELECT STATEMENT              |      |    1 |     14 |
|  1 |  SORT ORDER BY                |      |    1 |     14 |
|  2 |   TABLE ACCESS BY INDEX ROWID | T    |    1 |     14 |
|* 3 |    INDEX RANGE SCAN           | T_PK |    1 |     14 |
---------------------------------------------------------------

 3 - access("ID">=6 AND "ID"<=19)
```

　　同樣的查詢可以利用降冪索引掃描來避免強制排序。下面的例子，執行計畫中已經不存在 SORT ORDER BY 操作了：

```
SELECT /*+ index_desc(t (t.id)) */ * FROM t WHERE id BETWEEN 6 AND 19
ORDER BY id DESC


-----------------------------------------------------------------------
| Id | Operation                     | Name | Starts | E-Rows | A-Rows |
-----------------------------------------------------------------------
|  0 | SELECT STATEMENT              |      |    1 |        |     14 |
|  1 |  TABLE ACCESS BY INDEX ROWID  | T    |    1 |     15 |     14 |
|* 2 |   INDEX RANGE SCAN DESCENDING | T_PK |    1 |     15 |     14 |
-----------------------------------------------------------------------

 2 - access("ID"<=19 AND "ID">=6)
```

8 範圍條件與點陣圖索引

　　使用點陣圖索引，範圍條件使用與等式條件類似的方法執行。唯一不同的是，BITMAP INDEX RANGE SCAN 操作用來替代 BITMAP INDEX SINGLE VALUE 操作：

```
SELECT /*+ index(t (t.n4)) */ * FROM t WHERE n4 BETWEEN 6 AND 19


-----------------------------------------------------------------
| Id | Operation                     | Name | Starts | A-Rows |
-----------------------------------------------------------------
```

```
|   0 | SELECT STATEMENT            |      |    1 |  6840 |
|   1 |  TABLE ACCESS BY INDEX ROWID | T    |    1 |  6840 |
|   2 |   BITMAP CONVERSION TO ROWIDS|      |    1 |  6840 |
|*  3 |    BITMAP INDEX RANGE SCAN  | I_N4 |    1 |    13 |
----------------------------------------------------------------

  3 - access( "N4" >=6 AND "N4" <=19)
```

對於點陣圖索引來說，沒有昇冪和降冪掃描的概念，因此無法避免和優化 ORDER BY 操作。

9 IN 條件

IN 條件並沒有指定的存取路徑。相反的，在執行計畫中，由於 IN 條件被執行了多次，INLIST ITERATOR 操作指出執行計畫的其中一部分。下面的三個查詢展示了根據索引類型來使用索引掃描的操作。第一個是唯一索引，第二個是非唯一 B 樹索引，第三個是點陣圖索引。基本上，IN 條件就是一系列的等式條件。請注意，操作相關的索引和表存取針對 IN 列表（請看 Starts 行）中的每個值只執行一次：

```
SELECT /*+ index(t t_pk) */ * FROM t WHERE id IN (6, 8, 19, 28)


----------------------------------------------------------------
| Id  | Operation                  | Name | Starts | A-Rows |
----------------------------------------------------------------
|   0 | SELECT STATEMENT           |      |    1 |      4 |
|   1 |  INLIST ITERATOR           |      |    1 |      4 |
|   2 |   TABLE ACCESS BY INDEX ROWID| T   |    4 |      4 |
|*  3 |    INDEX UNIQUE SCAN       | T_PK |    4 |      4 |
----------------------------------------------------------------

  3 - access(( "ID" =6 OR "ID" =8 OR "ID" =19 OR "ID" =28))

SELECT /*+ index(t i_n1) */ * FROM t WHERE n1 IN (6, 8, 19, 28)


-------------------------------------------------------------------------
| Id  | Operation                  | Name | Starts | E-Rows | A-Rows |
```

```
-----------------------------------------------------------------------
|   0 | SELECT STATEMENT            |      |    1 |      | 1579 |
|   1 |  INLIST ITERATOR            |      |    1 |      | 1579 |
|   2 |   TABLE ACCESS BY INDEX ROWID| T    |    4 | 1710 | 1579 |
|*  3 |    INDEX RANGE SCAN          | I_N1 |    4 | 1710 | 1579 |
-----------------------------------------------------------------------

   3 - access(( "N1" =6 OR "N1" =8 OR "N1" =19 OR "N1" =28))

SELECT /*+ index(t i_n4) */ * FROM t WHERE n4 IN (6, 8, 19, 28)

-----------------------------------------------------------------------
| Id  | Operation                   | Name | Starts | A-Rows |
-----------------------------------------------------------------------
|   0 | SELECT STATEMENT            |      |    1 |   1579 |
|   1 |  INLIST ITERATOR            |      |    1 |   1579 |
|   2 |   TABLE ACCESS BY INDEX ROWID | T    |    4 |   1579 |
|   3 |    BITMAP CONVERSION TO ROWIDS|      |    4 |   1579 |
|*  4 |     BITMAP INDEX SINGLE VALUE | I_N4 |    4 |      3 |
-----------------------------------------------------------------------

   4 - access(( "N4" =6 OR "N4" =8 OR "N4" =19 OR "N4" =28))
```

多種運算式的動態條件

Oracle 資料庫不支援 IN 條件中有超過 1,000 個運算式。即使可以使用多個分隔述詞來變通，但從效能的角度考慮，最好設定限制。因此，既不應該在 IN 條件中使用過多的運算式，也不應該使用分隔述詞來繞過 1,000 個運算式的限制。實際上，應該盡可能避免長列表的運算式會帶來的效能問題。相反的，應該使用以下技巧之一。

- 根據讀取（臨時）表的子查詢使用 IN 條件。
- 使用根據物件類型和為每個元素回傳單列的巢狀表格，作為輸入的管道表函數的子查詢使用 IN 條件。
- 使用 MEMBER 條件來測試一個元素是否是根據物件類型的巢狀表格成員。

Dynamic_in_conditions.sql 腳本為每一項技巧提供了例子。

10 LIKE **條件**

資料引擎能夠使用 LIKE 條件作為存取述詞，但僅根據第一個萬用字元前的字串。結果，提供的模式並不是從萬用字元開始的（底線和百分號），LIKE 條件與範圍條件以相同的方式執行。此外，無法避免全資料表掃描或非全索引掃描。下面舉例說明。前兩個查詢分別取回了 c1 行和 c2 行所有以字母 A 開頭的列。因此，會執行範圍掃描。第三個和第四個查詢分別取回了 c1 行和 c2 行所有在任意位置包含字母 A 的列。因此會執行全索引掃描：

```
SELECT /*+ index(t i_c1) */ * FROM t WHERE c1 LIKE 'A%'


-------------------------------------------------------------
| Id  | Operation                   | Name  | Starts | A-Rows |
-------------------------------------------------------------
|   0 | SELECT STATEMENT            |       |     1 |    119 |
|   1 |  TABLE ACCESS BY INDEX ROWID| T     |     1 |    119 |
|*  2 |   INDEX RANGE SCAN          | I_C1  |     1 |    119 |
-------------------------------------------------------------

  2 - access( "C1" LIKE 'A%' )
      filter( "C1" LIKE 'A%' )


SELECT /*+ index(t i_c2) */ * FROM t WHERE c2 LIKE 'A%'


-------------------------------------------------------------
| Id  | Operation                   | Name  | Starts | A-Rows |
-------------------------------------------------------------
|   0 | SELECT STATEMENT            |       |     1 |    108 |
|   1 |  TABLE ACCESS BY INDEX ROWID| T     |     1 |    108 |
|   2 |   BITMAP CONVERSION TO ROWIDS|      |     1 |    108 |
|*  3 |    BITMAP INDEX RANGE SCAN  | I_C2  |     1 |    108 |
-------------------------------------------------------------

  3 - access( "C2" LIKE 'A%' )
      filter(( "C2" LIKE 'A%' AND "C2" LIKE 'A%' ))
```

```
SELECT /*+ index(t i_c1) */ * FROM t WHERE c1 LIKE '%A%'


-------------------------------------------------------------
| Id  | Operation                   | Name  | Starts | A-Rows |
-------------------------------------------------------------
|   0 | SELECT STATEMENT            |       |     1 |   1921 |
|   1 |  TABLE ACCESS BY INDEX ROWID| T     |     1 |   1921 |
|*  2 |   INDEX FULL SCAN           | I_C1  |     1 |   1921 |
-------------------------------------------------------------

 2 - filter(( "C1" LIKE '%A%' AND "C1" IS NOT NULL))

SELECT /*+ index(t i c2) */ * FROM t WHERE c2 LIKE '%A%'


-------------------------------------------------------------
| Id  | Operation                    | Name  | Starts | A-Rows |
-------------------------------------------------------------
|   0 | SELECT STATEMENT             |       |     1 |   1846 |
|   1 |  TABLE ACCESS BY INDEX ROWID | T     |     1 |   1846 |
|   2 |   BITMAP CONVERSION TO ROWIDS|       |     1 |   1846 |
|*  3 |    BITMAP INDEX FULL SCAN    | I_C2  |     1 |   1846 |
-------------------------------------------------------------

 3 - filter(( "C2" LIKE '%A%' AND "C2" IS NOT NULL))
```

11 不等式與 IS NOT NULL 條件

正如表 13-3 所示,根據不等式(!=,<>)或 IS NOT NULL 條件無法使用索引範圍掃描。為了舉例說明這種限制,並介紹如何優化這類別 SQL 敘述,讓我們看一個根據 inequalities.sql 腳本的例子。Test 表有一個分布不均勻的行叫作 status。實際上,大部分列的 status 都設定為 processed (P)。範例如下:

```
SQL> SELECT status, count(*)
  2   FROM t
  3   GROUP BY status;
```

```
S    COUNT(*)
-  ----------
A          7
P     159981
R          4
X          8
```

一個應用選擇所有 status 不是 processed 的行。為此，它執行以下查詢：

```
SELECT * FROM t WHERE status != 'P'
```

即使查詢有很強的選擇性，且 status 行上有索引，查詢最佳化工具為了讀取 19 列而選擇全資料表掃描，還是導致了實在太多的邏輯讀（23063）：

```
------------------------------------------------------------
| Id | Operation        | Name | Starts | A-Rows | Buffers |
------------------------------------------------------------
|  0 | SELECT STATEMENT |      |    1 |     19 |   23063 |
|* 1 |  TABLE ACCESS FULL| T   |    1 |     19 |   23063 |
------------------------------------------------------------

 1 - filter( "STATUS" <>' P' )
```

在這樣的例子中，不等式條件有很強的選擇性，不過可以利用索引。可以使用以下三種技巧。

第一，如果不等式條件可以寫進 IN 條件中，那麼就可以使用索引範圍掃描。這僅當已知選擇值的數量，且數量有限時使用。下面的查詢舉例說明：

```
SELECT * FROM t WHERE status IN ( 'A' ,' R' ,' X' )

--------------------------------------------------------------------
| Id | Operation                  | Name  | Starts | A-Rows | Buffers |
--------------------------------------------------------------------
|  0 | SELECT STATEMENT           |       |    1 |     19 |     13 |
|  1 |  INLIST ITERATOR           |       |    1 |     19 |     13 |
|  2 |   TABLE ACCESS BY INDEX ROWID| T   |    3 |     19 |     13 |
```

```
|*  3 |     INDEX RANGE SCAN          | I_STATUS |     3 |     19 |      7 |
-------------------------------------------------------------------------

  3 - access(( "STATUS" =' A' OR "STATUS" =' R' OR "STATUS" =' X' ))
```

第二，如果上一條技巧由於值未知或值的數量指定過高而不能使用，那麼可以分成兩個範圍述詞重寫不等式，結果就可以對它們每個執行一次索引範圍掃描。可以考慮利用 or 擴充查詢轉換（請參考第 6 章關於它的資訊）。查詢重寫後會像下面這樣：

```
SELECT * FROM t WHERE status < 'P' OR status > 'P'


---------------------------------------------------------------------------
| Id  | Operation                   | Name     | Starts | A-Rows | Buffers |
---------------------------------------------------------------------------
|   0 | SELECT STATEMENT            |          |     1 |     19 |     12 |
|   1 |   CONCATENATION             |          |     1 |     19 |     12 |
|   2 |    TABLE ACCESS BY INDEX ROWID| T      |     1 |      7 |      5 |
|*  3 |     INDEX RANGE SCAN         | I_STATUS |     1 |      7 |      3 |
|   4 |    TABLE ACCESS BY INDEX ROWID| T      |     1 |     12 |      7 |
|*  5 |     INDEX RANGE SCAN         | I_STATUS |     1 |     12 |      3 |
---------------------------------------------------------------------------

  3 - access( "STATUS" <' P' )
  5 - access( "STATUS" >' P' )
      filter(LNNVL( "STATUS" <' P' ))
```

萬一 or 擴充並沒有自動生效，可以手動重寫查詢來確保元件查詢可以利用索引範圍掃描，且將邏輯讀減至最小：

```
SELECT * FROM t WHERE status < 'P'
UNION ALL
SELECT * FROM t WHERE status > 'P'


---------------------------------------------------------------------------
| Id  | Operation                   | Name     | Starts | A-Rows | Buffers |
---------------------------------------------------------------------------
```

```
|   0 | SELECT STATEMENT          |          |   1 |     19 |   12 |
|   1 |   UNION-ALL              |          |   1 |     19 |   12 |
|   2 |     TABLE ACCESS BY INDEX ROWID| T   |   1 |      7 |    5 |
|*  3 |       INDEX RANGE SCAN     | I_STATUS |   1 |      7 |    3 |
|   4 |     TABLE ACCESS BY INDEX ROWID| T   |   1 |     12 |    7 |
|*  5 |       INDEX RANGE SCAN     | I_STATUS |   1 |     12 |    3 |
-------------------------------------------------------------------------

  3 - access( "STATUS" <' P' )
  5 - access( "STATUS" >' P' )
```

第三個技巧根據索引全掃描。要使用它，可以使用 index hint 強制執行索引全掃描。從效能角度考慮，正如下面的例子所示，這不是最優的辦法。對於強選擇性的查詢，邏輯讀數（299）和回傳列數（19）的比例太高了：

```
SELECT /*+ index(t) */ * FROM t WHERE status != 'P'


-------------------------------------------------------------------------
| Id  | Operation                   | Name     | Starts | A-Rows | Buffers |
-------------------------------------------------------------------------

|   0 | SELECT STATEMENT            |          |     1 |     19 |    299 |
|   1 |   TABLE ACCESS BY INDEX ROWID| T        |     1 |     19 |    299 |
|*  2 |     INDEX FULL SCAN          | I_STATUS |     1 |     19 |    293 |
-------------------------------------------------------------------------

  2 - filter( "STATUS" <>' P' )
```

要想以最優的方式執行索引全掃描，索引的大小應該盡可能小。要達到這個目的，有兩個技巧可以使用。第一個的目的是定義函數索引（稍後，「函數索引」部分會提供這些索引的附加資訊）來避免索引熱門值。要使用這個技巧，索引和使用索引的 SQL 敘述都需要修改。

- 建立函數索引來排除熱門值（對於更複雜的條件，也可以使用 CASE 運算式或 decode 函數）：

```
CREATE INDEX i_status ON t (nullif(status, 'P'))
```

■ 修改查詢的述詞來使用索引：

```
SELECT * FROM t WHERE nullif(status, 'P' ) IS NOT NULL


--------------------------------------------------------------------
| Id  | Operation                   | Name     | Starts | A-Rows | Buffers |
--------------------------------------------------------------------
|   0 | SELECT STATEMENT            |          |      1 |     19 |       9 |
|   1 |   TABLE ACCESS BY INDEX ROWID| T        |      1 |     19 |       9 |
|*  2 |    INDEX FULL SCAN          | I_STATUS |      1 |     19 |       3 |
--------------------------------------------------------------------

 2 - filter( "T" ." SYS_NC00004$" IS NOT NULL)
```

第二個技巧的目的是使用 NULL 值替換最熱門的值，進而避免大部分列被索引參照。但是請注意，這個技巧只對 B 樹索引有效。要實現它，需要執行以下步驟。

■ 使用 NULL 替換最熱門的值：

```
UPDATE t SET status = NULL WHERE status = 'P'
```

■ 重建索引以將其大小縮至最小：

```
ALTER INDEX i_status REBUILD
```

■ 使用 IS NOT NULL 替換不等值：

```
SELECT * FROM t WHERE status IS NOT NULL


--------------------------------------------------------------------
| Id  | Operation                   | Name     | Starts | A-Rows | Buffers |
--------------------------------------------------------------------
|   0 | SELECT STATEMENT            |          |      1 |     19 |      10 |
|   1 |   TABLE ACCESS BY INDEX ROWID| T        |      1 |     19 |      10 |
|*  2 |    INDEX FULL SCAN          | I_STATUS |      1 |     19 |       3 |
--------------------------------------------------------------------

 2 - filter( "STATUS" IS NOT NULL)
```

總之，正如上一例子所示，可以使用不等式或 IS NOT NULL 條件來高效執行
SQL 敘述。但是，需要特別處理。

12 Min/Max 函數

要高效執行包含 min 或 max 函數的查詢，可以使用 B 樹索引執行兩個具體操
作。第一個，INDEX FULL SCAN(MIN/MAX)，當查詢沒有指定範圍條件時使用。然
而，不要管它的名稱，它執行的不是全索引掃描。它只是簡單地獲得索引鍵最左
邊或最右邊的值：

```
SELECT /*+ index(t t_pk) */ min(id) FROM t


----------------------------------------------------------------
| Id | Operation                 | Name | Starts | A-Rows |
----------------------------------------------------------------
|  0 | SELECT STATEMENT          |      |    1 |      1 |
|  1 |  SORT AGGREGATE           |      |    1 |      1 |
|  2 |   INDEX FULL SCAN (MIN/MAX)| T_PK |    1 |      1 |
----------------------------------------------------------------
```

第二個是 INDEX RANGE SCAN(MIN/MAX)，當查詢在使用函數的行上指定條件時
使用：

```
SELECT /*+ index(t t_pk) */ min(id) FROM t WHERE id > 42


----------------------------------------------------------------
| Id | Operation                 | Name | Starts | A-Rows |
----------------------------------------------------------------
|  0 | SELECT STATEMENT          |      |    1 |      1 |
|  1 |  SORT AGGREGATE           |      |    1 |      1 |
|  2 |   FIRST ROW               |      |    1 |      1 |
|* 3 |    INDEX RANGE SCAN (MIN/MAX)| T_PK |    1 |      1 |
----------------------------------------------------------------

 3 - access("ID">42)
```

不幸的是，在同一個查詢中同時使用這兩個函數（min 和 max）時，無法使用
這個優化技巧。在這種情況下，會執行索引全掃描。下面的查詢舉例說明：

```
SELECT /*+ index(t t_pk) */ min(id), max(id) FROM t

Plan hash value: 56794325


---------------------------------------------------
| Id | Operation         | Name | Starts | A-Rows |
---------------------------------------------------
|  0 | SELECT STATEMENT  |      |    1   |     1  |
|  1 |  SORT AGGREGATE   |      |    1   |     1  |
|  2 |   INDEX FULL SCAN | T_PK |    1   | 10000  |
---------------------------------------------------
```

　　對於點陣圖索引來說，並沒有特別的操作用來執行 min 和 max 函數。會使用與等式條件和範圍條件相同的操作。

13 函數索引

　　每次索引行作為參數傳遞給函數時，或涉及運算式時，SQL 引擎就無法使用建立在對應行上的索引，來做索引範圍掃描。因此，其中要遵守的一個基本原則就是，絕不修改 WHERE 子句中的索引行回傳值。例如，如果在 c1 行上存在索引，像 upper(c1) = 'SELDON' 的限制，就無法透過建立在 c1 行上的索引高效使用。這應該很明顯，因為你僅可以搜尋儲存在索引中的值，而不是別的東西。下面的例子，與本節的其他例子一樣，參照自 fbi.sql 腳本：

```
SQL> CREATE INDEX i_c1 ON t (c1);

SQL> SELECT * FROM t WHERE upper(c1) = 'SELDON' ;


---------------------------------------------------
| Id | Operation          | Name | E-Rows | A-Rows |
---------------------------------------------------
|  0 | SELECT STATEMENT   |      |        |     4  |
|* 1 |  TABLE ACCESS FULL | T    |   100  |     4  |
---------------------------------------------------

  1 - filter(UPPER("C1")=' SELDON' )
```

　　基本原則的一個例外是，當約束確保索引包含了必要的資訊時。舉例說明這種情況，在 c1 行上有兩個約束為查詢最佳化工具提供資訊：

```
SQL> ALTER TABLE t MODIFY (c1 NOT NULL);

SQL> ALTER TABLE t ADD CONSTRAINT t_c1_upper CHECK (c1 = upper(c1));

SQL> SELECT * FROM t WHERE upper(c1) = 'SELDON' ;


-------------------------------------------------------------------
| Id  | Operation                   | Name  | E-Rows | A-Rows |
-------------------------------------------------------------------
|   0 | SELECT STATEMENT            |       |        |    4 |
|   1 |  TABLE ACCESS BY INDEX ROWID| T     |   100  |    4 |
|*  2 |   INDEX RANGE SCAN          | I_C1  |     4  |    4 |
-------------------------------------------------------------------

  2 - access( "C1" =' SELDON' )
      filter(UPPER( "C1" )=' SELDON' )
```

　　顯然，如果限制導致強選擇性，你會想要利用索引。為了這個目的，如果不能修改 WHERE 子句或指定約束，可以建立函數索引。簡單地說，這是建立在函數回傳值或運算式結果上的索引。下面是例子：

```
SQL> CREATE INDEX i_c1_upper ON t (upper(c1));

SQL> SELECT * FROM t WHERE upper(c1) = 'SELDON' ;


---------------------------------------------------------------------
| Id  | Operation                   | Name       | E-Rows | A-Rows |
---------------------------------------------------------------------
|   0 | SELECT STATEMENT            |            |        |    4 |
|   1 |  TABLE ACCESS BY INDEX ROWID| T          |    4   |    4 |
|*  2 |   INDEX RANGE SCAN          | I_C1_UPPER |    4   |    4 |
---------------------------------------------------------------------

  2 - access(UPPER( "C1" )=' SELDON' )
```

📢 **警告**　函數索引是使用文字作為參數的函數，將初始化參數 cursor_sharing 設定為 force 或 similar 時，查詢最佳化工具不會選擇它。這是因為文字被綁定變數替代了。fbi_cs.sql 腳本展示了這樣的案例。

正如第 8 章中的「擴充的執行計畫」部分介紹的那樣，函數使用和 WHERE 子句中，運算式的另一個相關問題是，查詢最佳化工具錯估由行的來源操作應用它們而產生的結果集基數。本節中的例子（請注意執行計畫中的 E-Rows 和 A-Rows），使用函數索引來舉例說明，查詢最佳化工具也可以提高它作出的估量。且這種提高可以與函數索引是否用來存取資料無關。可以有更準確的估量，因為每個函數索引都會將一個隱藏行新增到它建立的表上。由於行的統計資訊和長條圖也會為隱藏行收集，因此查詢最佳化工具獲取到的附加資訊需要函數索引才可以使用。重點也需要指出，在表層級上對於新的隱藏物件在函數索引建立時，不會收集統計資訊，只會自動收集索引統計資訊。因此，在建立完新的函數索引時，不要忘記收集表層級的物件統計資訊。

函數索引也可以建立 PL/SQL 的使用者自訂函數。唯一的要求是，函數必須定義為 DETERMINISTIC。

📢 **警告**　根據使用者自訂函數的函數索引，當它們依賴的 PL/SQL 程式碼改變時，並不會無效或標記為不可用。當然，可能會導致錯誤的結果。如果改變了這樣的函數程式碼，應該立刻重建依賴的索引。fbi_udf.sql 腳本中有這個操作的例子。

從 11.1 版本開始，為了避免索引或 SQL 敘述中重複的函數或運算式，可以根據函數或運算式建立虛擬行。這樣，因可以直接在虛擬行上建立，程式碼對定義來說就可以是透明的了。下面的例子展示如何新增、建立索引以及使用虛擬行將 upper 函數應用到 c1 行上：

```
SQL> ALTER TABLE t ADD (c1_upper AS (upper(c1)));

SQL> CREATE INDEX i_c1_upper ON t (c1_upper);
```

```
SQL> SELECT * FROM t WHERE c1_upper = 'SELDON' ;


-----------------------------------------------------------------------
| Id  | Operation                    | Name       |  E-Rows | A-Rows |
-----------------------------------------------------------------------
|  0  | SELECT STATEMENT             |            |         |    4   |
|  1  |  TABLE ACCESS BY INDEX ROWID | T          |    4    |    4   |
|* 2  |   INDEX RANGE SCAN           | I_C1_UPPER |    4    |    4   |
-----------------------------------------------------------------------

 2 - access( "C1_UPPER" =' SELDON' )
```

本節中的例子雖然都是根據 B 樹索引，但也都支援函數點陣圖索引。

14 語言索引

預設情況下，資料庫引擎會執行**二進位比較**（**binary comparision**）來對比字串。字元可以透過其二進位值來進行對比。因此，僅在每個對應的數字程式碼相符時，才會認為兩個字串是相等的。

資料庫引擎也能夠執行**語言對比**（**linguistic comparision**）。使用這些對比，每個字元的數字程式碼並不需要完全相同。例如，可以設定資料庫引擎識別小寫和大寫字元是相同的，或者沒有重音的字元。要管理 SQL 操作的行為，可以使用初始化參數 nls_comp。可以將其設定為以下值之一。

- binary：使用二進位對比。這是預設值。
- linguistic：使用語言對比。初始化參數 nls_sort 指定應用於對比的語言排列順序（還有規則）。對應版本可以接受的值可透過以下查詢查到：

```
SELECT value FROM v$nls_valid_values WHERE parameter = 'SORT'
```

- ansi：該值只對向下相容有效。會使用 linguistic 來替代。

在實例和對話層級上可以設定動態初始化參數 nls_comp 和 nls_sort。在對話層級上，可以透過 ALTER SESSION 敘述設定它們；也可以在作業系統層級上，在用戶端（例如，在 Microsoft Windows 註冊表中）定義它們。請注意，在用戶端進行設定屬於正常情況，不是例外。因此，用戶端設定覆蓋伺服器端設定是很常見的。

舉個例子，假設一張表儲存以下資料（表和 **Test** 查詢可以在 `linguistic_index.sql` 腳本中找到）：

```
SQL> SELECT c1 FROM t;
C1
----------
Leon
Léon
LEON
LÉON
```

預設情況下，執行二進位對比。要使用語言對比，需要將初始化參數 `nls_comp` 設定為 `linguistic`，且必須透過初始化參數 `nls_sort` 指定語言排列順序（還有規則）。下面的例子使用 `generic_m`，**ISO** 標準的拉丁字元：

```
SQL> ALTER SESSION SET nls_comp = linguistic;

SQL> ALTER SESSION SET nls_sort = generic_m;

SQL> SELECT c1 FROM t WHERE c1 = 'LEON' ;

C1
----------
LEON
```

正如預料的那樣，使用上面的設定沒有什麼特別的會發生。這個特性由兩個擴充 `generic_m` 提供。第一個是 `generic_m_ci`。正如下面的查詢展示的那樣，使用它進行對比不區分大小寫：

```
SQL> ALTER SESSION SET nls_sort = generic_m_ci;

SQL> SELECT c1 FROM t WHERE c1 = 'LEON' ;

C1
----------
Leon
LEON
```

第二個是 generic_m_ai。正如下面的查詢展示的那樣，使用它進行對比區分大小寫和重音：

```
SQL> ALTER SESSION SET nls_sort = generic_m_ai;

SQL> SELECT c1 FROM t WHERE c1 = 'LEON' ;


C1
----------
Leon
Léon
LEON
LÉON
```

從功能的角度考慮，這個功能很好。透過設定兩個初始化參數，可以控制 SQL 操作的行為。讓我們來檢查一下，將初始化參數 nls_comp 設定為 linguistic 時，執行計畫是否會發生改變：

```
SQL> CREATE INDEX i_c1 ON t (c1);

SQL> ALTER SESSION SET nls_sort = generic_m_ai;

SQL> ALTER SESSION SET nls_comp = binary;

SQL> SELECT /*+ index(t) */ * FROM t WHERE c1 = 'LEON' ;


---------------------------------------------
| Id  | Operation                   | Name |
---------------------------------------------
|   0 | SELECT STATEMENT            |      |
|   1 |  TABLE ACCESS BY INDEX ROWID| T    |
|*  2 |   INDEX RANGE SCAN          | I_C1 |
---------------------------------------------

  2 - access( "C1" =' LEON' )

SQL> ALTER SESSION SET nls_comp = linguistic;
```

```
SQL> SELECT /*+ index(t) */ * FROM t WHERE c1 = 'LEON' ;


-----------------------------------
| Id  | Operation         | Name  |
-----------------------------------
|  0  | SELECT STATEMENT  |       |
|* 1  | TABLE ACCESS FULL | T     |
-----------------------------------


  1 - filter(NLSSORT( "C1" ,' nls_sort='' GENERIC_M_AI''' )=HEXTORAW(
'022601FE02380232' ) )
```

　　顯然，將初始化參數 nls_comp 設定為 linguistic 時，就不會再使用索引。
輸出的最後一列表明了原因。因為函數 nlssort 是隱式應用給索引行 c1，所以不
會在索引中進行查找。因此，出於這個目的，函數索引需要避免全資料表掃描。
重點需要認識到，索引的定義必須包含與初始化參數 nls_sort 相同的值。因此，
如果使用多種語言，就需要建立多個索引：

```
SQL> CREATE INDEX i_c1_linguistic ON t (nlssort(c1,' nls_sort=generic_m_ai' ));

SQL> SELECT /*+ index(t) */ * FROM t WHERE c1 = 'LEON' ;


----------------------------------------------------------
| Id  | Operation                    | Name              |
----------------------------------------------------------
|  0  | SELECT STATEMENT             |                   |
|  1  |   TABLE ACCESS BY INDEX ROWID| T                 |
|* 2  |     INDEX RANGE SCAN         | I_C1_LINGUISTIC   |
----------------------------------------------------------


  2 - access(NLSSORT( "C1" ,' nls_sort='' GENERIC_M_AI''' )=HEXTORAW(
'022601FE02380232' ) )
```

　　在 10.2 版本中，為了應用 LIKE 操作還有另外一個限制，資料庫引擎不能使用
語言索引。換句話說，全索引掃描或全資料表掃描無法避免。該限制在 11.1 版本
之後不再存在。

即使本節的例子都是根據 B 樹索引，但也同樣支援語言索引。

下面的例子展示了語言索引也可以用來避免 ORDER BY 操作：

```
SQL> SELECT /*+ index(t) */ * FROM t WHERE c1 BETWEEN 'L' AND 'M' ORDER BY c1;


---------------------------------------------------------
| Id  | Operation                    | Name            |
---------------------------------------------------------
|  0  | SELECT STATEMENT             |                 |
|  1  |   TABLE ACCESS BY INDEX ROWID| T               |
|* 2  |    INDEX RANGE SCAN          | I_C1_LINGUISTIC |
---------------------------------------------------------


  2 - access(NLSSORT("C1",' nls_sort='' GENERIC_M_AI''' )>=HEXTORAW
( '0226' ) AND NLSSORT("C1",' nls_sort='' GENERIC_M_AI''' )<=HEXTORAW
( '0230' ) )
```

總之，語言對比是一個強大的特性，而它對 SQL 敘述來說是透明的。然而，僅在一組適合的索引存在時，資料庫引擎才可以高效使用它們。因為在用戶端層級的設定會影響索引的使用，因此必須謹慎使用。

15 複合索引

到目前為止，除了一個例外，我討論了索引鍵只包含單獨一行的索引。然而，索引鍵可以包含多行（對於 B 樹索引來說限制是 32，點陣圖索引是 30）。使用多行的索引叫作**複合索引**（**composite index**，有時也叫**組合索引**，**concatenated index** 或多行索引，**multicolumn index**）。在這一點上，B 樹索引與點陣圖索引完全不同。所以我會分開討論它們。請注意，本節中的所有例子都根據 composite_index.sql 腳本。

◉ B 樹索引

複合索引的目的有兩個。第一，它們可以用來實現由多行組成的主鍵或唯一索引約束。第二，它們能夠應用由多個 SQL 條件使用 AND 組成的述詞。請注意，當多個 SQL 條件使用 OR 來組合時，無法高效使用複合索引！

自然地，重點是討論如何使用複合索引來應用限制。下面查詢的用途就是這個：

```
SELECT * FROM t WHERE n1 = 6 AND n2 = 42 AND n3 = 11
```

讓我們來看看當使用單行索引時會發生什麼。使用在 n1 行上建立的索引，索引掃描回傳了 527 個 rowid。因為索引值儲存了 n1 行相關的資料，只有操作 2 的 n1 = 6 述詞可以透過索引存取。其他兩個述詞被操作 1 應用為篩檢程式。由於操作 2 回傳了很多 rowid，執行計畫一共產生了 327 個邏輯讀。當取回單列時，這是無法接受的：

```
---------------------------------------------------------------
| Id  | Operation                   | Name | Starts | A-Rows | Buffers |
---------------------------------------------------------------
|   0 | SELECT STATEMENT            |      |    1 |      1 |   327 |
|*  1 |   TABLE ACCESS BY INDEX ROWID| T    |    1 |      1 |   327 |
|*  2 |    INDEX RANGE SCAN          | I_N1 |    1 |    527 |     4 |
---------------------------------------------------------------

 1 - filter(( "N2" =42 AND "N3" =11))
 2 - access( "N1" =6)
```

使用在 n2 行上建立的索引，情況基本與上個例子一致。唯一改進的是，索引掃描回傳了更少的 rowid（89）。因此一共執行的邏輯讀數（85）也少得多：

```
---------------------------------------------------------------
| Id  | Operation                   | Name | Starts | A-Rows | Buffers |
---------------------------------------------------------------
|   0 | SELECT STATEMENT            |      |    1 |      1 |    85 |
|*  1 |   TABLE ACCESS BY INDEX ROWID| T    |    1 |      1 |    85 |
|*  2 |    INDEX RANGE SCAN          | I_N2 |    1 |     89 |     4 |
---------------------------------------------------------------

 1 - filter(( "N3" =11 AND "N1" =6))
 2 - access( "N2" =42)
```

使用在 n3 行上建立的索引，情況仍然與前兩個很相似。實際上，索引掃描回傳了許多 rowid（164）。一共的邏輯讀數（141）仍然太高：

```
-------------------------------------------------------------------
| Id  | Operation                     | Name  | Starts | A-Rows | Buffers |
-------------------------------------------------------------------
|   0 | SELECT STATEMENT              |       |    1 |      1 |    141 |
|*  1 |  TABLE ACCESS BY INDEX ROWID| T     |    1 |      1 |    141 |
|*  2 |   INDEX RANGE SCAN            | I_N3  |    1 |    164 |      4 |
-------------------------------------------------------------------

  1 - filter(( "N2" =42 AND "N1" =6))
  2 - access( "N3" =11)
```

總之，這三個索引沒有一個可以高效地應用述詞。這三個限制的選擇性太高。觀察到的與儲存在資料字典中的物件統計資訊一致。實際上，每一行非重複值的數量很低，請查看以下查詢展示：

```
SQL> SELECT column_name, num_distinct
  2  FROM user_tab_columns
  3  WHERE table_name = 'T' AND column_name IN ( 'ID' , 'N1' , 'N2' , 'N3' );


COLUMN_NAME NUM_DISTINCT
----------- ------------
ID                10000
N1                   18
N2                  112
N3                   60
```

在這樣的情況下，在多個行上建立的單個索引應用各種條件會更高效。例如，下面的執行計畫展示了如果在三行上建立一個複合索引時，會發生什麼。重點需要知道使用這個索引，邏輯讀數（4）會更低，因為索引掃描僅回傳滿足整個 WHERE 子句的列（本例中僅回傳一列）：

```
-------------------------------------------------------------------
| Id  | Operation                     | Name  | Starts | A-Rows | Buffers |
```

```
---------------------------------------------------------------
|  0 | SELECT STATEMENT            |        |  1 |  1 |  4 |
|  1 |  TABLE ACCESS BY INDEX ROWID| T      |  1 |  1 |  4 |
|* 2 |   INDEX RANGE SCAN          | I_N123 |  1 |  1 |  3 |
---------------------------------------------------------------

 2 - access( "N1" =6 AND "N2" =42 AND "N3" =11)
```

此時，重點需要認清，即使參照自 WHERE 子句中的行不都是索引建立的行，資料庫引擎也能夠執行索引範圍掃描。基本要求是，應該將條件應用到索引鍵的引導行上。例如，使用上一例中的 i_n123 索引，行 n2 和 n3 的條件是可選的。下面的查詢展示了在 n2 行上沒有條件存在的例子：

```
SELECT * FROM t WHERE n1 = 6 AND n3 = 11


---------------------------------------------------------------
| Id  | Operation                  | Name   | Starts | A-Rows | Buffers |
---------------------------------------------------------------
|  0 | SELECT STATEMENT            |        |  1 |  8 |  12 |
|  1 |  TABLE ACCESS BY INDEX ROWID| T      |  1 |  8 |  12 |
|* 2 |   INDEX RANGE SCAN          | I_N123 |  1 |  8 |   4 |
---------------------------------------------------------------

 2 - access( "N1" =6 AND "N3" =11)
     filter( "N3" =11)
```

上一個執行計畫需要知道，即使 n3 = 11 的述詞出現在存取述詞裡，但所有滿足 n1 = 6 的述詞索引鍵都需要存取到。一方面，這個方法是次優的，因為存取了索引不需要的部分。另一方面，正如上一個例子展示的那樣，在索引掃描期間應用 n3 = 11 的述詞，作為篩檢程式要比在存取表時應用好得多。無論如何，為了獲得最佳效能，述詞應該應用在索引的引導行上。

當沒有條件在索引鍵的引導行上時，也有索引可以被（高效）使用的案例。這樣的操作叫作**索引跳躍掃描**（**index skip scan**）。然而，只有在引導行的非重複值數量非常小時才可以使用，因為會對引導行的每個值單獨進行索引範圍掃描。下面的查詢展示了這樣的例子。請注意 index_ss hint 和 INDEX SKIP SCAN 操作：

```
SELECT /*+ index_ss(t i_n123) */ * FROM t WHERE n2 = 42 AND n3 = 11


-------------------------------------------------------------------------
| Id  | Operation                   | Name    | Starts | A-Rows | Buffers |
-------------------------------------------------------------------------
|   0 | SELECT STATEMENT            |         |    1 |      2 |     33 |
|   1 |   TABLE ACCESS BY INDEX ROWID| T      |    1 |      2 |     33 |
|*  2 |     INDEX SKIP SCAN         | I_N123 |    1 |      2 |     31 |
-------------------------------------------------------------------------

 2 - access( "N2" =42 AND "N3" =11)
     filter(( "N2" =42 AND "N3" =11))
```

　　因為「常規」索引掃描（使用 INDEX SKIP SCAN DESCENDING 操作）支援降冪索引跳躍掃描，所以可以使用兩個 hint index_ss_asc 和 index_ss_desc 來控制掃描的順序。

　　說到複合索引，我覺得有必要提到在處理它們時，我遇到的最常見錯誤，也是最常被問到的問題。錯誤與過度索引化（overindexation）有關。總是會錯誤地認為，僅當所有組成索引鍵的行在 WHERE 子句中時，資料庫引擎才能使用索引。在已經看到的數個例子中，其實並不是這麼回事。這個誤解通常會導致在同一張表上建立使用相同引導行的數個索引，比如，一個索引使用 n1、n2 和 n3 行，而另一個索引使用 n1 和 n3 行。第二種通常是不需要的。請注意這個多餘的索引會是個問題，因為它們不僅會降低 SQL 敘述修改索引資料的速度，同時也浪費了不必要的空間。

　　最常被問到的問題是：如何選擇行的順序。比如，如果索引鍵由 n1、n2 和 n3 行組成，哪種順序最好？當所有索引行都在 WHERE 子句中時，索引的效率與索引中行的順序無關。因此，最好的順序就是，當並非所有索引行都在 WHERE 子句中時，可以盡最大可能頻繁地使用索引。換句話說，應該使索引可以供最大數量的 SQL 敘述使用。要確保這種情況，行需要根據它們使用的頻率來排序。尤其應該將引導行指定為 WHERE 子句中，使用更頻繁的那個（當然，理想狀態）。每當多行使用相同頻率時，有以下兩個對立的方法可供選擇。

- 引導行應該是預期提供最好選擇性的行。如果只使用等式，就應該用非重複值數最高的那一行。如果使用範圍條件，就與非重複值數無關了。比如，想像一下時間戳記的案例：很可能非重複值數會很高。但是因為時間戳記頻繁用於範圍述詞中，重要的是真實選擇性而不是非重複值數。如果限制僅應用於特定的列，使用可以提供強選擇性的引導列，對以後的 SQL 敘述會很有幫助。換句話說，最大可能地使查詢最佳化工具能夠選擇索引。

- 引導行應該是非重複值數最低的那列。這對提高索引壓縮比很有幫助。

索引壓縮

在 B 樹索引和點陣圖索引之間有一個很重要的不同，就是使用壓縮技術儲存在索引葉區塊中的鍵。點陣圖索引總是使用壓縮，而 B 樹索引只在需要的時候才會使用壓縮。

在一個未壓縮的 B 樹索引中，每個鍵都是完整儲存的。換句話說，如果多個鍵有相同的值，會分別儲存每個鍵值。因此，在未壓縮的索引中，在同一個葉區塊上通常會儲存很多相同的值。為了禁止這種重複的發生，可以在（重）建索引時，使用 COMPRESS 參數來壓縮索引鍵，並且可選擇需要壓縮的行數。例如，i_n123 索引由三行組成：n1、n2 和 n3，使用 COMPRESS 1，指定僅壓縮 n1 行；使用 COMPRESS 2，指定壓縮 n1 和 n2 行；而使用 COMPRESS 3，指定壓縮全部三行。當不指定壓縮的行數時，非唯一索引會壓縮所有行，而唯一索引會壓縮行數 -1 個行。

由於壓縮是從左向右，行應該按照選擇性從高到低排列來獲得最好的壓縮比例。然而，只有在無法阻止查詢最佳化工具使用索引時，才會重排索引的行。

壓縮 B 樹索引預設不啟用，這是因為它並不總能減小索引大小。實際上，在某些情況下，使用壓縮或許會使索引增大！因此，應該僅在真正有益的時候啟用壓縮。你有兩個選擇來查看指定索引的預期壓縮率。第一，可以建立索引不使用壓縮，然後再壓縮，接著對比大小。第二，可以使用 ANALYZE INDEX 敘述執行分析來找出最佳壓縮的行數和使用最佳壓縮能節省的空間大小。下面的例子展示針對 i_n123 索引的分析。請注意，分析的輸出寫入 index_stats 表中。本例中，你可以知道對兩行使用壓縮可以節省 17% 的空間：

```
SQL> ANALYZE INDEX i_n123 VALIDATE STRUCTURE;

SQL> SELECT opt_cmpr_count, opt_cmpr_pctsave FROM index_stats;
```

```
OPT_CMPR_COUNT OPT_CMPR_PCTSAVE
-------------- ----------------
             2               17
```

下面的 SQL 敘述不僅展示了如何對 i_n123 索引實施壓縮，也展示了如何查看壓縮結果：

```
SQL> SELECT blocks FROM index_stats;

    BLOCKS
----------
        40

SQL> ALTER INDEX i_n123 REBUILD COMPRESS 2;

SQL> ANALYZE INDEX i_n123 VALIDATE STRUCTURE;

SQL> SELECT blocks FROM index_stats;

    BLOCKS
----------
        32
```

從效能的角度考慮，壓縮索引的核心優勢是因為它們更小的體積，不僅在執行索引範圍掃描和索引全掃描時邏輯讀更少了，且它們也更可能快取在緩衝區快取中。然而，缺點是可能會增加遇到區塊爭用的可能（這個主題會在第 16 章介紹）。

◉ 點陣圖索引

複合點陣圖索引很少建立。因為多個索引可以高效地合併來應用限制。要想知道點陣圖索引有多強大，讓我們來看幾個查詢。

第一個查詢利用 AND 合併三個等式條件來使用三個點陣圖索引。請注意 index_combine hint 強制該類別的執行計畫。第一，操作 4 根據 n5 行在該行查找滿足限制的列來掃描索引。作為結果的點陣圖傳給了操作 3。接著操作 5 和 6 在 n6 行和 n4 行的索引上分別執行同樣的掃描。一旦三個索引都完成掃描，操作 3 計算三組點陣圖的 AND 操作。最後，操作 2 轉換作為結果的點陣圖為 rowid 行，接著操作 1 使用它們存取表：

```
SELECT /*+ index_combine(t i_n4 i_n5 i_n6) */ *
FROM t
WHERE n4 = 6 AND n5 = 42 AND n6 = 11
```

```
----------------------------------------------------------------------
| Id  | Operation                   | Name  | Starts | A-Rows | Buffers |
----------------------------------------------------------------------
|   0 | SELECT STATEMENT            |       |    1 |      1 |      7 |
|   1 |  TABLE ACCESS BY INDEX ROWID | T     |    1 |      1 |      7 |
|   2 |   BITMAP CONVERSION TO ROWIDS|       |    1 |      1 |      6 |
|   3 |    BITMAP AND               |       |    1 |      1 |      6 |
|*  4 |     BITMAP INDEX SINGLE VALUE| I_N5  |    1 |      1 |      2 |
|*  5 |     BITMAP INDEX SINGLE VALUE| I_N6  |    1 |      1 |      2 |
|*  6 |     BITMAP INDEX SINGLE VALUE| I_N4  |    1 |      1 |      2 |
----------------------------------------------------------------------

  4 - access("N5"=42)
  5 - access("N6"=11)
  6 - access("N4"=6)
```

對於第一個查詢，有必要再向你展示一下使用複合點陣圖索引的執行計畫。正如你所見，邏輯讀數並沒有下降很多（4 代替 7）。即使它更好，但是這樣的複合索引遠不及三個單行索引靈活。這就是為什麼實際中很少建立複合點陣圖索引的原因：

```
----------------------------------------------------------------------
| Id  | Operation                   | Name   | Starts | A-Rows | Buffers |
----------------------------------------------------------------------
|   0 | SELECT STATEMENT            |        |    1 |      1 |      4 |
|   1 |  TABLE ACCESS BY INDEX ROWID | T      |    1 |      1 |      4 |
|   2 |   BITMAP CONVERSION TO ROWIDS|        |    1 |      1 |      3 |
|*  3 |    BITMAP INDEX SINGLE VALUE | I_N456 |    1 |      1 |      3 |
----------------------------------------------------------------------

  3 - access("N4"=6 AND "N5"=42 AND "N6"=11)
```

第二個查詢與第一個類似。唯一的不同是 OR 替代了 AND。注意在執行計畫中操作 3 僅有的改變：

```
SELECT /*+ index_combine(t i_n4 i_n5 i_n6) */ *
FROM t
WHERE n4 = 6 OR n5 = 42 OR n6 = 11


-----------------------------------------------------------------
| Id  | Operation                     | Name | Starts | A-Rows | Buffers |
-----------------------------------------------------------------
|   0 | SELECT STATEMENT              |      |    1 |   767 |   420 |
|   1 |  TABLE ACCESS BY INDEX ROWID  | T    |    1 |   767 |   420 |
|   2 |   BITMAP CONVERSION TO ROWIDS |      |    1 |   767 |     7 |
|   3 |    BITMAP OR                  |      |    1 |     1 |     7 |
|*  4 |     BITMAP INDEX SINGLE VALUE | I_N4 |    1 |     1 |     3 |
|*  5 |     BITMAP INDEX SINGLE VALUE | I_N6 |    1 |     1 |     2 |
|*  6 |     BITMAP INDEX SINGLE VALUE | I_N5 |    1 |     1 |     2 |
-----------------------------------------------------------------

  4 - access("N4"=6)
  5 - access("N6"=11)
  6 - access("N5"=42)
```

第三個查詢與第一個類似。這次，唯一的不同是 n4 != 6 條件（替代 n4 = 6）。由於執行計畫有很大不同，讓我們來詳細看一下。最初，操作 6 根據 n5 行在該行查找滿足 n5 = 42 條件的列來掃描索引。作為結果的點陣圖傳遞給操作 5。接著，操作 7 在 n6 行的索引上針對 n6 = 11 的條件執行同樣的掃描。一旦兩個索引掃描都完成，操作 5 計算兩組點陣圖的 AND 條件並傳遞作為結果的點陣圖給操作 4。接下來，操作 8 根據 n4 行在該列查找滿足 n4 = 6 條件（這與在 WHERE 子句中指定的相反）的列來掃描索引。作為結果的點陣圖傳遞給操作 4，然後它會從操作 5 傳遞過來的點陣圖中減掉它們。接著，操作 9 和 3 針對 n4 IS NULL 條件執行同樣的掃描。這一步很必要，因為 NULL 值並不滿足 n4 != 6 的條件。最後，操作 2 轉換作為結果的點陣圖為 rowid 行，結果操作 1 使用它們存取表：

```
SELECT /*+ index_combine(t i_n4 i_n5 i_n6) */ *
FROM t
WHERE n4 != 6 AND n5 = 42 AND n6 = 11
```

```
-----------------------------------------------------------------------
| Id | Operation                    | Name | Starts | A-Rows | Buffers |
-----------------------------------------------------------------------
|  0 | SELECT STATEMENT             |      |    1 |     1 |      9 |
|  1 |  TABLE ACCESS BY INDEX ROWID | T    |    1 |     1 |      9 |
|  2 |   BITMAP CONVERSION TO ROWIDS|      |    1 |     1 |      8 |
|  3 |    BITMAP MINUS              |      |    1 |     1 |      8 |
|  4 |     BITMAP MINUS            |      |    1 |     1 |      6 |
|  5 |      BITMAP AND              |      |    1 |     1 |      4 |
|* 6 |       BITMAP INDEX SINGLE VALUE| I_N5 |    1 |     1 |      2 |
|* 7 |       BITMAP INDEX SINGLE VALUE| I_N6 |    1 |     1 |      2 |
|* 8 |      BITMAP INDEX SINGLE VALUE | I_N4 |    1 |     1 |      2 |
|* 9 |     BITMAP INDEX SINGLE VALUE  | I_N4 |    1 |     1 |      2 |
-----------------------------------------------------------------------

  6 - access( "N5" =42)
  7 - access( "N6" =11)
  8 - access( "N4" =6)
  9 - access( "N4" IS NULL)
```

總之，點陣圖索引可以高效地合併，而且在合併期間還可以使用多個 SQL 條件。總而言之，它們非常靈活。由於這些特性，它們對報告系統非常重要，因為那裡的查詢都無法預先知道（固定）。

16 B 樹索引的點陣圖計畫

上節介紹的點陣圖計畫執行得很好，它們也可以應用在 B 樹索引上。資料庫引擎能夠根據 B 樹索引掃描回傳的資料，建立一種記憶體中的點陣圖索引。下面的查詢，與在複合 B 樹索引部分使用的一樣。請注意執行計畫中的 BITMAP CONVERSION FROM ROWIDS 操作負責轉換：

```
SELECT /*+ index_combine(t i_n1 i_n2 i_n3) */ *
FROM t
WHERE n1 = 6 AND n2 = 42 AND n3 = 11


-------------------------------------------------------------------
| Id  | Operation                       | Name  | Starts | A-Rows | Buffers |
-------------------------------------------------------------------
|  0  | SELECT STATEMENT                |       |   1 |      1 |     10 |
|  1  |  TABLE ACCESS BY INDEX ROWID    | T     |   1 |      1 |     10 |
|  2  |   BITMAP CONVERSION TO ROWIDS   |       |   1 |      1 |      9 |
|  3  |    BITMAP AND                   |       |   1 |      1 |      9 |
|  4  |     BITMAP CONVERSION FROM ROWIDS|      |   1 |      1 |      3 |
|* 5  |      INDEX RANGE SCAN           | I_N2  |   1 |     89 |      3 |
|  6  |     BITMAP CONVERSION FROM ROWIDS|      |   1 |      1 |      3 |
|* 7  |      INDEX RANGE SCAN           | I_N3  |   1 |    164 |      3 |
|  8  |     BITMAP CONVERSION FROM ROWIDS|      |   1 |      1 |      3 |
|* 9  |      INDEX RANGE SCAN           | I_N1  |   1 |    527 |      3 |
-------------------------------------------------------------------

 5 - access( "N2" =42)
 7 - access( "N3" =11)
 9 - access( "N1" =6)
```

> **🛢️注意**　B 樹索引的點陣圖計畫也與點陣圖索引一樣，只能在企業版中使用。

17 僅索引掃描

一個與索引相關的優化技巧是，資料庫引擎不僅可以從索引中擷取 rowid 行來存取表，還可以擷取儲存在索引中的行資料。因此，當索引包含了所有查詢需要處理的資料時，就會執行**僅索引掃描**（**index-only scan**）。這對減少邏輯讀數很有幫助。實際上，僅索引掃描不存取表。當索引的叢集因數高時，這對索引範圍掃描非常有幫助。下面的查詢舉例說明。請注意沒有執行存取表的操作：

```
SELECT c1 FROM t WHERE c1 LIKE 'A%'
```

```
-------------------------------------------------------------
| Id  | Operation          | Name | Starts | A-Rows | Buffers |
-------------------------------------------------------------
|   0 | SELECT STATEMENT   |      |     1 |    119 |     11 |
|*  1 |   INDEX RANGE SCAN | I_C1 |     1 |    119 |     11 |
-------------------------------------------------------------

  1 - access( "C1" LIKE 'A%' )
      filter( "C1" LIKE 'A%' )
```

如果 SELECT 子句參照 n1 行而不是 c1 行,那麼查詢最佳化工具就無法利用僅索引掃描。請注意,在下面的例子中,查詢是如何執行了 130 個邏輯讀(針對索引執行了 11 個,針對表執行了 119 個,換句話說,每個從索引中獲得 rowid 執行一個邏輯讀)以取回 119 列的:

```
SELECT n1 FROM t WHERE c1 LIKE 'A%'


-------------------------------------------------------------------------
| Id  | Operation                    | Name | Starts | A-Rows | Buffers |
-------------------------------------------------------------------------
|   0 | SELECT STATEMENT             |      |     1 |    119 |    130 |
|   1 |  TABLE ACCESS BY INDEX ROWID | T    |     1 |    119 |    130 |
|*  2 |   INDEX RANGE SCAN           | I_C1 |     1 |    119 |     11 |
-------------------------------------------------------------------------

  2 - access( "C1" LIKE 'A%' )
      filter( "C1" LIKE 'A%' )
```

在這類別情況下,為了使用僅索引掃描,可以給索引增加行,使它們不會用來應用限制。理想做法是使用一個索引鍵建立組合索引,來包含所有 SQL 敘述參照到的行(也稱為**覆蓋索引**),而不僅僅是在 WHERE 子句中使用的行。換句話說,你「濫用」索引來儲存多餘的資料,進而減小邏輯讀數。注意,不管怎樣索引,引導行必須是 WHERE 子句參照的其中一行。在本例中,這代表在 c1 和 n1 行上建立複合索引。使用這個索引,同樣的查詢取回同樣多的列只需要 10 個邏輯讀,而不是 130 個:

```
SELECT n1 FROM t WHERE c1 LIKE 'A%'


----------------------------------------------------------------
| Id  | Operation       | Name   | Starts | A-Rows | Buffers |
----------------------------------------------------------------
|   0 | SELECT STATEMENT |        |     1  |   119  |     10  |
|*  1 |  INDEX RANGE SCAN| I_C1N1 |     1  |   119  |     10  |
----------------------------------------------------------------


 1 - access( "C1" LIKE 'A%' )
     filter( "C1" LIKE 'A%' )
```

📢 **警告**　對於列表分區表來説，僅在分區鍵是索引的一部分時，查詢最佳化工具根據僅索引掃描產生的執行計畫來分解 IN 條件。index_only_scan_list_part. sql 腳本提供了這樣的例子。對於範圍和雜湊分區表來説，這個限制不存在。

即使本節的例子都是根據 B 樹索引，僅索引掃描也可以用於點陣圖索引。

18 索引組織表

建立索引組織表（index-organized table）是一種實現僅索引掃描的特殊方式。實際上，這類別表的核心概念是為了徹底避免產生表段。相反的，所有資料都會儲存在根據主鍵的索引段上。同樣也可以將部分資料儲存在溢出段（overflow segment）上。然而一般來説，使用索引組織表的好處已經不存在（除非溢出段很少被存取）。當建立**輔助索引（secondary index，除了主鍵之外的另一個索引）** 時，也會發生相同的事：需要存取兩個段。因此沒有必要使用它。由於這些原因，僅當滿足兩個需求時才會考慮使用索引組織表。第一，表通常使用主鍵存取。第二，所有資料可以儲存在索引結構中（一列最多可以使用區塊的 50%）。除此之外，沒有必要使用它。

實體 rowid（physical rowid） 並不會參照索引組織表中的列。相反的，它由**邏輯 rowid（logical rowid）** 參照。這類別 rowid 由兩部分組成：第一，對包含插入時列（鍵）的區塊推測。第二，主鍵的值。隨著第一次推測，邏輯 rowid 會存取索引組織表，希望能找到列插入時所在的區塊，但是由於推測並不會在發生區塊分裂時更新，它有可能會在 INSERT 和 UPDATE 敘述執行時變舊。如果推測正確，使用邏輯 rowid，存取一列資料只需一個邏輯讀。萬一推測是錯誤的，邏輯讀數會等於或者大於 2（一個是透過推測無用的存取，加上使用主鍵的普通存取）。自然地，為了最好的效能，重要的是正確的推測。要評估推測的正確性，可以使用 user_indexes（dba、all 和在 12.1 多租戶環境下的 cdb 版本的視圖，也包含 pct_direct_access 行）視圖中的 pct_direct_access 行，它會由 dbms_stats 套件來更新。這個值提供了針對某一索引推測正確的百分比。下面的例子，參照自 iot_guess.sql 腳本，不僅展示了過久的推測會影響邏輯讀數，也展示了如何改變這種次優的情況（請注意，例子中使用的索引是輔助索引）：

```
SQL> SELECT pct_direct_access
  2   FROM user_indexes
  3   WHERE table_name = 'T' AND index_name = 'I' ;


PCT_DIRECT_ACCESS
-----------------
               76


SQL> SELECT count(pad) FROM t WHERE n > 0;


---------------------------------------------------------------
| Id  | Operation          | Name | Starts | A-Rows | Buffers |
---------------------------------------------------------------
|   0 | SELECT STATEMENT   |      |    1 |      1 |   1496 |
|   1 |  SORT AGGREGATE    |      |    1 |      1 |   1496 |
|*  2 |   INDEX UNIQUE SCAN| T_PK |    1 |   1000 |   1496 |
|*  3 |    INDEX RANGE SCAN| I    |    1 |   1000 |      6 |
---------------------------------------------------------------


  2 - access("N">0)
  3 - access("N">0)


SQL> ALTER INDEX i UPDATE BLOCK REFERENCES;
```

```
SQL> execute dbms_stats.gather_index_stats(ownname => user, indname => 'i' )

SQL> SELECT pct_direct_access
  2  FROM user_indexes
  3  WHERE table_name = 'T' AND index_name = 'I' ;

PCT_DIRECT_ACCESS
-----------------
              100

SQL> SELECT count(pad) FROM t WHERE n > 0;
```

```
---------------------------------------------------------------
| Id  | Operation            | Name | Starts | A-Rows | Buffers |
---------------------------------------------------------------
|  0  | SELECT STATEMENT     |      |    1 |      1 |  1006 |
|  1  |  SORT AGGREGATE      |      |    1 |      1 |  1006 |
|* 2  |   INDEX UNIQUE SCAN| T_PK |    1 |   1000 |  1006 |
|* 3  |    INDEX RANGE SCAN| I    |    1 |   1000 |     6 |
---------------------------------------------------------------

  2 - access( "N" >0)
  3 - access( "N" >0)
```

邏輯 rowid 一個有趣的副作用是輔助索引總會包含主鍵，即使它沒有確認編入索引。下面的例子舉例說明只靠僅索引掃描，資料庫引擎如何從在另一行（n）上建立的輔助索引中擷取主鍵（id）：

```
SQL> SELECT id FROM t WHERE n = 42;
```

```
---------------------------------
| Id  | Operation          | Name |
---------------------------------
|  0  | SELECT STATEMENT |      |
|* 1  |  INDEX RANGE SCAN| I    |
---------------------------------
```

```
1 - access("N"=42)
```

除了避免存取表段外，另外索引組織表提供了兩個不應該低估的優勢。第一，資料總是彙總的，因此根據主鍵的範圍掃描總是可以高效執行，而不必像堆表那樣只有在叢集因數低的時候才可以。第二個優勢是根據主鍵的範圍掃描總是按照儲存在主鍵索引中的資料順序回傳資料。這可以用來優化 ORDER BY 操作。

19 全域、本地或非分區索引

使用分區表，通常會建立本地分區索引。這麼做的主要優勢是減少索引與表分區之間的依賴性。例如，當分區增加、刪除、截斷或交換時，它會使事情變得簡單。簡單來說，建立本地索引通常來說是有好處的。然而，也存在不能或者不建議這麼做的情況。

首碼與非首碼索引

如果分區鍵是索引行的左首碼，那麼這個索引就是首碼的，並且對於子分區索引，子分區鍵包含在索引鍵中。而本地索引可以是首碼或者非首碼的，只能建立全域首碼索引。根據 *Oracle Database VLDB and Partitioning Guide* 手冊，非首碼索引與首碼索引表現不同。實際上，我從未見過因為索引是非首碼的而導致的效能問題。我的建議是，建立最明智的索引而不用考慮它是否是首碼索引。

第一個問題與主鍵和唯一索引有關。實際上，根據本地索引，它們的鍵必須包含主鍵。儘管有些時候可行，通常有改變資料庫邏輯設計的可能。這尤其是在使用範圍分區時。因此，在我看來，這應該作為最後的手段。永遠不應該搞亂邏輯設計。因為邏輯設計不能更改，僅剩下其他兩種可能。第一是建立非分區索引。第二是建立全域分區索引。後者僅在真正有優勢時才會使用。因為這樣的索引通常是雜湊分區，然而，僅在索引非常大或者索引經歷非常高的負載時，才值得這麼做。總之，為了支援主鍵和唯一索引而建立非分區索引並不常見。

本地分區索引的第二個問題是，對於不能利用分區裁剪的 SQL 敘述，它們可以使效能變得糟糕。在本章之前的「範圍分區」部分中描述過導致這種情況的原因。它對索引掃描的影響或許會非常高。下面的例子，根據圖 13-5 的範圍分區表，展示了可能會有的問題。首先，建立非分區索引。使用它查詢，回傳一列執行了 4 個邏輯讀。請注意，TABLE ACCESS BY GLOBAL INDEX ROWID 動作表明 rowid 來自全域或非分區索引：

```
SQL> CREATE INDEX i ON t (n3);

SQL> SELECT * FROM t WHERE n3 = 3885;


--------------------------------------------------------------------------
| Id | Operation                          | Name | Starts | A-Rows | Buffers |
--------------------------------------------------------------------------
|  0 | SELECT STATEMENT                   |      |    1 |     1 |      4 |
|  1 |   TABLE ACCESS BY GLOBAL INDEX ROWID| T   |    1 |     1 |      4 |
|* 2 |    INDEX RANGE SCAN                 | I    |    1 |     1 |      3 |
--------------------------------------------------------------------------

  2 - access("N3"=3885)
```

對於該實驗的第二部分，重建了索引。這次是本地索引。由於表有 48 個分區，所以索引也有 48 個分區。因為實驗查詢並不包含根據分區鍵上的限制，所以不會發生分區裁剪。這可以由 PARTITION RANGE ALL 操作，以及 Pstart 和 Pstop 行來證實。同樣注意到 TABLE ACCESS BY LOCAL INDEX ROWID 動作表明 rowid 來自本地分區索引。執行計畫的問題是代替像上個案例那樣執行單索引掃描，這次索引掃描是針對每個分區執行的（注意操作 2 和操作 3 的 Starts 行）。因此，即使只取回了一列，50 個邏輯讀也是必要的：

```
SQL> CREATE INDEX i ON t (n3) LOCAL;

SQL> SELECT * FROM t WHERE n3 = 3885;


--------------------------------------------------------------------------------
| Id | Operation           | Name | Starts | Pstart| Pstop| A-Rows | Buffers |
--------------------------------------------------------------------------------
|  0 | SELECT STATEMENT    |      |    1 |       |      |     1 |     50 |
```

```
| 1 |  PARTITION RANGE ALL            |   |  1 |  1 | 48 |  1 |  50 |
| 2 |    TABLE ACCESS BY LOCAL INDEX ROWID| T |  48 |  1 | 48 |  1 |  50 |
|* 3 |      INDEX RANGE SCAN           | I |  48 |  1 | 48 |  1 |  49 |
---------------------------------------------------------------------------

  3 - access( "N3" =3885)
```

　　總之，不使用分區裁剪，邏輯讀數會按照分區數成比例成長。因此，正如之前指出的，有時使用非分區索引要比分區索引好。或者，作為折中方案，應該限制分區數量。注意，有時你沒有選擇。比如，點陣圖索引僅可以作為本地索引建立。

20 不可見索引

　　從 11.1 版本之後，有個索引屬性可以用來指定索引是否對查詢最佳化工具可見。預設情況下，索引是可見的。萬一索引不可見，當索引根據的資料表發生修改時，就需要常規維護了，但是查詢最佳化工具無法在執行計畫產生期間利用它。因為不可見索引是定期維護的，根據唯一索引的約束仍然會定期執行，即使它們根據的索引不可見。

📢 **警告**　在 11.1 版本中，索引的不可見並不是全部。實際上，在兩個突發情況下查詢最佳化工具可以利用不可見索引。第一，即使不可見索引不會包含在執行計畫中，查詢最佳化工具也可以使用統計資訊關聯它來提高其估值。invisible_index_stats.sql 腳本示範了這樣的案例。第二，對於未加索引的外鍵，資料庫引擎能夠利用不可見索引來避免錯誤的爭用。

　　下面的例子根據 invisible_index.sql 腳本，展示了如何使索引不可見以及這樣的操作如何對指定查詢產生影響：

```
SQL> SELECT * FROM t WHERE id = 42;


------------------------------------------
| Id  | Operation              | Name |
------------------------------------------
|  0  | SELECT STATEMENT       |      |
```

```
|  1 |  TABLE ACCESS BY INDEX ROWID| T    |
|* 2 |    INDEX UNIQUE SCAN        | T_PK |
---------------------------------------------


  2 - access( "ID" =42)

SQL> SELECT visibility FROM user_indexes WHERE index_name = 'T_PK' ;

VISIBILITY
----------
VISIBLE

SQL> ALTER INDEX t_pk INVISIBLE;

SQL> SELECT visibility FROM user_indexes WHERE index_name = 'T_PK' ;

VISIBILITY
----------
INVISIBLE

SQL> SELECT * FROM t WHERE id = 42;


-----------------------------------
| Id | Operation           | Name |
-----------------------------------
|  0 | SELECT STATEMENT    |      |
|* 1 |  TABLE ACCESS FULL| T    |
-----------------------------------


  1 - filter( "ID" =42)
```

在以下兩種情況下調整或建立不可見索引是有益的。

- 無論是否刪除已存在的索引都不會影響存取效能。這在需要刪除的索引很大時很有用。實際上，無法實驗刪除一個大索引，當你事後發現刪除索引是個錯誤的時候，將需要花費太長時間和太多資源來重建它。
- 建立索引，但不使它立即對查詢最佳化工具生效。

　　預設情況下，查詢最佳化工具承認索引的可見性。這是因為，預設情況下會將初始化參數 optimizer_use_invisible_indexes 設定為 FALSE。如果在系統層級或者對話層級上，將這個參數設定為 TRUE，查詢最佳化工具就允許不可見索引為可見。自從 11.1.0.7 版本開始，也可以在 SQL 敘述中增加（no_）use_invisible_indexes hint 來控制查詢最佳化工具是否承認索引的可見性。

📢**警告**　根據 *High Availabilty Overview* 手冊：「任何 DML 操作可維護不可見索引，但是除非你確認使用 hint 指定索引，否則優化器並不會使用它。」不幸的是，這句話有錯誤。問題是 index hint 無法用來改變不可見索引的可見度。僅（no_）use_invisible_indexes hint 可以影響不可見索引的可見度。

　　直到 11.2 版本（包括該版本），在同一組行上不能建立多個索引（如果你嘗試這麼做，資料庫引擎會報 ORA-01408）。從 12.1 版本開始，這個限制被取消了。實際上，在同一組行上建立多個索引，在同一時間只有其中一個索引可見。這種可能性對於應用來說必須處理成高可用，這在改變索引的唯一性、類型（B 樹或點陣圖）和分區而不需要計畫停機時間時很有用。不使用這個特性，當刪除和重建索引時，或許會需要停止其他的高可用應用。下面的例子，參照自 multiple_indxes.sql 腳本的輸出，舉例說明這個特性。

(1) 設定初始化物件：

```
SQL> CREATE TABLE t (n1 NUMBER, n2 NUMBER, n3 NUMBER);

SQL> CREATE INDEX i_i ON t (n1);
```

(2) 在同樣的行（n1）上不支援建立與上一個一致的不可見索引（請注意新索引是唯一的）：

```
SQL> CREATE UNIQUE INDEX i_ui ON t (n1);
CREATE UNIQUE INDEX i_ui ON t (n1)
                              *
ERROR at line 1:
ORA-01408: such column list already indexed
```

(3) 可以建立多個不可見索引（請注意每個索引的不同）：

```
SQL> CREATE UNIQUE INDEX i_ui ON t (n1) INVISIBLE;

SQL> CREATE BITMAP INDEX i_bi ON t (n1) INVISIBLE;

SQL> CREATE INDEX i_hpi ON t (n1) INVISIBLE
  2 GLOBAL PARTITION BY HASH (n1) PARTITIONS 4;

SQL> CREATE INDEX i_rpi ON t (n1) INVISIBLE
  2 GLOBAL PARTITION BY RANGE (n1) (
  3   PARTITION VALUES LESS THAN (10),
  4   PARTITION VALUES LESS THAN (MAXVALUE)
  5 );
```

(4) 透過使舊索引不可見並使新索引可見，在兩個索引之間切換：

```
SQL> ALTER INDEX i_i INVISIBLE;

SQL> ALTER INDEX i_ui VISIBLE;
```

21 局部索引

　　出於效能考慮，有時並不需要將表中的所有資料索引化。尤其是大範圍分區表包含很長的特定歷史時間資料（比如訂單或通話記錄）時。例如，可能僅需要對前一天的資料建立索引，或最近一週的資料，並且把所有過期的資料從索引中刪除。這樣的索引叫作**局部索引**（**partial index**）。在正確的場合使用它們可以節省許多不必要分配的磁碟空間。

　　即使一直到 11.2 版本（包括該版本），使用一些特別的技巧也可以使用一些局部索引，僅從 12.1 版本以後，Oracle 資料庫提供正規語法來支援局部索引。12.1 版本導入語法的基本概念，可以在表或者分區層級設定資料是否使用索引。

　　下面的例子根據 partial_index.sql 腳本，展示了如何禁用除了設定 INDEXING ON 屬性以外的其他所有分區的索引功能（顯然你也可以在表層級設定 INDEXING ON，並為指定分區設定 INDEXING OFF）：

```
CREATE TABLE t (
  id NUMBER NOT NULL,
  d DATE NOT NULL,
  n NUMBER NOT NULL,
  pad VARCHAR2(4000) NOT NULL
)
```
INDEXING OFF
```
PARTITION BY RANGE (d) (
  PARTITION t_jan_2014 VALUES LESS THAN (to_date( '2014-02-01' ,' yyyy-mm-dd' )),
  PARTITION t_feb_2014 VALUES LESS THAN (to_date( '2014-03-01' ,' yyyy-mm-dd' )),
  PARTITION t_mar_2014 VALUES LESS THAN (to_date( '2014-04-01' ,' yyyy-mm-dd' )),
  PARTITION t_apr_2014 VALUES LESS THAN (to_date( '2014-05-01' ,' yyyy-mm-dd' )),
  PARTITION t_may_2014 VALUES LESS THAN (to_date( '2014-06-01' ,' yyyy-mm-dd' )),
  PARTITION t_jun_2014 VALUES LESS THAN (to_date( '2014-07-01' ,' yyyy-mm-dd' )),
  PARTITION t_jul_2014 VALUES LESS THAN (to_date( '2014-08-01' ,' yyyy-mm-dd' )),
  PARTITION t_aug_2014 VALUES LESS THAN (to_date( '2014-09-01' ,' yyyy-mm-dd' )),
  PARTITION t_sep_2014 VALUES LESS THAN (to_date( '2014-10-01' ,' yyyy-mm-dd' )),
  PARTITION t_oct_2014 VALUES LESS THAN (to_date( '2014-11-01' ,' yyyy-mm-dd' )),
  PARTITION t_nov_2014 VALUES LESS THAN (to_date( '2014-12-01' ,' yyyy-mm-dd' )),
  PARTITION t_dec_2014 VALUES LESS THAN (to_date( '2015-01-01' ,' yyyy-mm-dd' ))
```
INDEXING ON
```
)
```

　　當索引建立後，可以指定是遵守索引屬性（INDEXING PARTIAL）還是不遵守（INDEXING FULL，這是預設值）。下面的 SQL 敘述展示如何建立局部索引：

```
CREATE INDEX i ON t (d) INDEXING PARTIAL
```

　　使用局部索引的關鍵要求是需要將資料儲存在分區表中。索引是未分區、本地還是全域的都沒關係。除了這些之外，只有使用 INDEXING ON 儲存在分區中的列才會被索引。使用像上個例子那樣建立的表和索引，查詢最佳化工具不會限制透過全資料表掃描或索引掃描來存取所有資料。相反的，它可以利用表擴充查詢轉換（請參考第 6 章），進而根據資料是否有索引來產生不同的存取路徑。下面的例子圖示了這一情形。

```
SQL> SELECT *
  2  FROM t
  3  WHERE d BETWEEN to_date( '2014-11-30 23:00:00' ,' yyyy-mm-dd hh24:mi:ss' )
  4             AND to_date( '2014-12-01 01:00:00' ,' yyyy-mm-dd hh24:mi:ss' );


--------------------------------------------------------------------------------
| Id  | Operation                                    | Name    | Pstart| Pstop |
--------------------------------------------------------------------------------
|  0  | SELECT STATEMENT                             |         |       |       |
|  1  |  VIEW                                        | VW_TE_2 |       |       |
|  2  |   UNION-ALL                                  |         |       |       |
|  3  |    TABLE ACCESS BY GLOBAL INDEX ROWID BATCHED| T       |  12   |  12   |
|* 4  |     INDEX RANGE SCAN                         | I       |       |       |
|  5  |    PARTITION RANGE SINGLE                    |         |  11   |  11   |
|* 6  |     TABLE ACCESS FULL                        | T       |  11   |  11   |
--------------------------------------------------------------------------------


  4 - access( "T" ." D" >=TO_DATE( ' 2014-12-01 00:00:00' , 'syyyy-mm-dd
          hh24:mi:ss' ) AND "D" <=TO_DATE( ' 2014-12-01 01:00:00' , 'syyyy-mm-dd
          hh24:mi:ss' ))
  6 - filter( "D" >=TO_DATE( ' 2014-11-30 23:00:00' , 'syyyy-mm-dd
          hh24:mi:ss' ))
```

13.3.3 單表雜湊叢集存取

實踐中，很少有資料庫使用單表雜湊叢集。事實上，當它們按照正確的大小排列並透過叢集鍵上的等式條件存取時，它們能提供非常好的效能。這有兩個原因。第一，它們不需要分離的存取結構（比如，索引）來定位資料。實際上，叢集鍵就足夠用來定位它。第二，所有關聯叢集鍵的資料都彙總在一起。這兩個優勢也在本章之前部分的圖 13-3 和圖 13-4 中透過實驗展示過。

單表雜湊叢集用來實現透過指定鍵頻繁地（理想上，總是）查閱資料表。基本上可以在索引組織表上使用同樣的方法。然而，它們之間有些主要區別。表 13-4 列出了單表雜湊叢集與索引組織表相比的主要優勢和劣勢。主要的劣勢是單表雜湊叢集需要準確設定大小才能使用。

表 13-4 單表雜湊叢集與索引組織表的比較

優　　勢	劣　　勢
更好的效能 （如果透過叢集鍵存取並正確設定大小）	需要設定大小，忽略雜湊衝突並且浪費空間
叢集鍵或許與主鍵不同	不支援分區
	不支援 LOB 行

　　當單表雜湊叢集透過叢集鍵存取時，執行計畫中會出現 TABLE ACCESS HASH 操作。它透過叢集鍵直接存取包含需要資料的區塊（也可能是多個）。下面參照自 hash_cluster.sql 腳本的資料，舉例說明：

```
SELECT * FROM t WHERE id = 6


-------------------------------------------------------------
| Id  | Operation         | Name | Starts | A-Rows | Buffers |
-------------------------------------------------------------
|   0 | SELECT STATEMENT  |      |   1 |    1 |     1 |
|*  1 |  TABLE ACCESS HASH| T    |   1 |    1 |     1 |
-------------------------------------------------------------

  1 - access( "ID" =6)
```

　　除了等式條件，其他條件允許透過叢集鍵存取資料的 IN 條件。當指定 IN 時，根據資料庫版本，操作會出現在執行計畫中。實際上，一直到 11.1 版本（包括該版本）使用的都是 CONCATENATION 操作，從 11.2 版本以後使用 INLIST ITERATOR 替代。這兩個操作的每個子操作都執行一次來獲取特定的叢集鍵。下面的執行計畫在 11.1.0.7 版本中產生：

```
SELECT * FROM t WHERE id IN (6, 8, 19, 28)


-------------------------------------------------------------
| Id  | Operation         | Name | Starts | A-Rows | Buffers |
-------------------------------------------------------------
|   0 | SELECT STATEMENT  |      |   1 |    4 |     4 |
|   1 |  CONCATENATION     |      |   1 |    4 |     4 |
```

```
|*  2 |    TABLE ACCESS HASH| T     |      1 |      1 |      1 |
|*  3 |    TABLE ACCESS HASH| T     |      1 |      1 |      1 |
|*  4 |    TABLE ACCESS HASH| T     |      1 |      1 |      1 |
|*  5 |    TABLE ACCESS HASH| T     |      1 |      1 |      1 |
------------------------------------------------------------------

  2 - access( "ID" =28)
  3 - access( "ID" =19)
  4 - access( "ID" =8)
  5 - access( "ID" =6)
```

下面的執行計畫在 11.2.0.1 版本中產生：

```
SELECT * FROM t WHERE id IN (6, 8, 19, 28)


------------------------------------------------------------------

| Id  | Operation           | Name | Starts | A-Rows | Buffers |
------------------------------------------------------------------

|  0 | SELECT STATEMENT     |      |     1 |     4 |     4 |
|  1 |   INLIST ITERATOR    |      |     1 |     4 |     4 |
|*  2 |    TABLE ACCESS HASH| T    |     4 |     4 |     4 |
------------------------------------------------------------------

  2 - access(( "ID" =6 OR "ID" =8 OR "ID" =19 OR "ID" =28))
```

重點需要強調的是，如果沒有使用索引，其他所有條件都會導致全資料表掃描。例如，下面的查詢，在 WHERE 子句中包含範圍條件，使用索引：

```
SELECT * FROM t WHERE id < 6


-------------------------------------------------------------------------

| Id  | Operation                    | Name | Starts | A-Rows | Buffers |
-------------------------------------------------------------------------

|  0 | SELECT STATEMENT             |      |     1 |     5 |     5 |
|  1 |  TABLE ACCESS BY INDEX ROWID| T    |     1 |     5 |     5 |
|*  2 |   INDEX RANGE SCAN           | T_PK |     1 |     5 |     3 |
-------------------------------------------------------------------------
```

```
2 - access("ID"<6)
```

請注意，叢集有特定的物件統計資訊，用來提供每個鍵的平均區塊數。可以透過 user_clusters 視圖的 avg_blocks_per_key 行來顯示（當然，還有 dba、all 和在 12.1 多租戶環境下的 cdb 視圖版本可用）。不幸的是，它的統計資訊並不是由 dbms_stats 套件收集的，反而需要你執行 ANALYZE CLUSTER 敘述。為了更準確地估量值，別忘了收集它。

13.4 小結

本章不僅介紹了在選擇高效存取路徑時選擇性的重要性，也介紹了用於存取在單表中儲存的資料的不同方法。為此，弱選擇性的 SQL 敘述應該使用全資料表掃描、全分區掃描或全索引掃描。也討論了為了高效執行強選擇性的 SQL 敘述，選擇根據 rowid、索引和單表雜湊叢集的存取路徑。

本章僅介紹了處理單表的 SQL 敘述。實際上，多表聯結很常見。為了解決這個問題，下一章將介紹三種基本聯結方法及其利弊。換句話說，下章將介紹該在何時使用哪種聯結方法。

14

優化聯結

當一條 SQL 敘述參照多張表時，查詢最佳化工具必須決定的事情，除了每張表的存取路徑以外，還有表聯結的順序以及使用的聯結方法。查詢最佳化工具的目標是盡可能早地篩檢掉不必要的資料，以便最小化需要處理的資料總量。

本章首先會定義一些關鍵術語，並解釋三種基本的聯結方法（巢狀迴圈、合併聯結和雜湊聯結）如何工作。接下來會提供一些如何選擇聯結方法的建議。最後，會介紹諸如分區智慧聯結和星型轉換這樣的優化技術。

> **📑 注意** 在本章中，多條 SQL 敘述包含 hint。這麼做不僅是向你展示哪一個 hint 會導致哪一個執行計畫，而且還為了向你展示它們的用法。無論如何，既沒有提供真實的參考也沒有提供完整的語法。可以在 *Oracle Database SQL Reference* 手冊的第 2 章中找到相關資訊。

14.1 定義

為避免誤解，接下來的小節會定義一些貫穿本章的術語和概念。尤其是我會涉及不同類型的聯結樹、限制條件和聯結條件之間的區別，以及不同類型的聯結。

14.1.1 聯結樹

資料庫引擎支援的所有聯結方法在同一時刻，都只會處理兩組資料。這兩組資料被稱為**左輸入**和**右輸入**。以這樣的方式命名它們是因為當使用圖示（見圖14-1）時，輸入的其中一個放置在聯結的左邊（T1）而另一個放置在右邊（T2）。注意，在圖示中，位於左邊的節點要先於右邊的節點執行。

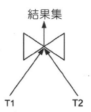

▲ 圖 14-1 兩組資料之間聯結的圖示

當必須聯結超過兩組的資料時，查詢最佳化工具會評估**聯結樹**（**Join Tree**）。被查詢最佳化工具利用的聯結樹的類型會在接下來的四個小節中介紹。

1 左深樹

左深樹（**left-deep tree**），如圖 14-2 所示，是一種每個聯結都有一張表（也就是說，不是由上一次聯結產生的結果集）作為它的右輸入的聯結樹。這是最經常被查詢最佳化工具選擇的聯結樹。

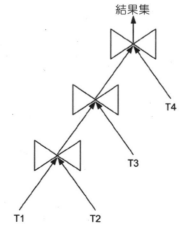

▲ 圖 14-2 在左深樹中，右輸入永遠是一張表

下面的執行計畫展示了圖 14-2 描述的聯結樹。注意，每個聯結操作（就是第 5 列、第 6 列和第 7 列）的第二個子操作（那就是，右輸入）永遠是一張表：

```
-----------------------------------
| Id  | Operation            | Name |
-----------------------------------
|   0 | SELECT STATEMENT     |      |
|   1 |  HASH JOIN           |      |
|   2 |   HASH JOIN          |      |
|   3 |    HASH JOIN         |      |
|   4 |     TABLE ACCESS FULL| T1   |
|   5 |     TABLE ACCESS FULL| T2   |
|   6 |    TABLE ACCESS FULL | T3   |
|   7 |   TABLE ACCESS FULL  | T4   |
-----------------------------------
```

2 右深樹

右深樹（**right-deep tree**），如圖 14-3 所示，是一種每個聯結都有一張表作為它的左輸入的聯結樹。這個聯結樹很少會被查詢最佳化工具選擇。

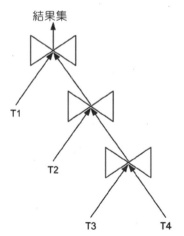

結果集

T1

T2

T3　　T4

▲ 圖 14-3　在右深樹中，左輸入永遠是一張表

下面的執行計畫展示了圖 14-3 描述的聯結樹。注意，每個聯結操作（就是第 2 列、第 4 列和第 6 列）的第一個子操作（那就是，左輸入）永遠是一張表：

```
-------------------------------------
| Id  | Operation            | Name  |
-------------------------------------
|  0  | SELECT STATEMENT     |       |
|  1  |  HASH JOIN           |       |
|  2  |   TABLE ACCESS FULL  | T1    |
|  3  |   HASH JOIN          |       |
|  4  |    TABLE ACCESS FULL | T2    |
|  5  |    HASH JOIN         |       |
|  6  |     TABLE ACCESS FULL| T3    |
|  7  |     TABLE ACCESS FULL| T4    |
-------------------------------------
```

3 曲折樹

　　曲折樹（**zig-zag tree**），如圖 14-4 所示，這種聯結樹的每個聯結都至少有一張表作為輸入，但是這些根據表的輸入有時候位於左側有時候位於右側。這種類型的聯結樹通常不會被查詢最佳化工具所使用。

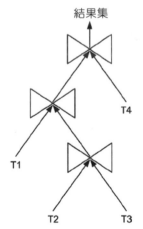

結果集

T4

T1

T2　　　　T3

↑ 圖 14-4　在曲折樹中，兩個輸入中至少有一個是一張表

　　下面的執行計畫展示了圖 14-4 描述的聯結樹：

```
-------------------------------------
| Id  | Operation            | Name  |
-------------------------------------
```

```
|  0 | SELECT STATEMENT    |     |
|  1 |  HASH JOIN          |     |
|  2 |   HASH JOIN         |     |
|  3 |    TABLE ACCESS FULL | T1  |
|  4 |    HASH JOIN        |     |
|  5 |     TABLE ACCESS FULL| T2  |
|  6 |     TABLE ACCESS FULL| T3  |
|  7 |   TABLE ACCESS FULL  | T4  |
--------------------------------------
```

4 濃密樹

　　濃密樹（**bushy tree**），如圖 14-5 所示，是一個可能擁有兩個輸入都不是表的聯結的聯結樹。換句話説，這種樹的結構是完全自由的。查詢最佳化工具只會在沒有其他選項可用時，才會選擇這種類型的聯結樹。通常在不可合併的視圖或子查詢出現的時候會發生這種情況。

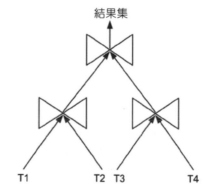

結果集

T1　　　　T2 T3　　　T4

↑ 圖 14-5　濃密樹的結構是完全自由的

　　下面的執行計畫展示了圖 14-5 描述的聯結樹。注意，聯結操作 1 的子操作是另外兩個聯結操作的結果集：

```
-----------------------------------
| Id | Operation      | Name |
-----------------------------------
|  0 | SELECT STATEMENT |     |
|  1 |  HASH JOIN       |     |
```

```
|  2 |    VIEW             |     |
|  3 |     HASH JOIN       |     |
|  4 |      TABLE ACCESS FULL| T1 |
|  5 |      TABLE ACCESS FULL| T2 |
|  6 |    VIEW             |     |
|  7 |     HASH JOIN       |     |
|  8 |      TABLE ACCESS FULL| T3 |
|  9 |      TABLE ACCESS FULL| T4 |
----------------------------------
```

14.1.2 聯結的類型

有兩種類型用於指定聯結的語法。經典語法，是在很早的 SQL 標準（SQL-86）中指定的，使用 FROM 子句和 WHERE 子句兩者一起來指定聯結。較新的語法，第一次是在 SQL-92 中可用，僅使用 FROM 子句來指定一個聯結。新的語法有時稱作 **ANSI 聯結語法**。不管怎樣，從 SQL 標準的視角來看兩種語法類型都是有效的。在 Oracle 資料庫中，因為歷史原因，使用最頻繁的語法是經典的那種。事實上，不僅很多的開發人員和 DBA 習慣這種語法，而且很多應用程式也是使用它開發的。雖然如此，新的語法提供經典語法不支援的選項。接下來的小節會根據兩種語法提供案例。這裡使用的所有查詢都作為例子在 join_types.sql 腳本中提供。

> 📖**注意**　這一節中描述的聯結類型並非互相排斥的。一個指定的聯結可能會屬於不止一種類別。例如，認為一個內聯結也是一個自聯結是完全可信的。

1　交叉聯結

交叉聯結（cross join），也稱作**笛卡兒積（Cartesian product）**，是將一張表的每一列與另外一張表的每一列組合的操作。這種類型的操作會在下面的查詢中列舉的兩種情況下出現。第一個使用經典聯結法（沒有指定聯結條件）：

```
SELECT emp.ename, dept.dname FROM emp, dept
```

第二個使用新的聯結語法（使用了 CROSS JOIN）：

```
SELECT emp.ename, dept.dname FROM emp CROSS JOIN dept
```

在現實中，交叉聯結幾乎是不需要的。雖然如此，後者的語法能充分證明開發者的意圖。事實上，確認指定是有好處的。使用前者，則不清楚是否是寫下該 SQL 敘述的那個人忘記了 WHERE 子句。

2 θ 聯結

θ 聯結（theta join）等同於在一個交叉聯結的結果集上執行一個選擇。換句話說，取代回傳一張表的每一列與另一張表的每一列的組合，只有滿足聯結條件的記錄會被回傳。下面的兩個查詢是這種類型聯結的例子：

```
SELECT emp.ename, salgrade.grade
FROM emp, salgrade
WHERE emp.sal BETWEEN salgrade.losal AND salgrade.hisal

SELECT emp.ename, salgrade.grade
FROM emp JOIN salgrade ON emp.sal BETWEEN salgrade.losal AND salgrade.hisal
```

θ 聯結也被稱作**內聯結**（**inner join**）。在上面的查詢中使用的是新的聯結語法，關鍵字 INNER 被省略了，但其實可以對其進行顯式編碼，如下例所示：

```
SELECT emp.ename, salgrade.grade
FROM emp INNER JOIN salgrade ON emp.sal BETWEEN salgrade.losal AND
salgrade.hisal
```

3 等值聯結

等值聯結（**equi-join**）是一種只在聯結條件中使用等值運算子的特殊類型的內聯結。下面的兩個查詢是例子：

```
SELECT emp.ename, dept.dname
FROM emp, dept
WHERE emp.deptno = dept.deptno

SELECT emp.ename, dept.dname
FROM emp JOIN dept ON emp.deptno = dept.deptno
```

4 自聯結

自聯結（**self-join**）一種一張表聯結自己的特殊類型的內聯結。下面的兩個查詢是這種聯結的例子。注意，emp 表在 FROM 子句中被參照了兩次：

```
SELECT emp.ename, mgr.ename
FROM emp, emp mgr
WHERE emp.mgr = mgr.empno


SELECT emp.ename, mgr.ename
FROM emp JOIN emp mgr ON emp.mgr = mgr.empno
```

5 外聯結

外聯結（**outer join**）擴充內聯結的結果集。事實上，透過一個外聯結，即使在另外一張表中沒有找到相符的值也會回傳一張表（保留表）的所有記錄。NULL 值會與那張不包含任何相符資料的表回傳的行進行關聯。舉個例子，在上一部分（自聯結）中的查詢不會回傳 emp 表的所有資料，因為雇員 KING，也就是主席，沒有管理者。要使用經典語法指定外聯結，必須使用一個 Oracle 的擴充（根據運算子 (+)）。下面的查詢是一個例子：

```
SELECT emp.ename, mgr.ename
FROM emp, emp mgr
WHERE emp.mgr = mgr.empno(+)
```

要使用新的語法指定外聯結，存在幾種可行性。舉例來說，下面的兩個查詢等同於上一個：

```
SELECT emp.ename, mgr.ename
FROM emp LEFT JOIN emp mgr ON emp.mgr = mgr.empno

SELECT emp.ename, mgr.ename
FROM emp mgr RIGHT JOIN emp ON emp.mgr = mgr.empno
```

下面的查詢展示，對於內聯結，可能會新增 OUTER 關鍵字，以顯式指定這是一個外聯結：

```
SELECT emp.ename, mgr.ename
FROM emp LEFT OUTER JOIN emp mgr ON emp.mgr = mgr.empno
```

此外，使用新的聯結語法，可以借助於**完全外聯結（full outer join）**指定回傳兩張表的全部資料。換句話説，兩張表中在另外一張表中沒有相符記錄的所有資料都要保留。下面的查詢是一個例子：

```
SELECT mgr.ename AS manager, emp.ename AS subordinate
FROM emp FULL OUTER JOIN emp mgr ON emp.mgr = mgr.empno
```

另一種可能性是指定一個**已分區外聯結（partitioned outer join）**。注意：此處分區的意思與第 13 章中討論的物件實體分區沒有任何關係。相反的，它的意思是資料在執行時被分成多個子集。其想法是不在兩張表之間執行外聯結，而是在一張表與另外一張表的子集之間執行。舉例來説，在下面的查詢中，emp 表被根據 job 行分成多個子集。然後每個子集與 dept 表進行外聯結：

```
SELECT dept.dname, count(emp.empno)
FROM dept LEFT JOIN emp PARTITION BY (emp.job) ON emp.deptno = dept.deptno
WHERE emp.job = 'MANAGER'
GROUP BY dept.dname
```

6 半聯結

兩張表之間的**半聯結（semi-join）**會在另外一張表中找到相符的記錄時，回傳目前這張表的資料。與自聯結相反，來自左輸入的資料至多被回傳一次。此外，來自右輸入的資料根本不會被回傳。聯結條件是透過 IN、EXISTS、ANY 或 SOME 編寫的。下面的查詢是一個例子：

```
SELECT deptno, dname, loc
FROM dept
WHERE deptno IN (SELECT deptno FROM emp)

SELECT deptno, dname, loc
FROM dept
WHERE EXISTS (SELECT deptno FROM emp WHERE emp.deptno = dept.deptno)
```

```
SELECT deptno, dname, loc
FROM dept
WHERE deptno = ANY (SELECT deptno FROM emp)


SELECT deptno, dname, loc
FROM dept
WHERE deptno = SOME (SELECT deptno FROM emp)
```

7 反聯結

反聯結（**anti-join**）是一種特殊類型的半聯結，只有在另外一張表中沒有相符記錄的那些資料會被回傳。聯結條件通常是使用 NOT IN 或 NOT EXISTS 編寫的。下面的兩個查詢是例子：

```
SELECT deptno, dname, loc
FROM dept
WHERE deptno NOT IN (SELECT deptno FROM emp)


SELECT deptno, dname, loc
FROM dept
WHERE NOT EXISTS (SELECT deptno FROM emp WHERE emp.deptno = dept.deptno)
```

8 橫向內聯視圖

橫向內聯視圖（**lateral inline view**）是一個內聯視圖（inline view，在另一個查詢的 FROM 子句中指定的查詢），包含著指向 FROM 子句中，先於它出現的其他表的關聯條件。從 12.1 版本開始，橫向內聯視圖是透過 LATERAL 關鍵字來支援的。下面的查詢展示了一個例子：

```
SELECT dname, ename
FROM dept, LATERAL(SELECT * FROM emp WHERE dept.deptno = emp.deptno)
```

注意，如果缺少 LATERAL 關鍵字，會引發以下錯誤：

```
SQL> SELECT dname, empno
  2  FROM dept, (SELECT * FROM emp WHERE dept.deptno = emp.deptno);
FROM dept, (SELECT * FROM emp WHERE dept.deptno = emp.deptno)
```

```
                                *
ERROR at line 2:
ORA-00904: "DEPT"."DEPTNO" : invalid identifier
```

對於外聯結和交叉聯結，透過 OUTER APPLY 和 CROSS APPLY 關鍵字提供了類似的功能。

14.1.3 限制條件與聯結條件

為選擇一個聯結方法，理解**限制條件**（也稱為**篩檢條件**）與聯結條件之間的區別非常重要。從語法的角度看，僅當使用經典聯結語法時，這兩者才會造成困惑。事實上，使用經典聯結語法，WHERE 子句同時被用來指定限制條件和聯結條件。使用新的聯結語法，限制條件在 WHERE 子句中指定，而聯結條件則在 FROM 子句中指定。下面的偽 SQL 敘述展示了此語法：

```
SELECT <columns>
FROM <table1> [OUTER] JOIN <table2> ON ( <join conditions> )
WHERE <restrictions>
```

從概念的角度看，一條包含聯結條件和限制條件的 SQL 敘述以下面的方式執行。

- 這兩組資料根據聯結條件聯結。
- 限制條件被應用於聯結回傳的結果集。

換句話說，在聯結兩組資料的時候，一個聯結條件被指定以避免交叉聯結。它並不打算篩檢掉結果集。反而，會指定一個限制條件，以篩檢由上一個操作（例如，一個聯結）回傳的結果集。舉例來說，下面的查詢，聯結條件是 emp.deptno = dept.deptno，而限制條件是 dept.loc = 'DALLAS'：

```
SELECT emp.ename
FROM emp, dept
WHERE emp.deptno = dept.deptno
AND dept.loc = 'DALLAS'
```

從實現的角度看，查詢最佳化工具同時利用限制條件和聯結條件，沒什麼不尋常的。一方面，聯結條件可能被用於篩檢掉資料。另一方面，限制條件可能會在聯結條件之前，被評估以最小化需要聯結的資料總量。舉例來說，上面的查詢可能會使用以下的執行計畫執行。注意 dept.loc = 'DALLAS' 這個限制條件（操作 2）是如何早於 emp.deptno = dept.deptno 這個聯結條件（操作 1）被應用的：

```
---------------------------------
| Id  | Operation         | Name |
---------------------------------
|  0  | SELECT STATEMENT  |      |
|* 1  | HASH JOIN         |      |
|* 2  |   TABLE ACCESS FULL| DEPT |
|  3  |   TABLE ACCESS FULL| EMP  |
---------------------------------

  1 - access("EMP"."DEPTNO"="DEPT"."DEPTNO")
  2 - filter("DEPT"."LOC"='DALLAS')
```

14.2 巢狀迴圈聯結

接下來的小節會介紹**巢狀迴圈聯結**（**nested loop join**）是如何工作的。我會描述它們的普遍行為，然後會提供幾個兩表聯結和四表聯結的例子。最後，我會介紹一些優化技巧。所有的例子都來自 nested_loops_join.sql 這個腳本。

14.2.1 概念

由巢狀迴圈聯結處理的兩組資料稱作**外迴圈**（也稱作**驅動行源**）和**內迴圈**。外迴圈是左輸入，而內迴圈則是右輸入。如圖 14-6 所列舉的那樣，外迴圈執行一次，內迴圈則為由外迴圈回傳的每一列資料都執行一次。

巢狀迴圈聯結擁有的具體特徵如下所示。

- 左輸入（外迴圈）只執行一次。右輸入（內迴圈）可能會執行很多次。
- 它們能夠在處理完所有資料之前就回傳結果集的第一列。

- 它們既可以利用索引應用於限制條件上，也可以應用於聯結條件上。
- 它們支援所有類型的聯結。

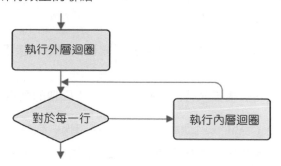

↟ 圖 14-6　概覽由巢狀迴圈聯結執行的處理

14.2.2　兩表聯結

　　下面是一個處理兩表之間的巢狀迴圈聯結的範例執行計畫。該範例還展示如何透過使用 leading 和 use_nl hint 強制執行一個巢狀迴圈聯結。前者表明表被存取的順序。換句話說，它指定哪張表是在外迴圈（t1）中存取以及哪張表是在內迴圈（t2）中存取。後者指定哪種聯結方法用於聯結內迴圈回傳的資料和 t1 表。一定要注意，use_nl hint 不包含對表 t1 的參照：

```
SELECT /*+ leading(t1 t2) use_nl(t2) full(t1) full(t2) */ *
FROM t1, t2
WHERE t1.id = t2.t1_id
AND t1.n = 19


------------------------------------
| Id  | Operation            | Name |
------------------------------------
|  0  | SELECT STATEMENT     |      |
|  1  |   NESTED LOOPS       |      |
|* 2  |    TABLE ACCESS FULL | T1   |
|* 3  |    TABLE ACCESS FULL | T2   |
------------------------------------

   2 - filter( "T1" . " N" =19)
   3 - filter( "T1" . " ID" =" T2" ." T1_ID" )
```

如第 10 章中所述，NESTED LOOPS 操作屬於關聯組合類型。這意味著第一個子操作（外迴圈）控制著第二個子操作（內迴圈）的執行。在此案例中，執行計畫的處理過程可以總結成以下這樣。

- 表 t1 中的所有資料都透過一次全資料表掃描讀取，接下來應用了 n = 19 限制條件。
- 表 t2 的全資料表掃描執行的次數與上一步中回傳的列數相同。

顯然，當操作 2（TABLE ACCESS FULL）回傳超過一列時，上面的執行計畫不是高效的，因此，幾乎永遠不會被查詢最佳化工具選擇。根據這個原因，為了產生這個特殊的例子，有必要指定兩個存取 hint（full）來強制查詢最佳化工具使用此執行計畫。另一方面，如果外迴圈回傳一個單獨的列，且內迴圈的選擇率很弱，表 t2 的全資料表掃描可能就是合理的。為了證實，我們為表 t1 的行 n 建立了下面的唯一索引：

```
CREATE UNIQUE INDEX t1_n ON t1 (n)
```

有了這個索引，就可以使用下面的執行計畫來執行前面的查詢。注意，這一次只有一個控制 t2 表的存取路徑的 hint 被指定。其他的 hint 沒有必要，因為查詢最佳化工具清楚在這樣的環境下，巢狀迴圈聯結是執行此查詢最高效的方式。事實上，因為操作 3（INDEX UNIQUE SCAN）的緣故，可以確保內迴圈僅執行一次：

```
SELECT /*+ full(t2) */ *
FROM t1, t2
WHERE t1.id = t2.t1_id
AND t1.n = 19


---------------------------------------------
| Id  | Operation                   | Name  |
---------------------------------------------
|   0 | SELECT STATEMENT            |       |
|   1 |  NESTED LOOPS               |       |
|   2 |   TABLE ACCESS BY INDEX ROWID| T1   |
|*  3 |    INDEX UNIQUE SCAN        | T1_N  |
|*  4 |   TABLE ACCESS FULL         | T2    |
```

```
----------------------------------------------

   3 - access ( "T1" ." N" =19)
   4 - filter ( "T1" ." ID" =" T2" ." T1_ID" )
```

　　就像在上一小節中討論過的那樣，如果內迴圈的選擇性很強，為內迴圈使用索引掃描是合理的。因為巢狀迴圈聯結是一個關聯組合操作，對於內迴圈來說甚至可能利用聯結條件來實現索引掃描。舉例來說，在下面的執行計畫中，操作 5 使用操作 3 回傳的行 t1.id 的值進行了檢索：

```
SELECT /*+ ordered use_nl(t2) index(t1) index(t2) */ *
FROM t1, t2
WHERE t1.id = t2.t1_id
AND t1.n = 19


----------------------------------------------------
| Id  | Operation                   | Name    |
----------------------------------------------------
|   0 | SELECT STATEMENT            |         |
|   1 |   NESTED LOOPS              |         |
|   2 |     TABLE ACCESS BY INDEX ROWID| T1   |
|*  3 |       INDEX UNIQUE SCAN     | T1_N    |
|   4 |     TABLE ACCESS BY INDEX ROWID| T2   |
|*  5 |       INDEX RANGE SCAN      | T2_T1_ID |
----------------------------------------------------


   3 - access ( "T1" ." N" =19)
   5 - access ( "T1" ." ID" =" T2" ." T1_ID" )
```

　　總之，如果內迴圈被執行了幾（或很多）次，只有假設具有強選擇性以及只會導致很少的邏輯讀的存取路徑是合理的。

14.2.3 四表聯結

　　下面的執行計畫是一個典型的左深樹的例子，使用巢狀迴圈聯結實現（圖示請參考圖 14-2）。注意每張表都是如何透過索引存取的。這個例子還展示了如何透過 ordered 和 use_nl hint 來強制執行巢狀迴圈聯結。前者指定按照表在 FROM 子句中出現的相同順序來存取它們。後者指定哪種聯結方法用於聯結，由 hint 參照的表和第一張表或上一個聯結操作的結果集：

```
SELECT /*+ ordered use_nl(t2 t3 t4) */ t1.*, t2.*, t3.*, t4.*
FROM t1, t2, t3, t4
WHERE t1.id = t2.t1_id
AND t2.id = t3.t2_id
AND t3.id = t4.t3_id
AND t1.n = 19


-----------------------------------------------------
| Id  | Operation                         | Name      |
-----------------------------------------------------
|   0 | SELECT STATEMENT                  |           |
|   1 |  NESTED LOOPS                     |           |
|   2 |   NESTED LOOPS                    |           |
|   3 |    NESTED LOOPS                   |           |
|   4 |     TABLE ACCESS BY INDEX ROWID| T1        |
|*  5 |      INDEX RANGE SCAN             | T1_N      |
|   6 |     TABLE ACCESS BY INDEX ROWID| T2        |
|*  7 |      INDEX RANGE SCAN             | T2_T1_ID  |
|   8 |    TABLE ACCESS BY INDEX ROWID | T3        |
|*  9 |     INDEX RANGE SCAN              | T3_T2_ID  |
|  10 |   TABLE ACCESS BY INDEX ROWID  | T4        |
|* 11 |    INDEX RANGE SCAN               | T4_T3_ID  |
-----------------------------------------------------

  5 - access("T1"."N"=19)
  7 - access("T1"."ID"="T2"."T1_ID")
  9 - access("T2"."ID"="T3"."T2_ID")
 11 - access("T3"."ID"="T4"."T3_ID")
```

這種類型的執行計畫的處理過程可以總結成如下幾點（該描述假設沒有使用列預取）。

(1) 當擷取第一列（換句話説，不是在查詢被解析或執行的時候）時，處理過程以從表 t1 中獲取滿足 t1.n = 19 限制條件的第一行為開始。

(2) 根據在表 t1 中找到的資料，檢索表 t2。注意，資料庫引擎利用 t1.id = t2.t1_id 聯結條件存取表 t2。事實上，那張表上沒有應用任何限制條件。只有第一條滿足聯結條件的記錄被回傳給父操作。

(3) 根據在表 t2 中找到的資料，檢索 t3 表。在這個情況中也一樣，資料庫引擎利用聯結條件 t2.id = t3.t2_id 來存取表 t3。只有第一條滿足聯結條件的記錄被回傳給父操作。

(4) 根據在表 t3 中找到的資料，檢索 t4 表。這裡也是一樣，資料庫引擎利用聯結條件 t3.id = t4.t3_id 來存取表 t4。第一條滿足聯結條件的記錄被立即回傳給用戶端。

(5) 當擷取隨後的記錄後，會執行與第一次擷取時一樣的動作。顯然，處理過程從緊鄰上一次相符的位置重新開始（可以是相符表 t4 的第二條記錄，如果存在的話）。這裡有必要強調一下，一旦找到第一條滿足要求的記錄，就會儘快回傳該記錄。沒有必要在回傳第一條資料前完全執行聯結。

14.2.4 緩衝區快取預取

基本上，每條存取路徑，除了全掃描，都會導致快取未命中事件中的單區塊實體讀。對於巢狀迴圈聯結，尤其是需要處理大量資料的時候，這些單區塊實體讀的效率可能非常低下。事實上，對於巢狀迴圈聯結來説，伴隨很多的單區塊實體讀來存取資料區塊也沒有什麼不尋常的。

為了改進巢狀迴圈聯結的效率，資料庫引擎能夠利用以多區塊實體讀代替單區塊實體讀的優化技術。有三種特性使用這樣的方法：**表預取（table prefetching）**、**批次處理（batching）**以及**緩衝區快取預熱（buffer cache prewarm）**。前兩個與本節呈現的執行計畫有關；最後一個只會在實例重啟後因為巢狀迴圈聯結而短暫出現。注意這些優化技術在存取表和索引的時候都會執行。

14.2.2 節展示了一個具有以下形狀的執行計畫，該執行計畫根據巢狀迴圈聯結：

```
-----------------------------------------------------
| Id  | Operation                    | Name    |
-----------------------------------------------------
|  0  | SELECT STATEMENT             |         |
|  1  |  NESTED LOOPS                |         |
|  2  |   TABLE ACCESS BY INDEX ROWID| T1      |
|* 3  |    INDEX UNIQUE SCAN         | T1_N    |
|  4  |   TABLE ACCESS BY INDEX ROWID| T2      |
|* 5  |    INDEX RANGE SCAN          | T2_T1_ID |
-----------------------------------------------------

   3 - access( "T1" ." N" =19)
   5 - access( "T1" ." ID" =" T2" ." T1_ID" )
```

在實踐中，對於本書涵蓋的 Oracle 資料庫版本來說，這種類型的執行計畫只用於根據索引的唯一掃描（此處 t1_n 索引是唯一的）的外迴圈或內迴圈。我們來看一下如果行 n 上的 t1_n 索引按以下方式（非唯一）定義會發生什麼：

```
CREATE INDEX t1_n ON t1 (n)
```

有了這個索引，就會使用以下執行計畫。注意表 t2 上的 rowid 存取的不同位置。在上一個計畫中，它是操作 4，而在接下來的這個計畫中，它是操作 1。非常獨特的是，rowid 存取（操作 1）的子操作是巢狀迴圈聯結（操作 2）。即使從功能的角度來看這兩個執行計畫是等效的，但資料庫引擎使用具有以下形狀的執行計畫以利用表預取：

```
-----------------------------------------------------
| Id  | Operation                    | Name    |
-----------------------------------------------------
|  0  | SELECT STATEMENT             |         |
|  1  |  TABLE ACCESS BY INDEX ROWID | T2      |
|  2  |   NESTED LOOPS               |         |
|  3  |    TABLE ACCESS BY INDEX ROWID| T1     |
|* 4  |     INDEX RANGE SCAN         | T1_N    |
|* 5  |     INDEX RANGE SCAN         | T2_T1_ID |
-----------------------------------------------------
```

```
     4 - access ("T1"."N" =19)
     5 - access ("T1"."ID" =" T2"."T1_ID")
```

從 11.1 版本開始，可以透過 nlj_prefetch 和 no_nlj_prefetch hint 來控制上面執行計畫的使用。

從 11.1 版本開始，為進一步優化巢狀迴圈聯結，表預取被批次處理所取代。結果，應該可以觀察到下面的執行計畫而非上面的那個：

```
---------------------------------------------------
| Id  | Operation                   | Name      |
---------------------------------------------------
|  0  | SELECT STATEMENT            |           |
|  1  |  NESTED LOOPS               |           |
|  2  |   NESTED LOOPS              |           |
|  3  |    TABLE ACCESS BY INDEX ROWID| T1      |
|* 4  |     INDEX RANGE SCAN        | T1_N      |
|* 5  |     INDEX RANGE SCAN        | T2_T1_ID  |
|  6  |    TABLE ACCESS BY INDEX ROWID| T2      |
---------------------------------------------------

     4 - access ("T1"."N" =19)
     5 - access ("T1"."ID" =" T2"."T1_ID")
```

注意，儘管查詢總是相同的（就是說，兩表聯結），但是該執行計畫卻包含兩個巢狀迴圈聯結！要控制批次處理，可以使用 nlj_batching 和 no_nlj_batching hint。

查看執行計畫並不能告訴你資料庫引擎是否使用了表預取或批次處理。事實是，儘管是查詢最佳化工具產生一個可以利用表預取或批次處理的執行計畫，但卻是執行引擎決定使用這個計畫是否合理。瞭解一項優化技術是否被使用的唯一方式是，查看服務進程執行的實體讀，尤其是與其有關的等待事件。

- db file sequential read 事件與單區塊實體讀有關。因此，如果此事件出現，那麼要麼是沒有使用優化技術，要麼是不需要優化技術（例如，因為所需的資料區塊已經在緩衝區快取中）。

- db file scattered read 和 db file parallel read 事件與多區塊實體讀
  有關。這兩個事件之間的不同在於，前者是用於相鄰資料區塊的實體讀，
  而後者是用於非相鄰區塊的實體讀。因此，如果它們其中的一個出現在
  rowid 存取或索引範圍掃描中，說明沒有使用任何優化技術。

14.3 合併聯結

接下來的小節描述**合併聯結**（**merge join**，也稱作**排序合併聯結**，**sort-merge join**）是如何工作的。我會描述它們的共性行為，並提供一些兩表聯結和四表聯結的例子作為開頭。最後，我會描述在處理期間使用的工作區。所有的例子都來自 merge_join.sql 腳本。

14.3.1 概念

取決於 SQL 敘述和實體資料庫設計，在執行合併聯結時，資料庫引擎可以在多種方式之間進行選擇。在一般情況下，兩組資料都會根據聯結條件的行進行讀取和排序。一旦這些操作執行完畢，包含在兩個工作區中的資料就會被合併，如圖 14-7 所示。

合併聯結擁有的具體特徵如下所示。

- 左輸入僅被執行一次。
- 右輸入至多被執行一次。如果左輸入不回傳任何資料，右輸入則根本不會被執行。
- 除了執行了笛卡兒積的情況，兩個輸入回傳的資料必須被根據聯結條件的行進行排序。
- 當資料進行排序後，在回傳結果集的第一列資料之前，必須完整讀取並排序兩個輸入。
- 支援所有類型的聯結。

合併聯結的使用並不是很頻繁。原因是，在大多數的情況下，無論是巢狀迴圈聯結還是雜湊聯結，都執行得比合併聯結要更好。

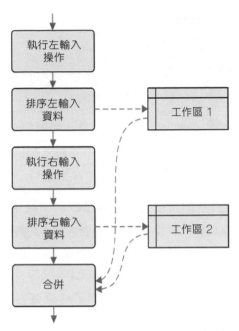

↑ 圖 14-7 合併聯結執行的處理過程概覽

14.3.2 兩表聯結

下面是一個簡單的處理兩表之間合併聯結的執行計畫。該例子還展示了如何透過使用 ordered 和 use_merge 這兩個 hint 來強制執行合併聯結：

```
SELECT /*+ ordered use_merge(t2) */ *
FROM t1, t2
WHERE t1.id = t2.t1_id
AND t1.n = 19

-------------------------------------
| Id | Operation          | Name |
-------------------------------------
|  0 | SELECT STATEMENT   |      |
|  1 | MERGE JOIN         |      |
|  2 |  SORT JOIN         |      |
|* 3 |   TABLE ACCESS FULL| T1   |
|* 4 |  SORT JOIN         |      |
|  5 |   TABLE ACCESS FULL| T2   |
```

```
--------------------------------------

 3 - filter( "T1" ." N" =19)
 4 - access( "T1" ." ID" =" T2" ." T1_ID" )
     filter( "T1" ." ID" =" T2" ." T1_ID" )
```

如第 10 章中所描述的，MERGE JOIN 操作是非關聯組合的類型。這意味著兩個子操作至多被處理一次並且互相獨立。假設兩個輸入都回傳資料，上面的執行計畫的處理過程可以總結為以下幾點。

- 表 t1 中的所有資料都是透過全掃描讀取的，應用了 n = 19 這個限制條件，而且結果資料根據用作聯結條件的行（id）進行了排序。
- 表 t2 中的所有資料都是透過全掃描讀取的，並根據用作聯結條件的行（t1_id）進行了排序。
- 這兩組資料被聯結到一起，然後回傳了結果資料。注意聯結本身簡單明瞭，因為這兩組資料是根據相同的值排序的（用在聯結條件中的行）。

有趣的是，我們留意到在上面的執行計畫中，聯結條件是透過右輸入的 SORT JOIN 操作應用的，而不是透過也許你會預期的 MERGE JOIN 操作應用的。這是因為對於每一列由左輸入回傳的資料，MERGE JOIN 操作都會存取與右輸入有關的記憶體結構，來檢查是否有滿足聯結條件的記錄存在。

> **注意**　SORT JOIN 操作與 SORT ORDER BY 操作之間的關鍵區別是，前者總是執行二進位排序，而後者，取決於 NLS 設定，既可以執行二進位排序也可以執行語言上的排序。

MERGE JOIN 操作（對於其他無關聯組合操作也類似）最主要的限制是，它沒有能力透過在聯結條件上應用索引來獲益。換句話說，僅可以在對輸入排序之前將索參照作一條存取路徑來驗證限制條件（如果已指定）。因此，為了選擇存取路徑，你不得不為兩張表應用在第 13 章中討論的方法。舉個例子，如果 n=19 這個限制條件提供強選擇性，在此行上建立索引並應用，效果會很明顯：

```
CREATE INDEX t1_n ON t1 (n)
```

有了這個索引後，可能會使用以下執行計畫。你應該注意到，不再透過全資料表掃描存取表 t1 了：

```
-----------------------------------------------
| Id | Operation                    | Name  |
-----------------------------------------------
|  0 | SELECT STATEMENT             |       |
|  1 |  MERGE JOIN                  |       |
|  2 |   SORT JOIN                  |       |
|  3 |    TABLE ACCESS BY INDEX ROWID| T1   |
|* 4 |     INDEX RANGE SCAN         | T1_N |
|* 5 |   SORT JOIN                  |       |
|  6 |    TABLE ACCESS FULL         | T2   |
-----------------------------------------------

  4 - access( "T1" . "N" =19)
  5 - access( "T1" . "ID" =" T2" ." T1_ID" )
      filter( "T1" . "ID" =" T2" ." T1_ID" )
```

要執行合併聯結，可能會有不可忽視的資源總量消耗在排序上。為改進效能，只要能夠節省資源，查詢最佳化工具無論何時都會避免執行排序操作。但只有當資料已根據用作聯結條件的行進行了排序時這才可行。這種行為會在兩種情況下出現。第一種是索引範圍掃描利用在作為聯結條件使用的行上建立的索引時。第二種是在合併排序的上一步（例如，另一個排序合併）中，已經將資料以正確的順序進行了排序時。舉例來説，在下面的執行計畫中，注意表 t1 是如何透過 t1_pk 索引（也就是在用作聯結條件的 id 行上建立的索引）進行存取的。因此，對於左輸入，就避免了排序操作（SORT JOIN）：

```
-----------------------------------------------
| Id | Operation                    | Name  |
-----------------------------------------------
|  0 | SELECT STATEMENT             |       |
|  1 |  MERGE JOIN                  |       |
|* 2 |   TABLE ACCESS BY INDEX ROWID| T1   |
|  3 |    INDEX FULL SCAN           | T1_PK |
|* 4 |   SORT JOIN                  |       |
```

```
|   5 |        TABLE ACCESS FULL          | T2     |
-------------------------------------------------

  2 - filter( "T1" ." N" =19)
  4 - access( "T1" ." ID" =" T2" ." T1_ID" )
      filter( "T1" ." ID" =" T2" ." T1_ID" )
```

一個關於類似上面這樣的執行計畫的重要警告是，因為對於左輸入來講，沒有發生任何排序，所以沒有工作區與其進行關聯。結果就是，當右輸入執行時，沒有空間儲存來自左輸入的結果資料。上面的執行計畫可以總結為以下幾步。

(1) 第一批資料透過 t1_pk 索引從 t1 表中擷取出來。一定要理解第一批資料僅在結果集很小的時候才會包含所有的資料。記住，此時沒有工作區來臨時儲存很多資料。

(2) 假設上一步中回傳了一些資料，t2 表中的所有資料都透過全資料表掃描讀取出來，根據作為聯結條件使用的行進行排序，並且在工作區中排序時，可能會將臨時資料溢出到磁片上。

(3) 將兩組資料聯結到一起，然後回傳結果資料。當第一批擷取自左輸入的資料已被完全處理時，繼續從 t1 表擷取更多的資料，如果有必要，則與右輸入已經呈現在工作區中的資料進行聯結。

如上面的執行計畫中所示，有可能避免與左輸入相關的排序。但是，相同的情況卻不適用於右輸入。為解釋原因，下面的例子展示在執行與以前一樣的查詢時，讓查詢最佳化工具選擇執行計畫，但是這一次透過 leading 這個 **hint** 指定，使得表 t2 必須在左輸入中進行存取。注意，儘管右輸入的存取路徑按正確的順序回傳資料，但是資料還是必須經歷一次 SORT JOIN 操作 (4)：

```
SELECT /*+ leading(t2 t1) use_merge(t1) index(t1 t1_pk) */ *
FROM t1, t2
WHERE t1.id = t2.t1_id
AND t1.n = 19
-------------------------------------------------
| Id  | Operation                    | Name   |
-------------------------------------------------
```

```
|   0 | SELECT STATEMENT           |       |
|   1 |  MERGE JOIN                |       |
|   2 |   SORT JOIN               |       |
|   3 |    TABLE ACCESS FULL       | T2    |
|*  4 |   SORT JOIN               |       |
|*  5 |    TABLE ACCESS BY INDEX ROWID| T1 |
|   6 |     INDEX FULL SCAN        | T1_PK |
-----------------------------------------------

  4 - access( "T1" ." ID" =" T2" ." T1_ID" )
      filter( "T1" ." ID" =" T2" ." T1_ID" )
  5 - filter( "T1" ." N" =19)
```

　　需要該 SORT JOIN 操作的原因是 MERGE JOIN 操作需要存取與右輸入關聯的記憶體結構，以便檢查是否有滿足聯結條件的資料存在。而這個存取必須在這樣一個記憶體結構中執行，它不僅包含按指定順序儲存的資料，而且還要允許根據聯結條件執行高效的檢索。

　　根據合併聯結的笛卡兒積是按照不同方式執行的。對比本節描述的所有其他案例，應用於它們的主要優化是資料不需要進行排序。原因很簡單：沒有聯結條件存在，因此不可能根據不存在的聯結條件中，參照的行對資料進行排序。因此，與用於獲取資料的存取路徑無關，不需要 SORT JOIN 操作。對於右輸入，不管怎樣還是有必要在一個記憶體結構中儲存資料。出於這個目的，會使用 BUFFER SORT 操作（不要看它的名稱，它不會對資料進行排序）。下面的例子展示這樣的一種情況：

```
SELECT /*+ ordered use_merge(t2) */ *
FROM t1, t2

-------------------------------------
| Id | Operation            | Name |
-------------------------------------
|  0 | SELECT STATEMENT     |      |
|  1 |  MERGE JOIN CARTESIAN|      |
|  2 |   TABLE ACCESS FULL  | T1   |
```

```
|   3 |    BUFFER SORT     |      |
|   4 |     TABLE ACCESS FULL | T2   |
-------------------------------------
```

14.3.3 四表聯結

下面的執行計畫是一個典型的透過合併聯結實現左深樹（圖示請參見圖 14-2）的例子。該例子還展示如何依靠 leading 和 use_merge 這兩個 hint 來強制執行合併聯結。注意，leading 這個 hint 支援多張表：

```
SELECT /*+ leading(t1 t2 t3 t4) use_merge(t2 t3 t4) */ t1.*, t2.*, t3.*, t4.*
FROM t1, t2, t3, t4
WHERE t1.id = t2.t1_id
AND t2.id = t3.t2_id
AND t3.id = t4.t3_id
AND t1.n = 19


-----------------------------------------
| Id  | Operation             | Name |
-----------------------------------------
|   0 | SELECT STATEMENT      |      |
|   1 |  MERGE JOIN           |      |
|   2 |   SORT JOIN           |      |
|   3 |    MERGE JOIN         |      |
|   4 |     SORT JOIN         |      |
|   5 |      MERGE JOIN       |      |
|   6 |       SORT JOIN       |      |
|*  7 |        TABLE ACCESS FULL| T1 |
|*  8 |       SORT JOIN       |      |
|   9 |        TABLE ACCESS FULL| T2 |
|* 10 |      SORT JOIN        |      |
|  11 |       TABLE ACCESS FULL | T3 |
|* 12 |     SORT JOIN         |      |
|  13 |      TABLE ACCESS FULL | T4 |
-----------------------------------------

   7 - filter( "T1" ." N" =19)
```

```
 8 - access ( "T1" ." ID" =" T2" ." T1_ID" )
     filter ( "T1" ." ID" =" T2" ." T1_ID" )
10 - access ( "T2" ." ID" =" T3" ." T2_ID" )
     filter ( "T2" ." ID" =" T3" ." T2_ID" )
12 - access ( "T3" ." ID" =" T4" ." T3_ID" )
     filter ( "T3" ." ID" =" T4" ." T3_ID" )
```

　　該處理過程與上一小節中討論過的兩表聯結，沒有什麼本質區別。然而，有必要強調的是，被排序多次是因為每個聯結條件都根據不同的行。舉例來說，來自表 t1 和表 t2 之間的聯結的資料結果，是根據表 t1 的 id 行來排序的，操作 4 會根據表 t2 的 id 行再次對其進行排序。同樣的事情也發生在由操作 3 回傳的資料上。事實上，它必須根據表 t3 的 id 行進行排序。總之，為處理這種類型的執行計畫，必須執行六次排序，而且它們必須全部在能夠回傳任何一列資料之前執行。

14.3.4　工作區

　　為了處理合併聯結，最多有兩個記憶體中的工作區用於排序資料。如果一個排序被完全在記憶體中處理，就將其稱為**記憶體中排序**（**in-memory sort**）。如果一個排序需要將臨時資料溢出到磁片上，就將其稱為**磁片上排序**（**on-disk sort**）。從效能的角度看，記憶體中排序顯然比磁片上排序要更快。下面會討論這兩種類型的排序如何工作。我還會討論，如何根據 dbms_xplan 套件的輸出，識別哪一種排序用於處理一條 SQL 敘述了。

　　我在第 9 章討論過工作區設定（設定大小）。正如你可能從那一章回想起來的那樣，有兩種設定大小的方法。具體使用哪一種取決於 workarea_size_policy 初始化參數的取值。這兩種方法如下所示。

- auto：資料庫引擎自動調整工作區的大小。一個實例專有的 PGA 總量由 pga_aggregate_target 初始化參數控制，或者從 11.1 版本開始，由 memory_target 初始化參數控制。

- manual：sort_area_size 初始化參數限制一個單獨的工作區的大小。此外，sort_area_retained_size 初始化參數控制當排序完成時如何釋放 PGA。

1 記憶體中排序

記憶體中排序的處理過程直接了當。將資料載入到工作區後，排序就發生了。有一點值得強調的是，必須將所有資料都載入到工作區中，而不僅僅是作為聯結條件參照的行。因此，為避免浪費大量的記憶體，SELECT 子句中應該只參照真正有必要的行。為證實這一點，我們來看兩個根據上一節中討論的四表聯結的例子。

在下面的例子中，所有表中的所有行都在 SELECT 子句中參照了。在執行計畫中，OMem 和 Used-Mem 行提供關於工作區的資訊。前者是為記憶體中排序估算的記憶體總量。後者是在執行期間由操作使用的真實記憶體總量。括弧中間的值（也就是 0）意味著排序是完全在記憶體中進行的：

```
SELECT t1.*, t2.*, t3.*, t4.*
FROM t1, t2, t3, t4
WHERE t1.id = t2.t1_id
AND t2.id = t3.t2_id
AND t3.id = t4.t3_id
AND t1.n = 19


---------------------------------------------------------------
| Id  | Operation             | Name  | OMem  | Used-Mem  |
---------------------------------------------------------------
|   0 | SELECT STATEMENT      |       |       |           |
|   1 |  MERGE JOIN           |       |       |           |
|   2 |   SORT JOIN           |       | 34816 |30720  (0) |
|   3 |    MERGE JOIN         |       |       |           |
|   4 |     SORT JOIN         |       |  5120 | 4096  (0) |
|   5 |      MERGE JOIN       |       |       |           |
|   6 |       SORT JOIN       |       |  3072 | 2048  (0) |
|*  7 |        TABLE ACCESS FULL| T1  |       |           |
|*  8 |       SORT JOIN       |       | 21504 |18432  (0) |
|   9 |        TABLE ACCESS FULL| T2  |       |           |
|* 10 |      SORT JOIN        |       |  160K |  142K (0) |
|  11 |       TABLE ACCESS FULL | T3  |       |           |
|* 12 |     SORT JOIN         |       | 1045K |  928K (0) |
|  13 |      TABLE ACCESS FULL | T4  |       |           |
---------------------------------------------------------------
```

```
 7 - filter( "T1" ." N" =19)
 8 - access( "T1" ." ID" =" T2" ." T1_ID" )
     filter( "T1" ." ID" =" T2" ." T1_ID" )
10 - access( "T2" ." ID" =" T3" ." T2_ID" )
     filter( "T2" ." ID" =" T3" ." T2_ID" )
12 - access( "T3" ." ID" =" T4" ." T3_ID" )
     filter( "T3" ." ID" =" T4" ." T3_ID" )
```

在下面的例子中，SELECT 子句中參照的行中，只有一個沒有被 WHERE 子句參照（t4.id）。有一點很重要，就是除了操作 6，所有其他操作都使用了更小的工作區，而且這還是在兩個案例中執行計畫都是相同的情況下。還要注意查詢最佳化工具的估算（行 Omem）考慮到了這個不同點：

```
SELECT t1.id, t2.id, t3.id, t4.id
FROM t1, t2, t3, t4
WHERE t1.id = t2.t1_id
AND t2.id = t3.t2_id
AND t3.id = t4.t3_id
AND t1.n = 19
```

```
-----------------------------------------------------------
| Id | Operation            | Name | OMem | Used-Mem   |
-----------------------------------------------------------
|  0 | SELECT STATEMENT     |      |      |            |
|  1 |  MERGE JOIN          |      |      |            |
|  2 |   SORT JOIN          |      | 14336|12288   (0) |
|  3 |    MERGE JOIN        |      |      |            |
|  4 |     SORT JOIN        |      | 3072 | 2048   (0) |
|  5 |      MERGE JOIN      |      |      |            |
|  6 |       SORT JOIN      |      | 3072 | 2048   (0) |
|* 7 |        TABLE ACCESS FULL| T1 |      |           |
|* 8 |       SORT JOIN      |      | 16384|14336   (0) |
|  9 |        TABLE ACCESS FULL| T2 |      |           |
|* 10|      SORT JOIN       |      | 106K|96256    (0) |
| 11 |       TABLE ACCESS FULL | T3 |      |           |
|* 12|     SORT JOIN        |      | 407K| 361K   (0)  |
| 13 |      TABLE ACCESS FULL | T4 |      |            |
```

```
--------------------------------------------------------------

   7 - filter( "T1" ." N" =19)
   8 - access( "T1" ." ID" =" T2" ." T1_ID" )
       filter( "T1" ." ID" =" T2" ." T1_ID" )
  10 - access( "T2" ." ID" =" T3" ." T2_ID" )
       filter( "T2" ." ID" =" T3" ." T2_ID" )
  12 - access( "T3" ." ID" =" T4" ." T3_ID" )
       filter( "T3" ." ID" =" T4" ." T3_ID" )
```

2　磁片上排序

當一個工作區太小而不能包含所有資料時，資料庫引擎會分多步驟處理排序。這些步驟在下面的清單中詳述。顯然，實際的步驟數量不僅依賴於資料總量，而且還依賴於工作區的大小。

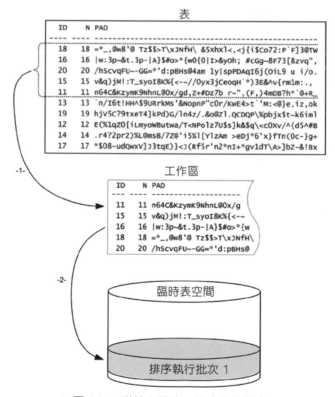

▲ 圖 14-8　磁片上排序，排序執行批次 1

(1) 從表中讀取資料並儲存到工作區中。當對其排序時，一個根據排序標準組織資料的結構被建構出來。在本例中，資料是根據 id 行進行排序的。這是圖 14-8 中的第 1 步。

(2) 填滿工作區後，它的部分內容溢出到使用者的臨時表空間中的一個臨時段中。這種類型的資料批次稱作**排序執行批次**。注意，所有資料不僅儲存在工作區中，而且還儲存在臨時段中。這是圖 14-8 中的第 2 步。

(3) 既然資料已經溢出到臨時段中，在工作區中就有了一些空閒空間。因此就可以繼續在工作區中讀取並排序輸入的資料。這是圖 14-9 中的第 3 步。

(4) 再次填滿工作區後，將另一個排序執行批次儲存到臨時段中。這是圖 14-9 中的第 4 步。

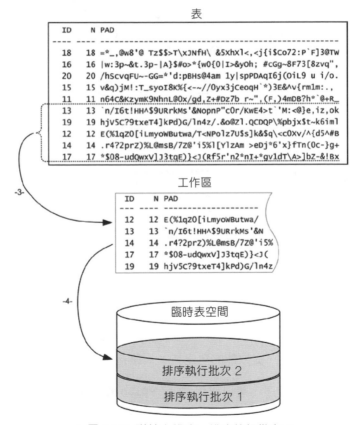

▲ 圖 14-9 磁片上排序，排序執行批次 2

(5) 對所有資料進行排序並儲存到臨時段中後，就該合併它了。合併階段是必要的，因為每個排序執行批次都是獨立於彼此進行排序的。要執行合併，從每個排序執行批次中讀取回一些資料到工作區中，從每個排序執行批次的表頭開始。舉個例子，id 等於 11 的記錄儲存在排序執行批次 1 中，而 id 等於 12 的記錄儲存在排序執行批次 2 中。換句話說，合併利用資料在溢出到臨時段之前已被排序的事實，以便順序讀取每個排序執行批次。這是圖 14-10 中的第 5 步。

(6) 一旦以正確方式排序的某些資料可以存取了，就能將它回傳給父操作。這是圖 14-10 中的第 6 步。

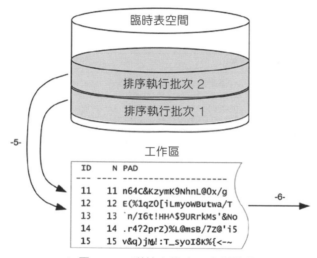

▲ 圖 14-10 磁片上排序，合併階段

在剛剛描述的例子中，將資料寫入到臨時段中一次／從臨時段中讀取資料一次。這種類型的排序被稱作**一路排序（one-pass sort）**。當工作區的大小，遠遠小於需要排序的資料總量時，有必要經歷多次合併階段。在這種情況下，會多次將資料寫入到臨時段中／從臨時段中多次讀取資料。這種類型的排序稱作**多路排序（multipass sort）**。顯然，從效能的角度看，一路排序應該比多路排序更快。

要識別兩種類型的排序，可以使用 dbms_xplan 套件產生的輸出。我們看一下來自已經在上一小節中使用的四表聯結的輸出。在這份輸出中，顯示了兩個額外的行：1Mem 和 Used-Tmp。前者估算一路排序所需的記憶體總量。後者是在執行期間由操作使用的臨時段的實際大小。如果沒有值可用，那就意味著執行的是記憶體中排序。還有，注意對於使用臨時空間的操作，括弧之間的值不再是 0。會將它們的值設定為執行排序的次數。換句話說，操作 10 是一路排序，而操作 12 是多路（9 路）排序：

```
SELECT t1.*, t2.*, t3.*, t4.*
FROM t1, t2, t3, t4
WHERE t1.id = t2.t1_id
AND t2.id = t3.t2_id
AND t3.id = t4.t3_id
AND t1.n = 19
```

```
--------------------------------------------------------------------------------
| Id | Operation             | Name | OMem  | 1Mem  | Used-Mem   | Used-Tmp|
--------------------------------------------------------------------------------
|  0 | SELECT STATEMENT      |      |       |       |            |         |
|  1 |  MERGE JOIN           |      |       |       |            |         |
|  2 |   SORT JOIN           |      | 34816 | 34816 |30720   (0) |   1024  |
|  3 |    MERGE JOIN         |      |       |       |            |         |
|  4 |     SORT JOIN         |      |  5120 |  5120 | 4096   (0) |         |
|  5 |      MERGE JOIN       |      |       |       |            |         |
|  6 |       SORT JOIN       |      |  3072 |  3072 | 2048   (0) |         |
|* 7 |        TABLE ACCESS FULL| T1 |       |       |            |         |
|* 8 |       SORT JOIN       |      |  9216 |  9216 |18432   (0) |   1024  |
|  9 |        TABLE ACCESS FULL| T2 |       |       |            |         |
|* 10|     SORT JOIN         |      |   99K |   99K |32768   (1) |   1024  |
| 11 |      TABLE ACCESS FULL | T3  |       |       |            |         |
|* 12|   SORT JOIN           |      |  954K |  532K |41984   (9) |   2048  |
| 13 |    TABLE ACCESS FULL  | T4  |       |       |            |         |
--------------------------------------------------------------------------------

   7 - filter( "T1" ." N" =19)
   8 - access( "T1" ." ID" =" T2" ." T1_ID" )
       filter( "T1" ." ID" =" T2" ." T1_ID" )
  10 - access( "T2" ." ID" =" T3" ." T2_ID" )
       filter( "T2" ." ID" =" T3" ." T2_ID" )
  12 - access( "T3" ." ID" =" T4" ." T3_ID" )
       filter( "T3" ." ID" =" T4" ." T3_ID" )
```

📢 **警告** 通常 dbms_xplan 的輸出以位元組為單位，顯示關於記憶體大小的值。遺憾的是，就像在第 10 章中指出的那樣，位於 Used-Tmp 行中的值必須乘以 1,024 以轉換為位元組。舉例來說，在上面的輸出中，操作 10 和操作 12 分別使用了 1 MB 和 2 MB 的臨時空間。

14.4 雜湊聯結

本節介紹雜湊聯結如何工作。首先會描述雜湊聯結的常規行為，並提供一些兩表聯結和四表聯結的例子，接下來會對處理期間使用的工作區進行描述。最後，會介紹一種特殊的優化技術，索引聯結。所有例子都根據 hash_join.sql 腳本。

14.4.1 概念

由雜湊聯結處理的兩組資料稱作**建構輸入**（**build input**）和**探測輸入**（**probe input**）。建構輸入是左輸入，探測輸入是右輸入。如圖 14-11 所示，使用建構輸入的每一列，在記憶體中（如果沒有足夠的記憶體可用，也會使用臨時表空間）建構出雜湊表。注意用於此用途的雜湊鍵是根據用作聯結條件的行計算得來。一旦雜湊表 (hash table) 包含來自建構輸入的所有資料，就開始探測輸入的處理過程。每一列都會針對雜湊表進行探測以找出它是否滿足聯結條件。顯然，只有相符的記錄會被回傳。

雜湊聯結擁有的具體特徵如下所示。

- 建構輸入僅執行一次。
- 探測輸入至多執行一次。如果建構輸入不回傳任何資料，且沒有使用右外聯結或全外聯結，探測輸入根本不會執行。
- 雜湊表僅建構於建構輸入之上。所以，通常它建構於最小的輸入上。
- 在回傳第一列資料之前，只有建構輸入需要被完全處理。
- 不支援交叉聯結、內聯結以及已分區外聯結。

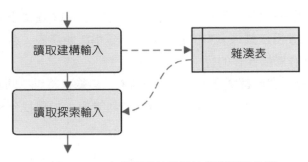

↑ 圖 14-11 由雜湊聯結執行的處理過程概覽

14.4.2 兩表聯結

下面是一個處理兩表之間雜湊聯結的簡單執行計畫。該例子還展示了如何依靠 leading 和 use_hash hint 來強制執行雜湊聯結：

```
SELECT /*+ leading(t1 t2) use_hash(t2) */ *
FROM t1, t2
WHERE t1.id = t2.t1_id
AND t1.n = 19


-----------------------------------
| Id  | Operation           | Name |
-----------------------------------
|   0 | SELECT STATEMENT    |      |
|*  1 |   HASH JOIN         |      |
|*  2 |    TABLE ACCESS FULL| T1   |
|   3 |    TABLE ACCESS FULL| T2   |
-----------------------------------

  1 - access( "T1" ." ID" =" T2" ." T1_ID" )
  2 - filter( "T1" ." N" =19)
```

如第 10 章中所描述的，HASH JOIN 是無關聯組合類型的操作。這意味著兩個子操作至多被處理一次並且互相獨立。在這種情況下，執行計畫的處理過程可以總結為以下步驟。

- 表 t1 的所有資料透過一次全掃描讀取，應用 n=19 這個限制條件，然後建構出一個使用該結果資料的雜湊表。為建構該雜湊表，會將一個雜湊函數應用到用作聯結條件的行（id）上。

- 表 t2 的所有資料都透過一次全掃描讀取，然後會將雜湊函數應用到用作聯結條件的行上（t1_id），接下來探測該雜湊表。如果找到相符，就回傳結果資料。

HASH JOIN 操作最重要的限制是其沒有能力將索引應用於聯結條件。這意味著索引僅能在指定限制條件的情況下用作存取路徑。因此，為了選擇存取路徑，有必要為兩張表都應用第 10 章中討論的方法。舉個例子，如果 n=19 這個限制條件提供強選擇性，建立如下索引並應用可能會很有幫助：

```
CREATE INDEX t1_n ON t1 (n)
```

事實上，有了這個索引，就會使用下面的這個執行計畫。注意，表 t1 不再透過全資料表掃描來存取了：

```
---------------------------------------------
| Id  | Operation                  | Name  |
---------------------------------------------
|   0 | SELECT STATEMENT           |       |
|*  1 |  HASH JOIN                 |       |
|   2 |   TABLE ACCESS BY INDEX ROWID| T1  |
|*  3 |    INDEX RANGE SCAN        | T1_N  |
|   4 |   TABLE ACCESS FULL        | T2    |
---------------------------------------------

  1 - access("T1"."ID"="T2"."T1_ID")
  3 - access("T1"."N"=19)
```

14.4.3 四表聯結

下面的執行計畫是一個典型的透過雜湊聯結實現左深樹（圖示請參見圖 14-2）的例子。該例子還展示了如何使用 leading 和 use_hash 這兩個 hint 來強制執行雜湊聯結：

```
SELECT /*+ leading(t1 t2 t3 t4) use_hash(t2 t3 t4) */ t1.*, t2.*, t3.*, t4.*
FROM t1, t2, t3, t4
WHERE t1.id = t2.t1_id
AND t2.id = t3.t2_id
AND t3.id = t4.t3_id
AND t1.n = 19


-------------------------------------
| Id | Operation              | Name |
-------------------------------------
|  0 | SELECT STATEMENT       |      |
|* 1 |  HASH JOIN             |      |
|* 2 |   HASH JOIN            |      |
|* 3 |    HASH JOIN           |      |
|* 4 |     TABLE ACCESS FULL| T1    |
|  5 |     TABLE ACCESS FULL| T2    |
|  6 |     TABLE ACCESS FULL | T3   |
|  7 |     TABLE ACCESS FULL | T4   |
-------------------------------------

  1 - access( "T3" ." ID" =" T4" ." T3_ID" )
  2 - access( "T2" ." ID" =" T3" ." T2_ID" )
  3 - access( "T1" ." ID" =" T2" ." T1_ID" )
  4 - filter( "T1" ." N" =19)
```

這種類型的執行計畫的處理過程如下所示。

- 表 t1 透過全掃描讀取，應用 n=19 這個限制條件，然後建立包含結果資料的雜湊表。

- 表 t2 透過全掃描讀取，探測上一步中建立的雜湊表。然後建立包含結果資料的雜湊表。

- 表 t3 透過全掃描讀取，探測上一步中建立的雜湊表。然後建立包含結果資料的雜湊表。

- 表 t4 透過全掃描讀取，探測上一步中建立的雜湊表。然後回傳結果資料。僅當已全部處理完 t1、t2 和 t3 表時才可以回傳第一列行。反之，回傳第一列資料之前沒有必要全部處理完表 t4。

雜湊聯結的一個特別的屬性是它還支援右深樹和曲折樹。下面的這個執行計畫是前者的一個例子（圖示請參見圖 14-3）。對比上一個例子，只有在 SQL 敘述中指定的 hint 有所不同。注意，在這種情況下，leading 這個 hint 並不直接指定存取表的順序（也就是 t1►t2►t3►t4）。反之，它指定在應用要求交換左右輸入的 swap_join_inputs hint 之前的順序：

```
SELECT /*+ leading(t3 t4 t2 t1) use_hash(t1 t2 t4) swap_join_inputs(t1)
           swap_join_inputs(t2) */ t1.*, t2.*, t3.*, t4.*
FROM t1, t2, t3, t4
WHERE t1.id = t2.t1_id
AND t2.id = t3.t2_id
AND t3.id = t4.t3_id
AND t1.n = 19


---------------------------------------
| Id  | Operation              | Name |
---------------------------------------
|   0 | SELECT STATEMENT       |      |
|*  1 |  HASH JOIN             |      |
|*  2 |   TABLE ACCESS FULL    | T1   |
|*  3 |   HASH JOIN            |      |
|   4 |    TABLE ACCESS FULL   | T2   |
|*  5 |    HASH JOIN           |      |
|   6 |     TABLE ACCESS FULL  | T3   |
|   7 |     TABLE ACCESS FULL  | T4   |
---------------------------------------

  1 - access( "T1" ." ID" =" T2" ." T1_ID" )
  2 - filter( "T1" ." N" =19)
  3 - access( "T2" ." ID" =" T3" ." T2_ID" )
  5 - access( "T3" ." ID" =" T4" ." T3_ID" )
```

這兩個執行計畫（左深樹和右深樹）之間的區別之一是在指定的時間點上使用的活動工作區（雜湊表）的數量。使用左深樹時，在同一時間最多有兩工作區可使用。此外，當處理最後的表時，只需要一個單獨工作區。另一方面，在右深樹中,在幾乎整個執行時間中都會分配和探測若干工作區(其數量等於聯結的數量)。兩個執行計畫之間的另一個區別是它們的工作區大小。鑒於右深樹工作區包含來自單張表的資料,而左深樹工作區可以包含來自多張表聯結的結果資料。因此,左深樹工作區的大小依賴於聯結是否限制回傳的資料總量。

　　v$sql_workarea_active 動態效能視圖提供關於活動工作區的資訊。下面的查詢顯示正在執行上面執行計畫的一個對話所使用的工作區。雖說 operation_id 行用於關聯工作區和執行計畫中的操作,actual_mem_used 行顯示其大小(按位元組),而 tempseg_size 和 tablespace 行則提供關於臨時表空間使用情況的資訊:

```
SQL> SELECT operation_id, operation_type, actual_mem_used, tempseg_size,
tablespace
  2   FROM v$session s, v$sql_workarea_active w
  3   WHERE s.sid = w.sid
  4   AND s.sid = 24
  5   ORDER BY operation_id;


OPERATION_ID OPERATION_TYPE ACTUAL_MEM_USED TEMPSEG_SIZE TABLESPACE
------------ -------------- --------------- ------------ ----------
           1 HASH-JOIN               79872
           3 HASH-JOIN              161792
           5 HASH-JOIN              185344      1048576 TEMP
```

14.4.4 工作區

　　為了處理雜湊聯結,會將記憶體中的工作區用於儲存雜湊的資料。如果工作區足夠大,能夠儲存整個雜湊表,則雜湊聯結會完全在記憶體中處理。如果工作區不夠大,則會將資料溢出到臨時段中。(在本章前面部分解釋過如何分辨完全在記憶體中執行的聯結。)

　　我在第 9 章討論過工作區設定(設定大小)。就像你可能回想起來的那樣,有兩種方法可用來執行設定大小。具體使用哪一種取決於 workarea_size_policy 初始化參數的值。

- auto：資料庫引擎自動設定工作區的大小。一個實例擁有的 PGA 總量由 pga_aggregate_target 初始化參數控制，或者從 11.1 版本開始，由 memory_target 初始化參數控制。
- manual：hash_area_size 初始化參數限制一個單獨的工作區的最大大小。

14.4.5 索引聯結

索引聯結只能透過雜湊聯結執行。因為這一點，可以認為它們是雜湊聯結的特殊案例。其用途是透過聯結屬於相同表的兩個或更多的索引，來避免昂貴的資料表掃描。當一張表擁有許多被索引的行，且其中幾張表被一條 SQL 敘述參照時，這個特性可能會非常有用。下面的查詢是一個例子。注意這個查詢如何參照一張單獨的表，但是不管你期待的可能是什麼，都會執行一個聯結以取代單表存取。還有很重要的一點是，兩個資料集之間的聯結條件是根據 rowid 的。該例子還展示如何透過 index_join 這個 hint 強制執行索引聯結：

```
SELECT /*+ index_join(t4 t4_n t4_pk) */ id, n
FROM t4
WHERE id BETWEEN 10 AND 20
AND n < 100


-------------------------------------------------
| Id | Operation           | Name            |
-------------------------------------------------
|  0 | SELECT STATEMENT    |                 |
|* 1 |  VIEW               | index$_join$_001 |
|* 2 |   HASH JOIN         |                 |
|* 3 |    INDEX RANGE SCAN | T4_N            |
|* 4 |    INDEX RANGE SCAN | T4_PK           |
-------------------------------------------------

1 - filter( "ID" <=20 AND "N" <100 AND "ID" >=10)
2 - access(ROWID=ROWID)
3 - access( "N" <100)
4 - access( "ID" >=10 AND "ID" <=20)
```

索引聯結的一個有趣的限制條件是，如果在 SELECT 子句中參照了表的 rowid，則查詢最佳化工具不會選擇它們。因為 rowid 始終是索引的一部分，這個限制條件的起源是目前的實現，而不是因為索引本身缺乏必要的資訊。

14.5 外聯結

前面章節中描述的三種基本聯結方法都支援外聯結。當執行外聯結時，在執行計畫中唯一可見的區別就是，追加到聯結操作後面的 OUTER 關鍵字。為了展示，執行下面的 SQL 敘述，因為 hint 的原因，執行計畫使用了雜湊外聯結。注意，即使 SQL 敘述是使用新的聯結語法書寫的，述詞還是使用了根據 (+) 運算子的 Oracle 專有語法：

```
SELECT /*+ leading(t1) use_hash(t2) */ *
FROM t1 LEFT JOIN t2 ON t1.id = t2.t1_id


---------------------------------
| Id  | Operation          | Name |
---------------------------------
|   0 | SELECT STATEMENT   |      |
|*  1 |  HASH JOIN OUTER   |      |
|   2 |   TABLE ACCESS FULL| T1   |
|   3 |   TABLE ACCESS FULL| T2   |
---------------------------------

  1 - access("T1"."ID"="T2"."T1_ID" (+))
```

除了是右外聯結的雜湊聯結，保留表（例如，上面 SQL 敘述中的 t1 表）必須是聯結操作的左輸入。下面的執行計畫，根據與上面例子相同的 SQL 敘述，證實了這一點。在實踐中，查詢最佳化工具選擇在最小的結果集上建構雜湊表。當然，這對於限制工作區的大小會有幫助。在本例中，因為表 t1 要小於表 t2，出於展示的目的，有必要使用 swap_join_inputs hint 強制查詢最佳化工具交換兩個聯結輸入：

```
SELECT /*+ leading(t1) use_hash(t2) swap_join_inputs(t2) */ *
FROM t1 LEFT JOIN t2 ON t1.id = t2.t1_id


---------------------------------------
| Id  | Operation            | Name |
---------------------------------------
|   0 | SELECT STATEMENT     |      |
|*  1 |  HASH JOIN RIGHT OUTER|      |
|   2 |   TABLE ACCESS FULL  | T2   |
|   3 |   TABLE ACCESS FULL  | T1   |
---------------------------------------


   1 - access("T1"."ID"="T2"."T1_ID"(+))
```

因此，無論何時查詢最佳化工具必須為一條 SQL 敘述產生一個包含外聯結的
執行計畫，除了雜湊聯結，它的選擇是非常有限的。

14.6 選擇聯結方法

要選擇一種聯結方法，必須考慮以下三個問題：

- 優化器目標，即 first-rows 優化和 all-rows 優化；
- 要優化的聯結類型和述詞的選擇率；
- 是否會以平行方式執行聯結。

根據這三個準則，接下來的小節討論如何選擇一種聯結方法，或者更具體點
說，如何在巢狀迴圈聯結、合併聯結以及雜湊聯結之間進行選擇。

14.6.1 First-Rows 優化

使用 first-rows 優化時，總體回應時間是查詢最佳化工具的次要目標。回傳
開始若干列資料的回應時間顯然是最重要的目標。因此，對於成功的 first-rows 優
化，聯結應該盡可能快地回傳首先發現的相符資料，而不是等待所有資料都處理完

畢。出於這個目的，巢狀迴圈聯結經常是最佳選擇。雜湊聯結，僅在某種程度上支援部分的聯結，時而可用。比較起來，合併聯結則很少適用於 first-rows 優化。

14.6.2 All-Rows 優化

使用 all-rows 優化，回傳最後一列的回應時間是查詢最佳化工具最重要的目標。因此，對於成功的 all-rows 優化，聯結應該盡可能迅速地完全執行。為選擇最佳的聯結方法，將邏輯讀的數量減到最小，必須考慮是否有必要利用索引來應用聯結條件。如果有必要透過一個索引來應用聯結條件，就必須使用巢狀迴圈聯結。否則，雜湊聯結通常是最好的選擇。通常來說，僅當結果集已排過序，或因為技術限制（見 14.6.3 節）無法使用雜湊聯結時，才會考慮合併聯結。另一個可能比較有趣的合併聯結的案例，出現在可以避免排序操作的時候。當合併聯結回傳記錄是按照 ORDER BY 子句指定的順序時，就會發生這種情況。

14.6.3 支援的聯結方法

要選擇一種聯結方法，必須要知道需要執行的聯結的類型。事實上，並非所有聯結方法都支援所有聯結類型。表 14-1 總結了在不同情況下可用的聯結方法。

表 14-1　各聯結方法支援的聯結類型

聯結	巢狀迴圈聯結	雜湊聯結	合併聯結
交叉聯結	√		√
內聯結	√		√
等值聯結	√	√	√
半 / 反聯結	√	√	√
外聯結	√	√	√
已分區外聯結	√		√

14.6.4 平行聯結

所有聯結方法都能以平行方式執行。不過，如圖 14-12 所示，它們依不同比例決定。取決於平行度，一種方法可能會比另一種更快。所以，為選擇出最佳的聯結方法，一定要瞭解是否使用了平行處理以及平行度是多少。（第 15 章介紹平行處理。）

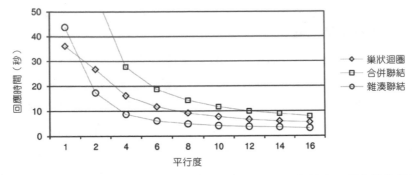

↑ 圖 14-12 不同平行度下的效能對比。此圖展示的是在一個擁有 8 個內核的系統上執行的兩表聯結

14.7 分區智慧聯結

　　分區智慧聯結（**partition-wise join**，不要與已分區外聯結混淆）是一項查詢最佳化工具，僅會將其應用於合併和雜湊聯結的優化技術。分區智慧聯結用於減少 CPU、記憶體使用總量，以及，在 RAC 環境中，減少用於處理聯結的網路資源。其基本想法是將一個大的聯結拆分成多個較小的聯結。分區智慧聯結可以是完全的或部分的。接下來的小節描述這兩種選擇。所有作為例子使用的查詢都在腳本 `pwj.sql` 中提供。

> 📖**注意**　分區智慧聯結需要已分區表。因此，僅在使用了企業版中的分區選項時，這些技術才可用。

14.7.1 完全智慧化分區聯結

　　為了展示完全智慧化分區聯結的操作，我們首先來描述一下不使用這項優化技術的聯結是怎麼執行的。圖 14-13 展示兩張已分區表之間的一個聯結。兩張表所有資料行的一個單獨的聯結，由一個單獨的服務進程來執行。

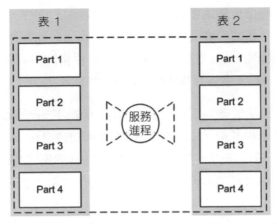

↑ 圖 14-13　不使用智慧化分區聯結來聯結兩張已分區表

　　當兩張表在它們的聯結鍵上是對等分區（equi-partitioned）時（例如，一張根據指向它的父表的外鍵參照分區的子表），資料庫引擎能夠利用完全智慧化分區聯結。取代執行一個單獨的大聯結，如圖 14-14 所示，它執行多個較小的聯結（在本例中，四個）。注意這樣做可行是因為這兩張表是以相同的方式分區的。因此，表 1 的分區 1 中儲存的每一列僅在表 2 的分區 1 中有相符的列。

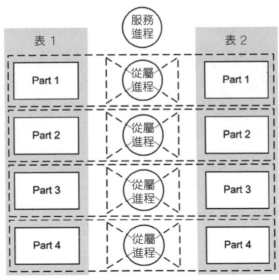

↑ 圖 14-14　使用智慧化分區聯結來聯結兩種已分區表

在將一個大的聯結分解為多個較小聯結的過程中，其中一件最有用的事情就是提高執行過程平行化的可能性。事實上，資料庫引擎能夠為每個聯結啟動一個獨立的從屬進程。舉例來說，在圖 14-14 中服務進程協調四個從屬進程來執行完全智慧化分區聯結。（第 15 章提供關於平行處理的詳細資訊。）

圖 14-15 展示的是根據 `pwj_performance.sql` 腳本的一個效能測試的結果。這個測試的目的是重現類似圖 14-14 中展示的那樣的執行，或者，具體點說，重現擁有四個分區的兩張表的一個聯結。在這個特別的例子中，表中分別包含有 10,000,000 和 100,000,000 列資料。注意，並存執行的平行度等於分區的數量，即四個。

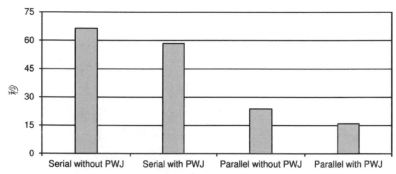

↑ 圖 14-15 兩表聯結在使用和不使用完全智慧化分區聯結的情況下，分別的回應時間

為了識別是否使用完全智慧化分區聯結，有必要查看一下執行計畫。如果分區操作在聯結操作之前出現，則意味著使用了完全智慧化分區聯結。在下面的執行計畫中，PARTITION HASH ALL 操作就是在 HASH JOIN 操作之前出現的：

```
SELECT *
FROM t1p, t2p
WHERE t1p.id = t2p.id


-----------------------------------
| Id  | Operation           | Name |
-----------------------------------
|   0 | SELECT STATEMENT    |      |
|   1 |  PARTITION HASH ALL |      |
```

```
|*  2 |   HASH JOIN         |       |
|   3 |     TABLE ACCESS FULL| T1P  |
|   4 |     TABLE ACCESS FULL| T2P  |
-----------------------------------

  2 - access（"T1P"."ID"="T2P"."ID"）
```

　　上面的執行計畫顯示的是一個串列的完全智慧化分區聯結。接下來展示對於完全相同的 SQL 敘述使用平行處理的執行計畫。還有在這個案例中，PX PARTITION HASH ALL 操作的出現要早於 HASH JOIN 操作。注意是如何使用 pq_distribute hint 來通知查詢最佳化工具使用完全智慧化分區聯結的（第 15 章提供關於用於平行處理的操作的詳細資訊）：

```
SELECT /*+ ordered use_hash(t2p) pq_distribute(t2p none none) */ *
FROM t1p, t2p
WHERE t1p.id = t2p.id


-------------------------------------------
| Id | Operation            | Name       |
-------------------------------------------
|  0 | SELECT STATEMENT     |            |
|  1 |  PX COORDINATOR      |            |
|  2 |   PX SEND QC (RANDOM) | :TQ10000  |
|  3 |    PX PARTITION HASH ALL|         |
|*  4 |     HASH JOIN        |           |
|  5 |      TABLE ACCESS FULL | T1P      |
|  6 |      TABLE ACCESS FULL | T2P      |
-------------------------------------------

  4 - access（"T1P"."ID"="T2P"."ID"）
```

　　因為完全智慧化分區聯結需要兩張對等分區的表，特別注意的是有必要在實體資料庫設計期間就使用這項優化技術。換句話說，通常預期對等分區的表會遭遇大量的聯結。如果不將它們對等分區，則無法從完全智慧化分區聯結中獲益。

📢 **警告** 當兩張表在相同的值列表上定義了相同數量的分區時，且當分區按照相同的順序進行定義時，會將兩張列表已分區的表視為對等分區的。pwj_list.sql 腳本展示了這個限制。

還有一件事情需要注意，所有的分區方法都是受支援的，並且完全智慧化分區聯結能夠聯結分區和子分區。舉例而言，假如說你有兩張表：sales 和 customers。聯結鍵是 customer_id。如果兩張表都是雜湊分區的，擁有相同數量的分區，而且兩張表都使用聯結鍵作為分區鍵，則可以利用完全智慧化分區聯結。一定要記住，通常對一張類似 sales 這樣的表（換句話說，一張包含歷史資料的表）分區時需要的是範圍分區。在這種情況下，可以為 sales 表使用組合分區。組合分區是透過在分區層級實施範圍分區，在子分區層級使用雜湊分區來實現的，以滿足兩種需求。因此，就可以在 customers 表的雜湊分區和 sales 表的子分區之間，執行完全智慧化分區聯結。

14.7.2 部分智慧化分區聯結

與完全智慧化分區聯結相比，部分智慧化分區聯結並不要求兩張對等分區的表。此外，只有一張表必須是根據聯結鍵進行分區的；另外一張表（可以分區也可以不分區）是根據聯結鍵動態分區的。部分智慧化分區聯結的另外一個特性是它們只能夠以平行方式執行。圖 14-16 展示了一個部分智慧化分區聯結。在這個案例中，其中的一張表根本沒有進行分區。在執行期間，資料庫引擎啟動兩組平行從屬進程。第一組讀取非分區的表（表 2）並根據分區鍵對資料進行分區。第二組接收來自第一組的資料，並且每一個從屬進程讀取已分區表的一個分區，然後執行它自己那部分聯結。

要識別是否使用了部分智慧化分區聯結，有必要查看其執行計畫。如果 PX SEND 操作是 PARTITION (KEY) 類型的，則意味著使用了部分智慧化分區聯結。在下面的例子中，操作 7 提供了這個資訊：

```
SELECT /*+ ordered use_hash(t2p) pq_distribute(t2p none partition) */ *
FROM t1p, t2p
```

```
WHERE t1p.id = t2p.id


-------------------------------------------------
| Id  | Operation                | Name      |
-------------------------------------------------
|   0 | SELECT STATEMENT         |           |
|   1 |  PX COORDINATOR          |           |
|   2 |   PX SEND QC (RANDOM)    | :TQ10001  |
|*  3 |    HASH JOIN BUFFERED    |           |
|   4 |     PX PARTITION HASH ALL|           |
|   5 |      TABLE ACCESS FULL   | T1P       |
|   6 |     PX RECEIVE           |           |
|   7 |      PX SEND PARTITION (KEY)| :TQ10000 |
|   8 |       PX BLOCK ITERATOR  |           |
|   9 |        TABLE ACCESS FULL | T2P       |
-------------------------------------------------

   3 - access( "T1P" . " ID" =" T2P" . " ID" )
```

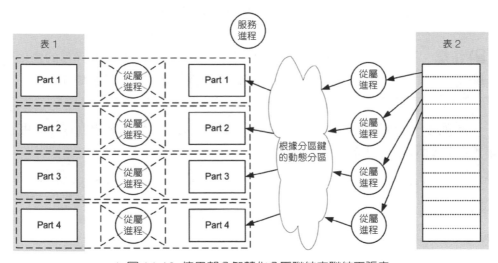

↑ 圖 14-16 使用部分智慧化分區聯結來聯結兩張表

　　在實踐中，部分智慧化分區聯結並不一定會引起效能的提升。事實上，正常的聯結可能會比部分智慧化分區聯結更快。因為使用部分智慧化分區聯結可能會對效能不利，一般很少會看見查詢最佳化工具使用這種優化技術。

14.8 星型轉換

星型轉換（**star transformation**）是一項用於星型模式（**star schema**，也稱作**維度模型**）的優化技術。這種類型的模式是由一個大的中央表（事實表）以及幾個其他的表（維度表）組成的。它的主要特點是事實表依賴維度表。圖 14-17 是一個根據範例模式 SH（*Sample Schemas* 手冊對此有完整描述）的例子。

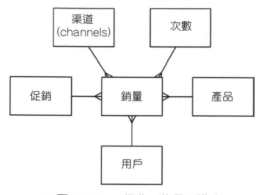

↑ 圖 14-17　一個典型的星型模式

> 📢**注意**　星型轉換僅在企業版中可用。要想在標準版中利用一種類似的優化技術，必須自己手動重寫查詢。在本節的結尾會提供這樣的一個重寫的例子。

下面是一個典型的針對星型模式執行的查詢（注意，沒有將限制條件應用於事實表上，而只是應用於維度表上）：

```
SELECT c.cust_state_province, t.fiscal_month_name, sum(s.amount_sold) AS
amount_sold
FROM sales s, customers c, times t, products p
WHERE s.cust_id = c.cust_id
AND s.time_id = t.time_id
AND s.prod_id = p.prod_id
AND c.cust_year_of_birth BETWEEN 1970 AND 1979
AND p.prod_subcategory = 'Cameras'
GROUP BY c.cust_state_province, t.fiscal_month_name
ORDER BY c.cust_state_province, sum(s.amount_sold) DESC
```

　　為優化這個針對星型模式的查詢，查詢最佳化工具應該完成以下幾件事。

(1) 開始評估在其上面含有限制條件的每張維度表。
(2) 使用產生的維度鍵裝配一個列表。
(3) 使用該列表從事實表中擷取相符的記錄。

　　遺憾的是，這種方法無法使用正常的聯結實現。一方面，查詢最佳化工具在同一時間只能聯結兩組資料。另一方面，聯結兩張維度表會導致笛卡兒積的出現。為了解決這個問題，Oracle 資料庫實現了星型轉換。

📣 **警告**　儘管星型轉換是在 1997 年的 8.0 版本中首度導入的，並且在兩年後的 8.1 版本中得到極大的增強，但是，在之前的很長一段時間，它的穩定性一直是一個問題。可能自從其導入之後發布的每個補丁集都會修復一些與其相關的 bug。一旦有什麼不對的地方，就會產生類似 ORA-07445、ORA-00600、ORA-00942 的錯誤，或出現不正確的結果。儘管如此，自從 8.1.6 版本開始就可以順利地使用這個特性了。Oracle 的查詢最佳化工具開發組很清楚這個問題，並為 11.2 版本完全重寫了這部分程式碼。因此，在最近的版本中，它的穩定性得到了改善。我的建議很簡單，就是仔細對其進行測試。如果它執行沒問題，可以考慮其在效能方面帶來的提高。如果有問題，至少你在將其用於生產環境之前就會知道。我還建議你查看 Oracle Support 檔案 47358.1（*Init.ora Parameter STAR_TRANSFORMATION_ENABLED Reference Note*）。此檔案提供影響每個具體版本的一個 bug 列表。

　　你需要滿足兩個基本的要求才能從星型轉換中獲益。首先，必須啟用該特性。可以使用 star_transformation_enabled 初始化參數來控制它。注意，因為預設情況下會將這個參數設定為 FALSE，所以預設會禁用該特性。要啟用它，應該將它設定為 temp_disable 或 TRUE。其次，在事實表上，參照維度表的每個聯結條件上必須都建一個索引。聯結條件不必根據外鍵，但是如果外鍵確實存在，它們有助於查詢最佳化工具找到一個最優的執行計畫。儘管查詢最佳化工具可以在執行時將 B 樹索引轉化成點陣圖索引，執行計畫使用點陣圖索引會更加高效。總之，我建議出於最佳效能的考慮，在每一個聯結條件上建立外鍵和點陣圖索引。

★ **提示**　當一張事實表和一張維度表之間的聯結條件是根據多個行時，星型轉換有時是不受支援的。因此，我強烈推薦你在一個單獨的行上使用聯結條件，並進而也根據單獨的行建立外鍵和點陣圖索引。

　　將 star_transformation_enabled 初始化參數設定為 temp_disable 時，就會為之前展示的 SQL 敘述使用以下執行計畫。這個例子，與接下來的例子一樣，都來自 star_transformation.sql 腳本：

```
----------------------------------------------------------------------
| Id  | Operation                          | Name                     |
----------------------------------------------------------------------
|   0 | SELECT STATEMENT                   |                          |
|   1 |  SORT ORDER BY                     |                          |
|   2 |   HASH GROUP BY                    |                          |
|*  3 |    HASH JOIN                       |                          |
|   4 |     TABLE ACCESS FULL              | TIMES                    |
|*  5 |     HASH JOIN                      |                          |
|*  6 |      TABLE ACCESS FULL             | CUSTOMERS                |
|   7 |      VIEW                          | VW_ST_FE4FBDB9           |
|   8 |       NESTED LOOPS                 |                          |
|   9 |        BITMAP CONVERSION TO ROWIDS |                          |
|  10 |         BITMAP AND                 |                          |
|  11 |          BITMAP MERGE              |                          |
|  12 |           BITMAP KEY ITERATION     |                          |
|  13 |            TABLE ACCESS BY INDEX ROWID| PRODUCTS              |
|* 14 |             INDEX RANGE SCAN       | PRODUCTS_PROD_SUBCAT_IX  |
|* 15 |            BITMAP INDEX RANGE SCAN | SALES_PROD_BIX           |
|  16 |          BITMAP MERGE              |                          |
|  17 |           BITMAP KEY ITERATION     |                          |
|* 18 |            TABLE ACCESS FULL       | CUSTOMERS                |
|* 19 |            BITMAP INDEX RANGE SCAN | SALES_CUST_BIX           |
|  20 |        TABLE ACCESS BY USER ROWID  | SALES                    |
----------------------------------------------------------------------

  3 - access("ITEM_1"="T"."TIME_ID")
```

```
   5 - access("ITEM_2"="C"."CUST_ID")
   6 - filter("C"."CUST_YEAR_OF_BIRTH">=1970 AND "C"."CUST_YEAR_OF_
BIRTH"<=1979)
  14 - access("P"."PROD_SUBCATEGORY"='Cameras')
  15 - access("S"."PROD_ID"="P"."PROD_ID")
  18 - filter("C"."CUST_YEAR_OF_BIRTH">=1970 AND "C"."CUST_YEAR_OF_
BIRTH"<=1979)
  19 - access("S"."CUST_ID"="C"."CUST_ID")
```

因為這個執行計畫包含一些特別的操作,我們來仔細看一下它的操作。

(1) 執行始於操作 4,對 times 維度表的全資料表掃描。透過由它回傳的資料,一個雜湊表被操作 3 執行的雜湊聯結建立起來。

(2) 操作 6 對 customers 維度表做了一次全資料表掃描,並應用 c.cust_year_of_birth BETWEEN 1970 AND 1979 這個限制條件。透過由它回傳的資料,一個雜湊表被操作 5 執行的雜湊聯結建立起來。

(3) 操作 13 和 14 存取 products 維度表,並應用 p.prod_subcategory='Cameras' 這個限制條件。

(4) 操作 12 BITMAP KEY ITERATION 是一個關聯組合操作。對於由其第一個子操作(操作 13)回傳的資料,第二個子操作(操作 15)就被執行一次。在此情況下,就對根據在事實表上定義的點陣圖索引執行了一次檢索。

(5) 操作 11 BITMAP MERGE 合併由它的子操作傳遞過來的點陣圖。這個操作是必要的,因為來自於一個點陣圖索引的索引鍵可能只會覆蓋被索引表的一部分。

(6) 操作 16 到 19 按照與操作 11 到 15 處理 products 維度表相同的方式處理 customers 維度表。事實上,每個應用了限制條件的維度都是按照相同的方式處理的。

(7) 操作 10 BITMAP AND 組合從它的兩個子操作(11 和 16)傳遞過來的點陣圖並且僅保留相符的項目。

(8) 操作 9 BITMAP CONVERSION TO ROWIDS 將從它的子操作(10)傳遞過來的點陣圖,轉換為 sales 事實表的 rowid。

(9) 操作 20 因巢狀迴圈聯結(操作 8)而存取包含由操作 9 產生的 rowid 的事實表。

(10) 操作 7 僅是提供資訊的，告訴你查詢區塊包含一個來自星型轉換的不可合併的結果視圖（注意視圖名稱的 VW_ST 首碼）。這個操作僅從 11.2.0.2 版本開始才可用。

(11) 透過由操作 8 回傳的記錄，對兩個雜湊聯結（操作 3 和操作 5）的雜湊表進行探測。如果找到相符的記錄，會將它們傳遞給操作 2。

(12) 操作 2 HASH GROUP BY 處理 GROUP BY 子句，並將結果資料發送給操作 1。

(13) 最後，操作 1 SORT ORDER BY 處理 ORDER BY 子句。

概括起來，完成一次星型轉換會執行以下步驟。

(1) 會將維度表與事實表對應的點陣圖索引相「聯結」。這個操作僅當維度表擁有應用於它們的限制條件時才是必要的，在本例中，是 products 和 customers 表。

(2) 會將結果點陣圖合併轉化為 rowid。然後透過這些 rowid 存取事實表。

(3) 會將維度表與從事實表中擷取出來的資料進行聯結。這個操作僅當維度表在 WHERE 子句之外擁有被參照的行時才是必要的，在本例中，是 times 和 customers 表。這就是 customers 表會在執行計畫中出現兩次的原因。

你可以為這個基本的行為應用另外兩種額外的優化技術：臨時表和點陣圖聯結索引。

臨時表的目的是避免對維度表的雙重處理。例如，在上面的執行計畫中，不僅 customers 維度表被透過全資料表掃描存取了兩次（操作 6 和操作 18），而且應用於它的述詞也被執行了兩次。想法是只存取每個維度一次，應用述詞，並將結果資料儲存在一張臨時表中。這項優化技術會在 star_trans formation_enabled 初始化參數設定為 TRUE 時啟用。下面的執行計畫是一個例子，也是根據與之前相同的 SQL 敘述。注意 sys_temp_0fd9d6647_1cb85c 臨時表的建立（操作 1 到操作 3）和它的使用（操作 7 和操作 21）：

```
--------------------------------------------------------------------------
| Id  | Operation                         | Name             |            |
--------------------------------------------------------------------------
|   0 | SELECT STATEMENT                  |                  |            |
|   1 |  TEMP TABLE TRANSFORMATION        |                  |            |
```

```
|   2 |  LOAD AS SELECT                        | SYS_TEMP_0FD9D6647_1CB85C |
|*  3 |   TABLE ACCESS FULL                    | CUSTOMERS                 |
|   4 |  SORT ORDER BY                         |                           |
|   5 |   HASH GROUP BY                        |                           |
|*  6 |    HASH JOIN                           |                           |
|   7 |     TABLE ACCESS FULL                  | SYS_TEMP_0FD9D6647_1CB85C |
|*  8 |     HASH JOIN                          |                           |
|   9 |      TABLE ACCESS FULL                 | TIMES                     |
|  10 |      VIEW                              | VW_ST_16AF99B7            |
|  11 |       NESTED LOOPS                     |                           |
|  12 |        BITMAP CONVERSION TO ROWIDS     |                           |
|  13 |         BITMAP AND                     |                           |
|  14 |          BITMAP MERGE                  |                           |
|  15 |           BITMAP KEY ITERATION         |                           |
|  16 |            TABLE ACCESS BY INDEX ROWID | PRODUCTS                  |
|* 17 |             INDEX RANGE SCAN           | PRODUCTS_PROD_SUBCAT_IX   |
|* 18 |            BITMAP INDEX RANGE SCAN     | SALES_PROD_BIX            |
|  19 |          BITMAP MERGE                  |                           |
|  20 |           BITMAP KEY ITERATION         |                           |
|  21 |            TABLE ACCESS FULL           | SYS_TEMP_0FD9D6647_1CB85C |
|* 22 |            BITMAP INDEX RANGE SCAN     | SALES_CUST_BIX            |
|  23 |        TABLE ACCESS BY USER ROWID      | SALES                     |
--------------------------------------------------------------------------

   3 - filter( "C" ." CUST_YEAR_OF_BIRTH" >=1970 AND "C" ." CUST_YEAR_OF_
BIRTH" <=1979)
   6 - access( "ITEM_2" =" C0" )
   8 - access( "ITEM_1" =" T" ." TIME_ID" )
  17 - access( "P" ." PROD_SUBCATEGORY" =' Cameras' )
  18 - access( "S" ." PROD_ID" =" P" ." PROD_ID" )
  22 - access( "S" ." CUST_ID" =" C0" )
```

　　這第二項優化技術根據點陣圖聯結索引。想法是避免維度表與對應的事實表
上的點陣圖索引之間的「聯結」。出於這個目的，點陣圖聯結索引必須在事實表上
進行建立，並對維度表的一個或多個行進行索引。例如，下面的索引分別對於應

用 c.cust_year_of_birth BETWEEN 1970 AND 1979 和 p.prod_ subcategory = 'Cameras' 限制條件是有必要的：

```
CREATE BITMAP INDEX sales_cust_year_of_birth_bix ON sales (c.cust_year_of_birth)
FROM sales s, customers c
WHERE s.cust_id = c.cust_id

CREATE BITMAP INDEX sales_prod_subcategory_bix ON sales (p.prod_subcategory)
FROM sales s, products p
WHERE s.prod_id = p.prod_id
```

建立了這兩個索引之後，就產生了以下執行計畫。注意，用於產生 rowid 的方法（第 8~12 列），要比在上一個例子中使用的那個直接了當得多。實際上，取代存取維度表，並將它們與事實表上的點陣圖索引進行聯結，僅存取點陣圖聯結索引就足夠了。這樣做可行的原因是與維度資料有關的值，已經呈現在事實表的點陣圖聯結索引中了：

```
--------------------------------------------------------------------------
| Id  | Operation                        | Name                          |
--------------------------------------------------------------------------
|   0 | SELECT STATEMENT                 |                               |
|   1 |  SORT ORDER BY                   |                               |
|   2 |   HASH GROUP BY                  |                               |
|*  3 |    HASH JOIN                     |                               |
|   4 |     TABLE ACCESS FULL            | TIMES                         |
|*  5 |     HASH JOIN                    |                               |
|*  6 |      TABLE ACCESS FULL           | CUSTOMERS                     |
|   7 |      TABLE ACCESS BY INDEX ROWID | SALES                         |
|   8 |       BITMAP CONVERSION TO ROWIDS|                               |
|   9 |        BITMAP AND                |                               |
|* 10 |         BITMAP INDEX SINGLE VALUE| SALES_PROD_SUBCATEGORY_BIX    |
|  11 |         BITMAP MERGE             |                               |
|* 12 |          BITMAP INDEX RANGE SCAN | SALES_CUST_YEAR_OF_BIRTH_BIX  |
--------------------------------------------------------------------------

   3 - access("S"."TIME_ID"="T"."TIME_ID")
```

```
   5 - access( "S" ." CUST_ID" =" C" ." CUST_ID" )
   6 - filter( "C" ." CUST_YEAR_OF_BIRTH" >=1970 AND "C" ." CUST_YEAR_OF_
BIRTH" <=1979)
  10 - access( "S" ." SYS_NC00009$" =' Cameras' )
  12 - access( "S" ." SYS_NC00008$" >=1970 AND "S" ." SYS_NC00008$" <=1979)
```

　　星型轉換是一種根據成本的查詢轉換。因此,當啟用時,查詢最佳化工具不僅決定使用星型轉換是否合理,而且決定臨時表和/或點陣圖聯結索引是否有助於 SQL 敘述的高效執行。這個特性的使用也可以透過 hint star_transformation 和 no_star_transformation 控制。

　　如果正在使用標準版,那麼星型轉換和點陣圖索引都是不可用的。在這種情況下,想要獲得較好的效能,可能需要自己手動改寫查詢。如下面的例子所示,儘管重寫的查詢可讀性較差,執行計畫卻十分相似:

```
SELECT c.cust_state_province, t.fiscal_month_name, sum(s.amount_sold) AS
amount_sold
FROM (SELECT *
     FROM sales
     WHERE rowid IN (SELECT c.rid
                     FROM (SELECT s.rowid AS rid
                           FROM customers c, sales s
                           WHERE c.cust_id = s.cust_id
                           AND c.cust_year_of_birth BETWEEN 1970 AND 1979) c,
                          (SELECT s.rowid AS rid
                           FROM products p, sales s
                           WHERE p.prod_id = s.prod_id
                           AND p.prod_subcategory = 'Cameras' ) p
                     WHERE c.rid = p.rid)) s,
     customers c, times t

WHERE s.cust_id = c.cust_id
AND s.time_id = t.time_id
GROUP BY c.cust_state_province, t.fiscal_month_name
ORDER BY c.cust_state_province, sum(s.amount_sold) DESC
```

```
-------------------------------------------------------------------------
| Id   | Operation                         | Name                       |
-------------------------------------------------------------------------
|    0 | SELECT STATEMENT                  |                            |
|    1 |  SORT ORDER BY                    |                            |
|    2 |   HASH GROUP BY                   |                            |
|*   3 |    HASH JOIN                      |                            |
|    4 |     TABLE ACCESS FULL             | TIMES                      |
|*   5 |     HASH JOIN                     |                            |
|    6 |      TABLE ACCESS FULL            | CUSTOMERS                  |
|    7 |      VIEW                         |                            |
|    8 |       NESTED LOOPS                |                            |
|    9 |        VIEW                       | VW_NSO_1                   |
|   10 |         HASH UNIQUE               |                            |
|*  11 |          HASH JOIN                |                            |
|   12 |           VIEW                    |                            |
|   13 |            NESTED LOOPS           |                            |
|   14 |             TABLE ACCESS BY INDEX ROWID| PRODUCTS              |
|*  15 |              INDEX RANGE SCAN     | PRODUCTS_PROD_SUBCAT_IX    |
|*  16 |             INDEX RANGE SCAN      | SALES_PROD_BIX             |
|   17 |           VIEW                    |                            |
|   18 |            NESTED LOOPS           |                            |
|*  19 |             TABLE ACCESS FULL     | CUSTOMERS                  |
|*  20 |             INDEX RANGE SCAN      | SALES_CUST_BIX             |
|   21 |        TABLE ACCESS BY USER ROWID | SALES                      |
-------------------------------------------------------------------------

   3 - access( "S" ." TIME_ID" =" T" ." TIME_ID" )
   5 - access( "S" ." CUST_ID" =" C" ." CUST_ID" )
  11 - access( "C" ." RID" =" P" ." RID" )
  15 - access( "P" ." PROD_SUBCATEGORY" =' Cameras' )
  16 - access( "P" ." PROD_ID" =" S" ." PROD_ID" )
  19 - filter( "C" ." CUST_YEAR_OF_BIRTH" >=1970 AND
               "C" ." CUST_YEAR_OF_BIRTH" <=1979)
  20 - access( "C" ." CUST_ID" =" S" ." CUST_ID" )
```

14.9 小結

本章描述與聯結有關的兩個主題。第一，本章涵蓋了資料庫引擎執行聯結（巢狀迴圈聯結、合併聯結和雜湊聯結）時所使用的方法，並討論了什麼時候使用它們是合理的。第二，本章涵蓋了一些適用於查詢最佳化工具改進效能的優化技術。

現在我已經討論了基礎的存取路徑和聯結方法，是時候關注高級優化技術了。在下一章中，我會討論實體化視圖、結果快取、平行處理以及直接路徑插入。所有的這些特性都不會經常用到，但是正確使用它們時，能夠帶來極大的效能改進。是時候超越對存取和聯結的優化了。

資料存取和聯結優化之外

在考慮本章呈現的高級優化技術之前，必須首先完成對資料存取和聯結的優化。實際上，只有透過其他方式無法進行優化的時候，才會考慮使用此處描述的優化技術，進一步改進效能。換句話說，應該首先修復基礎問題，然後，如果效能表現仍然不可接受，可以考慮特別的手段。

本章將會講述實體化視圖、結果快取、平行處理、直接路徑插入、列預取和資料介面等技術如何運作，以及可以如何將它們用於改進效能。描述其中每一種優化技術的章節都會按照相同的方式進行組織。一個簡短的介紹，緊接著描述這種技術是如何運作的，然後是應該在什麼時候使用它。所有小節都以對一些常見的陷阱和謬誤的討論作為結尾。

> 📑 **注意**　本章會有一些包含 hint 的 SQL 敘述作為例子，向你展示它們的使用方法。不管怎樣，這裡並沒有提供真實的參考和完整的語法。可以在 *Oracle Database SQL Language Reference* 手冊的第 2 章中找到這些說明。

本章會展示各種不同的效能測試的結果。這些效能資料只是試圖幫助你對比不同類型的處理方式，並且提供關於它們的影響的直觀感受。記住，每個系統和每個應用程式都擁有自己的特性。因此，使用每種技術的相關性可能會有很大不同，具體取決於在哪裡應用這種技術。

15.1 實體化視圖

視圖是一張根據在建立視圖時，指定的查詢敘述回傳結果集的虛表。每次存取視圖時，就會執行查詢。為了避免在每次存取時都執行查詢，可以將查詢的結果集儲存在一張實體化視圖中。換句話說，實體化視圖僅僅轉換並複製本來已經儲存在別處的資料。

> **注意**　實體化視圖也可用於分散式環境中，以便在資料庫之間複製資料。這種用法本書不作介紹。

15.1.1 工作原理

接下來的小節會描述實體化視圖是什麼以及它是如何運作的。在描述完實體化視圖的基礎概念之後，會詳細論述查詢重寫和更新。

1 概念

假設必須為查詢（在 mv.sql 腳本中提供）改進效能，該查詢根據簡單的模式物件 sh（*Oracle Database Sample Schemas* 手冊完整描述了此模式物件）：

```
SELECT p.prod_category, c.country_id,
       sum(quantity_sold) AS quantity_sold,
       sum(amount_sold) AS amount_sold
FROM sales s, customers c, products p
WHERE s.cust_id = c.cust_id
AND s.prod_id = p.prod_id
GROUP BY p.prod_category, c.country_id
ORDER BY p.prod_category, c.country_id
```

如果按照第 10 章和第 13 章中描述的方法和規則評估該執行計畫的效率，你會發現一切正常。估算很完美，不同存取路徑每回傳一列的邏輯讀也很低：

```
------------------------------------------------------------------------------
| Id  | Operation            | Name    | Starts | E-Rows | A-Rows | Buffers |
```

```
----------------------------------------------------------------------
|   0 | SELECT STATEMENT       |          |    1 |        |   81 | 3094 |
|   1 |  SORT GROUP BY         |          |    1 |    68 |   81 | 3094 |
|*  2 |   HASH JOIN            |          |    1 |   968 |  956 | 3094 |
|   3 |    TABLE ACCESS FULL   | PRODUCTS |    1 |    72 |   72 |    3 |
|   4 |    VIEW               | VW_GBC_9 |    1 |   968 |  956 | 3091 |
|   5 |     HASH GROUP BY      |          |    1 |   968 |  956 | 3091 |
|*  6 |      HASH JOIN         |          |    1 |  918K |  918K| 3091 |
|   7 |       TABLE ACCESS FULL | CUSTOMERS |  1 | 55500 | 55500 | 1456 |
|   8 |       PARTITION RANGE ALL|         |    1 |  918K |  918K| 1635 |
|   9 |        TABLE ACCESS FULL | SALES   |   28 |  918K |  918K| 1635 |
----------------------------------------------------------------------

  2 - access("ITEM_1"="P"."PROD_ID")
  6 - access("S"."CUST_ID"="C"."CUST_ID")
```

「問題」是在彙總發生之前處理了大量的資料。無法只透過改變某條存取路徑或某個聯結方法就能使效能有所增強，因為它們已經被最大程度地優化了；換句話說，它們的全部潛力已經被開發完畢。是時候應用一種高級優化技術了。我們來根據要優化的查詢建立一張實體化視圖。

實體化視圖是透過 CREATE MATERIALIZED VIEW 敘述建立的。在最簡單的情況下，需要指定一個名稱和建構實體化視圖所依據的查詢。注意實體化視圖依據的表叫作基表（也稱為主表）。下面的 SQL 敘述和圖 15-1 對此進行了展示（注意，在原始查詢中的 ORDER BY 子句被省略了）：

```
CREATE MATERIALIZED VIEW sales_mv
AS
SELECT p.prod_category, c.country_id,
       sum(quantity_sold) AS quantity_sold,
       sum(amount_sold) AS amount_sold
FROM sales s, customers c, products p
WHERE s.cust_id = c.cust_id
AND s.prod_id = p.prod_id
GROUP BY p.prod_category, c.country_id
```

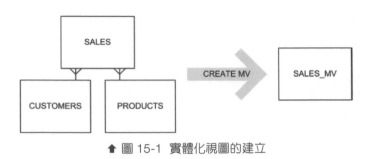

↑ 圖 15-1 實體化視圖的建立

> **📖 注意** 當你根據包含 ORDER BY 子句的查詢建立一張實體化視圖時，只有在實體化視圖建立的時候會根據 ORDER BY 子句對資料進行排序。隨後，在更新期間，不會一直保持這個排序準則。這是因為實體化視圖定義之中不會包含 ORDER BY 子句，也不會將其儲存到資料字典中。

當你執行上面的 SQL 敘述時，資料庫引擎就會建立一張實體化視圖（其只是資料字典中的一個物件，換句話說，它只是中繼資料）和一張容器表。該容器表是一張擁有與實體化視圖相同名稱的普通堆表。容器表用於儲存由查詢回傳的結果集。

可以像查詢其他任何表那樣查詢容器表。下面的 SQL 敘述展示這樣的一個例子：

```
SELECT *
FROM sales_mv
ORDER BY prod_category, country_id


-------------------------------------------------------------------------------
| Id  | Operation             | Name     | Starts | E-Rows | A-Rows | Buffers |
-------------------------------------------------------------------------------
|  0  | SELECT STATEMENT      |          |    1   |        |   81   |    3    |
|  1  |  SORT ORDER BY        |          |    1   |   81   |   81   |    3    |
|  2  |   MAT_VIEW ACCESS FULL| SALES_MV |    1   |   81   |   81   |    3    |
-------------------------------------------------------------------------------
```

注意邏輯讀的數值，與原始查詢相比，從 3,094 下降到了 3。還要注意 MAT_VIEW ACCESS FULL 這個存取路徑，它清楚地闡述了對實體化視圖的存取。這個存取路徑操作起來就像全資料表掃描一樣。這僅僅是一種用於方便指明使用實體化視圖的命名約定。而實際上，這兩種存取路徑是完全一樣的。

直接參照容器表始終是一個可選項。但是，如果想在不修改應用程式執行的 SQL 敘述的情況下改進它的效能，則存在第二種有效的途徑：使用查詢重寫。

> 🔋 **注意** 查詢重寫僅在企業版中可用。

查詢重寫的概念相當直白。當查詢最佳化工具接收到需要優化的查詢，它可以決定按照原來的方式使用此查詢（也就是說，不使用查詢重寫），或者它也可以選擇重寫此查詢，以便使用包含執行該查詢所需的全部資料，或部分資料的實體化視圖。圖 15-2 展示了這一點。當然，這個決定是查詢最佳化工具分別在使用和不使用查詢重寫的情況下，根據對執行計畫進行的成本估算做出的。擁有更低成本的執行計畫會用於執行該查詢。rewrite 和 no_rewrite 這兩個 hint 可以用於控制查詢最佳化工具的決定。

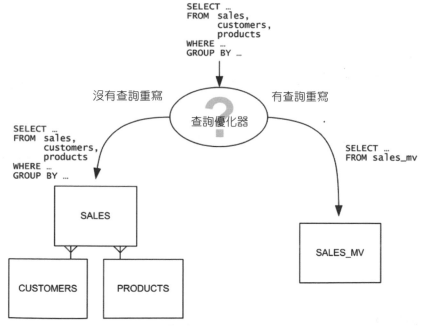

▲ 圖 15-2 查詢最佳化工具能夠使用查詢重寫來自動利用實體化視圖

　　要利用查詢重寫，必須在兩個層級上啟用它。首先，必須將 query_rewrite_enabled 初始化參數設定為 TRUE。其次，必須為實體化視圖啟用此功能。下面的 SQL 敘述展示如何為已經存在的實體化視圖啟用查詢重寫：

```
ALTER MATERIALIZED VIEW sales_mv ENABLE QUERY REWRITE
```

　　如果啟用了查詢重寫，那麼一旦提交了原始的查詢，查詢最佳化工具就會將此實體化視圖作為查詢重寫的候選項。在此情況下，查詢最佳化工具所做的，實際上是重寫查詢以便使用實體化視圖。注意，MAT_VIEW REWRITE ACCESS FULL 確認地指出了查詢重寫的發生：

```
SELECT p.prod_category, c.country_id,
       sum(quantity_sold) AS quantity_sold,
       sum(amount_sold) AS amount_sold
FROM sales s, customers c, products p
WHERE s.cust_id = c.cust_id
AND s.prod_id = p.prod_id
GROUP BY p.prod_category, c.country_id
ORDER BY p.prod_category, c.country_id
```

```
---------------------------------------------------------------------------------
| Id  | Operation                     | Name    | Starts | E-Rows | A-Rows | Buffers |
---------------------------------------------------------------------------------
|  0  | SELECT STATEMENT              |         |   1    |        |   81   |    3    |
|  1  |  SORT ORDER BY                |         |   1    |   81   |   81   |    3    |
|  2  |   MAT_VIEW REWRITE ACCESS FULL| SALES_MV|   1    |   81   |   81   |    3    |
---------------------------------------------------------------------------------
```

　　概括起來，透過查詢重寫，查詢最佳化工具能夠自動使用包含執行一個查詢所需資料的實體化視圖。打個比方，這有點類似於向表新增索引時發生的情況。你（通常）不必修改 SQL 敘述去利用它。多虧了資料字典，查詢最佳化工具知道這樣的一個索引存在，且如果它對於提升一條 SQL 敘述的執行效率有幫助，查詢最佳化工具就會使用它。同樣的道理也適用於實體化視圖。

　　當透過 DML 或 DDL 敘述修改基表時，實體化視圖（實際上是容器表）可能會包含陳舊的資料（「陳舊」意為「老的」，也就是說，如果此時根據基表的新內容執行查詢，資料已經不再等價於實體化視圖查詢的結果集）。因此，資料庫引擎會停止將實體化視圖用於查詢重寫。出於這個原因，如圖 15-3 所示，在修改完基表後，必須執行實體化視圖的更新。可以選擇什麼時間以哪種方式執行實體化視圖的更新。

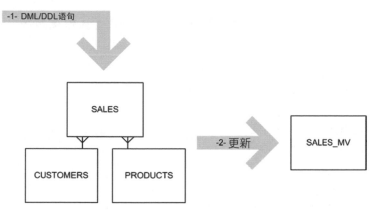

↑ 圖 15-3　在修改完基表之後，必須要更新實體化視圖

　　現在我已經介紹了基本的概念，接下來會以更詳細的方式，描述一下在建立實體化視圖期間可以指定哪些參數，以及查詢重寫和更新是如何運作的。

2　參數

　　正如上節中所述，在建立一張實體化視圖時可以不指定任何參數，不過也可以完全自訂它的建立。

- 可以指定實體屬性，比如分區、壓縮、表空間等，也可以為容器表指定儲存參數。就這一點而言，容器表會得到與所有其他堆表一樣的對待。鑑於此，可以應用第 13 章中討論的技術來進一步優化資料存取。

- 建立出實體化視圖之後，就會執行查詢，然後會將結果集插入到容器表中。這是因為預設使用了 build immediate 參數。還存在兩種額外的可選項：第一種，透過指定 build deferred 參數將資料的插入推遲到第一次更新的時候；第二種，透過指定 prebuilt table 參數來重用一張已經存在的表作為容器表。

- 預設情況下，查詢重寫是禁用的。要啟用它，必須指定 enable query rewrite 參數。只有企業版才支援啟用查詢重寫。

- 為改進快速更新（在本章稍後講述）的效能，預設會在容器表上建立一個
  索引。要禁止這個索引的建立，可以指定 using no index 參數。這一點
  很有用，例如，為了避免索引維護的負載，而且這個負載絕對不可忽視，
  當然前提是你永遠都不想執行快速更新。

下面的 SQL 敘述展示了根據之前同一個查詢的例子，但是加入了幾個剛剛描述過的參數：

```
CREATE MATERIALIZED VIEW sales_mv
PARTITION BY HASH (country_id) PARTITIONS 8
TABLESPACE users
BUILD IMMEDIATE
USING NO INDEX
ENABLE QUERY REWRITE
AS
SELECT p.prod_category, c.country_id,
       sum(quantity_sold) AS quantity_sold,
       sum(amount_sold) AS amount_sold
FROM sales s, customers c, products p
WHERE s.cust_id = c.cust_id
AND s.prod_id = p.prod_id
GROUP BY p.prod_category, c.country_id
```

此外，也可以指定實體化視圖如何更新。「實體化視圖更新」一節提供了關於這個主題的詳細資訊。

3 查詢重寫

無論何時一個 SELECT 子句出現在 SQL 敘述中，查詢最佳化工具都能夠利用查詢重寫，或者，更具體一點說，在以下幾種情況中：

- `SELECT ... FROM ...`
- `CREATE TABLE ... AS SELECT ... FROM ...`
- `INSERT INTO ... SELECT ... FROM ...`
- 子查詢

　　此外，就像之前所說，只有在滿足兩個要求時才會使用查詢重寫。第一，必須將 query_rewrite_enabled 初始化參數設定為 TRUE（預設值）。第二，實體化視圖必須使用 enable query rewrite 參數建立。

　　一旦滿足這些要求，每次查詢最佳化工具產生一個執行計畫，它都會查找是否存在一張包含所需資料的實體化視圖，可以用於重寫一條 SQL 敘述。為了這個目的，它使用以下三種方法之一。

- **全文字相符查詢重寫**：查詢敘述的文字傳遞給查詢最佳化工具，用來與每個可用的實體化視圖的查詢敘述中的文字進行比較。如果它們相符，顯然該實體化視圖包含需要的資料。注意這個比較不像資料庫引擎通常所用的比較那麼嚴格：它不區分大小寫（除了字面值）並且忽略空格（例如，新列和定位字元）和 ORDER BY 子句。

- **部分文字相符查詢重寫**：這種比較類似於全文字相符查詢重寫中使用的比較。但是這種方式允許在 SELECT 子句中出現不一致。舉例來說，如果實體化視圖儲存了三個行，而其中只有兩個被需要優化的查詢敘述參照，則實體化視圖包含所有需要的資料，因此就可以使用查詢重寫。

- **通用查詢重寫**：為了找到相符的實體化視圖，通用查詢重寫會做一個語意分析。出於這個目的，它會廣泛使用約束和維度來推斷基表中資料的語意關係。其目的是，即使傳遞給查詢最佳化工具的查詢敘述與相符的實體化視圖的查詢敘述有很大不同，也可以應用查詢重寫。事實上，對於設計良好的實體化視圖來說，會經常用於重寫許多（而且還可能是不同的）SQL 敘述。

維度

查詢最佳化工具使用資料字典中儲存的約束來推斷資料關係，以最大程度地利用通用查詢重寫。有時，其他一些非常有用的關係，卻沒有被約束覆蓋到，這種關係存在於同一張表的行之間，或者甚至是不同的表之間。對於非規範化的表（例如像 sh 模式物件下的 times 表）尤為如此。為了向查詢最佳化工具提供這樣的資訊，可以使用**維度**（**dimension**）。因為它，可以使用**層級**（**hierarchy**）指定 1:n 的關係以及可以使用**屬性**（**attribute**）指定 1:1 的關係。層級和屬性都是根據**層級**（**level**）的，也就是，簡單來說，一張表中的行。下面的 SQL 敘述進行了展示：

```
CREATE DIMENSION times_dim
LEVEL day IS times.time_id
LEVEL month IS times.calendar_month_desc
LEVEL quarter IS times.calendar_quarter_desc
LEVEL year IS times.calendar_year
HIERARCHY cal_rollup (day CHILD OF month CHILD OF quarter CHILD OF year)
ATTRIBUTE day DETERMINES (day_name, day_number_in_month)
ATTRIBUTE month DETERMINES (calendar_month_number, calendar_month_name)
ATTRIBUTE quarter DETERMINES (calendar_quarter_number)
ATTRIBUTE year DETERMINES (days_in_cal_year)
```

關於維度的詳細資訊可以在 *Oracle Database Data Warehousing Guide* 手冊中找到。

可以很迅速地應用全文字相符和部分文字相符查詢重寫。但因為它們的判定是根據簡單的文字相符，所以不是很靈活。因此，它們只能重寫有限數量的查詢。比較起來，通用查詢重寫則要強大得多。不足之處是應用這種技術的負載也要高很多。出於這個原因，查詢最佳化工具依據複雜性的遞增次序應用這些方法（進而分解開銷），直到找到相符的實體化視圖。此處理過程在圖 15-4 中作了展示。

接下來的例子來自 mv_rewrite.sql 腳本，展示了通用查詢重寫的實戰操作。注意該查詢類似於上一小節中用於定義 sales_mv 實體化視圖的那個查詢。以下是五個不同點。

- SELECT 子句不一樣。但是注意，此實體化視圖包含所有必要的資料。
- FROM 子句是使用更新的聯結語法書寫的（注意 JOIN 和 ON 關鍵字）。
- GROUP BY 子句不一樣。資料是在更少的行上彙總的（與實體化視圖的定義相比，缺少 country_id 行）。
- 指定了一個 ORDER BY 子句。
- 沒有參照 customers 表。然而，多虧 sales 表上一個參照了 customers 表的有效外鍵約束，查詢最佳化工具能夠判斷出省略這個聯結沒有什麼損失（因此，此聯結無法消除任何資料）。

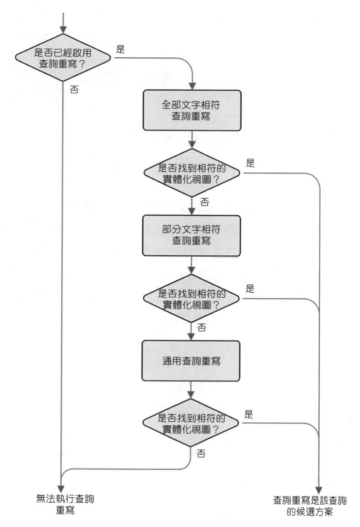

↑ 圖 15-4 查詢重寫處理過程

不管這些區別，使用通用查詢重寫，查詢最佳化工具能夠利用 sales_mv 實體化視圖：

```
SQL> SELECT upper(p.prod_category) AS prod_category,
  2          sum(s.amount_sold) AS amount_sold
  3  FROM sales s JOIN products p ON s.prod_id = p.prod_id
  4  GROUP BY p.prod_category
```

```
  5  ORDER BY p.prod_category;


----------------------------------------------------
| Id  | Operation                     | Name      |
----------------------------------------------------
|   0 | SELECT STATEMENT              |           |
|   1 |   SORT GROUP BY               |           |
|   2 |     MAT_VIEW REWRITE ACCESS FULL| SALES_MV |
----------------------------------------------------
```

值得注意的是，在預設情況下，查詢最佳化工具不會使用未驗證的約束。因此，如果存在未驗證的約束，查詢最佳化工具無法使用通用查詢重寫。因此，對於這樣的查詢來說，無法使用全文字相符查詢重寫和部分文字相符查詢重寫，所以不會出現查詢重寫。下面的例子證實了這一點。注意，除了 FROM 子句（但是，如之前所述，這個細節是無關的），這裡使用的是與上一個例子中一樣的查詢。然而，sales_customer_fk 約束的狀態發生了改變：

```
SQL> ALTER TABLE sales MODIFY CONSTRAINT sales_customer_fk NOVALIDATE;

SQL> SELECT upper(p.prod_category) AS prod_category,
  2         sum(s.amount_sold) AS amount_sold
  3  FROM sales s, products p
  4  WHERE s.prod_id = p.prod_id
  5  GROUP BY p.prod_category
  6  ORDER BY p.prod_category;


---------------------------------------------
| Id  | Operation                 | Name     |
---------------------------------------------
|   0 | SELECT STATEMENT          |          |
|   1 |   SORT GROUP BY           |          |
|*  2 |    HASH JOIN              |          |
|   3 |     VIEW                  | VW_GBC_5 |
|   4 |      HASH GROUP BY        |          |
|   5 |       PARTITION RANGE ALL |          |
|   6 |        TABLE ACCESS FULL  | SALES    |
```

```
|   7 |     TABLE ACCESS FULL    | PRODUCTS |
---------------------------------------------

  2 - access( "ITEM_1" =" P" ." PROD_ID" )
```

　　尤其是對於資料市集 (data marts)，使用那些儘管對於資料庫引擎來講是未驗證的，但是卻已知滿足資料的需求的約束很常見，這要歸功於（仔細地）維護表資料的方式。同時，擁有儘管被資料庫引擎認為是陳舊的，但是對於重寫查詢來說卻是安全的實體化視圖也很常見。

　　要在這樣的情況下利用通用查詢重寫，可以使用 query_rewrite_integrity 初始化參數。透過它，可以指定是否僅可以使用強制的約束（因而，對資料庫引擎來說是驗證的），以及是否使用包含陳舊資料的實體化視圖。可以將該參數設定為以下三個值。

- enforced：僅會考慮將包含最新資料的實體化視圖用於查詢重寫。注意，始終會認為根據外部表的實體化視圖是陳舊的。此外，僅驗證過的約束用於通用查詢重寫。這是預設值。
- trusted：僅會考慮將包含最新資料的實體化視圖用於查詢重寫。此外，對於通用查詢重寫來說，未驗證過且使用 rely 標記的維度和約束是可信的。
- stale_tolerated：所有存在的實體化視圖，包括那些含有陳舊資料的，都會考慮用於查詢重寫。此外，對於通用查詢重寫來說，未驗證過且使用 rely 標記的維度和約束是可信的。

　　下面的例子展示如何在不驗證約束的情況下使用通用查詢重寫。正如展示的那樣，會對約束使用 rely 標記，並且會將完整性層級設定為 trusted：

```
SQL> ALTER TABLE sales MODIFY CONSTRAINT sales_customer_fk RELY;

SQL> ALTER SESSION SET query_rewrite_integrity = trusted;

SQL> SELECT upper(p.prod_category) AS prod_category,
  2          sum(s.amount_sold) AS amount_sold
  3  FROM sales s, products p
  4  WHERE s.prod_id = p.prod_id
```

```
  5   GROUP BY p.prod_category
  6   ORDER BY p.prod_category;


----------------------------------------------------
| Id  | Operation                      | Name       |
----------------------------------------------------
|  0  | SELECT STATEMENT               |            |
|  1  |   SORT GROUP BY                |            |
|  2  |     MAT_VIEW REWRITE ACCESS FULL| SALES_MV  |
----------------------------------------------------
```

　　如果因為其中一個 SQL 敘述沒有使用查詢重寫而遇到麻煩,而且你不知道為什麼,則可以使用 dbms_mview 套件的 explain_rewrite 過程來找出問題所在。下面的 PL/SQL 程式碼區塊是一個如何使用它的例子。注意,query 參數指定應該被重寫的查詢,mv 參數指定應該用於重寫的實體化視圖,而 statement_id 參數指定一個任意的字串用於識別儲存在輸出表 rewrite_table 中的資訊:

```
SQL> ALTER SESSION SET query_rewrite_integrity = enforced;

SQL> DECLARE
  2     l_query CLOB := 'SELECT upper(p.prod_category) AS prod_category,
  3                             sum(s.amount_sold) AS amount_sold
  4                        FROM sh.sales s, sh.products p
  5                       WHERE s.prod_id = p.prod_id
  6                       GROUP BY p.prod_category
  7                       ORDER BY p.prod_category' ;
  8   BEGIN
  9     DELETE rewrite_table WHERE statement_id = '42' ;
 10     dbms_mview.explain_rewrite(
 11       query        => l_query,
 12       mv           => 'sh.sales_mv' ,
 13       statement_id => '42'
 14     );
 15   END;
 16   /
```

> 📖 **注意** rewrite_table 表預設情況下並不存在。你可以登入到用於分析的模式物件下,透過執行儲存在 $ORACLE_HOME/rdbms/admin 目錄下的 utlxrw.sql 腳本來建立它。

該過程的輸出,在 rewrite_table 表中提供,會提供為什麼查詢重寫沒有發生的原因。輸出由 *Oracle Database Error Messages* 手冊中記錄的資訊組成。以下是之前的分析的輸出:

```
SQL> SELECT message
  2  FROM rewrite_table
  3  WHERE statement_id = '42' ;

MESSAGE
----------------------------------------------------------------------------
QSM-01150: query did not rewrite
QSM-01284: materialized view SALES_MV has an anchor table CUSTOMERS not
found in query
QSM-01052: referential integrity constraint on table, SALES, not VALID in
ENFORCED integrity
mode
```

還需要注意的是,並非所有查詢重寫方法都可以應用到所有實體化視圖上。某些實體化視圖只支援全文字相符查詢重寫。其他的一些只支援全文字相符和部分文字相符查詢重寫。總的來說,隨著實體化視圖複雜性(例如,考慮到像集合運算子和層次查詢的使用)的增加,對於高級查詢重寫的支援就越少。限制條件還取決於 Oracle 資料庫版本。所以,我不會提供一個受支援查詢重寫的清單,取而代之的是,我會向你展示,對於一個指定的例子,如何找出哪些查詢重寫方法是受支援的。為了展示,我們使用下面的 SQL 敘述重新建立實體化視圖。注意,與之前的例子相比,我只是將 p.prod_status 新增到了 GROUP BY 子句中(在實踐中,執行這樣的一個 SQL 敘述通常沒什麼意義,但是,很快你就會發現,這是使查詢重寫部分失效的一種相對簡單的方式):

```
CREATE MATERIALIZED VIEW sales_mv
ENABLE QUERY REWRITE
AS
SELECT p.prod_category, c.country_id,
       sum(s.quantity_sold) AS quantity_sold,
       sum(s.amount_sold) AS amount_sold
FROM sales s, customers c, products p
WHERE s.cust_id = c.cust_id
AND s.prod_id = p.prod_id
GROUP BY p.prod_category, c.country_id, p.prod_status
```

　　要顯示一個實體化視圖支援的查詢重寫方法，可以查詢下面例子中所示的 user_mviews 視圖（也可以使用相應的 dba、all 以及在 12.1 版本中的多租戶環境下的 cdb 版本的視圖）。在這個案例中，根據 rewrite_enabled 行，查詢重寫在該實體化視圖層級上是啟用的，而且根據 rewrite_capability 行，只有文字相符查詢重寫是受支援的（換句話說，不支援通用查詢重寫）：

```
SQL> SELECT rewrite_enabled, rewrite_capability
  2  FROM user_mviews
  3  WHERE mview_name = 'SALES_MV' ;

REWRITE_ENABLED REWRITE_CAPABILITY
--------------- ------------------
Y               TEXTMATCH
```

　　注意，rewrite_capability 行只能取以下這些值之一：none、textmatch 或 general。如果支援通用查詢重寫（因此也支援其他兩種方法），則 user_mviews 視圖提供的資訊就足夠了。然而，如此案例中所示，如果顯示的是值 textmatch，則還至少需要知道另外兩件事情。第一，在這兩種文字相符查詢重寫方法中，哪一種是受支援的？是只支援全文字相符查詢重寫，還是也支援部分文字相符查詢重寫？第二，為什麼不支援通用查詢重寫？

　　要回答這些問題，可以使用 dbms_mview 套件中的 explain_mview 過程，如下例所示。注意 mv 參數指定實體化視圖的名稱，stmt_id 參數指定一個任意的字串用於識別儲存在輸出表 mv_capabilities_table 中的資訊：

```
SQL> execute dbms_mview.explain_mview(mv => 'sales_mv' , stmt_id => '42' )
```

> 📛 **注意** mv_capabilities_table 表預設情況下並不存在。可以透過執行在
> $ORACLE_HOME/rdbms/admin 目錄下儲存的 utlxmv.sql 腳本，在要使用它的模
> 式物件下建立此表。

可以在 mv_capabilities_table 表中找到該過程的輸出，該輸出展示了
sales_mv 實體化視圖是否支援這三種查詢重寫模式。如果不支援，msgtxt 行會表
明某個具體的查詢重寫模式，因為什麼原因不受支援。在這個案例中你會注意到，
問題只是由於缺少一個在 GROUP BY 子句中參照的行引起的（向上檢查此 SQL 敘
述，你會立即發現引起問題的行：p.prod_status）：

```
SQL> SELECT capability_name, possible, msgtxt
  2  FROM mv_capabilities_table
  3  WHERE statement_id = '42'
  4  AND capability_name IN ( 'REWRITE_FULL_TEXT_MATCH' ,
  5                           'REWRITE_PARTIAL_TEXT_MATCH' ,
  6                           'REWRITE_GENERAL' );
CAPABILITY_NAME                POSSIBLE MSGTXT
------------------------------ -------- ----------------------------------------
REWRITE_FULL_TEXT_MATCH        Y
REWRITE_PARTIAL_TEXT_MATCH     N        grouping column omitted from SELECT list
REWRITE_GENERAL                N        grouping column omitted from SELECT list
```

4 更新

修改了某張表之後，所有依賴的實體化視圖都會變得陳舊。因此，對於每一
個陳舊的實體化視圖，有必要進行更新。可以在建立實體化視圖時，指定更新如
何以及何時發生。

要指定資料庫引擎如何執行更新，可以從以下方法中選擇。

- REFRESH COMPLETE：容器表中的全部內容都會被刪除，所有資料都會從基
  表重新載入。顯然，這種方法總是受支援的。只有當基表中相當大的一部

分被修改時，或由於實體化視圖的複雜性快速更新不可用時，才應該使用這種方法。

- REFRESH FAST：容器表中的內容被重複利用，只有修改的部分會被傳播至容器表。如果基表中的少量資料被修改，應該使用這種方法。僅當滿足幾個要求的情況下這種方法才可用。如果其中的一個沒有滿足，要麼會拒絕將 REFRESH FAST 作為實體化視圖的一個合法參數，要麼會引發一個錯誤。快速更新和 PCT 更新（一種特別的快速更新），都會在下一小節中詳細介紹。

- REFRESH FORCE：起初，嘗試進行快速更新。如果不起作用，就會執行完整更新。這是預設的方法。

- NEVER REFRESH：實體化視圖從不進行更新。如果嘗試進行更新，會隨著 ORA-23538: cannot explicitly refresh a NEVER REFRESH materialized view 錯誤終止。可以使用這種方法來確保永遠不會執行更新。

可以透過以下兩種方式選擇實體化視圖更新出現的時間點。

- ON DEMAND：實體化視圖只有在被確認要求的情況下更新（或者是手動或者是透過按固定間隔執行一個任務）。這意味著在從基表發生修改到實體化視圖更新的這段時間內，實體化視圖可能會包含陳舊的資料。

- ON COMMIT：實體化視圖會在修改它參照的基表的事務結束時自動更新。換句話說，就其他的對話而言，實體化視圖總是包含最新的資料。

可以組合這些選項來指定實體化視圖如何更新，以及何時進行更新，並且在 CREATE MATERIALIZED VIEW 和 ALTER MATERIALIZED 敘述中都可以使用它們。下面是一個例子：

```
ALTER MATERIALIZED VIEW sales_mv REFRESH FORCE ON DEMAND
```

你甚至可以使用 REFRESH COMPLETE ON COMMIT 選項建立一張實體化視圖。然而，這樣的設定好像不太可能在實踐中有什麼用處。

要顯示與一個實體化視圖有關的參數，它是否是最新的，還有上一次更新是如何以及何時操作的，可以查詢 user_mviews 視圖（也可以使用相關的 dba、all 以及在 12.1 版本中的多租戶環境下的 cdb 版本）。

```
SQL> SELECT refresh_method, refresh_mode, staleness, last_refresh_type,
last_refresh_date
  2  FROM user_mviews
  3  WHERE mview_name = 'SALES_MV' ;


REFRESH_METHOD REFRESH_MODE STALENESS LAST_REFRESH_TYPE LAST_REFRESH_DATE
-------------- ------------ --------- ----------------- -----------------
FORCE          DEMAND       FRESH     COMPLETE          2013-12-10 15:51
```

如果選擇手動更新實體化視圖,可以呼叫 dbms_mview 套件中的以下過程之一。

- refresh:此過程更新透過 list 參數指定為逗號分隔列表的實體化視圖。例如,以下呼叫曾更新 sh 用戶擁有的 sales_mv 和 cal_month_sales_mv 實體化視圖:

```
dbms_mview.refresh(list => 'sh.sales_mv,sh.cal_month_sales_mv' )
```

- refresh_all_mviews:除了那些標記為永不更新的實體化視圖以外,此過程更新在資料庫中儲存的所有實體化視圖。輸出參數 number_of_failures 回傳在處理期間出現的失敗的數量:

```
dbms_mview.refresh_all_mviews(number_of_failures => :r)
```

- refresh_dependent:此過程更新某種實體化視圖,這種實體化視圖依賴透過 list 參數指定為逗號分隔列表的基表。輸出參數 number_of_failures 回傳在處理期間出現的失敗的數量。例如,以下呼叫會根據 sh 使用者擁有的 sales 表,更新所有實體化視圖:

```
dbms_mview.refresh_dependent(number_of_failures => :r, list => 'sh.sales' )
```

所有這些過程還支援參數 method 和 atomic_refresh。前者指定如何完成更新('c' 代表完全更新,'f' 代表快速更新,'p' 代表 PCT 更新,'?' 代表強制),後者指定更新是否在一個單獨的事務中執行。如果將 atomic_refresh 參數設定為 FALSE(預設值是 TRUE),則不使用單獨的事務。結果就是,對於完全更新,實體化視圖是被截斷而不是被刪除。一方面，更新更快速了。另一方面，如果另一個對話在更新執行期間查詢實體化視圖，該查詢可能會回傳錯誤的結果（沒有選中任何資料）。

此外，從 12.1 版本開始，一個稱作 out_of_place 的新參數可用了。如果將這個 out_of_place 參數設定為 FALSE（預設值），更新會直接在與實體化視圖關聯的容器表上執行。這樣的更新方式對於存取該實體化視圖的並行查詢來講，可能會導致一些問題。

如果將 out_of_place 設定為 TRUE，那麼更新會在另一張表的幫助下執行。實際發生的是，會建立出另外一張容器表，會透過直接路徑插入，將最新的資料插入到這張表中，新的容器表與舊的容器表進行切換，最終丟棄掉舊的容器表。這種方法，稱作 **out-of-place 更新**，確保將並行查詢存取實體化視圖的影響降到最低。缺點是在更新期間，需要的空間加倍。

一旦想要按需自動化一個更新，透過 CREATE MATERIALIZED VIEW 和 ALTER MATERIALIZED VIEW，都可以指定第一次更新的時間（START WITH 子句）和一個運算式來評估隨後的更新的時間（NEXT 子句）。例如，使用下面的 SQL 敘述，會將更新安排在執行 SQL 敘述時開始，每十分鐘進行一次：

```
ALTER MATERIALIZED VIEW sales_mv
REFRESH COMPLETE ON DEMAND
START WITH sysdate
NEXT sysdate+to_dsinterval( '0 00:10:00' )
```

為調度該更新，會自動提交一個根據 dbms_job 套件的幕後工作。注意 dbms_refresh 套件用於代替 dbms_mview 套件：

```
SQL> SELECT what, interval
  2  FROM user_jobs;

WHAT                                             INTERVAL
------------------------------------------------ ------------------------------
dbms_refresh.refresh( '"CHRIS"."SALES_MV"' );    sysdate+to_dsinterval
( '0 00:10:00' )
```

更新組

dbms_refresh 套件用於管理**更新組**（**REFRESH GROUP**）。一個更新組是由一個或多個實體化視圖組成的一個簡單集合。透過 dbms_refresh 套件中的更新過程執行的更新，是在一個單獨的事務中執行的（atomic_refresh 被設定為 TRUE）。如果需要保證幾個實體化視圖之間的一致性，那麼這種行為是有必要的。這還意味著要麼會成功更新包含在組中的所有實體化視圖，要麼會復原整個更新。

◉ 使用實體化視圖日誌進行快速更新

在快速更新期間，會重複利用容器表的內容，且僅會將修改的部分從基表傳播至容器表中。顯然，資料庫引擎只有在知道修改的部分時才能夠傳播它們。出於這個目的，必須在每個基表上建立一個**實體化視圖日誌**（**materialized view log**）才能啟用快速更新（分區變化追蹤快速更新會在下一小節中討論，是現在討論內容的一個例外）。例如，為了能夠快速更新，sales_mv 實體化視圖需要 sales、customers 和 products 表上的實體化視圖日誌。

簡而言之，實體化視圖日誌是一張由資料庫引擎自動維護的表，用於追蹤出現在基表上的變更。除了實體化視圖日誌之外，還有一張內部日誌表用於直接路徑插入。你不需要建立它，因為它是在資料庫建立的時候自動安裝的。要顯示它的內容，可以查詢 all_sumdelta 視圖。

在最簡單的案例中，可以使用像下面這樣的 SQL 敘述建立實體化視圖日誌（這個例子來自 mv_refresh_log.sql 腳本）：

```
SQL> CREATE MATERIALIZED VIEW LOG ON sales WITH ROWID;

SQL> CREATE MATERIALIZED VIEW LOG ON customers WITH ROWID;

SQL> CREATE MATERIALIZED VIEW LOG ON products WITH ROWID;
```

可以新增 WITH ROWID 子句來指定如何識別實體化視圖日誌中的記錄，也就是指定如何識別那些被每個實體化視圖日誌行追蹤的修改的基表記錄。也可以建立使用主鍵或物件 ID 來識別修改的記錄的實體化視圖日誌。但是，針對本章的目的，

記錄必須透過它們的 rowid 進行識別（其他的方式適合在分散式環境中使用實體化
視圖的時候使用）。

　　就像實體化視圖有一張關聯的容器表一樣，每個實體化視圖日誌也有一張關
聯的表，用於記錄對基表所做的修改。下面的查詢展示如何顯示它的名稱：

```
SQL> SELECT master, log_table
  2  FROM dba_mview_logs
  3  WHERE master IN ( 'SALES' , 'CUSTOMERS' , 'PRODUCTS' )
  4  AND log_owner = 'SH' ;


MASTER     LOG_TABLE
---------  ----------------
CUSTOMERS  MLOG$_CUSTOMERS
PRODUCTS   MLOG$_PRODUCTS
SALES      MLOG$_SALES
```

　　對於某些實體化視圖，這樣一個基本的實體化視圖日誌並不足以支援快速更
新。有額外的要求需要得到滿足。因為這些要求強烈依賴於與實體化視圖有關的
查詢以及 Oracle 資料庫版本，我不會提供一個列表，而是會向你展示對於一個指
定的案例，如何找出這些要求是什麼。為此，你可以使用在查找有哪些支援的查
詢重寫模式時使用的相同方法（見 15.1.1 的「查詢重寫」一節）。換句話説，可以
使用 dbms_mview 套件中的 explain_mview 過程，如下面的例子展示的這樣：

```
SQL> execute dbms_mview.explain_mview(mv => 'sales_mv' , stmt_id => '42' )
```

　　該過程的輸出在 mv_capabilities_table 表中提供。要查看是否可以快
速更新實體化視圖，可以使用類似下面這樣的查詢。注意在輸出中，總是會將
possible 這一行設定為 N。它的意思是沒有可行的快速更新。此外，msgtxt 和
related_text 行表明這個問題的原因：

```
SQL> SELECT capability_name, possible, msgtxt, related_text
  2  FROM mv_capabilities_table
  3  WHERE statement_id = '42'
  4  AND capability_name LIKE 'REFRESH_FAST_AFTER%' ;
```

```
CAPABILITY_NAME              POSSIBLE MSGTXT                         RELATED_TEXT
---------------------------- -------- ------------------------------ -------------
REFRESH_FAST_AFTER_INSERT    N        mv log must have new values    SH.PRODUCTS
REFRESH_FAST_AFTER_INSERT    N        mv log does not have all necess SH.PRODUCTS
                                      ary columns
REFRESH_FAST_AFTER_INSERT    N        mv log must have new values    SH.CUSTOMERS
REFRESH_FAST_AFTER_INSERT    N        mv log does not have all necess SH.CUSTOMERS
                                      ary columns
REFRESH_FAST_AFTER_INSERT    N        mv log must have new values    SH.SALES
REFRESH_FAST_AFTER_INSERT    N        mv log does not have all necess SH.SALES
                                      ary columns
REFRESH_FAST_AFTER_ONETAB_DML N       SUM(expr) without COUNT(expr)  AMOUNT_SOLD
REFRESH_FAST_AFTER_ONETAB_DML N       SUM(expr) without COUNT(expr)  QUANTITY_SOLD
REFRESH_FAST_AFTER_ONETAB_DML N       see the reason why REFRESH_FAST
                                      _AFTER_INSERT is disabled
REFRESH_FAST_AFTER_ONETAB_DML N       COUNT(*) is not present in the
                                      select list
REFRESH_FAST_AFTER_ONETAB_DML N       SUM(expr) without COUNT(expr)
REFRESH_FAST_AFTER_ANY_DML   N        mv log does not have sequence # SH.PRODUCTS
REFRESH_FAST_AFTER_ANY_DML   N        mv log does not have sequence # SH.CUSTOMERS
REFRESH_FAST_AFTER_ANY_DML   N        mv log does not have sequence # SH.SALES
REFRESH_FAST_AFTER_ANY_DML   N        see the reason why REFRESH_FAST
                                      _AFTER_ONETAB_DML is disabled
```

其中的一些問題和實體化視圖日誌有關,其他的則與實體化視圖有關。簡而言之,資料庫引擎需要更多的資訊來執行快速更新。

為了解決與實體化視圖日誌有關的問題,必須在 CREATE MATERIALIZED VIEW LOG 敘述中新增一些選項。

- 對於「mv log does not have all necessary columns」問題,必須指定每個被實體化視圖參照的行都儲存在實體化視圖日誌中。

- 對於「mv log must have new values」問題,必須新增 INCLUDING NEW VALUES 子句。透過這個選項,實體化視圖日誌會在執行更新被時,將舊值和新值(預設情況下僅會儲存舊值)都儲存起來(也就是說,會有兩條記錄寫入到實體化視圖日誌中)。

■ 對於「mv log does not have sequence」問題，則有必要新增 SEQUENCE 子句。透過這個選項，會有一個序號與實體化視圖日誌中儲存的每一列資料相關聯。

下面是重新定義的實體化視圖日誌：

```
SQL> CREATE MATERIALIZED VIEW LOG ON sales WITH ROWID, SEQUENCE
  2 (cust_id, prod_id, quantity_sold, amount_sold) INCLUDING NEW VALUES;

SQL> CREATE MATERIALIZED VIEW LOG ON customers WITH ROWID, SEQUENCE
  2 (cust_id, country_id) INCLUDING NEW VALUES;

SQL> CREATE MATERIALIZED VIEW LOG ON products WITH ROWID, SEQUENCE
  2 (prod_id, prod_category) INCLUDING NEW VALUES;
```

TIMESTAMP 與 COMMIT SCN-BASED 實體化視圖日誌

從 12.1 版本開始，有兩種類型的實體化視圖日誌：根據時間戳記的和根據提交 SCN 號的。因為根據時間戳記的實體化視圖日誌，是在 11.1.0.7 及之前的版本中唯一存在的形式，所以在後續的版本中也是預設使用它們。要使用新的類型，必須在建立實體化視圖日誌時指定 COMMIT SCN 子句。下面的 SQL 敘述展示了一個例子：

```
CREATE MATERIALIZED VIEW LOG ON sales WITH ROWID, COMMIT SCN, SEQUENCE
(cust_id, prod_id,
quantity_sold, amount_sold) INCLUDING NEW VALUES
```

儘管從用戶的角度出發，這兩種類型之間沒有區別，但是實體化視圖日誌所使用的快速更新的演算法，在根據提交 SCN 號時會帶來更好的效能。

注意根據提交 SCN 號的實體化視圖日誌預設沒有啟用，因為它們受到一些限制。例如，帶有 LOB 行的表是不受支援的。

為了解決與實體化視圖相關的問題，必須將一些根據 count 函數的新行新增到與實體化視圖關聯的查詢中。下面的 SQL 敘述展示了包含新行的定義：

```
CREATE MATERIALIZED VIEW sales_mv
REFRESH FORCE ON DEMAND
AS
```

```
SELECT p.prod_category, c.country_id,
       sum(s.quantity_sold) AS quantity_sold,
       sum(s.amount_sold) AS amount_sold,
       count(*) AS count_star,
       count(s.quantity_sold) AS count_quantity_sold,
       count(s.amount_sold) AS count_amount_sold
FROM sales s, customers c, products p
WHERE s.cust_id = c.cust_id
AND s.prod_id = p.prod_id
GROUP BY p.prod_category, c.country_id
```

在重新定義完實體化視圖日誌和實體化視圖之後，在使用 explain_mview 過程的進一步分析中，結果顯示快速更新在所有情況下都是可行的（possible 行都設定為 Y）。那麼我們透過向兩張表中插入資料，然後執行快速更新來測試一下更新到底有多快：

```
SQL> INSERT INTO products
  2    SELECT 619, prod_name, prod_desc, prod_subcategory, prod_subcategory_id,
  3           prod_subcategory_desc, prod_category, prod_category_id,
  4           prod_category_desc, prod_weight_class, prod_unit_of_measure,
  5           prod_pack_size, supplier_id, prod_status, prod_list_price,
  6           prod_min_price, prod_total, prod_total_id, prod_src_id,
  7           prod_eff_from, prod_eff_to, prod_valid
  8    FROM products
  9    WHERE prod_id = 136;

SQL> INSERT INTO sales
  2    SELECT 619, cust_id, time_id, channel_id, promo_id, quantity_sold,
amount_sold
  3    FROM sales
  4    WHERE prod_id = 136;

SQL> COMMIT;

SQL> execute dbms_mview.refresh(list => 'sh.sales_mv', method => 'f')

Elapsed: 00:00:00.12
```

在本例中，快速更新持續了 0.12 秒鐘。如果不滿意快速更新的效能，應該使用 SQL 追蹤調查為何它花費了這麼久。然後，透過應用第 13 章中描述的技巧，你可能能夠透過新增索引（在主表上，在實體化視圖上，或甚至有時候在實體化視圖日誌上新增）或給一個實體段分區來加速查詢。

★ **提示**　根據你使用的版本以及你遇到問題的實體化視圖的類型，有幾個未公開的參數有可能會影響效能。討論這些參數超出了本書的範圍。如果有關於快速更新的效能問題，建議查看一下 Oracle Support 檔案 *Master Note for Materialized View*（1353040.1），特別是「Performance Issues with MVIEW」一節。

◉ 使用分區變化追蹤進行快速更新

儲存歷史資料的表經常會按照日、星期或年進行範圍分區。換句話說，分區是根據儲存時間資訊的行。因此，新分區的加入，資料載入到分區中，以及丟棄舊分區（通常只會保持特定數量的分區線上）都是有規律地發生的。在執行完這些操作後，所有依賴的實體化視圖都是陳舊的，並且因此應該進行更新。

問題是使用實體化視圖日誌的快速更新（如上一小節所描述），無法在類似 ADD PARTITION 或 DROP PARTITION 這樣的分區管理操作之後執行。如果嘗試這樣的更新，資料庫引擎會引發一個 ORA-32313: REFRESH FAST of <mview> unsupported after PMOPs 錯誤。當然了，完全更新總是可以執行的。然而，如果有很多的分區而且只有其中一個或兩個被修改了，完全更新的時間可能是不可接受的。

要解決這個問題，可以使用根據分區變化追蹤（partition change tracking，PCT）的快速更新。這樣做可行是因為，資料庫引擎不僅僅在表層級，而且在分區層級也有能力追蹤資料是否陳舊。換句話說，對於所有沒有修改過的分區，可以跳過更新。要使用這種更新方法，實體化視圖必須滿足一些要求。基本上就是，資料庫引擎必須能夠將實體化視圖中儲存的資料對應到基表的分區上。如果實體化視圖包含以下各項之一，這就是可行的：

- 分區鍵
- Rowid

- 分區標記（partition marker）
- 聯結相關（Join-dependent）運算式

前兩個是什麼應該是顯而易見的；我們來看一下第三個和第四個的例子。一個分區標記只不過是由 dbms_mview 套件中的 pmarker 函數產生的一個分區識別字（實際上，它是與分區段有關的資料物件 ID）。要產生分區標記，此函數使用 rowid 作為一個參數傳遞進來。下面的例子來自 mv_refresh_pct.sql 腳本，展示了如何建立包含分區標記的實體化視圖（注意，sales 表是分區的）：

```
CREATE MATERIALIZED VIEW sales_mv
REFRESH FORCE ON DEMAND
AS
SELECT p.prod_category, c.country_id,
       sum(quantity_sold) AS quantity_sold,
       sum(amount_sold) AS amount_sold,
       count(*) AS count_star,
       count(quantity_sold) AS count_quantity_sold,
       count(amount_sold) AS count_amount_sold,
       dbms_mview.pmarker(s.rowid) AS pmarker
FROM sales s, customers c, products p
WHERE s.cust_id = c.cust_id
AND s.prod_id = p.prod_id
GROUP BY p.prod_category, c.country_id, dbms_mview.pmarker(s.rowid)
```

> **注意** 因為每一列都要呼叫 pmarker 函數，不要低估此呼叫所需的時間。在我的系統上，建立包含分區標記的實體化視圖花費的時間，比不使用分區標記的時間長 2.5 倍。

當實體化視圖在 SELECT 子句中參照的其中一個行，來自一張透過根據分區鍵進行等值述詞聯結的表時，該實體化視圖包含一個聯結相關運算式。在本節使用的例子中，它的意思是不僅會將與 times 表相關的等值聯結（s.time_id = t.time_id）加入到實體化視圖中，而且會將 times 表的其中一個行（t.fiscal_year）新增到 SELECT 和 GROUP BY 子句中。下面是一個例子：

```
CREATE MATERIALIZED VIEW sales_mv
REFRESH FORCE ON DEMAND
AS
SELECT p.prod_category, c.country_id, t.fiscal_year,
       sum(quantity_sold) AS quantity_sold,
       sum(amount_sold) AS amount_sold,
       count(*) AS count_star,
       count(quantity_sold) AS count_quantity_sold,
       count(amount_sold) AS count_amount_sold
FROM sales s, customers c, products p, times t
WHERE s.cust_id = c.cust_id
AND s.prod_id = p.prod_id
AND s.time_id = t.time_id
GROUP BY p.prod_category, c.country_id, t.fiscal_year
```

　　使用了分區標記或分區相關運算式後，根據 dbms_mview 套件中 explain_
mview 函數的一個分析告訴我們根據分區變化追蹤的快速更新是可行的。然而，它
只對於在 sales 表上執行的修改是可行的：

```
SQL> SELECT capability_name, possible, msgtxt, related_text
  2  FROM mv_capabilities_table
  3  WHERE statement_id = '43'
  4  AND capability_name IN ( 'PCT_TABLE' ,' REFRESH_FAST_PCT' );

CAPABILITY_NAME  POSSIBLE MSGTXT                                    RELATED_TEXT
---------------- -------- ----------------------------------------- ------------
PCT_TABLE        Y                                                  SALES
PCT_TABLE        N        relation is not a partitioned table       CUSTOMERS
PCT_TABLE        N        relation is not a partitioned table       PRODUCTS
REFRESH_FAST_PCT Y
```

15.1.2 何時使用

　　實體化視圖是冗餘的存取結構。與所有冗餘存取結構一樣，它們對於提高存
取資料的效率有幫助，但是它們會為了保持最新而增加負載。如果將實體化視圖與
索引進行對比，實體化視圖帶來的效率提升和負載可能都會比索引高出很多。很明

顯，這兩個概念旨在解決不同的問題。簡而言之，只有在加速資料存取的正面作用超過了管理冗餘資料副本（例如索引）的負面作用時，才應該使用實體化視圖。

總的來說，我覺得實體化視圖有以下兩個作用。

- 在邏輯讀數量和回傳記錄數量之間的比值非常高的時候，用於改進大型彙總或聯結操作的效能。
- 在全資料表掃描和索引掃描效率都不高的時候，用於改進單表存取的效能。基本上，如果這些存取擁有平均選擇率則可能會需要分區，但是如果無法利用分區（第 13 章討論過什麼時候這是不可行的），則實體化視圖可能會有所幫助。

通常可以在資料倉庫中使用實體化視圖建構儲存彙總。這樣做有兩個原因。第一，資料大部分是唯讀的；因此，當資料庫僅致力於修改表的時候，可以將更新實體化視圖的負載最小化並透過時間視窗隔離開來。第二，在這樣的環境中，效能提升可能是巨大的。事實上，不使用實體化視圖時，經常會發現根據大型彙總或聯結的查詢會請求無法接受的需要處理的資源總量。

即使資料倉庫是使用實體化視圖的主要環境，我也曾經在 OLTP 系統上成功地實施過它們。這可能對那些經常被查詢而相對而言，卻很少進行修改的表有利。在這樣的環境中更新實體化視圖時，經常使用 on commit 快速更新，以便保證亞秒（subsecond）級更新並時刻保持最新的實體化視圖。

15.1.3 陷阱和謬誤

因為快速更新並非總是比完全更新快，所以並非在所有的情況下都應該使用快速更新。具體來講，比如在基表中有大量資料被修改的情況。此外，也不要低估在修改基表的同時維護實體化視圖日誌帶來的負載。因此，應該仔細評估使用快速更新的利弊。

當建立實體化視圖日誌時，對於逗號的使用必須非常小心。看出下面的 SQL 敘述哪裡出問題了嗎？

```
SQL> CREATE MATERIALIZED VIEW LOG ON products WITH ROWID, SEQUENCE,
  2  (prod_id, prod_category) INCLUDING NEW VALUES;
CREATE MATERIALIZED VIEW LOG ON products WITH ROWID, SEQUENCE,
                                                             *
ERROR at line 1:
ORA-12026: invalid filter column detected
```

問題出在關鍵字 SEQUENCE 和篩檢清單（換句話説，括弧之間的行清單）之間的逗號。如果出現了逗號，則隱含 PRIMARY KEY 選項，而在本例中不可以指定該選項，因為主鍵（prod_id 行）已經在篩檢清單中了。下面是正確的 SQL 敘述。注意，只是移除了逗號：

```
SQL> CREATE MATERIALIZED VIEW LOG ON products WITH ROWID, SEQUENCE
  2  (prod_id, prod_category) INCLUDING NEW VALUES;

Materialized view log created.
```

15.2 結果快取

快取是電腦系統改進效能所用的最常見技術之一。無論硬體還是軟體都對其有著廣泛的應用。Oracle 資料庫也不例外。舉例來説，Oracle 資料庫在緩衝區快取中快取資料檔案區塊，在資料字典快取中快取資料字典資訊，以及在函式庫快取中快取游標。從 11.1 版本開始，結果快取也可用了。

> **注意** 結果快取僅在企業版中可用。

15.2.1 工作原理

Oracle 資料庫提供以下三種類型的結果快取。

- 伺服器結果快取（也稱作查詢結果快取）是儲存查詢結果集的伺服器端快取。

- PL/SQL 函數結果快取是儲存 PL/SQL 函數回傳值的伺服器端快取。
- 用戶端結果快取是儲存查詢結果集的用戶端快取。

接下來的小節描述這些快取如何運作，以及要利用它們你必須要做哪些事情。記住，預設情況下並不會啟用結果快取。

1 伺服器結果快取

伺服器結果快取可以用於避免查詢和某些子查詢（在 WITH 子句中定義的子查詢和在 FROM 子句中定義的內聯視圖）的重複執行。簡言之，當第一次執行某個查詢時，它的結果集就會儲存在共享池中。然後，對於後續執行的相同查詢來說，結果集直接由結果快取提供而不需要重新計算。注意如果認為兩個查詢是相等的，那麼可以使用相同的快取結果集，前提是它們擁有相同的文字（但是在空格和大小寫方面的區別是允許的）。此外，如果有綁定變數出現，它們的值必須完全相同。這是有必要的，因為很明顯綁定變數是傳遞給查詢的輸入參數，所以對於不同的綁定變數值，結果集通常也會不同。還要注意因結果快取儲存在共享池中，所以連線到一個指定資料庫實例的所有對話共享相同的快取項目。

為了向你展示一個例子（來自 rc_query_hint.sql 腳本），我們來執行已經在實體化視圖一節中使用了兩次的查詢（注意，在查詢中指定了 result_cache hint 來啟用結果快取）：

```
SQL> SELECT /*+ result_cache */
  2         p.prod_category, c.country_id,
  3         sum(s.quantity_sold) AS quantity_sold,
  4         sum(s.amount_sold) AS amount_sold
  5  FROM sales s, customers c, products p
  6  WHERE s.cust_id = c.cust_id
  7  AND s.prod_id = p.prod_id
  8  GROUP BY p.prod_category, c.country_id
  9  ORDER BY p.prod_category, c.country_id;

Elapsed: 00:00:01.25

---------------------------------------------------------------------------
```

```
| Id  | Operation               | Name                         | Starts | A-Rows |
--------------------------------------------------------------------------------
|   0 | SELECT STATEMENT        |                              |      1 |     81 |
|   1 |  RESULT CACHE           | 089x05gkvfuxq7wqg06u9z0zkb   |      1 |     81 |
|   2 |   SORT GROUP BY         |                              |      1 |     81 |
|*  3 |    HASH JOIN            |                              |      1 |    956 |
|   4 |     TABLE ACCESS FULL   | PRODUCTS                     |      1 |     72 |
|   5 |     VIEW                | VW_GBC_9                     |      1 |    956 |
|   6 |      HASH GROUP BY      |                              |      1 |    956 |
|*  7 |       HASH JOIN         |                              |      1 |   918K |
|   8 |        TABLE ACCESS FULL| CUSTOMERS                    |      1 |  55500 |
|   9 |        PARTITION RANGE ALL|                            |      1 |   918K |
|  10 |         TABLE ACCESS FULL| SALES                       |     28 |   918K |
--------------------------------------------------------------------------------

   3 - access( "ITEM_1" =" P" ." PROD_ID" )
   7 - access( "S" ." CUST_ID" =" C" ." CUST_ID" )
```

　　第一次執行花費了 1.25 秒。注意在執行計畫中，RESULT CACHE 操作已確認為這個查詢啟用了結果快取。然而，執行計畫的 Starts 行清楚地顯示出所有操作都被執行了至少一次。所有操作的執行都是有必要的，因為這是該查詢的第一次執行，也就是說，結果快取還沒有包含相應的結果集。

　　第二次執行變快了（0.16 秒）：

```
SQL> SELECT /*+ result_cache */
  2         p.prod_category, c.country_id,
  3         sum(s.quantity_sold) AS quantity_sold,
  4         sum(s.amount_sold) AS amount_sold
  5  FROM sales s, customers c, products p
  6  WHERE s.cust_id = c.cust_id
  7  AND s.prod_id = p.prod_id
  8  GROUP BY p.prod_category, c.country_id
  9  ORDER BY p.prod_category, c.country_id;

Elapsed: 00:00:00.16
```

```
---------------------------------------------------------------------------
| Id  | Operation              | Name                         | Starts | A-Rows |
---------------------------------------------------------------------------
|   0 | SELECT STATEMENT       |                              |    1 |     81 |
|   1 |  RESULT CACHE          | 089x05gkvfuxq7wqg06u9z0zkb   |    1 |     81 |
|   2 |   SORT GROUP BY        |                              |    0 |      0 |
|*  3 |    HASH JOIN           |                              |    0 |      0 |
|   4 |     TABLE ACCESS FULL  | PRODUCTS                     |    0 |      0 |
|   5 |     VIEW               | VW_GBC_9                     |    0 |      0 |
|   6 |      HASH GROUP BY     |                              |    0 |      0 |
|*  7 |       HASH JOIN        |                              |    0 |      0 |
|   8 |        TABLE ACCESS FULL | CUSTOMERS                  |    0 |      0 |
|   9 |        PARTITION RANGE ALL|                           |    0 |      0 |
|  10 |         TABLE ACCESS FULL | SALES                     |    0 |      0 |
---------------------------------------------------------------------------

   3 - access( "ITEM_1" =" P" ." PROD_ID" )
   7 - access( "S" ." CUST_ID" =" C" ." CUST_ID" )
```

這一次，執行計畫中的 Starts 行顯示除了 RESULT CACHE 之外沒有執行其他操作。注意第 10 章中提到過的一個行源操作可以完全避免呼叫它的子操作，因為它不需要子操作來完成它的工作，這正是那些案例之一。換句話說，該查詢的結果集直接從結果快取中提供。

在這個執行計畫中，有意思的是，我們注意到名稱**快取 ID**（**cache ID**）與 RESULT CACHE 操作相關聯。如果你知道此快取 ID，可以查詢 v$result_cache_objects 視圖來顯示關於快取資料的資訊。下面的查詢顯示快取的結果集已經發布了（也就是説，可以使用了），還顯示了結果快取是何時建立的，建構它花費了多長時間（以百分之一秒為單位），在其中儲存了多少記錄，以及它被參照了多少次：

```
SQL> SELECT status, creation_timestamp, build_time, row_count, scan_count
  2  FROM v$result_cache_objects
  3  WHERE cache_id = '089x05gkvfuxq7wqg06u9z0zkb' ;
```

```
STATUS     CREATION_TIMESTAMP BUILD_TIME ROW_COUNT SCAN_COUNT
---------  ------------------ ---------- --------- ----------
Published 2013-12-11 10:27           95        81          2
```

提供結果快取資訊的視圖還有 v$result_cache_dependency、v$result_cache_memory 和 v$result_cache_statistics。

從 11.2 版本開始，指定 result_cache hint 並非啟用結果快取唯一可用的方式。另一種技術是在表層級指定，透過將 result_cache 子句設定為 force，參照該表的所有查詢的所有結果集都必須被快取（除非指定 no_result_cache hint）。注意 result_cache 子句的預設模式是 default。這個技術對於包含主要用於讀取的資料的表尤其有用。事實上，多虧這種技術，才可以不必更改應用程式就利用結果快取。你需要做的全部事情就是指定在表層級上啟用結果快取。

注意在一個單獨的查詢中參照多個表時，所有這些表都必須已經透過 result_cache 子句設定為 force 來啟用結果快取。下面的 SQL 敘述，是來自 rc_query_table.sql 腳本的一段摘錄，展示如何為本節範例中查詢所使用的三張表啟用結果快取：

```
SQL> ALTER TABLE sales RESULT_CACHE (MODE FORCE);

SQL> ALTER TABLE customers RESULT_CACHE (MODE FORCE);

SQL> ALTER TABLE products RESULT_CACHE (MODE FORCE);
```

為保證結果集的一致性（也就是說，無論結果集是從結果快取中直接提供，還是由資料庫的內容計算得來，都應該是一樣的），每當查詢所參照的表中發生了某些變化，依賴它的快取項目就失效了（很快就會討論一個使用遠端物件的例外）。即使沒有真正的變化發生，也是這樣。例如，即使是一條 SELECT FOR UPDATE，馬上跟隨著一個 COMMIT，也會導致依賴於 SELECT 的表的快取項目失效。這意味著當一張表捲入到一個事務中時，依賴這張表的快取項目就會失效，而不是在快取項目依賴的資料發生變化時失效。換句話說，依賴性不是細細微性追蹤的：與修改的記錄是否會影響快取結果無關。

下面是控制伺服器結果快取的動態初始化參數。

- result_cache_mode 指定在什麼樣的情況下使用結果快取。既可以將它設定為 manual（也就是預設設定），也可以將它設定為 force。使用 manual，僅當透過 result_cache 這個 hint 或 result_cache 子句啟用它的情況下，結果快取才會起作用。使用 force，結果快取會用於除指定了 no_result_cache hint 以外的所有查詢。因為在大多數情形下你都是只想為有限數量的查詢啟用結果快取，我建議你保持這個初始化參數的預設值即可。

- result_cache_max_size 指定可以用於結果快取的共享池記憶體總量（按位元組）。如果將它設定為 0，則該特性被完全禁用。其預設值，比 0 要大一些，是根據共享池的大小得米的。該記憶體分配是動態的，因此這個初始化參數指定的只是上限。可以透過類似下面這樣的查詢顯示目前分配的記憶體：

```
SQL> SELECT name, sum(bytes)
  2  FROM v$sgastat
  3  WHERE name LIKE 'Result Cache%'
  4  GROUP BY rollup(name);

NAME                        SUM(BYTES)
--------------------------  ----------
Result Cache                    145928
Result Cache: Bloom Fltr          2048
Result Cache: Cache Mgr            208
Result Cache: Memory Mgr           200
Result Cache: State Objs          2896
                                151280
```

- result_cache_max_result 指定結果快取中任何一個單獨的項目可以使用的 result_cache_max_size 的總量（按百分比）。預設值是 5。允許的值範圍是 0~100。

- result_cache_remote_expiration 指定根據遠端物件的結果快取中項目的有效時間長度（按分鐘計）。這樣做是有必要的，因為根據遠端物件的項目的失效操作並不是在遠端物件發生變化時執行的。反而，項目會在達到初始化參數指定的有效時長時失效。預設值是 0，也就意味著根據遠端物件查詢的快取是被禁用的。

result_cache_max_size 和 result_cache_max_result 初始化參數僅可以在系統層級上進行更改。此外，在 12.1 多租戶環境下，它們僅可以在 CDB 層級上進行設定。另外兩個參數，result_cache_mode 和 result_cache_remote_expiration，還可以在對話層級上進行修改。

📢 **警告** 　將 result_cache_remote_expiration 初始化參數設定為一個大於 0 的值會導致過期的結果。因此，只有在完全理解並接受這樣做的影響的情況下，才應該使用大於 0 的值。

在結果快取的使用方面，有幾個儘管很明顯但還是要提一下的限制。

- 參照具有不確定性的 SQL 函數、序列以及臨時表的查詢不會被快取。
- 違反讀一致性的查詢不會被快取。舉例來說，在參照的表上擁有未決事務的情況下，由一個對話建立的結果集無法被快取。
- 參照資料字典視圖的查詢不會被快取。

DBMS_RESULT_CACHE

可以使用 dbms_result_cache 套件來管理結果快取。為此，它提供了以下子程式。

- bypass 在對話或系統層級上臨時禁用（或啟用）結果快取。
- flush 從結果快取中移除所有物件。
- invalidate 使所有依賴於某個指定資料庫物件的結果集無效。
- invalidate_object 使一個單獨的快取項目無效。
- memory_report 產生一份記憶體使用的報告。
- status 顯示結果快取的狀態。

2 PL/SQL 函數結果快取

PL/SQL 函數結果快取類似於伺服器結果快取，但是它支援 PL/SQL 函數。它也與伺服器結果快取一樣共享相同的記憶體結構。它的用途是在結果快取中儲存 PL/SQL 函數回傳的值（而且只有函數的回傳值，結果快取不能用於輸出參數）。顯然，擁有不同輸入值的函數被快取在各自的快取項目中。下面的例子，是一段由 rc_plsql.sql 腳本產生的輸出的摘錄，展示了一個啟用結果快取的函數。要啟用它，需要指定 RESULT_CACHE 子句：

```
SQL> CREATE OR REPLACE FUNCTION f(p IN NUMBER)
  2    RETURN NUMBER
  3    RESULT_CACHE
  4  IS
  5    l_ret NUMBER;
  6  BEGIN
  7    SELECT count(*) INTO l_ret
  8    FROM t
  9    WHERE id = p;
 10    RETURN l_ret;
 11  END;
 12  /
```

在下面的例子中，該函數在沒有利用結果快取（透過過程 bypass，快取被臨時禁用了）的情況下被呼叫了 10,000 次。執行持續了大約 4 秒鐘：

```
SQL> execute dbms_result_cache.bypass(bypass_mode => TRUE, session => TRUE)

SQL> SELECT count(f(1)) FROM t;

COUNT(F(1))
-----------
      10000

Elapsed: 00:00:04.02
```

現在，我們再次呼叫該函數 10,000 次，但是這一次是在結果快取啟用的情況下。執行只持續了大約百分之三秒：

```
SQL> execute dbms_result_cache.bypass(bypass_mode => FALSE, session => TRUE)

SQL> SELECT count(f(1)) FROM t;

COUNT(F(1))
-----------
      10000

Elapsed: 00:00:00.03
```

從 11.2 版本開始，資料庫引擎會自動發現一個函數依賴了哪些表。根據此資訊，一旦某個事務修改了結果快取項目依賴的一張表的任何資料，則可以自動使該結果快取項目失效。

📢 **警告**　在 11.1 版本中，只有在函數層級指定了 RELIES_ON 子句，結果快取項目才會失效。RELIES_ON 子句的用途是指定函數回傳值依賴哪些表。這個資訊對於快取項目的失效十分重要。如果沒有指定它，或包含錯誤的資訊，當函數依賴的物件發生修改的時候就不會有項目失效。因此，就會出現過期的結果。

PL/SQL 函數結果快取的使用方面有一些限制。該結果快取無法用於以下這些函數。

- 帶有 OUT 或 IN OUT 參數的函數
- 使用呼叫者的許可權定義的函數（此限制從 12.1 版本開始不再存在）
- 管線（pipeline）化表函數
- 在匿名區塊中定義的函數
- 函數的 IN 參數或回傳值是以下類型的：LOB、REF CURSOR、物件和記錄

此外，注意未處理的異常不會儲存在結果快取中。也就是說，如果一個函數引發一個異常，並且該異常被傳播至呼叫者，那麼同一個函數的下一次呼叫還會被再次執行。

3 用戶端結果快取

用戶端結果快取是一種用戶端快取，儲存由某些特定應用程式執行查詢所產生的結果集，這些應用程式使用的 Oracle 資料庫驅動建構於 OCI 庫之上（例如 JDBC OCI、ODP.NET、OCCI 和 ODBC）。它的用途和工作方式類似於伺服器結果快取。特別是，啟用它們的可選技術（result_cache hint、RESULT_CACHE 子句以及 result_cache_mode 初始化參數）是相同的。唯一額外的需求是，利用用戶端敘述快取（client-side statement caching，參見第 12 章）的專有 SQL 敘述可以啟用用戶端結果快取。與伺服器端實現相比，有兩點重要的區別。第一，它避免了需要在用戶端/伺服器之間往返執行 SQL 敘述。這是一個很大的優勢。第二，失效是根據一種輪詢機制，因此，一致性無法得到保證。這又是一個很大的劣勢。

> 🔋**注意** 在 12.1 版本的多租戶環境下，用戶端結果快取不受支援。

為實現輪詢，用戶端不得不定期執行資料庫呼叫，以向資料庫引擎檢查它的其中某個快取結果集是否已經失效。為最小化與輪詢相關的負載，每次當用戶端因為其他什麼原因執行資料庫呼叫時，它也會同時檢查快取結果集的有效性。透過這種方式，對於那些有規律地執行「定期」資料庫呼叫的用戶端來說，就避免了專門用於檢查快取結果集有效性的資料庫呼叫。

即使這是一種用戶端快取，你也不得不在伺服器端啟用它。注意即使伺服器端快取被禁用了（換句話說，如果將 result_cache_max_size 初始化參數設定為 0），用戶端快取也會繼續工作。以下是控制用戶端結果快取的初始化參數。

- client_result_cache_size 指定每個用戶端進程可以用於結果快取的最大記憶體總量（按位元組計）。如果將它設定為 0，也就是預設值，則會禁用該特性。這個初始化參數是靜態參數，並且僅可以在系統層級上進行設定。因此，要修改它，必須重啟資料庫實例。

- client_result_cache_lag 指定兩次資料庫呼叫之間的最長時間間隔（按毫秒計）。也就是說，它指定過期的結果集可以在用戶端快取中保留多長時間。預設值是 3,000。這個初始化參數是靜態參數，並且僅可以在系統層級上進行設定。因此，要修改它，必須重啟資料庫實例。

除了伺服器端設定之外，還可以在用戶端的 sqlnet.ora 檔中指定以下參數。

- oci_result_cache_max_size 覆蓋使用 client_result_cache_size 初始化參數指定的伺服器端設定。注意，不管怎樣，如果用戶端結果快取在伺服器端被禁用了，則這個參數也無能為力。
- oci_result_cache_max_rset_size 指定任何一個單獨的結果集可以使用的最大記憶體總量（按位元組計）。
- oci_result_cache_max_rset_rows 指定任何一個單獨的結果集可以儲存的最大列數。

15.2.2 何時使用

如果正在處理一個因為應用程式不斷重複執行相同的操作而引起的效能問題，你必須減少執行的頻率或者減少操作的回應時間。理想情況下，兩者都應該做。然而，有時（例如，當應用程式的程式碼無法修改）你只能實現後者。為減少回應時間，應該首先嘗試使用第 13 章和第 14 章中呈現的技術。如果這樣還不夠，只有那時候才應該考慮高級優化技術，例如結果快取。基本上來說，結果快取在兩個指定條件下是高效的。第一，相同的資料查詢遠比修改要頻繁。第二，有足夠的記憶體來快取結果集。

在大多數情況中，你不應該為所有的查詢啟用結果快取。事實上，大多數時候，只有特定的查詢能夠從結果快取中獲益。對於除了特殊案例以外的其他查詢，結果快取管理就只是純粹的負載，並有可能使快取壓力過大。還要牢記伺服器端快取由所有對話共享，所以它們的存取是同步的（它們可以像其他任何共享資源那樣變成序列化的）。因此，你應該只為需要結果快取的查詢、子查詢以及表來啟用該項技術。換句話説，只有在當結果快取對於改進效能是真正有必要的情況下，才應該有選擇性地啟用它。

伺服器結果快取不會完全避免執行一個查詢的負載。這意味著如果一個查詢在沒有使用結果快取的情況下，已經實現了相對較少的邏輯讀（並且沒有實體讀），那麼使用結果快取的時候也不會快到哪去。記住，緩衝區快取和結果快取都儲存在相同的共享記憶體中。

PL/SQL 函數結果快取對於經常從 SQL 敘述中呼叫的函數尤其有用。事實上，對於這樣的函數來講，即使輸入參數只在一少部分記錄上有所不同，對每一列處理的或回傳的資料都執行呼叫也很常見。不管怎樣，經常在 PL/SQL 中被呼叫的函數也可以從結果快取中獲益。

因為一致性的問題，應該僅將用戶端結果快取用於唯讀表或唯讀為主的表。

最後，記住你可以同時利用伺服器端和用戶端結果快取。然而，對於由用戶端執行的查詢，你不能選擇繞過用戶端結果快取，而只使用伺服器結果快取。也就是說，兩種結果快取都會被使用。

15.2.3　陷阱和謬誤

正如在之前的章節中指出的那樣，結果的一致性在以下情況下是無法確保的：

- 將 result_cache_remote_expiration 初始化參數設定為一個大於 0 的值，並且透過資料庫連結（dblink）執行查詢時；
- 在 11.1 版本中，定義了沒有指定（或錯誤指定）RELIES_ON 子句的 PL/SQL 函數時；
- 使用了用戶端結果快取時。

因此，遇到這樣的情況，最好避免使用結果快取，除非你完全理解並接受以上每種情況可能帶來的影響。

對於參照了非確定性 PL/SQL 函數的查詢，或者對於類似 NLS 參數和上下文環境這樣的對話級設定敏感的函數來說，如果快取了它們的結果，則它們可能不會像你預期的那樣工作。問題是在預設情況下，資料庫引擎認為那些函數是確定性的，所以最後可能就會產生錯誤的結果。我在 rc_query_nondet.sql 腳本中提供了幾個例子。下面的例子就是其中之一（注意第二個查詢是如何回傳錯誤結果的）：

```
SQL> CREATE OR REPLACE FUNCTION f RETURN VARCHAR2
  2  IS
  3    l_ret VARCHAR2(64);
  4  BEGIN
  5    SELECT /*+ no_result_cache */ to_char(sysdate) INTO l_ret FROM dual;
```

```
 6    RETURN l_ret;
 7 END f;
 8 /

SQL> ALTER SESSION SET nls_date_format = 'YYYY-MM-DD HH24:MI:SS';

SQL> SELECT /*+ result_cache */ f() FROM dual;

F()
-------------------
2014-01-06 18:08:05

SQL> ALTER SESSION SET nls_date_format = 'YYYY-MM-DD';

SQL> SELECT /*+ result_cache */ f() FROM dual;

F()
-------------------
2014-01-06 18:08:05
```

為避免這個問題，從 11.2.0.4 版本開始，可以將未公開初始化參數 _result_
cache_deterministic_plsql 設定為 TRUE。有關詳細資訊，請參考 Oracle Support
檔 案 *Bug 14320218 Wrong results with query results cache using PL/SQL function*
（14320218.8）。

15.3 平行處理

向資料庫引擎提交一條 SQL 敘述時，預設情況下它是由一個單獨的服務進程
串列執行的。因此，即使執行資料庫引擎的伺服器有多個 CPU 內核，你的 SQL 敘
述也只能執行在其中一個 CPU 內核上。平行處理的作用是將一條單獨 SQL 敘述的
執行過程分布在多個 CPU 內核上。

> 📖 **注意** 平行處理僅在企業版中可用。

15.3.1　工作原理

在描述如何透過平行方式執行查詢、DML 敘述和 DDL 敘述的具體細節之前，有必要先理解平行處理的基礎，如何設定一個資料庫實例以便利用平行處理，以及如何控制平行度。

1　基礎

不使用平行處理時，一條 SQL 敘述是由一個單獨的服務進程串列執行的，也就是在一個單獨的 CPU 內核上執行。這意味著能夠用於執行一條 SQL 敘述的資源總量受到單一 CPU 內核能夠提供的處理能力限制。舉例來說，如圖 15-5 所示，如果 SQL 敘述執行的掃描整個段的資料存取操作（如果大部分資料是從磁片讀取，則可能是磁片 I/O 密集型操作），與磁片 I/O 子系統能夠傳遞的總輸送量無關，則回應時間會受到一個單獨的 CPU 內核所能夠使用的頻寬限制。因為 CPU 內核與磁片之間的資料存取路徑的硬體限制，頻寬一定是受限的，而且當執行是串列的時候還無法完全利用這部分頻寬：當服務進程獲取 CPU，按照定義我們知道它此時沒有存取磁片（非同步 I/O 操作對於這裡來說是一個例外），因此無法利用磁片 I/O 子系統能夠傳遞的全部輸送量。

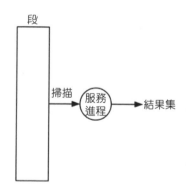

↑ 圖 15-5　串列執行的 SQL 敘述由單獨的一個服務進程處理

下面的 SQL 敘述及其關聯的執行計畫展示了圖 15-5 所示處理過程的一個例子：

```
SELECT * FROM t

-----------------------------------
```

```
| Id  | Operation       | Name |
----------------------------------
|   0 | SELECT STATEMENT  |      |
|   1 |  TABLE ACCESS FULL| T    |
----------------------------------
```

平行處理的目的是將一個大的任務拆分成幾個小的子任務。如果有一條平行處理的 SQL 敘述存在，基本上意味著有多個平行**查詢從屬進程**（**parallel query slave process**），為簡單起見，本書全部稱作**從屬進程**（**slave process**）合作執行單獨的一條 SQL 敘述。與提交該 SQL 敘述的對話關聯的服務進程控制從屬進程之間的協調。因為這一角色，經常將該服務進程稱作**查詢協調器**（**query coordinator**）。查詢協調器負責獲得從屬進程，為每一個進程分配一項子任務，收集並組合它們傳遞過來的部分結果集，並將最終的結果集回傳給用戶端。例如，在 SQL 敘述為整個段執行掃描的一個例子中，查詢協調器能夠指導每個從屬進程去掃描該段的一部分並向它傳遞必要的資料。圖 15-6 展示了這個過程。因為這四個從屬進程中的每一個都能夠在一個不同的 CPU 內核上執行，在此情況下回應時間不再受到單一 CPU 內核能夠使用的頻寬的限制。

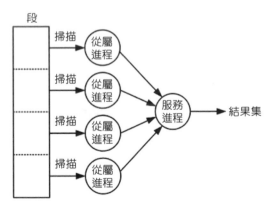

↑ 圖 15-6　並存執行的 SQL 敘述由一個稱作查詢協調器的服務進程協調的多個從屬進程所處理

在一次類似圖 15-6 所示的平行掃描中，工作是在從屬進程中間按照稱作**細微性單元**（**granule**）的單位進行分配。每個從屬進程，在任意指定的時間內，只處理一個單獨的細微性單元。如果細微性單元的數量多於從屬進程的數量，當一個從屬進程處理完畢一個細微性單元之後，它會接收到另一個要處理的細微性單元，直到所有的細微性單元都被處理完畢。資料庫引擎可以使用以下兩種類型的細微性單元。

- **分區細微性（partition granule）** 是一整個分區或子分區。顯然，這種類型的細微性單元只能用於已分區段。
- **區塊範圍細微性（block range granule）** 是來自一個段在執行時（不是在解析時）動態定義的一系列區塊。

> 🛢 **注意**　對於一張外部表的平行掃描，會將細微性單元定義為一個外部檔的一部分（預設大小是 10 MB）。所以沒有必要使用多個外部檔來允許平行存取。

　　因為分區細微性的定義是靜態的（只有數量會因為分區裁剪而發生變化），大多數時候更傾向於使用區塊範圍細微性。區塊範圍細微性的主要優勢是，在大多數情況下，它們具備將工作向從屬進程均勻分布的條件。事實上，使用分區細微性，工作的分布不僅強烈依賴分區數量和從屬進程數量之間的比值，而且還依賴每個分區上儲存的資料總量。假設每個分區包含近似相等的資料總量。在這種情況下，要對工作有一個合理的分配，分區的數量應該是從屬進程數量的幾倍。如果沒有將工作均勻分布，某些從屬進程可能比其他的多做許多工作，因此就會導致更長的回應時間。結果就是，並存執行的綜合效率可能會受到損害。

　　下面的執行計畫展示了圖 15-6 所示處理過程的一個例子：

```
SELECT * FROM t


--------------------------------------------------------------------
| Id | Operation             | Name    |  TQ  |IN-OUT| PQ Distrib |
--------------------------------------------------------------------

|  0 | SELECT STATEMENT      |         |      |      |            |
|  1 |  PX COORDINATOR       |         |      |      |            |
|  2 |   PX SEND QC (RANDOM) | :TQ10000| Q1,00| P->S | QC (RAND)  |
|  3 |    PX BLOCK ITERATOR  |         | Q1,00| PCWC |            |
|  4 |     TABLE ACCESS FULL | T       | Q1,00| PCWP |            |
--------------------------------------------------------------------
```

該執行計畫按以下方式執行。

(1) 透過操作 4（TABLE ACCESS FULL），每個從屬進程掃描表的一部分。從屬進程具體掃描哪個部分取決於它的父操作 3（PX BLOCK ITERATOR）。這是與區塊範圍細微性有關的操作。

(2) 操作 2（PX SEND QC）將檢索到的資料發送給查詢協調器。

(3) 查詢協調器透過操作 1（PX COORDINATOR）從從屬進程接收資料並將其發送回用戶端。

當進程之間發生通訊的時候，發送資料的進程稱作**生產者**（**producer**），而接收資料的進程則稱作**消費者**（**consumer**）。為發送資料，生產者向一個稱作**表佇列**的佇列寫入資料。為接收資料，消費者從表佇列讀取資料。根據由生產者和消費者執行的操作，資料使用以下方法之一進行分發（在 dbms_xplan 套件的輸出中，PQ Distrib 行提供了此資訊）。

- **廣播**（**Broadcast**）：每個生產者向每個消費者發送所有資料。
- **本地廣播**（**Broadcast Local**）：這是廣播分布的一種變形。它用於僅向一部分的從屬進程發送所有資料。它通常在 RAC 環境中對於最小化跨實例通訊比較有幫助。
- **迴圈**（**Round-robin**）：生產者每次只向一個消費者發送一列資料，就像發紙牌。因此，資料在消費者之間均勻分布。
- **範圍**（**Range**）：生產者向不同的消費者發送特定範圍的資料。會執行動態範圍分區以確定應該將哪一列資料發送給哪一個消費者。例如，對於一個排序，這個方法根據 ORDER BY 子句中使用的行對資料進行範圍分區，所以每個消費者可以只排序它自己那部分資料。
- **雜湊**（**Hash**）：生產者根據雜湊函數向消費者發送資料。此過程中會執行動態雜湊分區以確定應該將哪一列資料發送給哪一個消費者。例如，對於一個彙總，這種方法可能會根據 GROUP BY 子句中使用的行對資料進行雜湊分區。
- **分區鍵**（**Partition Key**）：生產者根據分區鍵向消費者發送資料。有關更多資訊，請參考 14.7.2 節。

- **混合雜湊（Hybrid Hash）**：生產者或者使用廣播或者使用雜湊分布方法向消費者發送資料。使用這兩者中的哪一個在執行時決定。僅從 12.1 版本開始可用。

- **單一從屬進程（One Slave）**：生產者向一個單獨的消費者發送所有資料。僅從 12.1 版本開始可用。

- **查詢協調器隨機（QC Random）**：每個生產者都將所有資料發送給查詢協調器。順序並不重要（因此是隨機的）。這是最常見的與查詢協調器通訊所使用的分布方式。

- **查詢協調器排序（QC Order）**：每個生產者都將所有資料發送給查詢協調器。此時順序很重要。例如，並存執行的排序會使用這種方法將資料發送給查詢協調器。

平行作業之間的關係

在並存執行的執行計畫中，會用到的平行作業之間的關係如下所示。

- 平行至串列（P->S）：一個平行作業向一個串列操作發送資料。例如，這個操作用於在執行計畫中向查詢協調器發送資料。
- 平行至平行（P->P）：一個平行作業向另一個平行作業發送資料。有兩組從屬進程存在的時候會用到這個操作。
- 與父操作組合的平行作業（PCWP）：一個被並存執行的操作，相同的從屬進程還會執行該執 行計畫中的父操作。因此，不會有通訊發生。
- 與子操作組合的平行作業（PCWC）：一個被並存執行的操作，相同的從屬進程還會執行該執行計畫中的子操作。因此，不會有通訊發生。
- 串列至平行（S->P）：一個串列執行的操作向一個並存執行的操作發送資料。因為大多數時候這是沒有效率的，它應該被避免。沒有效率的一個主要的原因：一個單獨的進程能夠產生資料的速度，可能無法跟上多個進程能夠消耗的速度。如果就是這種情況，消費者就會花費大量的時間等待資料而不是做真正的在工作。
- 與父操作組合的串列操作（SCWP）：一個被串列執行的操作，相同的從屬進程還會執行該執行計畫中的父操作。因此，不會有通訊發生。從 12.1 版本開始可用。
- 與子操作組合的串列操作（SCWC）：一個被串列執行的操作，相同的從屬進程還會執行該執行計畫中的子操作。因此，不會有通訊發生。從 12.1 版本開始可用。

在由 dbms_xplan 套件產生的輸出中，平行作業之間的關係在 IN-OUT 行中提供。

　　以一個序列形式執行的多個平行作業集體稱為**資料流程操作**（**data flow operation，DFO**）。在很多情況下，執行計畫擁有一個單獨的資料流程操作。但是，也存在需要多個資料流程操作的情況。要想知道資料流程操作的數量，必須檢查由 dbms_xplan 套件產生的輸出中的 TQ 行。透過它，不僅可以確定在一個執行計畫中使用了多少個資料流程操作，而且還可以知道哪些操作是由哪一組從屬進程執行的。事實上，TQ 行的內容提供以下資訊。

- 值為 NULL 與查詢協調器執行的操作對應。
- 首碼為字母 Q 的值與資料流程操作的 ID 對應。
- 跟在逗號後面的值與一組從屬進程寫入資料的表佇列的 ID 對應。你無法知曉有多少個從屬進程屬於這一組。

　　在前面的執行計畫中，因為值 Q1,00 的緣故，你知道操作 2 到操作 4 屬於一個單獨的資料流程操作（ID 是 1 的那些），而且它們都只是被單獨一組從屬進程執行的（ID 是 0 的那些）。

　　資料存取操作並非唯一可以並存執行的操作。事實上，資料庫引擎也能夠平行化插入、聯結、彙總和排序等操作。當一條 SQL 敘述執行兩個或更多的獨立操作（例如，掃描和排序）時，資料庫引擎通常會使用兩組從屬進程。舉例來說，如圖 15-7 所示，如果一條 SQL 敘述執行一次掃描，然後是一次排序，則一組用於掃描而另外一組用於排序。

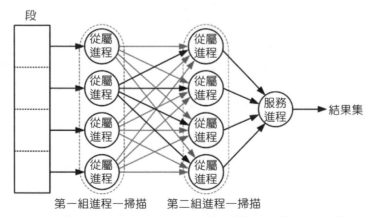

圖 15-7　兩組從屬進程可以用於執行同一條 SQL 敘述

一個獨立操作的平行化稱為**內部操作平行**（**intra-operation parallelism**）。舉例來說，在圖 15-7 中，內部操作平行（使用四個從屬進程）被使用了兩次：一次用於掃描，一次用於排序。當兩組從屬進程被用於執行一個資料流程操作，該平行化稱為**交互動操作平行化**（**inter-operation parallelism**）。舉例來說，在圖 15-7 中，交互動操作平行化被用於第一組進程（掃描）和第二組進程（排序）之間。

下面的執行計畫是圖 15-7 所示處理過程的一個例子：

```
SELECT * FROM t ORDER BY id

-------------------------------------------------------------------------
| Id  | Operation              | Name      |   TQ  |IN-OUT| PQ Distrib  |
-------------------------------------------------------------------------
|  0  | SELECT STATEMENT       |           |       |      |             |
|  1  |  PX COORDINATOR        |           |       |      |             |
|  2  |   PX SEND QC (ORDER)   | :TQ10001  | Q1,01 | P->S | QC (ORDER)  |
|  3  |    SORT ORDER BY       |           | Q1,01 | PCWP |             |
|  4  |     PX RECEIVE         |           | Q1,01 | PCWP |             |
|  5  |      PX SEND RANGE     | :TQ10000  | Q1,00 | P->P | RANGE       |
|  6  |       PX BLOCK ITERATOR|           | Q1,00 | PCWC |             |
|  7  |        TABLE ACCESS FULL| T        | Q1,00 | PCWP |             |
-------------------------------------------------------------------------
```

上面的執行計畫是由一個單獨的資料流程操作組成（ID 為 1 那些）。操作 5 到 7 在行 TQ 上擁有相同的值（Q1,00），也就是說它們是被同一組從屬進程執行的（圖 15-7 中的第一組）。另一方面，操作 2 到操作 4 擁有另一個值（Q1,01），因此它們是被另一組從屬進程執行的（圖 15-7 中的第二組）。第一組是生產者，根據區塊範圍細微性掃描表（操作 6）並將檢索到的資料發送給第二組。接下來，第二組作為消費者，接收資料，對其排序，然後將排序的結果集發送給查詢協調器。第一組和第二組同步進行它們的處理過程。因為這兩組從屬進程相互通訊，處理資料較快的那一組會等待另外一組。

2 基本設定

本部分主要描述要成功設定一個用於平行處理的資料庫實例，你必須要瞭解的基本初始化參數。這些初始化參數涉及從屬進程池和記憶體利用。

◉ 從屬進程池

　　每個資料庫實例的最大從屬進程數量是有限的，並且由一個資料庫實例以從屬進程池的方式進行維護。查詢協調器從池中請求從屬進程，使用它們來執行一條 SQL 敘述，最終，當執行完成時，將它們返還給這個池。可以透過設定下面的初始化參數來設定這個池。

- parallel_min_servers 指定在資料庫實例啟動時啟動的從屬進程數量。這些從屬進程總是處於可用狀態，而且當一個服務進程請求它們的時候不需要啟動。當請求超過這個最小數量時，會以動態方式啟動從屬進程，而且一旦返還給進程池，會保持空閒狀態 5 分鐘。如果在這一時間段內沒有被重用，就會關閉它們。預設情況下，會將這個初始化參數設定為 0[1]。這意味著在最初的時候不會啟動任何從屬進程。我建議只在當一些 SQL 敘述花費過長的時間等待從屬進程的啟動時才去更改這個值。與這個操作關聯的等待事件是 os thread startup。

- parallel_max_servers 指定池中可用從屬進程的最大數量。很難提供關於如何設定這個參數的建議。雖然如此，CPU 內核數量的 10~20 倍是一個不錯的開始。預設值還依賴於其他幾個初始化參數、版本以及平台。可以將 parallel_max_servers 的最大值設定為比 processes 初始化參數的值小 15 的數值。如果嘗試將 parallel_max_servers 設定為一個更高的值，那麼在資料庫實例啟動的時候，會自動調整 parallel_max_servers，並且會在 alert 日誌中寫入一條消息。

　　要顯示池的狀態，可以使用下面的查詢：

```
SQL> SELECT *
  2  FROM v$px_process_sysstat
  3  WHERE statistic LIKE 'Servers%' ;

STATISTIC              VALUE
------------------- -----
```

1　自 12.1 版本起，parallel_min_servers 初始化參數為 "cpu_count*parallel_threads_per_cpu*2"，而不是此處的 0。

```
Servers In Use         4
Servers Available      8
Servers Started        46
Servers Shutdown       34
Servers Highwater      12
Servers Cleaned Up     0
```

在 RAC 環境中，每個資料庫實例都是叢集的一部分，且擁有它們自己的從屬進程池。當以平行方式執行一條 SQL 敘述時，從屬進程既可以從本地分配，也可以從一個單獨的實例遠端分配，或從多個資料庫實例分配。下面的方法可以用於控制從哪些資料庫實例分配從屬進程。

- parallel_instance_group 和 instance_groups 初始化參數可以用於將從屬進程的分配限制到指定的資料庫實例上。透過 instance_groups 初始化參數，你指定每個資料庫實例所處的實例組。透過 parallel_instance_group 初始化參數，你指定從屬進程從哪個實例組分配。從 11.1 版本開始，不再贊成使用 instance_groups 初始化參數。所以剛剛描述的這種方法僅適用於 10.2 版本。

- 從 11.1 版本開始，從屬進程的分配是服務感知的。從屬進程僅從特定實例中分配，這些實例與透過平行方式執行 SQL 敘述的對話所在實例處於相同的服務之下。從 11.1 版本開始，這種方法取代了前一種。

- 從 11.2 版本開始，將 parallel_force_local 初始化參數設定為 TRUE（預設值是 FALSE）時只會分配本地的從屬進程。

因為從屬進程池的設定是具體到資料庫實例的，在 12.1 多租戶環境下，不能在 PDB 層級設定 parallel_min_servers 和 parallel_max_servers 初始化參數。但是，可以透過資料庫服務或 parallel_force_local 初始化參數在 PDB 層級控制從屬進程的分配。

◉ 記憶體利用

用於在進程之間通訊的表佇列是可以從 shared pool 或 large pool 中分配的記憶體結構。然而，不推薦為它們使用 shared pool。Large pool 專用於不可重用的記憶體結構，是一個更好的選擇。以下兩個設定可以引導表佇列使用 large pool。

- 自動 SGA 管理是透過 `sga_target` 或 `memory_target` 啟用的（後者僅從 11.1 版本開始可用）。

- 將 `parallel_automatic_tuning` 初始化參數設定為 `TRUE`。注意，這個初始化參數是不再贊成使用的。然而，如果不想使用自動 SGA 管理，設定它是引導平行處理使用 large pool 的唯一途徑。

> **🛢 注意** 不去管它的名稱，`parallel_automatic_tuning` 初始化參數只做兩件簡單的事情。第一，它改變幾個與平行處理有關的初始化參數的預設值。第二，它通知資料庫引擎為表佇列使用 large pool。

每個表佇列是由三個緩衝區（使用 RAC 時最多五個）組成，這些緩衝區是與透過表佇列通訊的每一對進程相對應的。每個快取的大小（按位元組計）是透過 `parallel_execution_message_size` 初始化參數設定的。其預設值取決於資料庫引擎版本。直到 11.1 版本，它要麼是 2,152 個位元組，要麼是將 `parallel_automatic_tuning` 初始化參數設定為 `TRUE` 時的 4,096 個位元組。從 11.2 版本開始，預設大小是 16 KB。出於最佳效能考慮，應該將它設定為能夠支援的最大值。取決於所使用的平台，可以是 16 KB、32 KB 或 64 KB。因此，尤其是在 11.2 版本之前，我建議你修改其預設值。

當增大 `parallel_execution_message_size` 初始化參數的值時，應該確保有足夠的記憶體可用。可以使用公式 15-1 來估算對於非 RAC 資料庫實例 large pool 中應該保持可用的最大記憶體總量。出於這個目的，這個公式計算在需要兩組從屬進程並且使用可能的最大平行度（`parallel_max_servers` 初始化參數的一半）執行時，必要的快取數量是多少。注意，在 RAC 環境中，不僅每一對進程之間通訊的快取數量可以更高一些（最高到 5 而非 3），而且最大平行度也取決於實例的數量。

公式 15-1 表佇列的非 RAC 資料庫實例使用的 large pool 記憶體總量

$$large\_pool\_size > 3 \cdot \left(parallel\_max\_servers + \frac{parallel\_max\_servers^2}{4} \right) \cdot parallel\_execution\_message\_size$$

要顯示資料庫實例目前正在使用的 large pool 記憶體有多少，可以執行下面的查詢：

```
SQL> SELECT *
  2  FROM v$sgastat
  3  WHERE name = 'PX msg pool' ;

POOL         NAME         BYTES
----------   -----------  ---------
large pool   PX msg pool  823296000
```

可以執行下面的查詢來顯示目前分配的表佇列快取數量（Buffers Current 統計資訊），以及自資料庫實例啟動以來一次分配過的最大數量（Buffers HWM 統計資訊）：

```
SQL> SELECT *
  2  FROM v$px_process_sysstat
  3  WHERE statistic IN ( 'Buffers Current                   ',
  4                       'Buffers HWM                       ');

STATISTIC                    VALUE
---------------------------  -----
Buffers Current              45076
Buffers HWM                  49924
```

因為記憶體設定是具體到資料庫實例的，所以在 12.1 多租戶環境下，不可能在 PDB 層級設定 parallel_automatic_tuning 和 parallel_execution_message_size 初始化參數。

在 RAC 環境中每個資料庫實例可以擁有它自己的記憶體設定。唯一的例外是 parallel_execution_ message_size 初始化參數。事實上，如果將這個參數設定為不同的值，則資料庫實例之間無法互相通訊。這種情況下，執行一條涉及多個資料庫實例的 SQL 敘述時，就會引發一個錯誤。下面是此類別錯誤的一個例子：

```
SQL> SELECT * FROM gv$instance;
SELECT * FROM gv$instance
```

```
        *
ERROR at line 1:
ORA-12850: Could not allocate slaves on all specified instances: 2 needed,
1 allocated
ORA-12801: error signaled in parallel query server P001, instance 32766
```

3 平行度

用於內部操作平行化的從屬進程數量稱作**平行度**（**DOP**）。因為平行度規定用於內部操作平行化的從屬進程數量，所以在使用交互動操作平行化時，用於執行一條 SQL 敘述的從屬進程數量要比平行度高一些。無論如何，一個單獨的資料流程操作無法使用高於平行度兩倍數量的從屬進程。舉例來說，圖 15-7 展示了一個從屬進程的數量是平行度兩倍的例子。

當平行處理一條 SQL 敘述（或者其中一部分）的時候，資料庫引擎不得不選擇用於此目的的平行度。儘管有幾個初始化參數和其他的因素決定實際的平行度，但實際上只有兩種主要的模式可以用於設定一個資料庫實例以控制平行度。

- **手動平行度**：在這種模式下，可以在對話、物件或 SQL 敘述中的任意一個層級控制平行度。
- **自動平行度**：在這種模式下，資料庫引擎自動為每條 SQL 敘述選擇最優的平行度。

手動平行度控制是 11.1 及之前版本中唯一可用的模式。

📢**警告**　建議僅從 11.2.0.3 版本開始使用自動平行度。原因是在此之前的版本中，有幾個 bug 使得自動控制很難實現。請參考 Oracle Support 檔案 *Init.ora Parameter*「*PARALLEL_DEGREE_POLICY*」*Reference Note*（1216277.1）獲取更多資訊。還要注意，在 11.2.0.2 版本中，自動平行度的功能性方面導入了一些變化。我不覺得在 11.2.0.3 之前的版本中使用它有多大意義，所以 11.2.0.1 版本的功能在本書中不做介紹。

從 11.2 版本開始，`parallel_degree_policy` 初始化參數不僅用於在手動和自動平行度之間進行選擇，而且還會啟用其他與平行處理相關的特性。它接受以下值。

- `manual`：啟用手動平行度。這是預設值。
- `limited`：只為參照了將 `PARALLEL` 設定為 `DEFAULT`（詳細資訊見下）的物件的 SQL 敘述啟用自動平行度。對於其他敘述，使用手動平行度。
- `auto`：為所有 SQL 敘述啟用自動平行度。此外，還啟用了其他兩個特性：**平行敘述排隊（parallel statement queuing）**和**記憶體中並存執行（in-memory parallel execution）**。
- `adaptive`：這種模式類似於 `auto`。唯一的區別是同時還啟用了效能回饋（performance feedback）。這個值僅從 12.1 版本開始可用。

📗**注意**　平行敘述排隊、記憶體中並存執行，以及效能回饋都與自動平行度無關。因此令人遺憾的是，它們都是被同一個單獨的初始化參數啟動的。如果可以有選擇性地啟動它們就好多了。

`parallel_degree_policy` 初始化參數可以在對話層級進行設定，從 12.1 版本開始可以在 PDB 層級進行設定。也可以在 SQL 敘述層級透過使用敘述層級的語法指定 `parallel hint` 來覆蓋它的值。`parallel hint` 支援以下值。

- `parallel(manual)` 啟動手動平行度。
- `parallel(auto)` 啟動自動平行度（但是不會啟動平行敘述排隊和記憶體中並存執行）。
- `parallel(n)` 將平行度設定為作為參數 (n) 指定的整數值。

📢**警告**　從 11.2 版本開始，`parallel hint` 支援兩種語法：敘述層級和物件層級。敘述層級的語法，就像剛才描述的，在 SQL 敘述層級覆蓋 `parallel_degree_policy` 初始化參數。物件層級的語法，在接下來的「手動平行度」一節中講述，會覆蓋與表以及索引相關的平行度。

　　下面幾個部分的主要目標，是描述在不考慮從屬進程數量可能會被系統的負載或其他因素限制的情況下，資料庫引擎如何決定平行度。稍後，「限制平行度」部分會描述平行度可能會被減少的情況。

◉ 預設平行度

　　通常所謂的預設平行度，實際上可能是你想為任何一個平行 SQL 敘述使用的最大平行度。事實上，只有在任意指定時間點最多有執行一條 SQL 敘述時預設值才執行良好。如何使用以及何時使用預設值取決於多個因素，比如資料庫實例設定。接下來的兩個小節，在討論手動和自動平行度是如何工作的時候，會提供更多關於預設平行度的資訊。

　　為計算預設平行度，如公式 15-2 所示，資料庫引擎將 cpu_count 初始化參數的值乘以一個 CPU 內核預期可以處理的從屬進程數量（parallel_threads_per_cpu 初始化參數）。延伸到 RAC 環境中時，結果值要進一步乘以叢集中資料庫實例的數量。

公式 15-2 　預設平行度是你可能想為任何一條平行 SQL 敘述使用的最大平行度

$$default\_dop = cpu\_count \cdot parallel\_threads\_per\_cpu \cdot number\_of\_instances$$

★ **提示** 　在大多數平台上，parallel_threads_per_cpu 初始化參數的預設值是 2。假如在 CPU 層級啟用了多執行緒，結果就是，cpu_count 初始化參數的值被人為地提高了，我建議此時將 parallel_threads_per_cpu 初始化參數設定為 1。

◉ 手動平行度

　　每張表和每個索引都有一個關聯的平行度。對於參照該物件的操作預設會使用這個平行度。它的預設值是 1，也就是說不使用平行處理。如下面 SQL 敘述所示，平行度透過使用 PARALLEL 子句設定，既可以在建立物件時使用，也可以在稍後使用：

```
CREATE TABLE t (id NUMBER, pad VARCHAR2(1000)) PARALLEL 4

ALTER TABLE t PARALLEL 2

CREATE INDEX i ON t (id) PARALLEL 4

ALTER INDEX i PARALLEL 2
```

📢 **警告**　使用平行處理來改進維護任務或建立表和索引的批次處理任務等操作效能的做法十分常見。出於這個目的，通常會指定 PARALLEL 子句。但是要知道，使用這個子句時，該平行度不僅用於表或索引的建立期間，而且日後參照這些表或索引的操作中也會使用該平行度。因此，如果只想在表或索引的建立期間使用平行處理，一定要記得在建立完畢後修改平行度。

要禁用平行處理，要麼將平行度設定為 1，要麼指定 NOPARALLEL 子句：

```
ALTER TABLE t PARALLEL 1

ALTER INDEX i NOPARALLEL
```

在沒有指定平行度的情況下使用 PARALLEL 子句時（例如，ALTER TABLE t PARALLEL），應使用預設平行度。因為預設值只是在你想在任意指定時間內執行至多一條 SQL 敘述時有好處，我通常推薦還是指定一個值。

要覆蓋在表或索引層級上定義的平行度，可以使用 parallel、no_parallel、parallel_index 以及 no_parallel_index 這幾個 hint。事實上，當這些 hint 和物件層級語法一起使用時，前兩個覆蓋表層級的設定，第三個和第四個覆蓋索引層級的設定。我強調一下物件層級的語法，指定物件名稱或別名的那個語法，必須使用。下面是使用這個語法時不僅指定物件名稱（t 是指表，i 是索引）而且還有平行度（16）的例子：

```
SELECT /*+ parallel(t 16) */ * FROM t

SELECT /*+ parallel_index(t i 16) */ * FROM t
```

透過 parallel 這個 hint，還可以顯式要求使用預設平行度：

```
SELECT /*+ parallel(t default) */ * FROM t
```

在一個單獨的資料流程操作中為不同的表或索引指定不同的平行度時，資料庫引擎會為整個資料流程操作計算一個單獨的平行度。一般而言，所選擇的平行度就是在表或索引層級指定的最大的那個。

◉ 自動平行度

使用自動平行度的想法非常簡單：對於每一條 SQL 敘述，由查詢最佳化工具選擇最優的平行度。因此，查詢最佳化工具根據執行計畫和預期需要完成的處理總量調整平行度。作為一個例子，圖 15-8 展示了當我在不同大小的表上執行全資料表掃描的時候，查詢最佳化工具在我的測試伺服器上選擇的平行度。注意為執行這個測試，我執行了 px_dop_auto.sql 腳本。

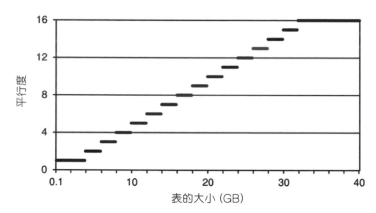

⬆ 圖 15-8　在最小值（1）和最大值（16）之間，平行度隨著處理總量（發生全資料表掃描的段大小）成比例增加

圖 15-8 顯示，一方面，在一個閥值之下查詢最佳化工具會決定以串列方式執行一條 SQL 敘述，而另一方面，也存在一個不會被逾越的最大平行度。

該閥值的定義是，在考慮平行處理之前，一條 SQL 敘述以串列方式執行應該持續的最小時間總量（根據查詢最佳化工具的估算）。它是透過 parallel_min_time_threshold 初始化參數設定的。預設值是自動的，目前是等於 10 秒鐘。如果想要更改那個閾值，可以設定 parallel_min_time_threshold 初始化參數來滿足你預期的秒數。

最大平行度取決於 parallel_degree_limit 初始化參數。可以將它設定為以下值之一。

- CPU：最大平行度等於預設平行度。此為預設值。
- IO：最大平行度由磁片 I/O 上限定義。參考本章稍後的「磁片 I/O 上限」部分以獲取關於它的額外資訊。
- 一個整數值顯式指定最大平行度。

要使用自動平行度，必須滿足兩個條件。首先，透過 I/O 口徑收集的統計資訊必須可用。這些統計資訊都是什麼以及如何收集它們會在下一部分「磁片 I/O 上限」中介紹。其次，該特性必須透過 parallel_degree_policy 初始化參數或 parallel(auto) **hint** 來啟用。將 parallel_degree_policy 初始化參數設定為 limited 時，有一個額外的要求：只會對那些擁有相關的預設平行度的表和索引考慮使用平行處理。下面的例子，來自 px_dop_limited.sql 腳本的輸出，證實了這一點：

```
SQL> ALTER SESSION SET parallel_degree_policy = limited;

SQL> ALTER TABLE t NOPARALLEL;

SQL> SELECT * FROM t;


----------------------------------
| Id | Operation          | Name |
----------------------------------
|  0 | SELECT STATEMENT   |      |
|  1 |  TABLE ACCESS FULL | T    |
----------------------------------

SQL> ALTER TABLE t PARALLEL;

SQL> SELECT * FROM t;
```

```
-------------------------------------------------------------------
| Id  | Operation              | Name      |   TQ  |IN-OUT| PQ Distrib |
-------------------------------------------------------------------
|  0  | SELECT STATEMENT       |           |       |      |            |
|  1  |  PX COORDINATOR        |           |       |      |            |
|  2  |   PX SEND QC (RANDOM)  | :TQ10000  | Q1,00 | P->S | QC (RAND)  |
|  3  |    PX BLOCK ITERATOR   |           | Q1,00 | PCWC |            |
|  4  |     TABLE ACCESS FULL  | T         | Q1,00 | PCWP |            |
-------------------------------------------------------------------


Note
-----
   - automatic DOP: Computed Degree of Parallelism is 4 because of degree
limit
```

上面例子中由 dbms_xplan 套件產生的 Note 部分最後一列輸出清晰地表明是否使用了自動平行度。而且，如果使用了，還會提到選擇的平行度大小。其他可以出現在 Note 部分與自動平行度相關的消息如下：

```
automatic DOP: Computed Degree of Parallelism is 2

automatic DOP: Computed Degree of Parallelism is 1 because of parallel
threshold

automatic DOP: skipped because of IO calibrate statistics are missing
```

如果由查詢最佳化工具選擇的平行度不合理，從 12.1 版本開始，可以透過 parallel_degree_level 初始化參數調整其估算。它的預設值是 100。如果你指定的值低於 100，平行度會按比例減小。舉例來說，使用值 50 時，平行度減少 50%，如果你指定的值高於 100，平行度會按比例增加。舉例來說，使用值 200 時，假如沒有超過最大值，則平行度翻倍。

4 限制平行度

上一部分中描述了資料庫引擎如何決定平行度；本部分描述那些由資料庫引擎確定的平行度可能被減少的情況。具體來說，平行度減少會在以下情況下發生：

- 啟用自我調整平行度時
- 啟用磁片 I/O 上限時
- 資料庫資源管理器（Database Resource Manager）限制了平行度時
- 使用者設定檔限制了一個具體的用戶可以擁有的平行對話數時

注意，也可以同時啟用這些特性中的多個。

📢 **警告**　只有在滿足兩個條件的時候，查詢最佳化工具才會知曉本部分描述的技術所施加的限制：限制是透過資料庫資源管理器施加的，並且使用自動平行度。在其他所有情況下，查詢最佳化工具並不知曉有一個限制被施加到平行度上的事實。注意知曉這個資訊非常關鍵，因為由查詢最佳化工具估算的成本確實依賴平行度。因此，當不知道限制的存在時，查詢最佳化工具可能選擇一個不良的執行計畫。

◉ 自我調整平行度

自我調整平行度是由 parallel_adaptive_multi_user 初始化參數控制的。它的用途是影響分配給一個服務進程的從屬進程數量。它接受以下兩個值。

- FALSE：如果進程池沒有被耗盡，則從屬進程會被按請求的數量分配給服務進程。
- TRUE：隨著已經分配的從屬進程數量的增加，請求的平行度會被自動減小，即使池中可能仍有足夠的從屬進程滿足請求的平行度。此為預設值。

📖 **注意**　parallel_adaptive_multi_user 初始化參數只在兩種情況下起作用：第一，當使用手動平行度的時候；第二，將 parallel_degree_policy 初始化參數設定為 limited 的情況下使用自動平行度的時候。

為了展示 parallel_adaptive_multi_user 初始化參數的影響，我們來看一下當以很短的間隔執行不斷增加的並行平行作業時分配的從屬進程數量。為了這個目的，使用了下面的 shell 腳本。它的用途是以 5 秒為間隔啟動 20 個並行的平行度為 16（這是在表層級的預設值）的平行查詢（每個查詢執行持續十幾分鐘）：

```
sql=" select * from t;"
for i in 1 2 3 4 5 6 7 8 9 10 11 12 13 14 15 16 17 18 19 20
do
sqlplus -s $user/$password <<<$sql &
sleep 5
done
```

圖 15-9 總結了在 11.2 版本中測量的結果。透過將 parallel_adaptive_ multi_user 初始化參數設定為 FALSE，從屬進程數量在達到由 parallel_max_ servers 初始化參數的預設值施加的限制（在本例中是 160）之前都隨著執行的平行作業數量成比例分配（換句話說，每一個操作都執行在相同的平行度下）。透過將 parallel_adaptive_multi_user 初始化參數設定為 TRUE，從 9 個並行的平行作業開始，平行度下降了，因此，分配的從屬進程數量比請求的要少。

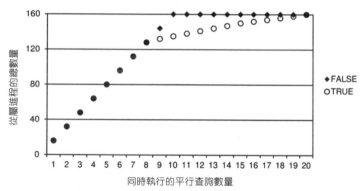

⬆ 圖 15-9 *parallel_adaptive_multi_user* 初始化參數的影響

⊙ 磁片 I/O 上限

磁片 I/O 上限是從 11.1 版本開始可用的一項特性。它的用途是根據磁片 I/O 子系統能夠支撐的最大吞吐率來限制預設的平行度。我強調一下，它只限制預設平行度。因此，如果與預設平行度無關（例如，當透過指定一個特殊的值使用手動平行度時），磁片 I/O 上限根本不會產生影響。

磁片 I/O 上限對那些因為不均衡設定導致的 I/O 受限的系統尤為有用。在平行處理的情況下，一個不均衡的設定經常意味著 CPU 內核的數量，相對於磁片 I/O 子系統能夠支撐的吞吐率來說太高了。

📌 **提示** 　對於打算支援大量平行 SQL 敘述的資料庫伺服器（例如，一個典型的用於資料倉庫的資料庫伺服器），合理的設定是磁片 I/O 子系統能支撐的吞吐率，應該等於 CPU 內核數量乘以 200 MB/s。例如，如果一個資料庫伺服器有 16 個 CPU 內核，它的磁片 I/O 子系統應該支撐的吞吐率為 3200 MB/s。

要使用磁片 I/O 上限，必須滿足兩個條件。第一，該特性必須透過一個初始化參數啟用。具體是哪一個取決於你使用的版本。

- 在 11.1 版本中，必須將 parallel_io_cap_enabled 初始化參數設定為 TRUE（預設值是 FALSE）。
- 從 11.2 版本開始，必須將 parallel_degree_limit 初始化參數設定為 IO（預設值是 CPU）。注意，從 11.2 版本開始，應該避免使用 parallel_io_cap_enabled 初始化參數，因為它是不贊成使用的。

第二，透過 I/O 口徑收集的統計資訊必須能夠被存取。需要這些統計資訊是因為他們向資料庫引擎提供關於磁片 I/O 子系統能夠支援的最大吞吐率的資訊。要收集它們，必須執行 dbms_resource_manager 套件中的 calibrate_io 過程。下面的 PL/SQL 程式碼區塊，是一段來自 px_calibrate_io.sql 腳本的摘錄，展示了如何執行該過程。注意必須將 num_physical_disks 參數設定為資料庫儲存所在的實體磁片數量（在我的測試系統上，我擁有透過 ASM 分配的十區塊磁片）。

```
DECLARE
  l_max_iops PLS_INTEGER;
  l_max_mbps PLS_INTEGER;
  l_actual_latency PLS_INTEGER;
BEGIN
  dbms_resource_manager.calibrate_io(
    num_physical_disks => 10,
    max_iops           => l_max_iops,
    max_mbps           => l_max_mbps,
    actual_latency     => l_actual_latency
  );
END;
```

統計資訊的收集會持續幾分鐘。一旦此項工作結束，統計資訊的結果就可以透過查詢 dba_rsrc_io_calibrate 視圖呈現出來。有兩個值與磁片 I/O 上限有關：磁片 I/O 子系統能夠支撐的最大吞吐率（max_mbps）和一個單獨的服務進程能夠支撐的最大吞吐率（max_pmbps）。在我的測試系統上，它們的值如下：

```
SQL> SELECT max_mbps, max_pmbps
  2  FROM dba_rsrc_io_calibrate;


MAX_MBPS MAX_PMBPS
-------- ---------
     664       297
```

根據上面的查詢回傳的兩個值，資料庫引擎計算最大的平行度，如公式 15-3 所示。如果結果值低於預設的平行度，它就成為新的預設值。如果結果值高於預設的平行度，就會忽略它。

公式 15-3 預設平行度受到磁片 I/O 子系統能夠支撐的最大吞吐率，與一個單獨的服務進程能夠支撐的最大吞吐率之間的比率的限制

$$max\_default\_dop = \frac{max\_mbps}{max\_pmbps}$$

⊙ 資料庫資源管理器

資源管理器（**Resource Manager**）對分配給服務進程的資料庫資源提供控制。除了其他功能，可以使用它將平行度限制為一個具體的值。因為描述資源管理器的細節超出本章的範圍（參考 *Oracle Database Administrator's Guide* 手冊獲取更多資訊），我這裡只透過 px_rm_cap_dop.sql 腳本提供一個例子。這個例子展示如何設定資源管理器，以便將某個具體的用戶所執行的 SQL 敘述平行度限制為 8。設定步驟如下所示。

(1) 建立一個名為 control_dop 的資源計畫（resource plan），透過 cap_dop 消費者組（consumer group），將平行度限制為 8：

```
BEGIN
  dbms_resource_manager.create_pending_area();
  dbms_resource_manager.create_plan(
    plan    => 'CONTROL_DOP' ,
    comment => 'Control the degree of parallelism'
  );
  dbms_resource_manager.create_consumer_group (
    consumer_group => 'CAP_DOP' ,
    comment        => 'Users with a restricted degree of parallelism'
  );
  dbms_resource_manager.create_plan_directive(
    plan                    => 'CONTROL_DOP' ,
    group_or_subplan        => 'CAP_DOP' ,
    comment                 => 'Cap degree of parallelism' ,
    parallel_degree_limit_p1 => 8
  );
  dbms_resource_manager.create_plan_directive(
    plan             => 'CONTROL_DOP' ,
    group_or_subplan => 'OTHER_GROUPS' ,
    comment          => 'Unrestricted degree of parallelism'
  );
  dbms_resource_manager.validate_pending_area();
  dbms_resource_manager.submit_pending_area();
END;
```

(2) 提供一個具有切換到 cap_dop 消費者組許可權的特定用戶：

```
BEGIN
  dbms_resource_manager_privs.grant_switch_consumer_group(
    grantee_name   => 'CHRIS' ,
    consumer_group => 'CAP_DOP' ,
    grant_option   => FALSE
  );

END;
```

(3) 將一個具體用戶的對話與 `cap_dop` 消費者組對應：

```
BEGIN
  dbms_resource_manager.create_pending_area();
  dbms_resource_manager.set_consumer_group_mapping(
    attribute       => 'ORACLE_USER' ,
    value           => 'CHRIS' ,
    consumer_group  => 'CAP_DOP'
  );
  dbms_resource_manager.submit_pending_area();
END;
```

(4) 在系統層級啟用 `control_dop` 資源計畫：

```
ALTER SYSTEM SET resource_manager_plan = control_dop
```

◉ 使用者設定檔

透過使用者設定檔（user profile），尤其是 `sessions_per_user` 參數，可以對具體的某個用戶能夠擁有的並行對話數量做出限制。例如，下面的 SQL 敘述建立一個新的使用者設定檔（`limit_dop`），將對話的數量限制為 16，將它與一個用戶關聯，並且透過將 `resource_limit` 初始化參數設定為 TRUE（預設值是 FALSE）來啟用它：

```
CREATE PROFILE limit_dop LIMIT sessions_per_user 16

ALTER USER chris PROFILE limit_dop
```

儘管實際上由使用者設定檔施加的限制，最初的導入是為了防止最終用戶以超過某個指定值的數量並行登入同一個資料庫實例，該限制也可以幫助管理平行對話的數量。這些並行的對話是由資料庫引擎在一條 SQL 敘述並存執行的時候自動建立的。該限制也適用於它們。

額外的對話被建立出來的原因是，一條並存執行的 SQL 敘述不僅需要一個查詢協調器的對話，而且每個從屬進程也需要一個對話。結果，即使一個最終用戶只登入了一次，他也可能請求多個對話。因此，取決於 `sessions_per_user` 參數是如何設定的，平行度可能會受到限制。

★ **提示** 我不建議使用使用者設定檔限制資源。要進行限制，應該儘量使用資源管理器。我介紹使用者設定檔方法僅僅是因為你需要知道使用者設定檔可以限制平行度。

---

5 降級

當查詢協調器請求的從屬進程數量高於它實際可以獲得的從屬進程數量的時候就會發生降級。以下兩種情況下會發生降級。

- 當平行度受到上一部分中描述的技術限制的時候。換句話說，當平行度受到自我調整平行度、資源管理器（僅對於手動平行度來說）或使用者設定檔限制的時候。
- 當查詢協調器從池中請求的從屬進程數量高於實際可用的從屬進程數量的時候。

事實上，在查詢協調器請求某一數量的從屬進程時，取決於已經在執行中的從屬進程有多少，資料庫引擎可能無法滿足該請求。例如，如果從屬進程的最大數量設定為 40，對於圖 15-7 中所示的執行計畫來說只有 5 個並行的 SQL 敘述（40/8）能夠透過所請求的平行度（請求 8 個從屬進程）執行。當達到上限時，有以下三種可能性。

- 平行度被降級（換句話說，減少平行度）。
- 將一個 ORA-12827: insufficient parallel query slaves available 錯誤回傳給查詢協調器。
- 或者該 SQL 敘述的執行計畫被置於保持狀態，直到所需數量的從屬進程可用。

後面的方法僅用於從 11.2 開始的版本，而且僅在啟用敘述排隊（statement queuing）的情況下（下一部分會介紹此內容）。如果沒有啟用敘述排隊，就會使用其他兩種方法中的一個。必須透過設定 parallel_min_percent 初始化參數來設定具體使用哪一種方法。可以將該參數設定為一個從 0 到 100 之間的整數值。主要情況有以下三種。

- **0**：這個值（也就是預設值）指定可以被靜默降級的平行度。換句話説，資料庫引擎能夠提供盡可能多的從屬進程。如果可用的從屬進程少於兩個，執行就會改為串列。這意味著 SQL 敘述總會被執行，永遠不會遇到 ORA-12827 錯誤。

- **1~99**：從 1 到 99 範圍內的值以百分比形式為降級指定一個限制。必須至少提供達到指定百分比的從屬進程；否則，會引發 ORA-12827 錯誤。例如，如果將它設定為 25 而且有對話請求 16 個從屬進程，那麼必須至少提供 4 個（16×25/100）可用的從屬進程才可以避免此錯誤。

- **100**：使用這個值，要麼提供所有請求的從屬進程，要麼引發 ORA-12827 錯誤。

下面的例子（來自 px_min_percent.sql 腳本），在沒有其他並存執行的敘述執行的情況下執行，證實了這一點（注意，40 是 50 的 80%）：

```
SQL> ALTER SYSTEM SET parallel_max_servers = 40;

SQL> ALTER TABLE t PARALLEL 50;

SQL> ALTER SESSION SET parallel_min_percent = 80;

SQL> SELECT count(pad) FROM t;

COUNT(PAD)
----------
    100000

SQL> SELECT * FROM table(dbms_xplan.display_cursor(NULL, NULL, 'basic
+parallel' ));


---------------------------------------------------------------------------
| Id | Operation             | Name      |   TQ  |IN-OUT| PQ Distrib |
---------------------------------------------------------------------------
|  0 | SELECT STATEMENT      |           |       |      |            |
|  1 |  SORT AGGREGATE       |           |       |      |            |
|  2 |   PX COORDINATOR      |           |       |      |            |
|  3 |    PX SEND QC (RANDOM) | :TQ10000 | Q1,00 | P->S | QC (RAND)  |
```

```
|   4  |         SORT AGGREGATE    |           | Q1,00 | PCWP |           |
|   5  |        PX BLOCK ITERATOR  |           | Q1,00 | PCWC |           |
|   6  |          TABLE ACCESS FULL| T         | Q1,00 | PCWP |           |
-------------------------------------------------------------------------------

SQL> ALTER SESSION SET parallel_min_percent = 81;

SQL> SELECT count(pad) FROM t;
SELECT count(pad) FROM t
*
ERROR at line 1:
ORA-12827: insufficient parallel query slaves (requested 50, available 40,
parallel_min_percent 81)
```

　　如果想要知道在一個執行中的資料庫實例上有多少個操作被降級以及降級了
多少，可以執行下面的查詢。顯然，當你看見太多的降級，尤其是當很多操作被
改成串列時，應該會懷疑設定的問題了：

```
SQL> SELECT name, value
  2  FROM v$sysstat
  3  WHERE name like 'Parallel operations%' ;

NAME                                            VALUE
----------------------------------------------- -----
Parallel operations not downgraded                 14
Parallel operations downgraded to serial           10
Parallel operations downgraded 75 to 99 pct        14
Parallel operations downgraded 50 to 75 pct         2
Parallel operations downgraded 25 to 50 pct         0
Parallel operations downgraded 1 to 25 pct          0
```

6 敘述排隊

　　敘述排隊是一項從 11.2 版本開始可用的特性，旨在避免降級。要達到這一目
標，資源管理器要在沒有足夠可用的從屬進程來執行具體的一條 SQL 敘述時識別
到問題。當資源管理器識別到這樣的情況，它就會透過使對話在一個等待列表中
排隊來待定該執行。然後，一旦請求數量的從屬進程可用，它就會使對話出隊並

恢復執行。預設情況下，該等待清單是透過一個先進先出的佇列管理的，在有可用的從屬進程之前對話必須等待（換句話說，這裡沒有超時的概念）。

可能與你預期的相反，資源管理器不會透過比較目前活躍的從屬進程數量和資料庫引擎能夠處理的最大數量（這個值透過 parallel_max_servers 初始化參數定義），來檢查是否有足夠數量的從屬進程可用。相反的，資源管理器使用另一個透過 parallel_servers_target 初始化參數設定的閾值。使用這個額外的初始化參數背後的原因非常簡單：沒有必要為所有並存執行的 SQL 敘述啟用敘述排隊。因此，透過敘述排隊來管理僅一部分的從屬進程池可能是值得的。

儘管 parallel_servers_target 初始化參數是動態的，它也僅能夠在系統層級進行設定。此外，在 12.1 多租戶環境下，無法在 PDB 層級設定它。換句話說，對於從屬進程池來說，該設定僅能在資料庫實例層級執行。

敘述排隊僅在兩種情況下啟用。第一，對於那些已將 parallel_degree_policy 初始化參數被設為 auto 的對話執行的 SQL 敘述（如果它們不包含一個禁用敘述排隊的 hint）。第二，對於那些包含 statement_queuing hint 的 SQL 敘述。第二種可能性作用於使用手動平行度的應用程式。

對於那些已將 parallel_degree_policy 初始化參數被設為 auto 的對話來說，敘述排隊可以在 SQL 敘述層級透過新增 no_statement_queuing hint 顯式禁用。

當一個對話在佇列中等待時，它的等待事件是 resmgr:pq queued。例如，下面的查詢展示哪些對話因為敘述排隊而被待定了：

```
SQL> SELECT sid, seconds_in_wait
  2   FROM v$session
  3   WHERE event = 'resmgr:pq queued' ;

SID SECONDS_IN_WAIT
--- ---------------
113             121
 37              60
143              34
```

待定的對話也可以透過 v$rsrc_session_info 動態效能視圖來監控。使用它，不僅可以看見它們在佇列中等待了多長時間（current_pq_queued_time 行，以毫秒為單位），還可以知道下一個出隊的對話是哪一個（pq_status 行被設定為 Queue head），以及每個待定的對話請求的從屬進程數量（pq_servers 行）是多少。注意，後面兩個行僅從 12.1 版本開始可用。下面的例子為上面查詢中已經列舉的三個對話證實了這一點：

```
SQL> SELECT sid, pq_status, current_pq_queued_time, pq_servers
  2  FROM v$rsrc_session_info
  3  WHERE state = 'PQ QUEUED' ;


SID PQ_STATUS   CURRENT_PQ_QUEUED_TIME PQ_SERVERS
--- ----------- ---------------------- ----------
113 Queue head                  121068         16
 37 Queued                       60686         16
143 Queued                       34843          4
```

除了剛剛描述的預設行為以外，資源管理器還提供幾個指令，使用這些指令可以設定利用以下特性的資源計畫：

- 在等待清單中管理對話的出隊順序
- 在消費組層級限制從屬進程的使用
- 指定超時時間
- 定義關鍵 SQL 敘述以繞過敘述排隊（僅 12.1 版本）
- 在多租戶環境下管理敘述排隊（僅 12.1 版本）

關於這些特性的詳細資訊在 *Oracle Database VLDB and Partitioning Guide* 手冊中提供。

7 平行查詢

以下這些操作，在查詢和子查詢中，都可以使用平行方式執行：

- 全資料表掃描、全分區掃描以及索引快速全掃描
- 索引全掃描和範圍掃描，但是前提是索引是分區的（在一個指定時間，一

個分區只能同時被一個從屬進程存取，其副作用是，平行度會受到存取的
分區數量的限制）

- 聯結（第 14 章也提供了一些例子）
- 集合操作符
- 排序
- 彙總

> **🅱️注意** 全資料表掃描、全分區掃描以及索引快速全掃描在並存執行時通常
> 會使用直接路徑讀，因此，會繞過緩衝區快取。一個例外是從 11.2 版本開始，
> 當啟動記憶體中的並存執行的時候。事實上，記憶體中執行的目標恰好是避免
> 直接路徑讀並快取盡可能多的資料。注意對於索引全掃描和範圍掃描，資料庫
> 引擎總是執行正常的實體讀。

當查詢參照了不支援平行處理的使用者自訂函數時，它們無法透過平行方式
執行。基本上，要支援平行處理，使用者自訂函數必須既不能寫入資料庫也不能
讀取或修改套件變數。當編寫 PL/SQL 程式碼時，應該使用 PARALLEL_ENABLE 子句
標記支援平行處理的使用者自訂函數。注意在某些情況下使用者定義函數並存執
行的能力，不僅取決於使用者自訂函數本身，而且還取決於呼叫的查詢（而且，
最終取決於執行計畫本身）。px_query_udf.sql 腳本提供了一個例子，展示一個函
數阻止一個查詢以平行方式執行，而在另一個查詢上卻不會施加這樣的限制。

平行查詢預設是啟用的。在對話層級，可以使用下面的 SQL 敘述啟用或禁用
它們：

```
ALTER SESSION ENABLE PARALLEL QUERY


ALTER SESSION DISABLE PARALLEL QUERY
```

此外，也可以在啟用平行查詢的同時，覆蓋由段層級的手動平行度或使用以
下 SQL 敘述的自動平行度所定義的平行度：

```
ALTER SESSION FORCE PARALLEL QUERY PARALLEL 4
```

　　然而，要記住 hint 要優先於對話層級的設定。一方面，即使在對話層級禁用了平行查詢，hint 也可以啟用一個並存執行。真正關閉平行查詢的方法只有兩個，將 parallel_max_servers 初始化參數設定為 0，或者透過設定資源管理器來關閉。另一方面，即使在對話層級強制指定一個平行度，hint 也能引導為另一個平行度。要檢查在對話層級是否啟用了平行查詢，可以執行一條類似下面這樣的查詢（pq_status 行被設定為 ENABLED、DISABLEOD 或 FORCED）：

```
SELECT pq_status
FROM v$session
WHERE sid = sys_context( 'userenv' ,' sid' )
```

　　下面的執行計畫展示一個使用平行索引範圍掃描、平行全資料表掃描以及平行雜湊聯結的例子。它來自 px_query.sql 腳本。注意這些 hint：parallcl_index hint 用於索引存取，而 parallel hint 用於資料表掃描。兩個 hint 都是使用物件層級語法將平行度指定為 2。此外，pq_distribute hint 用於指定分配方法。行 TQ 包含三個值，也就意味著有三組從屬進程用於實施這個執行計畫。操作 8 以平行方式掃描索引 i1（這是可行的，因為索引是分區的）。然後，操作 7，使用從索引 i1 擷取的 rowid，存取表 t1。如在操作 6 中所示，分區細微性被用於這兩個操作。接下來，資料被使用雜湊分布發送給消費者（組 Q1,02 的從屬進程）。當消費者接收資料（操作 4）後，他們將資料傳遞給操作 3 以在記憶體中為雜湊聯結建構雜湊表。一旦表 t1 的資料全部被處理完畢，表 t2 的平行全掃描就可以開始了。這是在操作 12 中執行的。如在操作 11 中所示，區塊範圍細微性被用於此操作。然後資料被透過雜湊分布發送給消費者（組 Q1,02 的從屬進程）。當消費者接收到資料（操作 9）後，他們將資料傳遞給操作 3 以探測該雜湊表。最後，操作 2 將滿足聯結條件的資料發送給查詢協調器（圖 15-10 展示了這個執行計畫）：

```
SELECT /*+ leading(t1) use_hash(t2)
           index(t1) parallel_index(t1 2)
           full(t2) parallel(t2 2)
           pq_distribute(t2 hash,hash) */ *
FROM t1, t2
WHERE t1.id > 9000
AND t1.id = t2.id+1

-----------------------------------------------------------------------------
```

```
| Id | Operation                      | Name     | Pstart| Pstop |   TQ  |IN-OUT| PQ Distri |
------------------------------------------------------------------------------------------------
|  0 | SELECT STATEMENT               |          |       |       |       |      |           |
|  1 |  PX COORDINATOR                |          |       |       |       |      |           |
|  2 |   PX SEND QC (RANDOM)          | :TQ10002 |       |       | Q1,02 | P->S | QC (RAND) |
|* 3 |    HASH JOIN BUFFERED          |          |       |       | Q1,02 | PCWP |           |
|  4 |     PX RECEIVE                 |          |       |       | Q1,02 | PCWP |           |
|  5 |      PX SEND HASH              | :TQ10000 |       |       | Q1,00 | P->P | HASH      |
|  6 |       PX PARTITION HASH ALL    |          |   1 | |   4 | | Q1,00 | PCWC |           |
|  7 |        TABLE ACCESS BY INDEX ROW| T1      |       |       | Q1,00 | PCWP |           |
|* 8 |         INDEX RANGE SCAN       | I1       |   1 | |   4 | | Q1,00 | PCWP |           |
|  9 |     PX RECEIVE                 |          |       |       | Q1,02 | PCWP |           |
| 10 |      PX SEND HASH              | :TQ10001 |       |       | Q1,01 | P->P | HASH      |
| 11 |       PX BLOCK ITERATOR        |          |       |       | Q1,01 | PCWC |           |
|*12 |        TABLE ACCESS FULL       | T2       |       |       | Q1,01 | PCWP |           |
------------------------------------------------------------------------------------------------

   3 - access( "T1" . "ID" = "T2" . "ID" +1)
   8 - access( "T1" . "ID" >9000)
  12 - filter( "T2" . "ID" +1>9000)
```

　　根據執行計畫和圖 15-10，使用了一個資料流程操作和三個表佇列。注意，即使圖 15-10 顯示了三組從屬進程（因為請求的平行度是 2，所以一共有 6 個從屬進程），在執行期間，只有兩組是從池中分配的（換句話說，四個從屬進程）。這是因為一個單獨的資料流程操作無法使用超過兩組的從屬進程。這個特殊的例子中會出現的情況是用於掃描表 t1（Q1,00）的那一組永遠不會與掃描表 t2（Q1,01）的那一組同時並行執行。因此，查詢協調器簡單地為這兩組（重複）使用相同的從屬進程。

📢 **警告**　HASH JOIN BUFFERED 操作（在上面的執行計畫中，操作 3）不僅建立一張包含建構的輸入（操作 5 到 8）回傳的資料的雜湊表，而且還會快取由滿足聯結條件的探測輸入（操作 10 到操作 12）回傳的資料。因此，就有了末碼 BUFFERED。這是資料庫引擎因為內部限制（兩種分布操作無法在同一時間被啟動）不得不實現的一種特殊行為。從效能的角度來看，緩衝可能會是一個重大問題。

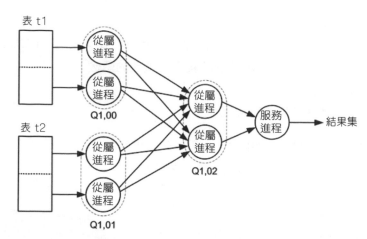

超過兩組的從屬進程執行

8 平行 DML 敘述

以下 DML 敘述可以使用平行方式執行：

- DELETE
- 帶有子查詢的 INSERT（帶有 VALUES 子句的 INSERT 敘述無法被平行化）
- MERGE
- UPDATE

> 📓**注意**　INSERT 敘述和 MERGE 敘述（對於插入資料的部分）並存執行的時候
> 使用直接路徑插入。因此，它們不僅受到直接路徑插入的優勢和劣勢的影響，
> 而且也受到直接路徑插入的限制條件的制約。我會在 15.4 節介紹它們。

在以下情況下 DML 敘述無法透過平行方式執行：

- 某張表上有觸發器；
- 某張表有一個參照本身的外鍵約束，或者有一個帶有級聯刪除的外鍵約束，或者有一個延遲約束；
- 它們是在一個分散式事務中執行的；

- 它們參照了一個遠端物件；
- 它們參照了一個無法並存執行的使用者自訂函數（在 PL/SQL 中，使用 PARALLEL_ENABLE 子句來標記支援平行處理的函數）；
- 修改了某個物件行；
- 或修改了某個叢集或臨時表。

平行 DML 敘述預設是禁用的（小心，此處與平行查詢正好相反）。在對話層級，可以透過以下的 SQL 敘述啟用和禁用它們：

```
ALTER SESSION ENABLE PARALLEL DML

ALTER SESSION DISABLE PARALLEL DML
```

此外，也可以透過以下 SQL 敘述強制並存執行來使用某個具體的平行度：

```
ALTER SESSION FORCE PARALLEL DML PARALLEL 4
```

自 12.1 版本起，還可能用 enable_parallel_dml 和 disable_parallel_dml hint 來啟用和禁用平行 DML 敘述。與平行查詢會出現的情況形成對照的是，只使用 parallel 和 parallel_index hint 無法啟用平行 DML 敘述。換句話說，DML 敘述如果要利用平行處理只能在對話層級或 SQL 敘述層級啟用。要檢查平行 DML 敘述在對話層級是處於啟用還是禁用狀態，可以執行類似以下的查詢（pdml_status 行被設定為 ENABLED、DISABLED 或 FORCED）：

```
SELECT pdml_status
FROM v$session
WHERE sid = sys_context( 'userenv' ,' sid' )
```

除了 INSERT 敘述，必須同時啟用平行查詢以支援使用平行方式執行 DML 敘述。事實上，DML 敘述基本是由兩個操作組成：首先找到要修改的資料，然後第二步才是修改它們。問題是如果查找資料的部分不是以平行方式執行的，則無法平行化修改資料的部分。為了驗證這種行為，我們來看幾個來自 px_dml.sql 腳本的例子。

- 僅啟用平行 DML 敘述時，沒有一個操作是平行化的：

```
SQL> ALTER SESSION DISABLE PARALLEL QUERY;

SQL> ALTER SESSION ENABLE PARALLEL DML;

SQL> ALTER TABLE t PARALLEL 2;

SQL> UPDATE t SET id = id + 1;


-----------------------------------
| Id  | Operation          | Name |
-----------------------------------
|  0  | UPDATE STATEMENT   |      |
|  1  |  UPDATE            | T    |
|  2  |   TABLE ACCESS FULL| T    |
-----------------------------------
```

- 僅啟用平行查詢時，DML 敘述的更新部分沒有以平行方式執行。事實上，
  只有操作 3 到操作 5 是由從屬進程執行的。因此，更新部分（操作 1）是
  由查詢協調器串列執行的：

```
SQL> ALTER SESSION ENABLE PARALLEL QUERY;

SQL> ALTER SESSION DISABLE PARALLEL DML;

SQL> ALTER TABLE t PARALLEL 2;

SQL> UPDATE t SET id = id + 1;


-------------------------------------------------------------------------
| Id  | Operation           | Name    |   TQ  |IN-OUT| PQ Distrib |
-------------------------------------------------------------------------
|  0  | UPDATE STATEMENT    |         |       |      |            |
|  1  |  UPDATE             | T       |       |      |            |
|  2  |   PX COORDINATOR    |         |       |      |            |
|  3  |    PX SEND QC (RANDOM)| :TQ10000 | Q1,00 | P->S | QC (RAND)  |
|  4  |     PX BLOCK ITERATOR |        | Q1,00 | PCWC |            |
|  5  |      TABLE ACCESS FULL| T      | Q1,00 | PCWP |            |
-------------------------------------------------------------------------
```

■ 同時啟用平行查詢和平行 DML 敘述時，更新部分（操作 3）以平行方式執
行。在此情況下，只使用了一組從屬進程（操作 2 到操作 5 在 TQ 行上擁有
相同的值）。這暗示每個從屬進程掃描各自的表分區細微性並修改它所找到
的記錄：

```
SQL> ALTER SESSION ENABLE PARALLEL QUERY;

SQL> ALTER SESSION ENABLE PARALLEL DML;

SQL> ALTER TABLE t PARALLEL 2;

SQL> UPDATE t SET id = id + 1;


-----------------------------------------------------------------------
| Id  | Operation             | Name     |   TQ  |IN-OUT| PQ Distrib  |
-----------------------------------------------------------------------
|  0  | UPDATE STATEMENT      |          |       |      |             |
|  1  |  PX COORDINATOR       |          |       |      |             |
|  2  |   PX SEND QC (RANDOM) | :TQ10000 | Q1,00 | P->S | QC (RAND)   |
|  3  |    UPDATE             | T        | Q1,00 | PCWP |             |
|  4  |     PX BLOCK ITERATOR |          | Q1,00 | PCWC |             |
|  5  |      TABLE ACCESS FULL| T        | Q1,00 | PCWP |             |
-----------------------------------------------------------------------
```

9 平行 DDL 敘述

表和索引支援平行 DDL 敘述。以下是三個有代表性的平行化操作：

■ CREATE TABLE ... AS SELECT ...（CTAS）敘述
■ 索引的建立和重建
■ 約束的建立和驗證

此外，對於已分區表和索引，還可以平行化類似 COALESCE、MOVE 和 SPLIT
這樣的分區管理操作。通常，可利用平行處理的 DDL 敘述會提供 PARALLEL 子句
（很快你就會看到，約束是一個例外），來指定是否應該使用平行處理，以及如果
使用了平行處理，其平行度是多少。

預設會**啟用**平行 DDL 敘述。在對話層級，可以使用下面的 SQL 敘述啟用或禁用它們：

```
ALTER SESSION ENABLE PARALLEL DDL

ALTER SESSION DISABLE PARALLEL DDL
```

也可以透過使用下面的 SQL 敘述，以某個特定的平行度強制並存執行（對於支援它的 DDL 敘述來說）：

```
ALTER SESSION FORCE PARALLEL DDL PARALLEL 4
```

要檢查是否在對話層級啟用或禁用了平行 DDL 敘述，可以執行類似下面的查詢（pddl_status 行被設定為 ENABLED、DISABLED 或 FORCED）：

```
SELECT pddl_status
FROM v$session
WHERE sid = sys_context( 'userenv' ,' sid' )
```

對於可以並存執行的這三種主要 DDL 敘述類型，接下來的幾個部分將會展示幾個根據 px_ddl.sql 腳本的例子。

◉ CTAS 敘述

一條 CTAS 敘述是由兩個處理資料的操作組成：用於從來源表中檢索資料的查詢操作和向目標表插入資料的插入操作。每個部分都可以獨立於彼此使用串列或平行方式執行。但是，如果使用了平行處理，一般會將兩個操作都平行化。下面的執行計畫展示了這一點。

- **插入平行化**：只有操作 2 至操作 4 是以平行方式執行的。查詢協調器掃描表 t1 並使用迴圈方法（round-robin）將它的內容分發給從屬進程。既然查詢協調器和多個從屬進程通訊，這些操作之間的關係就是串列到平行（S->P）。一組從屬進程接收這些資料，並以平行方式執行插入（操作 LOAD AS SELECT）：

```
CREATE TABLE t2 PARALLEL 2 AS SELECT /*+ no_parallel(t1) */ * FROM t1


----------------------------------------------------------------------------
| Id | Operation                | Name       |    TQ |IN-OUT| PQ Distrib |
----------------------------------------------------------------------------
|  0 | CREATE TABLE STATEMENT   |            |       |      |            |
|  1 |  PX COORDINATOR          |            |       |      |            |
|  2 |   PX SEND QC (RANDOM)    | :TQ10001   | Q1,01 | P->S | QC (RAND)  |
|  3 |    LOAD AS SELECT        | T2         | Q1,01 | PCWP |            |
|  4 |     PX RECEIVE           |            | Q1,01 | PCWP |            |
|  5 |      PX SEND ROUND-ROBIN | :TQ10000   |       | S->P | RND-ROBIN  |
|  6 |       TABLE ACCESS FULL  | T1         |       |      |            |
----------------------------------------------------------------------------
```

- **查詢平行化**：只有操作 3 至操作 5 是以平行方式執行的。從屬進程根據區塊範圍細微性以平行方式掃描表 t1，並將其內容發送給查詢協調器，這就是平行到串列（P->S）關係的原因。查詢協調器執行插入（操作 LOAD AS SELECT）：

```
CREATE TABLE t2 NOPARALLEL AS SELECT /*+ parallel(t1 2) */ * FROM t1


----------------------------------------------------------------------------
| Id | Operation                | Name       |    TQ |IN-OUT| PQ Distrib |
----------------------------------------------------------------------------
|  0 | CREATE TABLE STATEMENT   |            |       |      |            |
|  1 |  LOAD AS SELECT          | T2         |       |      |            |
|  2 |   PX COORDINATOR         |            |       |      |            |
|  3 |    PX SEND QC (RANDOM)   | :TQ10000   | Q1,00 | P->S | QC (RAND)  |
|  4 |     PX BLOCK ITERATOR    |            | Q1,00 | PCWC |            |
|  5 |      TABLE ACCESS FULL   | T1         | Q1,00 | PCWP |            |
----------------------------------------------------------------------------
```

- **兩個操作全部平行化**：從屬進程根據區塊範圍細微性以平行方式掃描表 t1，並直接將它們獲得的資料插入到目標表中，不需要將資料發送給另一個平行從屬組。應該注意兩件重要的事情，第一，查詢協調器並沒有直接參與資料的處理。第二，資料並沒有透過表佇列發送（除了由操作 2 發送給查詢協調器的少量資訊，沒有發生任何通訊）：

```
CREATE TABLE t2 PARALLEL 2 AS SELECT /*+ parallel(t1 2) */ * FROM t1


--------------------------------------------------------------------------
| Id  | Operation                | Name      |   TQ  |IN-OUT| PQ Distrib |
--------------------------------------------------------------------------
|   0 | CREATE TABLE STATEMENT   |           |       |      |            |
|   1 |  PX COORDINATOR          |           |       |      |            |
|   2 |   PX SEND QC (RANDOM)    | :TQ10000  | Q1,00 | P->S | QC (RAND)  |
|   3 |    LOAD AS SELECT        | T2        | Q1,00 | PCWP |            |
|   4 |     PX BLOCK ITERATOR    |           | Q1,00 | PCWC |            |
|   5 |      TABLE ACCESS FULL   | T1        | Q1,00 | PCWP |            |
--------------------------------------------------------------------------
```

上面的例子展示了實用物件層級語法的 hint。要為兩個操作都啟用平行化（最後一個例子），從 11.2 版本開始，對於 CTAS 敘述可以使用敘述層級的語法，如下例所示：

```
CREATE /*+ parallel(2)*/ TABLE t2 AS SELECT * FROM t1
```

與之前的那一種相比，使用這種語法的一個重要的區別就是，因為沒有指定 PARALLEL 子句，平行度只用於表的建立階段。換句話說，在資料字典中，與這張表關聯的平行度是 1。

◉ 索引的建立和重建

可以透過平行方式建立和重建索引。要完成建立過程，需要兩組從屬進程合作。第一組讀取被索引的資料。第二組對其從第一組接收的資料進行排序並建立索引。下面的 SQL 敘述是一個例子。注意第一組如何執行操作 6 到操作 8（Q1,00），以及第二組如何執行操作 2 到操作 5（Q1,01）。資料是以範圍方法在這兩組進程之間進行分布的（所以第二組的每個平行子進程處理它分配到的索引的一小部分），而且擁有一個平行到平行（P->P）的關係：

```
CREATE INDEX i1 ON t1 (id) PARALLEL 4


--------------------------------------------------------------------------------
| Id | Operation              | Name      |   TQ  |IN-OUT| PQ Distrib |
--------------------------------------------------------------------------------
|  0 | CREATE INDEX STATEMENT |           |       |      |            |
|  1 |  PX COORDINATOR        |           |       |      |            |
|  2 |   PX SEND QC (ORDER)   | :TQ10001  | Q1,01 | P->S | QC (ORDER) |
|  3 |    INDEX BUILD NON UNIQUE| I1      | Q1,01 | PCWP |            |
|  4 |     SORT CREATE INDEX  |           | Q1,01 | PCWP |            |
|  5 |      PX RECEIVE        |           | Q1,01 | PCWP |            |
|  6 |       PX SEND RANGE    | :TQ10000  | Q1,00 | P->P | RANGE      |
|  7 |        PX BLOCK ITERATOR|          | Q1,00 | PCWC |            |
|  8 |         TABLE ACCESS FULL| T1      | Q1,00 | PCWP |            |
--------------------------------------------------------------------------------
```

索引的重建也會引導出十分類似的執行計畫（注意根據操作 8，資料是從索引中擷取的，而不是從表中）：

```
ALTER INDEX i1 REBUILD PARALLEL 4


--------------------------------------------------------------------------------
| Id | Operation              | Name      |   TQ  |IN-OUT| PQ Distrib |
--------------------------------------------------------------------------------
|  0 | ALTER INDEX STATEMENT  |           |       |      |            |
|  1 |  PX COORDINATOR        |           |       |      |            |
|  2 |   PX SEND QC (ORDER)   | :TQ10001  | Q1,01 | P->S | QC (ORDER) |
|  3 |    INDEX BUILD NON UNIQUE| I1      | Q1,01 | PCWP |            |
|  4 |     SORT CREATE INDEX  |           | Q1,01 | PCWP |            |
|  5 |      PX RECEIVE        |           | Q1,01 | PCWP |            |
|  6 |       PX SEND RANGE    | :TQ10000  | Q1,00 | P->P | RANGE      |
|  7 |        PX BLOCK ITERATOR|          | Q1,00 | PCWC |            |
|  8 |         INDEX FAST FULL SCAN| I1   | Q1,00 | PCWP |            |
--------------------------------------------------------------------------------
```

◉ 約束的建立和驗證

建立或驗證約束（例如外鍵和檢查約束）時，必須驗證已經儲存在表中的資料。出於這個目的，資料庫引擎執行一個遞迴查詢。例如，假設執行下面的 SQL 敘述：

```
ALTER TABLE t ADD CONSTRAINT t_id_nn CHECK (id IS NOT NULL)
```

資料庫引擎遞迴地執行類似下面這樣的查詢來驗證儲存在表中的資料（注意，如果查詢回傳結果為空，資料就是有效的）：

```
SELECT rowid
FROM t
WHERE NOT (id IS NOT NULL)
```

因此，如果約束建立所屬的表擁有值為 2 或更高的平行度，資料庫引擎會以平行方式執行該查詢。

🛢️注意 在表層級定義的平行度用於遞迴查詢，與在對話層級是否啟用、禁用或強制平行查詢和平行 DDL 敘述沒有關係。換句話說，ALTER SESSION ... PARALLEL 敘述對遞迴查詢沒有影響。

定義主鍵約束時，資料庫引擎無法以平行方式建立索引。為避免這個限制，必須在定義約束之前建立（唯一）索引。下面的 SQL 敘述進行了展示：

```
CREATE UNIQUE index t_pk ON t (id) PARALLEL 2

ALTER TABLE t ADD CONSTRAINT t_pk PRIMARY KEY (id)
```

15.3.2 何時使用

平行處理只有在滿足兩個條件時才應該被使用。第一，在有大量可用的空閒資源（CPU、記憶體，及磁片 I/O 頻寬）的情況下可以使用該技術。記住，平行處理的目標是透過將一個通常由單獨的進程（此時也就會使用一個單獨 CPU 內核）

所做的工作分散給多個進程（此時就會使用多個 CPU 內核）以減少回應時間。第二，可以為那些使用串列方式執行超過十幾秒鐘的 SQL 敘述使用該技術；否則，平行環境（主要是從屬進程和表佇列）初始化、協調和終止所需的時間及資源，可能會比從平行化本身獲益的還要高一些。實際使用時的限制取決於可用的資源總量。因此，在某些情況下，只有那些花費超過幾分鐘的 SQL 敘述，或甚至更長時間的敘述，才適合使用並存執行。值得注意的是，如果這兩個條件不滿足，效能恐怕會不升反降。

　　如果經常對很多的 SQL 敘述使用平行處理，應該在系統層級啟用自動平行度，或者在段層級啟用手動平行度。否則，如果它僅用於特定的批次處理或報表，一般來說最好是在對話層級透過 hint 啟用它比較好。

15.3.3 陷阱和謬誤

　　有一點你需要明白，在物件層級語法中使用 parallel 和 parallel_index 這兩個 hint，並不會強制查詢最佳化工具使用平行處理。反而，它們會覆蓋在表或索引層級上定義的平行度。因此，新增這兩個 hint 會允許查詢最佳化工具使用指定的平行度來考慮平行處理。這意味著查詢最佳化工具會分別在使用和不使用平行處理的情況下考慮執行計畫，並且按照慣例，從中選出具有較低成本的那一個。接下來我會透過展示一個來自 px_dop_manual.sql 腳本的例子來加深你的印象。如下面的 SQL 敘述所示，與全資料表掃描關聯的成本隨著平行度成比例下降（參考第 7 章，獲取更多關於平行作業成本的資訊）：

```
SQL> EXPLAIN PLAN SET STATEMENT_ID 'dop1' FOR
  2  SELECT /*+ full(t) parallel(t 1) */ * FROM t WHERE id > 93000;

SQL> EXPLAIN PLAN SET STATEMENT_ID 'dop2' FOR
  2  SELECT /*+ full(t) parallel(t 2) */ * FROM t WHERE id > 93000;

SQL> EXPLAIN PLAN SET STATEMENT_ID 'dop3' FOR
  2  SELECT /*+ full(t) parallel(t 3) */ * FROM t WHERE id > 93000;

SQL> EXPLAIN PLAN SET STATEMENT_ID 'dop4' FOR
  2  SELECT /*+ full(t) parallel(t 4) */ * FROM t WHERE id > 93000;
```

```
SQL> SELECT statement_id, cost
  2  FROM plan_table
  3  WHERE id = 0;

STATEMENT_ID COST
------------ ----
dop1          296
dop2          164
dop3          110
dop4           82
```

如果該 SQL 敘述在沒有 hint 並且平行度設定為 1 的情況下執行，查詢最佳化工具會選擇索引範圍掃描：

```
SQL> SELECT * FROM t WHERE id > 93000;

-----------------------------------------------------------
| Id | Operation                   | Name | Cost (%CPU)|
-----------------------------------------------------------
|  0 | SELECT STATEMENT            |      |  125   (0)|
|  1 |  TABLE ACCESS BY INDEX ROWID| T    |  125   (0)|
|* 2 |   INDEX RANGE SCAN          | I    |   17   (0)|
-----------------------------------------------------------

  2 - access( "ID" >93000)
```

注意，與上面執行計畫關聯的成本（125）要低於使用平行度為 2 時的全資料表掃描成本。相較而言，使用大於或等於 3 的平行度時，全資料表掃描的成本更低一些。

現在，我們來看一下僅將 parallel hint 新增到 SQL 敘述時會發生什麼，換句話說，就是不使用存取路徑 hint 時。結果是當平行度設定為 2 的時候，查詢最佳化工具選擇了串列的索引範圍掃描，而當平行度設定為 3 的時候選擇了平行全資料表掃描：

```
SQL> SELECT /*+ parallel(t 2) */ * FROM t WHERE id > 93000;


---------------------------------------------------------
| Id  | Operation                     | Name | Cost (%CPU)|
---------------------------------------------------------
|   0 | SELECT STATEMENT              |      |  125   (0)|
|   1 |  TABLE ACCESS BY INDEX ROWID| T    |  125   (0)|
|*  2 |   INDEX RANGE SCAN            | I    |   17   (0)|
---------------------------------------------------------

  2 - filter( "ID" >93000)


SQL> SELECT /*+ parallel(t 3) */ * FROM t WHERE id > 93000;


---------------------------------------------------------
| Id  | Operation            | Name     | Cost (%CPU)|
---------------------------------------------------------
|   0 | SELECT STATEMENT     |          |  110   (1)|
|   1 |  PX COORDINATOR      |          |           |
|   2 |   PX SEND QC (RANDOM)| :TQ10000 |  110   (1)|
|   3 |    PX BLOCK ITERATOR |          |  110   (1)|
|*  4 |     TABLE ACCESS FULL| T        |  110   (1)|
---------------------------------------------------------

  4 - filter( "ID" >93000)
```

　　總之，parallel 和 parallel_index 這兩個 hint 只是簡單地允許查詢最佳化工具考慮平行處理；它們不會強制查詢最佳化工具做什麼。

　　為了讓平行化的執行更高效，將工作總量在所有的從屬進程中間進行平均分配十分關鍵。事實上，所有屬於一個組的從屬進程，在同組內的所有從屬進程都執行完畢之前必須處於等候狀態。簡而言之，平行作業的速度取決於最慢的那個從屬進程。如果想要檢查一條 SQL 敘述工作量的實際分布情況，你既可以使用即時監控（參見第 4 章），也可以使用 v$pq_tqstat 動態效能視圖。基本上，該視圖對於每一個從屬進程，以及執行計畫中的每一個 PX SEND 和 PX RECEIVE 操作，都會顯示一列記錄。需要注意這個資訊只會提供目前對話，以及最近以平行方式成功執行的 SQL 敘述。我們來看一個例子，這個例子來自 px_tqstat.sql 腳本產生的輸出。兩份輸出之間的對應是透過執行計畫的 TQ 行以及 v$pq_tqstat 視圖的 dfo_number 行和 tq_id 行來完成的。那麼要記住，與之前解釋的一樣，執行計畫顯示關於生產者的資訊。例如，Q1,00 對應 dfo_number 等於 1 並且 tq_id 等於 0 的記錄。此外，PX SEND 操作對應生產者，PX RECEIVE 操作對應消費者：

```
SQL> SELECT * FROM t t1, t t2 WHERE t1.id = t2.id;


--------------------------------------------------------------------------------------------
| Id  | Operation                    | Name      | Pstart| Pstop |    TQ  |IN-OUT| PQ Distrib |
--------------------------------------------------------------------------------------------
|   0 | SELECT STATEMENT             |           |       |       |        |      |            |
|   1 |  PX COORDINATOR              |           |       |       |        |      |            |
|   2 |   PX SEND QC (RANDOM)        | :TQ10001  |       |       | Q1,01  | P->S | QC (RAND)  |
|*  3 |    HASH JOIN                 |           |       |       | Q1,01  | PCWP |            |
|   4 |     PX RECEIVE               |           |       |       | Q1,01  | PCWP |            |
|   5 |      PX SEND PARTITION (KEY) | :TQ10000  |       |       | Q1,00  | P->P | PART (KEY) |
|   6 |       PX BLOCK ITERATOR      |           |   1   |   2   | Q1,00  | PCWC |            |
|   7 |        TABLE ACCESS FULL     | T         |   1   |   2   | Q1,00  | PCWP |            |
|   8 |     PX PARTITION HASH ALL    |           |   1   |   2   | Q1,01  | PCWC |            |
|   9 |      TABLE ACCESS FULL       | T         |   1   |   2   | Q1,01  | PCWP |            |
--------------------------------------------------------------------------------------------

   3 - access("T1"."ID"="T2"."ID")

SQL> SELECT dfo_number, tq_id, server_type, process, num_rows, bytes
  2  FROM v$pq_tqstat
  3  ORDER BY dfo_number, tq_id, server_type DESC, process;

DFO_NUMBER      TQ_ID SERVER_TYP PROCES   NUM_ROWS      BYTES
---------- ---------- ---------- ------ ---------- ----------
         1          0 Producer   P002        29042    3136278
         1          0 Producer   P003        70958    7673358
         1          0 Consumer   P000        20238    2188357
         1          0 Consumer   P001        79762    8621279
```

1	1 Producer	P000	20238	4376714
1	1 Producer	P001	79762	17242534
1	1 Consumer	QC	100000	21619248

上面的輸出提供了以下資訊。

- 操作 5 透過從屬進程 P002 發送了 29,042 條記錄，而透過 P003 發送了 70,958 條記錄。

- 操作 4 接收到由操作 5 發送的資料：透過從屬進程 P000 發送的 20,238 條，以及透過從屬進程 P001 發送的 79,762 條記錄。這顯示了在這個特定的案例中，根據分區鍵的分布執行得並不是很理想。

- 操作 2 透過從屬進程 P000 發送給查詢協調器 20,238 條記錄，並透過從屬進程 P001 發送了 79,762 條記錄。作為上一次分布的結果，這一次依舊是不理想的。

- 操作 1，也就是由查詢最佳化工具執行的操作，接收到 100,000 條記錄。

每個從屬進程都打開了它們自己到資料庫實例之間的對話。這意味著如果想要監控或追蹤一條單獨的 SQL 敘述執行的處理過程，你沒辦法將注意力集中在單獨的一個對話上。因此，你要麼使用一個類似於即時監控這樣的工具，以便為你整合來自多個對話的執行統計資訊，要麼就需要親自動手做這件事。舉例來說，透過 SQL 追蹤，每個從屬進程都會產生其自己的追蹤檔（在這樣的情形下 TRCSESS 命令列工具可能有所幫助）。與此有關的一個主要問題是因為目前實現的限制，查詢協調器會忽略為其工作的從屬進程的執行統計資訊。下面由 dbms_xplan 產生的執行計畫證實了這一點。注意除了由查詢協調器執行的操作（PX COORDINATOR）以外，Starts、A-Rows 以及 Buffers 這些行的值是都被設定為 0：

```
SQL> SELECT * FROM table(dbms_xplan.display_cursor( '6j5z013saaz9r' ,0,
' iostats last' ));


--------------------------------------------------------------------------------
| Id  | Operation              | Name       | Starts | A-Rows | Buffers |
--------------------------------------------------------------------------------
|   0 | SELECT STATEMENT       |            |      1 |   100K|      16 |
|   1 |  PX COORDINATOR        |            |      1 |   100K|      16 |
```

```
|    2 |    PX SEND QC (RANDOM)      | :TQ10001 |      0 |      0 |      0 |
|*   3 |     HASH JOIN               |          |        |      0 |      0 |      0 |
|    4 |      PX RECEIVE             |          |        |      0 |      0 |      0 |
|    5 |       PX SEND PARTITION (KEY)| :TQ10000 |      0 |      0 |      0 |
|    6 |        PX BLOCK ITERATOR    |          |        |      0 |      0 |      0 |
|*   7 |         TABLE ACCESS FULL   | T        |        |      0 |      0 |      0 |
|    8 |      PX PARTITION HASH ALL  |          |        |      0 |      0 |      0 |
|    9 |       TABLE ACCESS FULL     | T        |        |      0 |      0 |      0 |
 ------------------------------------------------------------------------------
```

　　當處理函式庫快取中的游標時，一個可行的解決方案是不將 format 參數的值指定為 last。事實上，如果 SQL 敘述只執行了一次（可以透過查看 PX COORDINATOR 操作的 Starts 行來檢查），你會看見所有由從屬進程執行的工作總和。遺憾的是，在使用了多個資料流程操作的執行計畫中，這個解決方案不會奏效，或者當處於一個 RAC 環境中時，從屬進程的一部分是在一個或多個遠端實例中分配的時候也不會有作用。下面的例子，顯示了與上一個例子中相同的子游標，展示了它起作用的一個案例：

```
SQL> SELECT * FROM table(dbms_xplan.display_cursor( '6j5z013saaz9r' ,0,' iostats' ));


--------------------------------------------------------------------------------
| Id  | Operation                   | Name     | Starts | A-Rows | Buffers | Reads |
--------------------------------------------------------------------------------
|   0 | SELECT STATEMENT            |          |      1 |   100K |     16 |      0 |
|   1 |  PX COORDINATOR             |          |      1 |   100K |     16 |      0 |
|   2 |   PX SEND QC (RANDOM)       | :TQ10001 |      0 |      0 |      0 |      0 |
|*  3 |    HASH JOIN                |          |      2 |   100K |   2719 |   2464 |
|   4 |     PX RECEIVE              |          |      2 |   100K |      0 |      0 |
|   5 |      PX SEND PARTITION (KEY)| :TQ10000 |      0 |      0 |      0 |      0 |
|   6 |       PX BLOCK ITERATOR     |          |      2 |   100K |   2767 |   2464 |
|*  7 |        TABLE ACCESS FULL    | T        |     26 |   100K |   2767 |   2464 |
|   8 |     PX PARTITION HASH ALL   |          |      2 |   100K |   2719 |   2464 |
|   9 |      TABLE ACCESS FULL      | T        |      2 |   100K |   2719 |   2464 |
--------------------------------------------------------------------------------
```

　　執行平行 DML 敘述的對話（而且僅對於那個對話而言；對於其他對話，未提交的資料甚至不可見），在不提交（或復原）事務的情況下無法存取修改的表。此時提交（或復原）之前執行的 SQL 敘述會引發一個 ORA-12838: cannot read/modify an object after modifying it in parallel 錯誤而終止。下面是一個例子（注意，UPDATE 敘述是平行化的）：

```
SQL> UPDATE t SET id = id + 1;

SQL> SELECT count(*) FROM t;
SELECT count(*) FROM t
                     *
ERROR at line 1:
ORA-12838: cannot read/modify an object after modifying it in parallel

SQL> COMMIT;

SQL> SELECT count(*) FROM t;

  COUNT(*)
----------
    100000
```

　　還有一個與上面這個限制類似的情況，當一個平行 DML 敘述試圖修改一個曾經被串列 DML 敘述修改過的物件時，會引發一個 ORA-12839: cannot modify an object in parallel after modifying it 錯誤。下面是一個例子（注意 SELECT FOR UPDATE 敘述，為了設定列鎖，必須修改這張表）：

```
SQL> SELECT id FROM t WHERE rownum = 1 FOR UPDATE;

        ID
----------
      2343

SQL> UPDATE t SET id = id + 1;
UPDATE t SET id = id + 1
      *
```

```
ERROR at line 1:
ORA-12839: cannot modify an object in parallel after modifying it

SQL> COMMIT;

SQL> UPDATE t SET id = id + 1;

100000 rows updated.
```

■ 15.4 直接路徑插入

Oracle 資料庫提供兩種將資料載入到表中的方法（假設該表不是儲存在一個叢集中）：傳統插入和直接路徑插入。**傳統插入**，與其名稱所示含義一樣，就是通常使用的那一種。而資料庫引擎只有在被確認要求的情況下，才會使用直接路徑插入。**直接路徑插入**的目標是高效載入大量資料（對於小資料量，使用直接路徑時的效能可能會比使用傳統插入時更低）。直接路徑插入能夠實現高效能插入，是因為它的實現是以犧牲功能為代價來換取最優的效能。出於這個原因，與使用傳統插入相比，使用直接路徑插入時會遇到更多的要求和限制。在本節中，我會討論直接路徑插入如何工作，什麼時候適合使用這種技術，以及與之有關的一些陷阱和謬誤。

> 🅽 **注意**　要載入資料 CTAS 敘述，請使用直接路徑插入。

15.4.1　工作原理

可以透過指定一個 hint，或可以透過使用某個特定功能來啟用直接路徑插入。啟用方式有以下幾種可能性。

- 在 INSERT INTO ... SELECT ... 敘述（包括多重插入）和 MERGE 敘述（對於插入資料的部分）中指定 append hint：

```
INSERT /*+ append */ INTO ... SELECT ...
```

- 在使用「普通」VALUES 子句的 INSERT 敘述中指定 append hint（僅在 11.1 版本中有效）：

```
INSERT /*+ append */ INTO ... VALUES (...)
```

- 在使用「普通」VALUES 子句的 INSERT 敘述中指定 append_values hint（僅從 11.2 版本開始有效）：

```
INSERT /*+ append_values */ INTO ... VALUES (...)
```

- 以平行方式執行 INSERT INTO ... SELECT ... 敘述。注意在這種情況下，可以分別平行化 INSERT 和 SELECT。要利用直接路徑插入，至少 INSERT 部分必須要平行化。
- 直接使用 OCI 直接路徑介面，或透過使用一個 OCI 直接路徑介面的應用程式（例如，SQL*Loader 實用工具）。

如果需要對一條自動啟用了該功能的 SQL 敘述禁用直接路徑插入（例如，一條並存執行的 INSERT INTO ... SELECT ... 敘述），可以指定 noappend 這個 hint。

為改善效率，直接路徑插入會直接在被修改段的高水位線以上使用直接路徑寫來載入資料，透過這種方式來提高效能。這個事實的存在有重要的意義。

- 緩衝區快取，因為直接寫的原因，被繞過了。
- 並行的 DELETE、INSERT、MERGE 以及 UPDATE 敘述，與在修改的段上建立（或重建）的索引一樣，是不被允許的。當然，為保證這一點，段鎖（segment lock）會被獲取。
- 在高水位線以下包含的空閒空間區塊不在考慮範圍之內。這意味著即使為了清除資料而執行了 DELETE 敘述，段的大小還是會不斷地增大。

直接路徑插入能夠帶來更好效能的一個原因是，對於表段來說只會產生最少量的 undo。事實上，只有空間管理操作才會少量產生 undo（例如，為了增加高水位線以及向段中增加新的內容），而對於那些透過直接路徑插入儲存到資料區塊中的記錄來說，則不會產生 undo。但是，如果表上有索引，對於索引段來說一般又會產生 undo。如果你還想要避免與索引段相關的 undo，可以在載入之前禁用索引並在載入完畢後重建索引。尤其是在 ETL 任務中，這是實踐中常用的操作。而且大家喜歡這樣做的另一個原因是，讓資料庫引擎在載入結束時自行維護索引可能不如重建索引來得更快。

為進一步改進效能，還可以使用**最小化日誌**（**minimal logging**）。最小化日誌的目的是最小化 redo 的產生。這個操作是可選的，但是通常它對於大幅減少回應時間的作用十分明顯。可以透過在表或分區層級設定 nologging 參數來指示資料庫引擎使用最小化日誌。一定要理解最小化日誌僅支援直接路徑插入和一部分 DDL 敘述。事實上，redo 總是會為所有操作產生。要知道對於儲存在叢集中的表，最小化日誌無能為力。

📖 注意　只有在已經完全理解指定 nologging，也就是最小化 redo 產生的影響的時候，你才可以這樣做。事實上，對於使用最小化日誌修改的區塊，無法執行介質恢復。這意味著如果執行了介質恢復，資料庫引擎只能將那些使用了 nologging 的區塊標記為邏輯損壞，因為介質恢復需要存取 redo 資訊以便於重構區塊的內容，而這對於 nologging 的區塊是不可能的，因為之前提到使用最小化日誌時 redo 資訊是不會儲存下來的。因此，存取包含這些區塊的物件的 SQL 敘述會引發一個 ORA-26040: Data block was loaded using the NOLOGGING option 錯誤而終止。因此，應該僅在以下情況下使用最小化日誌：能夠手動重新載入資料，或願意在載入完畢後執行一個備份，或者可以承擔遺失資料的風險。

圖 15-11 展示了一個你可以透過直接路徑插入實現的改進的例子。這些資料是我在測試系統上透過啟動 dpi_performance.sql 這個腳本測量出來的。

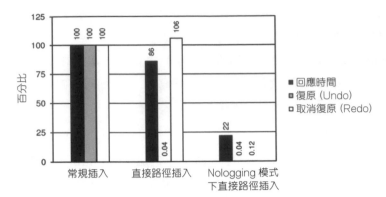

▲ 圖 15-11 在使用和不使用直接路徑插入的情況下載入資料的對比（沒有索引的表）

注意，在圖 15-11 中，對於兩種直接路徑插入，undo 的產生都是可以忽略不計的。這是因為被修改的表沒有索引。圖 15-12 展示了同樣的測試在適當的位置使用了主鍵時的資料。不出所料，為索引段產生了 undo。

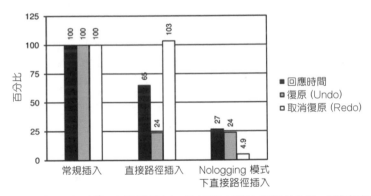

▲ 圖 15-12 在使用和不使用直接路徑插入的情況下載入資料的對比（帶有主鍵的表）

直接路徑插入不像傳統插入那樣支援所有物件。它們的功能是受限的。如果資料庫引擎無法執行直接路徑插入，則該操作預設會轉化成為一個傳統插入。當遇到下列條件之一的時候就會發生這種情況。

■ 已啟用的 INSERT 觸發器出現在修改的表上。（注意，DELETE 和 UPDATE 觸發器對直接路徑插入沒有影響）

■ 已啟用的外鍵出現在要修改的表上（指向修改表其他表的外鍵沒有問題）。

- 修改的表是索引組織表。
- 修改的表儲存在叢集中。
- 修改的表包含物件類型的行。
- 修改的表擁有一個透過非唯一索引維護的主（或唯一）鍵。從 11.1 版本開始，這個限制不復存在。

15.4.2 何時使用

一旦需要載入大量的資料，而且適用於直接路徑插入的那些限制條件對你來說不是問題的時候，就應該使用直接路徑插入。

如果提高效能是你的主要目的，你可能還需要考慮使用最小化日誌（nologging）。然而，正如之前解釋過的，只有在完全理解並接受這樣做的影響，並且你能夠採取必要的措施來保證不在處理過程中損失資料的情況下，才可以使用此選項。

15.4.3 陷阱和謬誤

即使沒有使用最小化日誌，在 noarchivelog 模式下執行的資料庫也不會為直接路徑插入產生 redo。

如果資料庫或表空間處於 force logging 模式下，對儲存在其中的段使用最小化日誌是不可能的。事實上，force logging 會覆蓋 nologging 參數。注意當使用類似或 Streams 這樣的主從複製特性的時候，force logging 尤其有用。為了能夠成功運用這些技術，redo 日誌中需要包含關於所有資料修改的資訊。

在直接路徑插入期間，高水位線並不成長。只有提交事務的時候才會執行成長的操作。因此，執行直接路徑插入的對話（而且僅對於此對話；對於其他的對話，高水位線以上的未提交資料甚至不可見），在載入完畢後在不提交（或復原）事務的情況下無法存取修改的表。在提交（或復原）之前執行的 SQL 敘述會伴隨著一個 ORA-12838: cannot read/modify an object after modifying it in parallel 錯誤而終止。下面是一個例子：

```
SQL> INSERT /*+ append */ INTO t SELECT * FROM t;

SQL> SELECT count(*) FROM t;
SELECT count(*) FROM t
                    *
ERROR at line 1:
ORA-12838: cannot read/modify an object after modifying it in parallel

SQL> COMMIT;

SQL> SELECT count(*) FROM t;

   COUNT(*)
----------
     10000
```

與 0RA-12938 錯誤有關的文字可能會令人迷惑，因為即使沒有使用平行處理也會這樣產生。

15.5 列預取

當一個應用程式從資料庫中擷取資料，它可以逐列擷取，或者使用更好的方式，同時擷取很多列。同時擷取很多列稱作**列預取**（**row prefetching**）。

15.5.1 工作原理

列預取的概念簡單確認。應用程式每次請求驅動程式從資料庫中檢索一列資料，都有多出來的列透過列預取被預取出來，存放在用戶端記憶體中。這種方式下，後續幾個請求不需要再次執行資料庫存取來擷取資料。檢索資料可以由用戶端記憶體直接提供。因此，往返資料庫的次數隨著預取列的數量成比例下降。所以，檢索包含很多列資料的結果集時的負載可能會大為減少。作為一個例子，圖 15-13 向你展示在將預擷取的列數增加至 50 的時候，檢索 100,000 列資料的回應時間。這個測試使用了 RowPrefetchingPerf.java 檔案中的 Java 類別。

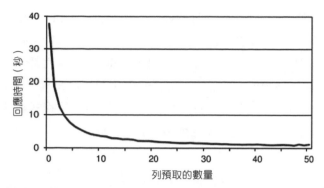

↑ 圖 15-13 檢索包含很多列資料的結果集,所需的時間強烈依賴於預擷取列的數量

　　一定要理解在不使用列預取時(也就是說,逐列處理),檢索的不良效能表現並非是由資料庫引擎引起的。相反的,這是由應用程式自己引起的,並因此承擔後果。在查看為非預取的案例使用 SQL 追蹤產生的執行統計資訊後,原因就更明顯了。下面的執行統計資訊顯示,雖然用戶端花費了大概持續 37 秒鐘的時間(參見圖 15-13),但其中只有 2.3 秒是花費在處理資料庫端的查詢上!

call	count	cpu	elapsed	disk	query	current	rows
Parse	1	0.00	0.00	0	0	0	0
Execute	1	0.00	0.00	0	0	0	0
Fetch	100001	2.14	2.30	213	100004	0	100000
total	100003	2.14	2.30	213	100004	0	100000

　　即便列預取對於用戶端來講更加重要,但資料庫也能從中獲益。事實上,列預取極大地減少了邏輯讀的數量(從 100,004 下降到 3,542)。下面的執行統計資訊顯示當預取 50 列的時候減少的邏輯讀數量:

call	count	cpu	elapsed	disk	query	current	rows
Parse	1	0.00	0.08	0	0	0	0
Execute	1	0.00	0.00	0	0	0	0
Fetch	2001	0.11	0.13	665	3542	0	100000
total	2003	0.11	0.21	665	3542	0	100000

接下來的小節提供一些關於如何在使用 PL/SQL、OCI、JDBC、ODP.NET 以及 PHP 時利用列預取的基礎知識。除了由每個 API 提供的功能以外，從 12.1 版本開始，有一個應用程式設定的值可以被 Oracle 用戶端目錄下的 $TNS_ADMIN/oraaccess.xml 設定檔覆蓋。注意因為它是一個用戶端設定檔，所以 PL/SQL 引擎不受它的影響。但不管怎樣，透過 OCI 庫連線的所有應用程式都會受其影響。下面的例子展示如何為所有的連線設定列預取值為 100：

```xml
<?xml version="1.0" encoding="ASCII" ?>
  <oraaccess xmlns="http://xmlns.oracle.com/oci/oraaccess"
             xmlns:oci="http://xmlns.oracle.com/oci/oraaccess"
             schemaLocation="http://xmlns.oracle.com/oci/oraaccess
                             http://xmlns.oracle.com/oci/oraaccess.xsd">
  <default_parameters>
    <prefetch>
      <rows>100</rows>
    </prefetch>
  </default_parameters>
</oraaccess>
```

📖 **注意** 要利用 $TNS_ADMIN/oraaccess.xml 設定檔，只要求用戶端可執行檔必須是 12.1 版本的。換句話說，資料庫版本無關緊要。

關於 $TNS_ADMIN/oraaccess.xml 設定檔的詳細資訊，請參考 *Oracle Call Interface Programmer's Guide* 手冊。

1 PL/SQL

如果在編譯時將 plsql_optimize_level 初始化參數設定為 2（預設值）或更高，則列預取會用於游標 FOR 迴圈。舉個例子，下面 PL/SQL 程式碼區塊中的查詢每次預擷取 100 列資料：

```
BEGIN
  FOR c IN (SELECT * FROM t)
  LOOP
    -- process data
```

```
    NULL;
  END LOOP;
END;
```

> ⛽ **注意**　預擷取的列數無法進行更改。

　　一定要記住列預取僅會自動用於 FOR 迴圈游標。要在其他類型的游標中使用列預取，必須使用 BULK COLLECT 子句。此處展示它在一個隱式游標中的使用方式：

```
DECLARE
  TYPE t_t IS TABLE OF t%ROWTYPE;
  l_t t_t;
BEGIN
  SELECT * BULK COLLECT INTO l_t
  FROM t;
  FOR i IN l_t.FIRST..l_t.LAST
  LOOP
    -- process data
    NULL;
  END LOOP;
END;
```

　　透過上面的 PL/SQL 程式碼區塊，會在單獨的一次擷取中回傳結果集的所有列。如果列的數量很多，會需要大量的記憶體。因此，在實踐中，除非你知道即將要回傳的列數量是做過限制的，否則就應該使用 LIMIT 子句為單獨的一次擷取設定一個限制。下面的 PL/SQL 程式碼區塊展示如何一次擷取 100 列資料：

```
DECLARE
  CURSOR c IS SELECT * FROM t;
  TYPE t_t IS TABLE OF t%ROWTYPE;
  l_t t_t;
BEGIN
  OPEN c;
  LOOP
```

```
    FETCH c BULK COLLECT INTO l_t LIMIT 100;
    EXIT WHEN l_t.COUNT = 0;
    FOR i IN l_t.FIRST..l_t.LAST
    LOOP
      -- process data
      NULL;
    END LOOP;
  END LOOP;
  CLOSE c;
END;
```

dbms_sql 套件、本地動態 SQL 以及 RETURNING 子句都支援列預取。然而，如在之前的兩個例子中所示，必須顯式啟用（例如，使用 BULK COLLECT）列預取。

2 OCI

使用 OCI，列預取是由兩個屬性控制的：OCI_ATTR_PREFETCH_ROWS 和 OCI_ATTR_PREFETCH_MEMORY。前者限制擷取的列數量。後者限制用於擷取列的記憶體總量（按位元組計）。下面的程式碼片段展示如何呼叫 OCIAttrSet 函數來設定這些屬性。完整的例子由 row_prefetching.c 檔中的 C 程式提供：

```
ub4 rows = 100;
OCIAttrSet(stm,                        // 敘述控制碼
           OCI_HTYPE_STMT,             // 被修改的控制碼類型
           &rows,                      // 特性的值
           sizeof(rows),               // 特性的值的大小
           OCI_ATTR_PREFETCH_ROWS,     // 要設定的特性
           err);                       // 錯誤控制碼

ub4 memory = 10240;
OCIAttrSet(stm,                        // 敘述控制碼
           OCI_HTYPE_STMT,             // 被修改的控制碼類型
           &memory,                    // 特性的值
           sizeof(memory),             // 特性的值的大小
           OCI_ATTR_PREFETCH_MEMORY,   // 要設定的特性
           err);                       // 錯誤控制碼
```

同時設定兩個屬性時，首先達到的那個限制會被執行。要關掉列預取，必須將兩個屬性都設定為 0。

3　JDBC

Oracle JDBC 驅動程式預設情況下會啟用列預取。你可以透過兩種方式變更擷取列的預設數量（10）。第一種是當透過 OracleDataSource 或 OracleDriver 類別打開一個到資料庫引擎的連線時指定一個屬性。下面的程式碼片段作為例子展示如何為一個 OracleDataSource 物件設定用戶名、密碼，以及預擷取的列數量。注意，在本例中，因為它被設定為 1，所以列預取被禁用了：

```
connectionProperties = new Properties();
connectionProperties.put(OracleConnection.CONNECTION_PROPERTY_USER_NAME,
user);
connectionProperties.put(OracleConnection.CONNECTION_PROPERTY_PASSWORD,
password);
connectionProperties.put(OracleConnection.CONNECTION_PROPERTY_DEFAULT_ROW_
PREFETCH, "1");
dataSource.setConnectionProperties(connectionProperties);
```

第二種方式是在連線層級透過使用 java.sql.Statement 或 java.sql.ResultSet 介面（以及它們的子介面）的 setFetchSize 方法來覆蓋預設值。下面的程式碼片段展示使用 setFetchSize 方法將擷取的列數量設定為 100 的例子。RowPrefetching.java 檔中的 Java 程式提供了完整的例子：

```
sql = "SELECT id, pad FROM t";
statement = connection.prepareStatement(sql);
statement.setFetchSize(100);
resultset = statement.executeQuery();
while (resultset.next())
{
  id = resultset.getLong("id");
  pad = resultset.getString("pad");
  // 過程資料
}
resultset.close();
statement.close();
```

4 ODP.NET

ODP.NET 的預設擷取大小（65,536）是按位元組定義的，而不是按列定義。可以透過 `OracleCommand` 和 `OracleDataReader` 類別提供的 `FetchSize` 屬性來更改這個值。下面的程式碼片段是如何設定該屬性的值以達到擷取 100 列的一個例子。注意如何使用 `OracleCommand` 類別的 `RowSize` 屬性計算儲存 100 列資料所需的記憶體總量。RowPrefetching.cs 檔中的 C# 程式提供一個完整的例子：

```
sql = "SELECT id, pad FROM t";
command = new OracleCommand(sql, connection);
reader = command.ExecuteReader();
reader.FetchSize = command.RowSize * 100;
while (reader.Read())
{
  id = reader.GetDecimal(0);
  pad = reader.GetString(1);
  // 過程資料
}
reader.Close();
```

從 10.2.0.3 版本的 ODP.NET 開始，也可以透過下面的註冊表項目來更改預設擷取大小（`<Assembly_Version>` 是 `Oracle.DataAccess.dll` 的完整版本號）：

```
HKEY_LOCAL_MACHINE\SOFTWARE\ORACLE\ODP.NET\<Assembly_Version>\FetchSize
```

5 PHP

在 PECL OCI8 擴充程式中預設是啟用列預取的。可以透過兩種方式更改預設的擷取列的數量（100；直到該擴充的 1.3.3 版本，它一直是 10）。第一種是透過設定 php.ini 設定檔中的 `oci8.default_prefetch` 選項來更改預設值。第二種是在敘述層級透過在解析和執行階段之間呼叫 `oci_set_prefetch` 函數來覆蓋預設值。下面的程式碼片段是一個如何設定此值以擷取 100 列資料的例子。RowPrefetching. php 腳本提供一個完整的例子：

```
$sql = "SELECT id, pad FROM t";
$statement = oci_parse($connection, $sql);
```

```
oci_set_prefetch($statement, 100);
oci_execute($statement, OCI_NO_AUTO_COMMIT);
while ($row = oci_fetch_assoc($statement))
{
  $id = $row[ 'ID' ];
  $pad = $row[ 'PAD' ];
  // 過程資料
}
oci_free_statement($statement);
```

15.5.2 何時使用

不管怎樣，當需要擷取的資料超過一列的時候，使用列預取就是合理的。

15.5.3 陷阱和謬誤

當使用 OCI 庫的時候，並非總是能夠完全禁用列預取。舉個例子，使用 JDBC OCI 驅動程式或使用 SQL*Plus，擷取列數量的最小值是 2。在實踐中，這不會成為問題，至於為什麼可能還會有一些疑惑，例如，儘管在 SQL*Plus 中將 arraysize 系統變數設定為 1，你還是會看到有兩列資料被擷取了。

比如說，如果一個應用程式一次顯示 10 列資料，一般來說從資料庫中擷取 100 列是沒有意義的。預擷取的列數應該盡可能與應用程式在特定的時間點需要的列數相相符。

15.6 陣列介面

前面的章節展示了當一個應用程式從資料庫中擷取資料的時候，它可以逐列擷取，或者使用更好的做法透過列預取擷取多列。同樣的理念也適用於應用程式向資料庫引擎發送資料時的情況，或者換句話說，在輸入變數的綁定期間。此時，**陣列介面**（**array interface**）就可以派上用場了。

15.6.1 工作原理

　　使用資料介面可以綁定陣列而非純量值。當某個特定的 DML 敘述需要插入或修改大量資料時，這個特性尤其有用。不用為每一列記錄單獨執行該 DML 敘述，你可以將所有必要的值綁定為一個陣列，並且僅需要執行一次，或者如果列的數量很大，可以將執行拆分為多個小一些的批次。這樣，到資料庫的往返次數就會隨著陣列的大小成比例的減少。圖 15-14 展示透過將陣列的大小提高到 50 的時候插入 100,000 列資料的回應時間。此測試使用了 `ArrayInterfacePerf.java` 檔案中的 Java 類別。

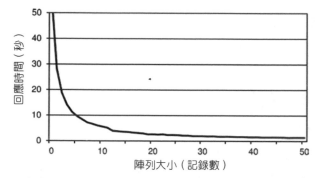

↑ 圖 15-14　向資料庫載入資料所需的時間強烈依賴於每次執行所處理的列數

　　一定要理解在不使用陣列處理（也就是逐列處理）的情況下，載入的不良效能表現並非在於資料庫引擎。相反的，這是由應用程式本身引起的，並因而承擔後果。透過查看使用 SQL 追蹤產生的執行統計資訊，可以很明顯地發現這一點。下面的執行統計資訊顯示，雖然用戶端花費了持續超過 50 秒的時間（見圖 15-14），但其中只有 3.1 秒是花費在資料庫端對插入的處理上：

call	count	cpu	elapsed	disk	query	current	rows
Parse	1	0.00	0.00	0	0	0	0
Execute	100000	3.06	3.10	2	2075	114173	100000
Fetch	0	0.00	0.00	0	0	0	0
total	100001	3.06	3.10	2	2075	114173	100000

　　儘管陣列介面對於用戶端來說更加高效，但是資料庫引擎也同樣從中獲益。事實上，陣列介面減少了邏輯讀的數量（從 116,248 下降到 18,143）。下面的執行統計資訊顯示以 50 為批次插入資料時減少的邏輯讀數量：

```
call      count      cpu    elapsed        disk       query     current        rows
-------  ------  -------  ----------  ----------  ----------  ----------  ----------
Parse         1     0.00        0.00           0           0           0           0
Execute    2000     0.26        0.38           0        3132       15011      100000
Fetch         0     0.00        0.00           0           0           0           0
-------  ------  -------  ----------  ----------  ----------  ----------  ----------
total      2001     0.26        0.38           0        3132       15011      100000
```

　　下面的小節提供一些關於如何在使用 PL/SQL、OCI、JDBC 以及 ODP.NET 時利用陣列介面的基礎知識。注意，在 PHP 中，對於 PECL OCI8 擴充程式，是不支援陣列介面的。但根據使用 PHP 開發的應用程式類型，我認為這不是一個大問題。

1　PL/SQL

　　要在 PL/SQL 中使用陣列介面，可以使用 FORALL 敘述。透過它，可以執行一條使用綁定陣列向資料庫引擎傳遞資料的 DML 敘述。下面的 PL/SQL 程式碼區塊展示如何在單獨的一次執行中插入 100,000 列資料。注意，程式碼的第一部分僅用於準備陣列。帶有 INSERT 敘述的 FORALL 敘述本身僅佔用了 PL/SQL 程式碼區塊中的最後兩列：

```
DECLARE
  TYPE t_id IS TABLE OF t.id%TYPE;
  TYPE t_pad IS TABLE OF t.pad%TYPE;
  l_id t_id := t_id();
  l_pad t_pad := t_pad();
BEGIN
  -- prepare data
  l_id.extend(100000);
  l_pad.extend(100000);
  FOR i IN 1..100000
  LOOP
    l_id(i) := i;
```

```
    l_pad(i) := rpad( '*' ,100,' *' );
  END LOOP;
  -- insert data
  FORALL i IN l_id.FIRST..l_id.LAST
    INSERT INTO t VALUES (l_id(i), l_pad(i));
END;
```

一定要注意，即使該語法是根據 FORALL 關鍵字的，這也並不是一個迴圈。所有的資料列是在單獨的一次資料庫呼叫中發送的。

陣列介面受支援的情況不止此一種，還有 dbms_sql 套件以及本地動態 SQL 也支援它。

2 OCI

要透過 OCI 利用陣列介面，不需要具體的函數。事實上，用於綁定變數的函數 OCIBindByPos 和 OCIBindByName，以及用於執行 SQL 敘述的函數 OCIStmtExecute，都可以使用陣列作為參數。array_interface.c 檔中的 C 程式提供了一個例子。

3 JDBC

要透過 JDBC 利用陣列介面，可以使用批次更新。如下面的程式碼片段所示，在單獨的一次執行中插入 100,000 列資料，可以透過執行 addBatch 方法將一次「執行」新增到一個批次中。當包含多個「執行」的整個批次準備就緒，可以透過執行 executeBatch 方法向資料庫引擎提交該批次資料。兩個方法都在 java.sql. Statement 介面中提供，而且因此，也在子介面 java.sql.PreparedStatement 和 java.sql.CallableStatement 中提供。完整的例子由 ArrayInterface.java 檔中的 Java 程式提供：

```
sql = "INSERT INTO t VALUES (?, ?)";
statement = connection.prepareStatement(sql);
for (int i=1 ; i<=100000 ; i++)
{
  statement.setInt(1, i);
  statement.setString(2, "... some text ...");
```

```
    statement.addBatch();
}
counts = statement.executeBatch();
statement.close();
```

📢 **警告**　根 據 JDBC 標 準，java.sql.Statement 介 面 以 及 它 的 子 介 面 java.sql.PreparedStatement 和 java.sql.CallableStatement 都 支 援 批 次 更 新。儘管 Oracle 的 實 現 支 援 標 準 的 API，可 以 預 期 的 是，僅 當 使 用 java.sql.PreparedStatement 介面重複執行擁有不同綁定變數的同一條 SQL 敘述時才會有效能提升。

4　ODP.NET

要透過 ODP.NET 使用陣列介面，根據陣列定義參數，並將儲存在陣列中值的數量設定為 ArrayBindCount 屬性的值就可以了。下面的程式碼片段，透過在單獨的一次執行中插入 100,000 列資料，證實了這一點。可以在 ArrayInterface.cs 檔中的 C# 程式中找到完整的例子：

```csharp
Decimal[] idValues = new Decimal[100000];
String[] padValues = new String[100000];

for (int i=0 ; i<100000 ; i++)
{
  idValues[i] = i;
  padValues[i] = "... some text ..." ;
}

id = new OracleParameter();
id.OracleDbType = OracleDbType.Decimal;
id.Value = idValues;

pad = new OracleParameter();
pad.OracleDbType = OracleDbType.Varchar2;
pad.Value = padValues;
```

```
sql = "INSERT INTO t VALUES (:id, :pad)";
command = new OracleCommand(sql, connection);
command.ArrayBindCount = idValues.Length;
command.Parameters.Add(id);
command.Parameters.Add(pad);
command.ExecuteNonQuery();
```

15.6.2 何時使用

無論何時需要插入或修改超過一行的資料時，使用陣列介面就是合理的。你只需要考慮在用戶端可能會因為儲存陣列而需要更多的記憶體。通常，這都不會成為問題，除非使用的陣列大小很誇張。

15.6.3 陷阱和謬誤

在透過 SQL 追蹤產生的執行統計中，沒有明顯的關於使用陣列處理的資訊。但是，如果你知道 SQL 敘述是哪一個，透過查看修改的列數和執行的次數之間的比率，應該能夠確定是否使用了陣列處理。舉例來説，在下面的執行統計中，一個普通的 INSERT 敘述，只被執行了一次，插入了 2,342 列資料。這樣的結果可能只會在使用陣列介面時才會出現：

```
INSERT INTO T VALUES (:B1 , :B2 )

call     count      cpu    elapsed       disk      query    current       rows
------- ------ -------- ---------- ---------- ---------- ---------- ----------
Parse        1     0.00       0.00          0          0          0          0
Execute      1     0.00       0.00          0         78        522       2342
Fetch        0     0.00       0.00          0          0          0          0
------- ------ -------- ---------- ---------- ---------- ---------- ----------
total        2     0.00       0.00          0         78        522       2342
```

15.7 小結

　　本章描述了幾種致力於改進效能的高級優化技術。其中的一些優化技術（實體化視圖、結果快取、平行處理和直接路徑插入），只應該在「正常」的優化技術無法實現要求的效能時才去使用。比較起來，其他的優化技術（列預取和陣列處理）則應該盡可能多地使用。

　　儘管本章主要描述那些並不常用的優化技術，但是接下來（最後）的一章涵蓋的優化技術，基本上適用於在資料庫中儲存的每一張表。事實上，當你執行從邏輯設計到實體設計的轉變的時候，有必要確定每一張表在實體上是如何儲存資料的。

優化實體設計

在從邏輯設計向實體設計的轉換過程中，必須做出四種類型的決策。第一，對於每一張表，不僅要決定是否應該使用堆表、簇集或者索引組織表，而且還要決定是否需要使用分區。第二，必須考慮是否應該利用諸如索引或實體化視圖等冗餘存取結構。第三，必須決定如何實現約束（這裡不是討論你**是否**必須實現它們）。第四，必須決定資料如何在區塊中儲存，包括行的順序，使用什麼樣的資料類型，每個區塊中應該儲存多少列資料，或者是否應該啟動壓縮功能。本章只關注第四個主題。關於其他三個主題的資訊，尤其是前兩個，請參考第 13 章、第 14 章和第 15 章。

本章的目標是解釋為何不應該將實體設計的優化視為微調的活動，而是作為一項基本的優化技術。本章的起點是討論為何選擇正確的行順序和正確的資料類型事關重大。接下來會解釋什麼是列移動和列連結，如何定位與它們有關的問題，以及如何從一開始就避免移動和列連結。然後，本章會描述擁有高負載的系統會經歷的一個常見效能問題：區塊爭用。最後，本章還會描述如何利用資料壓縮來改進效能。

16.1 最優行順序

我們通常很少會將注意力放在如何為一張表找出最優行順序上面。根據具體情況，行順序既可能沒有絲毫影響，也可能會引發顯著的開銷。要理解什麼情況下可能會引發顯著的開銷，就十分有必要講述一下資料庫引擎是如何在區塊中儲存資料的。

在區塊中儲存一列資料有著非常簡單的格式（見圖 16-1）。首先，有一個表頭（H）記錄著關於資料列本身的一些屬性，比如它是否被鎖定或它包含了多少個行。然後，是各個行。因為每個行都可能擁有不同的大小，所以它們中的每一個都由兩部分組成。第一部分是資料的長度（Ln）。第二部分是資料本身（Dn）。

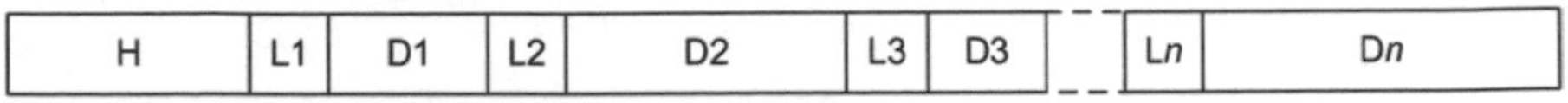

H	L1	D1	L2	D2	L3	D3		Ln	Dn

↑ 圖 16-1　資料區塊中儲存的資料列的格式（H = 列的表頭，Ln = 第 n 行的長度，Dn = 第 n 行的資料）

在這個格式中要理解的重點是資料庫引擎不知道一列資料中各個行的偏移量。舉例來說，如果它必須要定位行 3，那麼它不得不從定位行 1 開始（這個簡單，因為表頭的長度是已知的）。然後，根據行 1 的長度，它定位到行 2。最後，根據行 2 的長度，它定位到行 3。所以無論何時當行裡面包含很多行，那麼定位接近開頭位置的行要比定位接近行末尾的行要快得多。為了充分理解此內容，可以執行下面的測試，該測試來自 column_order.sql 腳本，用來測量與行的搜尋有關的開銷。

(1) 建立一張擁有 250 個行的表：

```
CREATE TABLE t (n1 NUMBER, n2 NUMBER, ..., n249 NUMBER, n250 NUMBER)
```

(2) 插入 10,000 條資料。每一行的每一列都儲存相同的值。

(3) 為下面的查詢測量回應時間，為每個行迴圈執行 1,000 次：

```
SELECT count(<col>) FROM t
```

圖 16-2 總結了這個測試在我的測試伺服器上執行的結果。需要注意的是，參照第一個行（位置 1）的查詢執行速度，是參照第 250 個行（位置 250）的查詢的五倍。這是因為資料庫引擎優化了每次存取，而且因此避免了多餘的行定位和讀取的處理工作。舉例來說，SELECT count(n3) FROM t 這個查詢在定位到第三個行以

後，就停止了後續檢索資料列的操作。圖 16-2 同樣報告了，在位置 0，count(*) 的計算，根本不需要存取任何行。

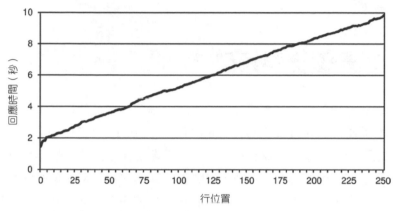

↑ 圖 16-2 一個行在資料列中的位置與存取它需要的處理總量

因為如此，慣用規則是首先放置需要經常存取的行。然而，為了利用這種特性，你應該要注意只存取那些真正需要的行。無論如何，從效能的角度來看，查詢不需要的行（或更糟糕的情況是，經常使用 SELECT * 參照所有的行，即使是只有一部分行是應用程式需要的）都是不好的，不僅因為從資料區塊中讀取它們時存在著開銷，而且就像你剛剛看到的那樣，也是因為在伺服器以及用戶端上臨時儲存它們時需要更多的記憶體，而且在網路上發送它們也需要更多的時間和資源。簡而言之，每次處理資料，都會有開銷。

在實踐中，與行的位置有關的開銷在下列的情形當中是（更加）顯著的。

- 當表擁有許多行，而且 SQL 敘述經常參照儲存於行末的行的很少一部分時。
- 當從一個區塊中讀取很多列時，比如在全資料表掃描期間。這是因為，通常存取每個區塊中的少數列時，定位和存取一個區塊的開銷遠遠高於僅讀取少數列時定位和存取行的開銷。舉例來說，如果透過將 PCTFREE 設定為 90（因此我降低了每個區塊中的記錄數）來執行 column_order.sql 腳本，參照第一個行的查詢執行速度只比參照第 250 行的查詢快不到兩倍（如在圖 16-2 中看到的，與將 PCTFREE 設定為 10 時相比，快了大約五倍）。

　　因為尾部的 NULL 值不儲存，所以將預期會包含 NULL 值的行放置在表的末尾顯得比較合理。透過這種方式，實體儲存的行數量以及關聯的平均列大小都有可能隨之降低。

16.2 最優資料類型

　　最近這些年我見證了在實體設計方面的一個令人擔憂的趨勢，我稱之為**錯誤的資料類型選擇**（**wrong datatype selection**），我在 1.2 節中簡單介紹過這一趨勢。乍看之下，為一個行選擇資料類型看起來像是要做出的一個非常直接了當的決定。然而，在這樣的一個世界裡，軟體模式師通常會花費大量的時間來討論諸如敏捷軟體發展、SOA 或持久層框架這樣高層次的事情，大多數人看起來是忘記了低層次的事情。我相信十分有必要回歸底層基礎，並討論為什麼資料類型選擇如此重要。

16.2.1 資料類型選擇中的陷阱

　　為了展示資料類型選擇中的錯誤，接下來我會展現曾經反復遇到過的五個典型問題的例子。

　　第一個由資料類型選擇錯誤引起的問題，是在資料庫中插入或修改資料時使用了錯誤的資料驗證，或缺少資料驗證。舉例來説，如果一個行本來應該儲存數字值，實際為它選擇一個字串資料型別，那麼就需要一個外部校驗。換句話説，資料庫引擎無法校驗資料。資料庫引擎將這個工作留給應用程式去做。即使這樣的一個驗證很容易實現，也要牢記相比較集中在資料庫而言，每次當這段相同的程式碼被分發到多個位置時，早晚會出現功能上不一致的情況（典型的例子，在某些位置上的校驗可能被忘記了，或可能後來校驗規則發生了改變，而實現規則的程式只在一部分位置上進行了更新）。我即將呈現的例子與 nls_numeric_characters 初始化參數有關。記住這個初始化參數指定的是小數和數值分隔符號使用的特性。例如，在瑞士它經常被設定為「.,」，因此 π 的值被格式化成這樣：3.14159。相反的，在德國它通常被設定為「,.」，因此同樣的一個值會被格式化為：3,14159。遲早，因為在資料庫中使用了錯誤的資料類型，對該初始化參數使用了不同的用戶端設定的應用程式，如果執行從 VARCHAR2 向 NUMBER 類型的轉換，將會引發一個 ORA-01722:invalid number 錯誤。而且等到你注意到這個問題的時候，你的資料庫將會被包含兩種格式的 VARCHAR2 行填滿，而且那時候就會需要執行令人頭疼的資料校正。

第二個由資料類型選擇錯誤引起的問題是資訊的遺失。換句話說，在從原始的（正確的）資料類型向資料庫的資料類型轉換期間，資訊會發生遺失。舉例來說，想像一下當使用 DATE 資料類型儲存一個事件的日期和時間，而不是使用 TIMESTAMP WITH TIME ZONE 資料類型時會發生什麼。小數部分的秒和時區資訊會遺失。儘管小數部分的秒導致的問題可能會被認為是小錯誤（不到 1 秒鐘），而時區則可能是一個更大的問題。在我曾經親身經歷的一個案例中，一個客戶的資料總是使用本地標準時間（沒有夏令時調整）產生，並直接儲存在資料庫中。當出於報表的原因而必須應用一個夏令時修正的時候，問題就發生了。一個設計用於在兩個時區之間進行轉換的函數被實現出來。它的使用方法如下：

```
new_time_dst(in_date DATE, tz1 VARCHAR2, tz2 VARCHAR2) RETURN DATE
```

呼叫一個這樣的函數非常快速。問題是在每個報表中都會成千上萬次呼叫它。結果回應時間增加了 25 倍。很明顯，使用正確的資料類型，所有的事情不僅會更快，而且會更容易（轉換會被自動執行）。

第三個由資料類型選擇錯誤引起的問題是事情不像期望的那樣運轉。比如說你必須對一張表進行範圍分區，根據一個儲存著日期和時間資訊的 DATE 或 TIMESTAMP 行。這通常沒什麼大不了的。如果分區鍵使用的行包含根據某種格式遮罩的日期時間值的數字表現形式，或等價的字串表現形式，代替了原本的 DATE 或 TIMESTAMP 值，此時就會發生問題。如果從日期時間值向數字值的轉換是透過類似 YYYYMMDDHH24MISS 的格式遮罩執行的，範圍分區的定義仍然是有可能的。然而，如果轉換是根據類似 DDMMYYYYHH24MISS 這樣的格式遮罩，因為數字（或字串）順序並非按自然的日期時間值順序儲存的，在不變更行的資料類型或格式的情況下你根本沒有機會解決這個問題（自 11.1 版本開始，在某些情況下有可能透過實現根據虛擬行的分區解決這個問題）。

　　第四個由資料類型選擇錯誤引起的問題與查詢最佳化工具有關。這可能是這個候選名單上最不明顯的一個，也是導致問題時最微妙的一個。這個問題的原因是使用錯誤的資料類型，查詢最佳化工具會執行錯誤的估算，因此，選擇的存取路徑不是最優的。通常，像這樣的事情發生的時候，大多數人會責怪查詢最佳化工具「又一次」沒有做好本職工作。實際上，問題是你向查詢最佳化工具隱藏了資訊，所以它無法正確地完成它的工作。為了充分理解這個問題，看一下下面的例子，它來自 wrong_datatype.sql 這個腳本。在這裡，你會看到對於類似的限制條件，三個儲存相同資料集（2014 年的每一天的日期）但是使用不同資料類型的行，估算出來的基數之間的不同。正如你所見到的，查詢最佳化工具只能夠為正確定義的行做出合理的估算（正確的基數是 28）：

```
SQL> CREATE TABLE t (d DATE, n NUMBER(8), c VARCHAR2(8));

SQL> INSERT INTO t (d)
  2  SELECT to_date('20140101','YYYYMMDD')+level-1
  3  FROM dual
  4  CONNECT BY level <= 365;

SQL> UPDATE t SET n = to_number(to_char(d,'YYYYMMDD')), c = to_char
(d,'YYYYMMDD');

SQL> execute dbms_stats.gather_table_stats(ownname=>user, tabname=>'t')

SQL> SELECT * FROM t ORDER BY d;

D                  N C
--------- ---------- --------
01-JAN-14   20140101 20140101
02-JAN-14   20140102 20140102
...
30-DEC-14   20141230 20141230
31-DEC-14   20141231 20141231

SQL> EXPLAIN PLAN SET STATEMENT_ID = 'd' FOR
  2  SELECT *
```

```
   3    FROM t
   4    WHERE d BETWEEN to_date( '20140201' ,' YYYYMMDD' ) AND to_date
( '20140228' ,' YYYYMMDD' );


SQL> EXPLAIN PLAN SET STATEMENT_ID = 'n' FOR
   2    SELECT *
   3    FROM t
   4    WHERE n BETWEEN 20140201 AND 20140228;


SQL> EXPLAIN PLAN SET STATEMENT_ID = 'c' FOR
   2    SELECT *
   3    FROM t
   4    WHERE c BETWEEN '20140201' AND '20140228' ;


SQL> SELECT statement_id, cardinality FROM plan_table WHERE id = 0;


STATEMENT_ID CARDINALITY
------------ -----------
d                     29
n                     11
c                     11
```

第五個問題同樣與查詢最佳化工具有關。但是這一次,是因為隱式轉換(作為一個通用規則,始終應該避免隱式轉換)。可能發生隱式轉換阻止查詢最佳化工具選擇索引的問題。為了展示這個問題,我使用前面例子中的同一張表。在這張表上,會建立出一個根據 VARCHAR2 資料類型的行的索引。如果 WHERE 子句包含對使用字串的行的限制,查詢最佳化工具會選擇該索引。然而,如果限制條件上使用了數字(開發人員自己「知道」只有數字值儲存在行中……),則會使用全資料表掃描(注意,在第二個 SQL 敘述中,根據 to_number 函數的隱式轉換阻止了該索引的使用),因此查詢最佳化工具就正常地忽略了該索引。

```
SQL> CREATE INDEX i ON t (c);


SQL> SELECT /*+ index(t) */ *
   2    FROM t
```

```
 3   WHERE c = '20140228';


---------------------------------------------
| Id  | Operation                    | Name |
---------------------------------------------
|  0  | SELECT STATEMENT             |      |
|  1  |  TABLE ACCESS BY INDEX ROWID | T    |
|* 2  |    INDEX RANGE SCAN          | I    |
---------------------------------------------


  2 - access( "C" =' 20140228' )

SQL> SELECT /*+ index(t) */ *
  2  FROM t
  3  WHERE c = 20140228;


----------------------------------
| Id  | Operation       | Name |
----------------------------------
|  0  | SELECT STATEMENT |      |
|* 1  |  TABLE ACCESS FULL| T   |
----------------------------------


  1 - filter(TO_NUMBER( "C" )=20140228)
```

　　概括起來，你有充足的理由去選擇正確的資料類型。這樣做可能會為你省去
一大堆問題。

16.2.2 資料類型選擇最佳實踐

　　正如上一節中討論的那樣，核心原則是每種資料類型都應該只儲存它們被設
計用來儲存的值。舉個例子，數字必須儲存在數字資料類型中，而不是字串資料
型別中。此外，一旦存在多種資料類型（例如，幾種資料類型都可以儲存字串）
可選時，最重要的原則就是所選擇的資料類型，能夠以最高效的方式完整地儲存
資料。換句話說，應該避免遺失資訊或效能。

接下來的部分會提供一些選擇資料類型時應該考慮的資訊（主要與效能有關）。這些部分涵蓋四個主要的內置資料類型類別：數字、字串、位元串（bit string）以及日期時間。

1 數字

用來儲存浮點型數值和整型數值的主要資料類型是 NUMBER。這是一種可變長的資料類型。這意味著可以透過**精度**和**小數範圍**，來指定用於儲存資料的精確度。一旦這種資料類型用於儲存整數，或一旦完整的精確度沒有必要，一定要記得指定範圍以節省空間。下面的例子展示相同的輸入值，根據不同的小數範圍，是如何被舍入為 21 個位元組或 2 個位元組的：

```
SQL> CREATE TABLE t (n1 NUMBER, n2 NUMBER(*,2));

SQL> INSERT INTO t VALUES (1/3, 1/3);

SQL> SELECT * FROM t;

                                          N1   N2
--------------------------------------- ---
.33333333333333333333333333333333333333 .33

SQL> SELECT vsize(n1), vsize(n2) FROM t;

VSIZE(N1) VSIZE(N2)
--------- ---------
       21         2
```

因為內部格式是專有的，CPU 無法使用硬體浮點單元直接處理以 NUMBER 類型儲存的值。取而代之，CPU 透過內部的 Oracle 庫程式來處理這些浮點值。因為這個原因，在支撐數值計算負載時 NUMBER 資料類型不夠高效。為解決這個問題，可以使用 BINARY_FLOAT 和 BINARY_DOUBLE。與 NUMBER 資料類型相比，它們的核心優勢是它們實現了 IEEE 754 標準，因此 CPU 可以直接處理它們。這兩種類型的主要劣勢是它們是根據二進位的浮點數。因此，這些類型無法精確地表示經常用於商業和財務應用程式的十進位小數。表 16-1 總結了這三種資料類型之間的關鍵不同點。

表 16-1　數字資料類型比較

屬性	NUMBER（精度，小數範圍）	BINARY_FLOAT	BINARY_DOUBLE
取值範圍	±1.0E126	±3.40E38	±1.79E308
長度	1~22 位元組	4 位元組	8 位元組
支援正負無窮大	是	是	是
支援 NAN	否	是	是
優勢	精確性	速度	速度
	可以指定精度和小數範圍	固定長度	固定長度

2 字串

有三種基本的資料類型用於儲存字串：VARCHAR2、CHAR 和 CLOB。前兩種最高分別支援 4,000 和 2,000 個位元組（注意最大長度是按位元組指定的，不是字元）。第三種最高支援幾 TB 的資料（實際值取決於預設的區塊大小）。VARCHAR2 與 CHAR 之間最大的不同是前者為可變長類型，而後者是固定長度的。這意味著 CHAR 通常用於字串長度已知的情況下。但是，我的建議是全部使用 VARCHAR2，因為它提供比 CHAR 類型更好的效能。只有在預期字串的長度要比 VARCHAR2 支援的最大長度還要大的時候，才使用 CLOB 類型。從 11.1 版本開始，CLOB 的儲存方法有兩種：basicfile 和 securefile。出於效能的考慮，應該使用 securefile。

當使用 VARCHAR2 和 CHAR 資料類型時，不應該將其最大長度設定為沒有必要的長度。這是因為在某些情況下，即使可能沒有用到全部空間，資料庫引擎也會不得不分配足夠的記憶體來儲存你指定的最大長度。因此，可能會有大量的記憶體被分配卻完全用不到。

這三種基本的資料類型按照資料庫字元集儲存字串。此外，其他的三種資料類型，NVARCHAR2、NCHAR 和 NCLOB，可以用於按照國際字元集儲存字串（在資料庫層級定義的第二種 Unicode 字元集）。這三種資料類型和對應的同名基本類型有著相同特徵。只有它們的字元集不同。

LONG 是另一種字串資料型別，為支援 CLOB 已經不推薦使用了。你不應該再使用它；提供這種類型僅是出於向後相容性的考慮。

📢 **警告** 　從 12.1 版本開始，可以將 max_string_size 初始化參數的值設定為
extended，以便將 VARCHAR2、NVARCHAR2 和 RAW 類型的最大長度增加至 32,767
位元組。這樣做的缺點是資料庫引擎會靜默地採用 LOB 資料類型來支援這種更
大的最大長度。我的建議是保持 max_string_size 初始化參數的值為預設設定
（standard），如果需要更大的空間，請顯式使用 LOB 資料類型。

----

3 位元串

　　有兩種資料類型用於儲存位元串：RAW 和 BLOB。第一種最高支援 2,000 個位
元組。只有在預計位元串大於 2,000 個位元組時，才應該使用第二種類型。從 11.1
版本開始，DLOD 的儲存方法有兩種：basicfile 和 securefile。出於效能的考慮，
應該使用 securefile。

　　另一種位元串資料類型是 LONG RAW，但是為了支援 BLOB 已經不推薦使用。你
不應該再使用它；提供這種類型僅出於向後相容性的考慮。

4 日期時間

　　用於儲存日期時間值的資料類型有 DATE、TIMESTAMP、TIMESTAMP WITH TIME
ZONE 以及 TIMESTAMP WITH LOCAL TIME ZONE。這幾種類型都會儲存的資訊如
下：年、月、日、小時、分鐘以及秒。這部分的長度固定在 7 個位元組。三種根
據 TIMESTAMP 的資料類型可能還會儲存秒的小數部分（0~9 位元數字，預設 6 位
元）。這部分是可變長度：0~4 位元組。最後，TIMESTAMP WITH TIME ZONE 使用兩
個額外的位元組儲存時區。因為它們全部都儲存不同的資訊，儲存所需資料佔用
空間最少的那一種，就是最合適的資料類型。

16.3 列移動和列連結

移動和連結的列經常被搞混。依我看來，主要的原因有兩個。第一，兩者有共同的特性，所以很容易混淆。第二，Oracle 在它的檔案以及軟體實現當中，在如何區分兩者這一點上從來沒有非常一致過。所以，在描述如何發現和避免列移動和列連結之前，很有必要簡單描述一下兩者之間的區別。

16.3.1 移動與連結

將記錄插入到一個區塊中時，資料庫引擎會保留一些空閒空間以供未來更新使用。可以透過使用 PCTFREE 參數來定義為更新保留的空閒空間總量。為了展示這個參數，我在圖 16-3 描繪的區塊中插入了六列資料。因為達到了透過 PCTFREE 設定的閾值，對於這個區塊來講不再能夠插入資料。

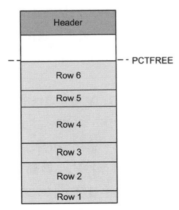

↑ 圖 16-3 插入時會留出一些空閒空間供未來更新

更新一列記錄並且其長度增加時，資料庫引擎會嘗試在儲存它的區塊中尋找足夠的空閒空間。當沒有足夠的空閒空間可用時，會將此列資料分為兩個片段。第一個片段（只包含控制資訊，比如指向第二個片段的 rowid）保留在原始的區塊中。這對於避免變更 rowid 來說是有必要的。理解這一點至關重要，因為 rowid 不僅會被資料庫引擎永久地儲存在索引中，而且也會被用戶端應用程式臨時儲存在記憶體中。第二個片段，包含所有的資料，進入到另一個區塊當中。這種類型的列稱為移動的列。例如，在圖 16-4 中，列 4 就被移動了。

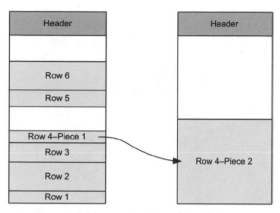

↑ 圖 16-4　更新後的列因為無法繼續儲存在原始的區塊中而被移動至另一個區塊中

　　當一列資料太大而無法放入到一個單獨的區塊中，它就會被分為兩個或更多的片段。然後，每個片段都被儲存在一個不同的區塊中，此時在各個片段之間就會建立起一個連結。這種類型的列稱為連結的列。為了展示，圖 16-5 展示了一個連結了三個區塊的列。

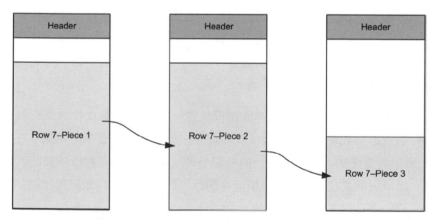

↑ 圖 16-5　一個連結的列被分為兩個或更多的部分

　　還有另外一種情況會引起列連結：擁有超過 255 個行的表。實際上，資料庫引擎無法在一個單獨的列片段中儲存超過 255 個行。因此，一旦需要儲存的行超過 255 個時，這個行就會分裂成幾個片段。這是一種特殊情況，這幾個屬於同一列的片段也可以儲存在一個單獨的區塊中。這稱為區塊內列連結。圖 16-6 展示了一個擁有三個片段（因為它有 654 個行）的列。

　　注意，移動的列是由更新引起，而連結的列是由插入或者更新引起。當連結的列是由更新引起時，移動和連結可能會同時發生在這些列上。

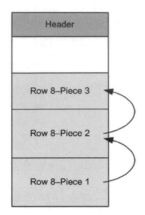

↑ 圖 16-6 擁有超過 255 行的表可能會引起區塊內列連結

16.3.2 問題描述

　　由列移動引起的效能影響取決於讀取列所使用的存取路徑。如果移動的列是透過 rowid 進行存取的，則成本加倍。事實上，需要分別存取兩個列片段。相反的，如果它們是透過全資料表掃描進行存取的，則沒有什麼開銷。這是因為第一個列片段不包含資料，會被直接跳過。

　　由列連結引起的效能影響與存取路徑無關。事實上，每次找到第一個列片段時，都有必要透過 rowid 存取其他所有的片段。但是，有一個例外情況。正如之前在 16.1 節中討論過的，當只需要列的一部分時，可能不需要存取所有的片段。舉例來説，如果只需要在第一個片段中儲存的行，則沒有必要存取其他所有的片段。

　　與列移動、列連結兩者都有關聯的開銷與列級鎖有關係。必須鎖定每一個列片段。這意味著由鎖定引起的開銷會隨片段的數量成比例增加。

16.3.3 問題識別

　　主要有兩種方法用於檢測移動和連結的列。遺憾的是，兩者都不是根據回應時間的。這意味著沒有關於該問題帶來的真正影響的資訊。第一種方法，是根據

v$sysstat 和 v$sesstat 視圖，而且僅僅是提供一個線索提示資料庫中的某處存在著移動或連結的列。其想法是檢查名為 table fetch continued row 的統計資訊，該統計資訊能夠提供讀取超過一個以上列片段（包括區塊內連結的列）的擷取操作的數量。這個統計資訊也可以與 table scan rows gotten 以及 table fetch by rowid 作對比，以便評估列連結和列移動的相對影響。

比較起來，第二種方法會提供關於移動的和連結的列的精確資訊。遺憾的是，它要求為每張潛在包含連結的或移動的列的表執行 ANALYZE TABLE LIST CHAINED ROWS 敘述。如果找到連結的或移動的列，會將它們的 rowid 插入到 chained_rows 表中。然後，如下面的查詢所示，根據這些 rowid 可以估算這些行的大小，根據此，再將這些列的大小與區塊大小進行比較，就可以識別出它們是否是移動或連結的列。

```
SELECT vsize(<col1>) + vsize(<col2>) + ... + vsize(<coln>)
FROM <table>
WHERE rowid = '<rowid>'
```

另外作為一種選擇，也可以查看類似 dba_tables 這樣的視圖中的 avg_row_len 行，當做粗略估算。如果平均列大小接近或甚至大於區塊大小，則很有可能存在連結的列。

📢 **警告**　正如在第 8 章中討論過的，類似 dba_tables 這樣的資料字典視圖中的 chain_cnt 行本應提供連結的和移動的列數量。遺憾的是，這個統計資訊並沒有被 dbms_stats 套件收集。如果沒有設定 chain_cnt，套裝程式會將它設定為 0。否則，套裝程式根本不會修改 chain_cnt。chain_cnt.sql 腳本展示了這種行為。儘管使用正確的值填充 chain_cnt 的唯一途徑是執行 ANALYZE TABLE COMPUTE STATISTICS 敘述，但這會引起被分析的表的所有物件統計資訊都被覆蓋掉。所以不推薦這種做法。

16.3.4　解決方案

適用於避免移動的對策和適用於避免連結的那些對策有所不同。因此，我強調一下，在採取措施之前，必須查明問題是由移動還是連結引起的。

　　預防列移動是可行的。這只是正確設定 PCTFREE 的問題，或者換句話說，在原始的區塊中保留足夠的空閒空間，就能解決完整儲存修改的列的問題。這種方式下，如果已經斷定正在遭遇列移動，就應該增加目前 PCTFREE 的值。你應該估算平均的列成長幅度以便選擇一個合理的值。要達到這個目標，你應該知道這些列被插入時的平均大小，以及當它們不再被更新的時候的平均大小。

　　要從一張表中移除移動的列，有兩種可能性。首先，可以透過匯出／匯入或 ALTER TABLE MOVE 來徹底整理這張表。其次，可以只將移動的列複製到一張臨時表中，然後在原始表中將它們刪除並重新插入。第二種方法在只有一小部分的列被移動，而且沒有足夠的時間或資源來徹底整理一張表的時候尤其有用。

　　避免列連結則要困難得多。顯而易見的解決方案是使用更大的區塊大小。然而有時候，即使最大的區塊大小也是不夠大的。此外，如果連結是因為行的數量超過了 255，那麼只有重新設計才有用。因此，在某些情況下，這個問題唯一可行的解決方案，是將不經常存取的行放置在表的末尾，進而避免每次都掃描所有的列片段。

16.4 區塊爭用

　　區塊爭用，會在多個進程同一時間爭相存取相同的區塊時出現，能夠導致應用程式效能低下。區塊爭用有時可以透過操縱表或索引的實體儲存參數來減輕。本節會講述在哪些情況下應用程式會遭遇區塊爭用，並會介紹如何識別和預防這個問題。

16.4.1 問題描述

　　緩衝區快取在屬於同一資料庫實例的所有進程之間共享。因此，多個進程可能會需要同時讀取或修改在緩衝區快取中儲存的相同區塊。為避免存取衝突，每個進程在能夠存取緩衝區快取中的區塊之前，必須在這個區塊上持有一個 Pin（這個規則也有例外的情況，但是對於本節的目的而言，討論它們並不重要）。Pin 是一種短暫鎖，被進程以共享或獨佔模式持有。在一個指定的區塊上，可能會有多個進程以共享模式持有 Pin（例如，如果它們都只是想讀取這個資料區塊），而只能有一個單獨的進程能夠以獨佔模式持有 Pin（需要修改此區塊）。一旦有進程想要持有的 Pin 與其他進程持有的 Pin 衝突，它就必須進入等待。此時這個進程就會面臨區塊爭用。

> **📒 注意** 在能夠 Pin 或取消 Pin 一個區塊之前，進程必須獲得保護該區塊的快取緩衝區鏈的閂鎖。由於這個原因，可能會出現區塊爭用被閂鎖爭用掩蓋或伴隨著閂鎖爭用一起發生的情況。

16.4.2 問題識別

如果遵從本書第二部分提供的建議，識別區塊爭用問題唯一有效的方式是衡量因區塊爭用損失了多少時間。出於這個目的，應該檢查應用程式是否遭遇了與區塊爭用相關的等待事件，也就是 buffer busy waits。實際上，遭遇區塊爭用的進程會等待這個事件。因此，如果這個事件作為相關元件出現在資源使用率設定檔中，那麼這個應用程式正在遭受區塊爭用帶來的影響。在這種情況下要排查故障，需要以下資訊：

- 遭遇等待事件的 SQL 敘述
- 等待出現在哪個段上
- 等待是在哪種類型的區塊上發生的

正如在第二部分中描述的，獲取所需資訊的最佳方式取決於問題種類別。問題是可重現的還是不可重現的？對於不可重現的問題，分析是即時執行的還是事後執行的？此外，還應該考慮授權需求，例如，你有沒有 Diagnostic Pack 診斷套件的授權。還有一點很重要，就是要認識到並非第二部分中描述的所有技巧都適合精確診斷區塊爭用問題。事實上，儘管可以透過使用根據動態效能視圖的技術（例如，Snapper 或 Active Session History）和 SQL 追蹤確認地識別區塊爭用問題，但當你遇到涉及某些不確定性的情況時，使用根據 AWR 和 Statspack 報告的技巧就不行了。這是因為有以下兩個主要的原因。

- 系統層級的分析只能精確到與影響整個系統有關的問題。因此，你可能會錯過只影響幾個對話的問題。

- AWR 和 Statspack 報告根據一組動態效能視圖所提供的資訊，而這些動態效能視圖無法一直保持收集資料。為了驗證這個限制，我們看一下 v$waitstat 視圖（下面的查詢作為一個例子顯示了它提供的資訊）。儘管這個視圖的內容提供了所需的關於等待出現在哪些類型的區塊上的資訊，但是還是沒有辦法確定有哪些 SQL 敘述在等待這些區塊（注意這個視圖中的所有行都被顯示出來了）。

```
SQL> SELECT * FROM v$waitstat;

CLASS                    COUNT        TIME
------------------- ---------- ----------
data block               102011        5162
sort block                    0           0
save undo block               0           0
segment header            76053         719
save undo header              0           0
free list                  3265          12
extent map                    0           0
1st level bmb              6318         352
2nd level bmb               185           3
3rd level bmb                 0           0
bitmap block                  0           0
bitmap index block            0           0
file header block           389        2069
unused                        0           0
system undo header            1           1
system undo block             0           0
undo header                3244          70
undo block                   38           2
```

📑 **注意**　關於 v$waitstat 視圖需要理解的核心內容是關於區塊類型的 class 行，而不是發生等待的資料類型或結構。例如，如果爭用是因為包含在段頭區塊中的自由列表引起的，則報告會展現等待是發生在 segment header 類別下，而不是在 free list 類別下。事實上，free list 適用於只儲存自由清單資訊的資料區塊（這樣的區塊是在將 FREELIST GROUPS 的值設定為大於 1 時被建立出來的）。另一個例子是關於索引的。如果儲存索引的區塊發生爭用，則會在 data block 類別下報告等待。

根據剛剛解釋的原因，接下來的兩部分會提供使用 SQL 追蹤和 v$session 視圖（根據 Snapper；在本例中，Active Session History 不是很合適，因為我使用的測試只會持續執行幾秒鐘）識別問題的例子。在這些例子中使用的區塊爭用是透過 buffer_busy_waits.sql 腳本產生的。

1 使用 SQL 追蹤

我建議使用 TVD$XTAT 來處理 buffer_busy_waits.sql 腳本產生的追蹤檔。儘管可以選擇使用 TKPROF 或 TVD$XTAT 中的任何一個，但我還是推薦後者。這是因為 TKPROF 不會為你提供排查區塊爭用問題所需的全部資訊。尤其是，它不提供關於遭遇 buffer busy waits 的區塊的資訊。

由 TVD$XTAT 為目前的例子產生的輸出檔，以及它依賴的追蹤檔，都在 buffer_busy_waits.zip 檔中提供，這些檔顯示其中一條 SQL 敘述（即一條 UPDATE 敘述）幾乎是整個回應時間的元兇。下面的摘錄顯示該 UPDATE 敘述的執行統計資訊。透過 10,000 次執行，測量出消耗的時間為 6.187 秒，其中 CPU 時間為 2.411 秒。

```
UPDATE /*+ index(t) */ T SET D = SYSDATE WHERE ID = :B1 AND N10 = ID


Call      Count Misses   CPU Elapsed PIO    LIO Consistent Current   Rows
------- ------ ------ ----- ------- --- ------ ---------- ------- ------
Parse        1      1 0.001   0.000   0      0          0       0      0
Execute 10,000      1 2.410   6.186   0 73,084     43,797  29,287 10,000
Fetch        0      0 0.000   0.000   0      0          0       0      0
------- ------ ------ ----- ------- --- ------ ---------- ------- ------
Total   10,001      2 2.411   6.187   0 73,084     43,797  29,287 10,000
```

因為 CPU 時間只占回應時間的 39%，有必要看一下處理過程中出現的等待，以便找出時間是如何花費掉的。下面的摘錄精確地顯示了這個資訊。你可以看到最大的消耗者，是花費了 3.322 秒的 buffer busy waits。還要注意，在這個特定的例子中，cache buffers chains 閂鎖擁有最小的爭用。

Component	Total Duration	%	Number of Events	Duration per Event

```
-------------------------- -------- ------- --------- ------------
buffer busy waits          3.322    53.843    10,953         0.000
CPU                        2.410    39.056       n/a           n/a
latch: In memory undo latch 0.278    4.509      6,389         0.000
latch: cache buffers chains 0.158    2.559      6,238         0.000
recursive statements        0.001    0.016       n/a           n/a
enq: HW - contention        0.000    0.008         1         0.000
Disk file operations I/O    0.000    0.007         1         0.000
latch free                  0.000    0.001         1         0.000
-------------------------- -------- -------
Total                       6.170   100.000
```

　　在 TVD$XTAT 中提供的額外資訊，但在 TKPROF 的輸出中卻缺失的資訊，是一個包含著在哪些區塊上出現了等待的列表。下面的摘錄顯示，在此處所分析的案例中，這樣一個列表看起來是什麼樣子的。你可以看到超過 99% 的 buffer busy waits 出現在檔 4 中的編號為 836,775 的區塊上。還要注意遭遇爭用的區塊只是一個資料區塊。

```
File    Block    Total              Number of        Duration per
Number  Number   Duration    %      Events      %     Event Class
------  -------  --------  -------  ---------  -------  -----------  ------------
4       836,775  3.290    99.045     9,779    89.281       336 data block (1)
3       272      0.006     0.173       196     1.789        29 undo header (35)
3       192      0.003     0.094       108     0.986        29 undo header (25)
3       128      0.003     0.094       117     1.068        27 undo header (17)
3       256      0.003     0.090       122     1.114        24 undo header (33)
3       144      0.003     0.088        88     0.803        33 undo header (19)
3       208      0.003     0.083        99     0.904        28 undo header (27)
3       240      0.003     0.083       112     1.023        24 undo header (31)
3       176      0.003     0.082       105     0.959        26 undo header (23)
3       224      0.003     0.081       107     0.977        25 undo header (29)
...
------  -------  --------  -------  ---------  -------  -----------
Total            3.322    100.000    10,953   100.000       303
```

　　根據此資訊，可以透過以下查詢找出發生等待的段的名稱（小心，這個查詢的執行可能會佔用大量資源）：

```
SQL> SELECT owner, segment_name, segment_type
  2  FROM dba_extents
  3  WHERE file_id = 4
  4  AND 836775 BETWEEN block_id AND block_id+blocks-1;


OWNER SEGMENT_NAME SEGMENT_TYPE
----- ------------ ------------
CHRIS T            TABLE
```

概括起來，整個分析提供以下資訊。

- 遭遇等待的 SQL 敘述是一個 UPDATE 敘述。
- 大多數時候，等待出現在一個單獨的資料區塊上。
- 發生等待的段是 UPDATE 敘述中被更新的表。

2 使用 Snapper

透過 Snapper，可以根據幾個準則收集資料。但是，假如你已經識別出必須要排查故障的對話，最好透過執行類似下面的例子中展示的這條命令著手。在本例中，我指定針對所有對話執行 buffer_busy_ waits.sql 腳本。就像輸出顯示的那樣，一條 SQL 敘述（9bjs886z43g7k）不僅消耗了大部分的資料庫時間（在採樣期間，總計有 7 個活躍的對話），而且在此情況下，它還遭遇了大量的 buffer busy waits。

```
SQL> @snapper.sql ash=sql_id+wait_class+event 1 1 user=chris


-------------------------------------------------------------------
Active% | SQL_ID        | WAIT_CLASS  | EVENT
-------------------------------------------------------------------
  560%  | 9bjs886z43g7k | Concurrency | buffer busy waits
  100%  | 9bjs886z43g7k | ON CPU      | ON CPU
   40%  | 091f2847g34rm | ON CPU      | ON CPU
   20%  | 48gc5511n38a1 | ON CPU      | ON CPU
   20%  | 9bjs886z43g7k | Concurrency | latch: cache buffers chains
   20%  | 9bjs886z43g7k | Concurrency | latch: In memory undo latch
   10%  | 93053g60rwz0x | ON CPU      | ON CPU
```

```
10%  |              | ON CPU      | ON CPU
10%  | cktrdz5u39r04 | ON CPU     | ON CPU
10%  | 93053g60rwz0x | Concurrency | latch: In memory undo latch
```

接下來，可以使用 dbms_xplan 套件來獲取問題 SQL 敘述的文字和執行計畫。不出所料，正是上一小節中識別出的同一條 UPDATE 敘述。

```
SQL> SELECT * FROM table(dbms_xplan.display_cursor( '9bjs886z43g7k' , 0,
'basic' ));

UPDATE /*+ index(t) */ T SET D = SYSDATE WHERE ID = :B1 AND N10 = ID
---------------------------------------------
| Id  | Operation                    | Name  |
---------------------------------------------
|  0  | UPDATE STATEMENT             |       |
|  1  |  UPDATE                      | T     |
|  2  |   TABLE ACCESS BY INDEX ROWID| T     |
|  3  |    INDEX UNIQUE SCAN         | T_PK  |
---------------------------------------------
```

為了深入調查 buffer busy waits，可以再次執行 Snapper，就像下面例子中這樣，但是這一次使用一組參數執行它，以便顯示關於 buffer busy waits 的詳細資訊。注意，對於 buffer busy waits，與這個事件有關的參數有以下含義：p1 是檔號（4），p2 是區塊號（836,775），還有 p3 是遭遇等待的區塊類別（1= 資料區塊）。

```
SQL> @snapper.sql ash=event+p1+p2+p3 1 1 user=chris

-----------------------------------------------------------------------------
Active% | EVENT                     | P1         | P2       | P3
-----------------------------------------------------------------------------
  560%  | buffer busy waits         | 4          | 836775   | 1
  190%  | ON CPU                    |            |          |
   20%  | latch: cache buffers chains | 1992028296 | 155    | 0
   20%  | latch: In memory undo latch | 1966009168 | 251    | 0
   10%  | latch: In memory undo latch | 1966009648 | 251    | 0
```

概括起來，使用 Snapper 的分析準確地描述了在使用 SQL 追蹤時識別出的一模一樣的問題。

16.4.3 解決方案

透過識別遭遇等待的 SQL 敘述、區塊類別以及段，應該能夠識別出問題的根本原因。接下來我們來討論一些關於常見區塊類別的典型案例。

1 資料區塊的爭用

所有用來組成表或索引段且不用於儲存中繼資料（例如段頭）的區塊稱作資料區塊。它們的爭用源自兩個主要原因。第一個是在指定的段上高頻率的資料區塊存取。第二個是高頻率的執行。乍一看，這兩個是同一回事。為什麼它們實際上是不同的，需要做出一些解釋。在第一種情況中，問題的起源是低效率的執行計畫引起對某些區塊執行高頻率的資料區塊存取。通常，這是因為低效率的關聯組合操作（例如，巢狀迴圈連結）引起。在此情況下，即使只有兩條或三條 SQL 敘述並行執行也有可能引發爭用。相反的，在第二種情況中，問題的起源是在同一時刻非常頻繁地執行存取同一個區塊的多條 SQL 敘述。換句話説，針對（少量）區塊執行 SQL 敘述的並行數量是問題所在。也有可能出現兩者同時發生的情況。如果兩個問題同時出現，在處理第二個問題之前要處理好第一個問題。實際上，當第一個問題消失的時候，第二個問題可能也就不見了。

要解決第一個問題，有必要進行 SQL 優化。必須產生一個高效的執行計畫以取代低效的那個。當然了，在某些情況下，説起來容易做起來難。不管怎樣，這的確是你必須要解決的事情。

要解決第二個問題，有多種途徑。要使用哪種途徑取決於 SQL 敘述的類型（即 DELETE、INSERT、SELECT[1] 以及 UPDATE）和段的類型（即表或索引）。但是，在開始之前，當執行的頻率很高的時候，你應該總是問這樣一個問題：是不是真的有

---

1 SELECT 敘述在兩種情況下修改區塊：第一，當指定了 FOR UPDATE 選項時；第二，當延遲區塊清除出現時。

必要如此頻繁地針對相同的資料執行那些 SQL 敘述？實際上，應用程式（例如，實現了某種輪詢的應用）過於頻繁地執行沒有必要的相同 SQL 敘述並不是稀奇的事。如果無法降低執行的頻率，則存在以下可能性。注意，在大多數情況下，方法是透過大量的區塊來分散這些活動以解決此問題。唯一的例外是當多個對話等待相同列的時候。

- 如果在一張表的區塊上出現爭用是因為 DELETE、SELECT 以及 UPDATE 敘述，應該減少每個區塊上的列數量。注意這樣做與通常在每個區塊中填入盡可能多數量的列的最佳實踐相反。要在每個區塊中儲存更少的列，要麼使用較高的 PCTFREE，要不然就使用較小的區塊大小。

- 如果在一張表的區塊上出現爭用是因為 INSERT 敘述，並且使用了自由列表段空間管理，則可以增加自由列表的數量。事實上，使用多個自由清單的目的，恰恰是透過多個區塊來分散並行執行的 INSERT 敘述。另外一個可行的方法是將段移動到使用自動段空間管理的表空間中。

- 如果在索引區塊上出現了爭用，有兩種可行的解決方案。第一個，可以使用 REVERSE 選項建立索引。但是注意，如果爭用出現在索引的根區塊上，這個方法一點用也沒有。第二個，索引可以使用雜湊分區（或子分區），雜湊要根據索引鍵的前導行（這樣會建立多個根區塊，所以能夠緩解存取一個單獨的分區時根區塊爭用的情況）。

關於反轉索引值得注意的是，在這些索引上執行的範圍掃描無法應用根據範圍條件的限制條件（例如，BETWEEN、> 或 <=）。當然，等價述詞是受支援的。下面的例子，來自 reverse_index.sql 腳本，展示了在使用 REVERSE 選項重建索引後，查詢最佳化工具不再繼續使用該索引的情形：

```
SQL> SELECT * FROM t WHERE n < 10;


---------------------------------------------
| Id  | Operation                   | Name |
---------------------------------------------
|   0 | SELECT STATEMENT            |      |
|   1 |  TABLE ACCESS BY INDEX ROWID| T    |
|*  2 |   INDEX RANGE SCAN          | T_I  |
```

```
-------------------------------------------

  2 - access( "N" <10)

SQL> ALTER INDEX t_i REBUILD REVERSE;

SQL> SELECT * FROM t WHERE n < 10;
---------------------------------------
| Id | Operation          | Name |
---------------------------------------
|  0 | SELECT STATEMENT   |      |
|* 1 |  TABLE ACCESS FULL | T    |
---------------------------------------

  1 - filter( "N" <10)
```

　　注意，在這種情況下 hint 也不會有幫助。資料庫引擎就是無法在一個反轉索引上透過索引範圍掃描應用範圍條件。因此，下面的例子證實了如果你嘗試強制查詢最佳化工具使用索引存取，則優化器會使用索引全掃描：

```
SQL> SELECT /*+ index(t) */ * FROM t WHERE n < 10;

-------------------------------------------
| Id | Operation               | Name  |
-------------------------------------------
|  0 | SELECT STATEMENT        |       |
|  1 |  TABLE ACCESS BY INDEX ROWID| T |
|* 2 |   INDEX FULL SCAN       | T_I   |
-------------------------------------------

  2 - filter( "N" <10)
```

2　段頭區塊的爭用

　　每個表和索引段都有一個段頭區塊。這個區塊包含以下中繼資料：關於段的高水位線的資訊、組成段的擴充的列表，以及關於空閒空間的資訊。為管理空閒空間，段頭區塊包含（取決於使用的段空間管理類型）自由列表或一個包含著自動段空間管理資訊的區塊的清單。通常，當多個進程同時修改段頭區塊的內容時會遭遇爭用。注意，在以下情況下會修改段頭區塊：

- 如果 INSERT 敘述使得段頭區塊有必要增加高水位線；
- 如果 INSERT 敘述使得段頭區塊有必要分配新的擴充；
- 如果 DELETE、INSERT 和 UPDATE 敘述使得段頭區塊有必要修改自由列表。

針對以上這些情況，一個可能的解決方案是給這個段分區，以便將負載分散至多個段頭區塊上。大多數時候，這可以透過雜湊分區來實現，儘管這樣，根據負載和分區鍵的不同，其他的分區方法也可能是可行的。但是，如果問題是由第二或第三種情況引起的，則存在其他解決方案。對於第二種，應該直接使用更大的擴充。透過這種方式，很少會分配新的擴充。對於第三種，借助於自由列表組，可以將自由列表移動到其他區塊中，但這不適用於使用自動段空間管理的表空間。事實上，當使用了多個自由列表組時，自由列表就不再位於段頭區塊中（它們被分散到由參數 FREELIST GROUPS 指定的值相等數量的區塊中，這樣就可以期待有較少的爭用出現在它們頭上，你不能簡單地將爭用轉移至其他地方）。另一種可能性是使用自動段空間管理的表空間代替自由列表段空間管理。

> 📑 **注意** 自由清單組只有在使用真實應用程式叢集時才有用，這是 Oracle 資料庫領域一個廣為流傳的神話。這是**錯誤的**。自由清單組在每種資料庫中都有用。我強調這一點是因為曾經讀到或聽到過太多關於這個問題的錯誤描述了。

3 Undo 頭和 Undo 區塊的爭用

這些類型的區塊爭用會在兩種情況下出現。第一種，僅對於 undo 頭區塊來說，是當只有少量 undo 段可用而且並行提交（或初始化或復原）大量事務的時候。這個問題只有在使用手動 undo 管理的時候才會出現。換句話說，這種情況一般只有在資料庫管理員手動建立復原段時才會發生。要解決這個問題，應該使用自動 undo 管理。第二種是當多個對話在同一時間修改並查詢相同區塊的時候。此時會導致資料庫引擎建立大量的一致性讀區塊，並且因此需要同時存取這個區塊以及與它關聯的 undo 區塊。在這種情況下可以做的事情很少，只有減少資料區塊的並行性，繼而同時減少 undo 區塊的並行性。

4　擴充對應區塊的爭用

正如在之前的「段頭區塊的爭用」部分中討論的，段頭區塊包含一個組成段的擴充的列表。如果該列表在段頭中裝不下，它就會分散在多個區塊中：段頭區塊加上一個或多個擴充對應區塊。**擴充對應區塊**（**extent map block**）會在並行執行 INSERT 敘述導致頻繁分配新的擴充的時候遭遇爭用。要解決這個問題，應該使用更大的擴充。

5　自由列表區塊的爭用

正如仕之前的「段頭區塊的爭用」部分中討論的，借助於自由列表組，可以將自由列表移動到其他區塊中，這些區塊稱作**自由列表區塊**。當並行 DELETE、INSERT 或 UPDATE 敘述導致頻繁修改自由列表時，自由列表區塊就會遭遇爭用。要解決這個問題，應該增加自由列表組的數量。另外一種可能性是使用自動段空間管理的表空間代替自由列表段空間管理。

16.5　資料壓縮

通常壓縮資料的目標是節省磁碟空間。既然我們正在考慮效能問題，本節會介紹資料壓縮經常被遺忘的另一個優勢：縮短回應時間。

16.5.1　概念

利用資料壓縮來實現更好效能的思想源於一個簡單的概念。如果一個 SQL 敘述必須透過全表（或分區）掃描處理大量的資料，則資源使用的大戶很有可能就是與磁片 I/O 相關的操作。在這種情況下，降低從磁片讀取的資料總量將會改進效能。實際上，效能應該按壓縮因數成比例增加。下面來自 data_compression.sql 腳本的例子，證實了這一點：

```
SQL> CREATE TABLE t NOCOMPRESS AS
  2  WITH
  3    t AS (SELECT /*+ materialize */ rownum AS n
  4            FROM dual
  5            CONNECT BY level <= 1000)
  6  SELECT rownum AS n, rpad( ' ',500,mod(rownum,15)) AS pad
  7  FROM t, t, t
  8  WHERE rownum <= 1E7;

SQL> execute dbms_stats.gather_table_stats(ownname=>user, tabname=>' t' )

SQL> SELECT table_name, blocks FROM user_tables WHERE table_name = 'T' ;

TABLE_NAME BLOCKS
---------- ------
T             715474

SQL> SELECT count(n) FROM t;

  COUNT(N)
----------
  10000000

Elapsed: 00:00:27.91

SQL> ALTER TABLE t MOVE COMPRESS;

SQL> execute dbms_stats.gather_table_stats(ownname=>user, tabname=>' t' )

SQL> SELECT table_name, blocks FROM user_tables WHERE table_name = 'T' ;

TABLE_NAME BLOCKS
---------- ------
T             140367

SQL> SELECT count(n) FROM t;

  COUNT(N)
----------
```

```
    10000000

Elapsed: 00:00:05.38

SQL> SELECT 715474/140367, 27.91/05.38 FROM dual;

715474/140367 27.91/05.38
------------- -----------
   5.09716671   5.18773234
```

　　為了在完全掃描操作中利用資料壓縮，正如在之前的例子中所示（換句話說，為了使完全掃描操作執行得更快），可能有必要節約 CPU 資源。這不是因為「解壓縮」這些區塊時的 CPU 負載（其實此負載很小，因為預設的壓縮根據一種非常簡單的演算法，只會對重複的行值去重），而是因為由 SQL 引擎執行的操作（在之前的例子中，是存取這些區塊和計數的操作）會在更短的時間內執行。還要注意，減少實體 I/O 操作的數量也可以減少 CPU 消耗。例如，在我的測試系統上，在執行測試查詢期間，不使用壓縮時對話層級的平均 CPU 使用率大約是 18%，而使用壓縮後大約是 27%。

16.5.2 要求

　　Oracle 資料庫企業版（而非其他任何版本）提供多種資料壓縮方法。此外，其中一部分演算法只在特定的版本中可用；其他的版本受授權的問題限制。表 16-2 總結了各個版本都提供了哪些方法，以及使用它們的授權要求。

表 16-2　由 Oracle 資料庫提供的壓縮方法

方法	版本	授權要求
基礎資料表壓縮	從 9.2 開始	無
高級列壓縮 （也就是 OLTP 表壓縮）	從 11.1 開始	高級壓縮選項
混合列壓縮	從 11.2 開始	包含資料的表空間必須移動至 Exadata 儲存、ZFS 儲存或 Pillar Axiom 600 儲存中

一種資料壓縮方法是否能應用還取決於準備進行壓縮的表的實現。具體來說，有以下幾個限制。

- 只有堆表可以被壓縮（索引組織表、外部表以及屬於叢集的一部分表都不受支援）。
- 除了混合列壓縮，壓縮的表不能擁有超過 255 個行。
- 壓縮的表不能擁有 LONG 或 LONG RAW 類型的行。
- 壓縮的表不能啟用列層級依賴追蹤。
- 壓縮的表不能屬於 sys 使用者或被儲存在 system 表空間中。

16.5.3 方法

為了對表 16-2 中提到的三種方法之間的區別進行總體描述，我們來快速看一下它們的關鍵特性，以及應該在什麼時候去應用它們。

基礎資料表壓縮是 Oracle 導入的第一種壓縮方法。要使用這種方法，必須透過直接路徑介面執行載入。換句話說，僅在使用以下操作之一時，基礎資料表壓縮才會壓縮資料區塊：

- CREATE TABLE ... COMPRESS ... AS SELECT ...
- ALTER TABLE ... MOVE COMPRESS
- INSERT /*+ append */ INTO ... SELECT ...
- INSERT /*+ parallel(...) */ INTO ... SELECT ...
- 由應用程式使用 OCI 直接路徑介面執行的載入（例如 SQL*Loader 實用工具）

為了確保在每個區塊中盡可能多地儲存資料，當使用基礎資料表壓縮時，資料庫引擎預設將 PCTFREE 設定為 0。假如資料是透過正常的 INSERT 敘述插入的，它會儲存在沒有壓縮的區塊中。基礎資料表壓縮還有一個劣勢，就是通常不僅 UPDATE 敘述會使得更新的列儲存在沒有壓縮的區塊中進而導致列移動，而且由 DELETE 敘述造成的壓縮區塊中的空閒空間，一般也不會被重新利用。出於這些原因，我建議只在（主要用於）唯讀的段上使用基礎資料表壓縮。舉例來說，在一個儲存著很長歷史資料的分區表中，而且只有最近的少數幾個分區會被修改，壓縮

（主要用於）唯讀分區可能有所幫助。資料市集和完全更新的實體化視圖使用基礎資料表壓縮也是不錯的選擇。

導入高級列壓縮的主要目的是透過提供接近於基礎資料表壓縮（內部儲存基本一樣）的壓縮比例，來支援同時受到普通插入和修改（例如來自 UPDATE 和 DELETE 敘述的）問題困擾的表。因為這種壓縮方法工作的方式是動態的（並不會針對每個 INSERT 敘述或修改都進行資料壓縮；相反的，會在指定的區塊中包含足夠的未壓縮資料時進行資料壓縮），很難提供關於它的使用建議。還有幾種情況高級列壓縮的表現也不優於基礎資料表壓縮。此外，使用高級列壓縮，會比未壓縮的表產生更多的 undo 和 redo。因此，為了弄清楚高級列壓縮是否能夠正確地處理（多數時候）非唯讀資料，我強烈建議你首先根據預期的負載仔細地進行測試。

混合列壓縮則根據完全不同的技術。關鍵區別是，對於一個具體列來說不再順序地儲存行，就像圖 16-1 展示的那樣。相反的，資料是按照一行一行來儲存的，結果就是，來自同一行的行可能會儲存在不同的區塊中。此外，為盡可能多地將相同類型的資料儲存在一起，基礎的儲存結構，稱之為邏輯壓縮單元（logical compression unit），由多個區塊組成。一行一行的儲存資料以及使用更大的儲存結構都是為了實現更高的壓縮比。然而，當處理壓縮的資料時，更高的壓縮比通常會關聯更高的 CPU 消耗。出於這個原因，可以在四個壓縮層級之間選擇（這裡是根據預期的壓縮比和 CPU 消耗排序的）：QUERY LOW、QUERY HIGH、ARCHIVE LOW 以及 ARCHIVE HIGH。注意在 Exadata 系統上，可以減輕解壓縮的負載（但是需要智慧掃描），而壓縮通常是由資料庫實例執行的。混合列壓縮的其他弊端如下所示。

- 只有當資料是透過直接路徑介面載入的時候才會被壓縮（與基礎資料表壓縮的要求一樣）；正常的 INSERT 敘述將資料儲存在使用高級列壓縮的區塊中。

- 在 12.1.0.1 版本以前（包括 12.1.0.1 版本），不支援列層級鎖定；自 12.1.0.2 版本起，可控制列層級鎖定的使用（預設是不使用）。當不使用列層級鎖定時，僅可以鎖定整個邏輯壓縮單元。

- 即使在表層級沒有顯式啟用列移動，UPDATE 敘述還是會導致列移動，因此，rowid 會發生變化。

概括起來，我建議只在與基礎資料表壓縮相同的情況下使用混合列壓縮。唯一的額外要求是你需要一個表 16-2 中列出的儲存子系統。

需要注意的是，正如表 16-3 所示，在 11.1 和 12.1 之間的每個版本都更改了用於啟動某一具體資料壓縮方法的關鍵字。同時還有，每個新版本都不贊成之前版本使用的關鍵字。在所有版本中都以相同方式發揮作用的關鍵字只有以下兩個：

- NOCOMPRESS 禁用表壓縮
- COMPRESS 啟用基礎資料表壓縮

表 16-3 不同的版本支援的不同表壓縮子句

版本	基礎資料表壓縮	高級列壓縮	混合列壓縮
11.1	COMPRESS FOR DIRECT_LOAD OPERATIONS	COMPRESS FOR ALL OPERATIONS	/
11.2	COMPRESS BASIC	COMPRESS FOR OLTP	COMPRESS FOR [QUERY|ARCHIVE] [LOW|HIGH]
12.1	ROW STORE COMPRESS BASIC	ROW STORE COMPRESS ADVANCED	COLUMN STORE COMPRESS FOR [QUERY|ARCHIVE] [LOW|HIGH]

參考文獻

► Adams, Steve, "Oracle Internals and Advanced Performance Tuning." Miracle Master Class, 2003.

► Ahmed, Rafi et al, "Cost-Based Transformation in Oracle." VLDB Endowment, 2006.

► Ahmed, Rafi, "Query processing in Oracle DBMS." ACM, 2010.

► Lee, Allison and Mohamed Zait, "Closing the query processing loop in Oracle 11g." VLDB Endowment, 2008.

► Alomari, Ahmed, *Oracle8i & Unix Performance Tuning*. Prentice Hall PTR, 2001.

► Andersen, Lance, *JDBC 4.1 Specification*. Oracle Corporation, 2011.

► Antognini, Christian, "Tracing Bind Variables and Waits." SOUG Newsletter, 2000.

► Antognini, Christian, "When should an index be used?" SOUG Newsletter, 2001.

► Antognini, Christian, Dominique Duay, Arturo Guadagnin, and Peter Welker, "Oracle Optimization Solutions." Trivadis TechnoCircle, 2004.

► Antognini, Christian, "CBO: A Configuration Roadmap." Hotsos Symposium, 2005.

► Antognini, Christian, "SQL Profiles." Trivadis CDO Days, 2006.

► Antognini, Christian, "Oracle Data Storage Internals." Trivadis Traning, 2007.

► Bellamkonda, Srikanth et al, "Enhanced subquery optimizations in Oracle." VLDB Endowment, 2009.

▶ Booch, Grady, *Object-Oriented Analysis and Design with Applications*. Addison-Wesley, 1994.

▶ Brady, James, "A Theory of Productivity in the Creative Process." IEEE Computer Graphics and Applications, 1986.

▶ Breitling, Wolfgang, "A Look Under the Hood of CBO: the 10053 Event." Hotsos Symposium, 2003.

▶ Breitling, Wolfgang, "Histograms—Myths and Facts." Trivadis CBO Days, 2006.

▶ Breitling, Wolfgang, "Joins, Skew and Histograms." Hotsos Symposium, 2007.

▶ Brown, Thomas, "Scaling Applications through Proper Cursor Management." Hotsos Symposium, 2004.

▶ Burns, Doug, "Statistics on Partitioned Objects." Hotsos Symposium, 2011.

▶ Caffrey, Melanie et al, *Expert Oracle Practices*. Apress, 2010.

▶ Chakkappen, Sunil et al, "Efficient and Scalable Statistics Gathering for Large Databases in Oracle 11g." ACM, 2008.

▶ Chaudhuri, Surajit, "An Overview of Query Optimization in Relational Systems." ACM Symposium on Principles of Database Systems, 1998.

▶ Dageville, Benoît and Mohamed Zait, "SQL Memory Management in Oracle9*i*." VLDB Endowment, 2002.

▶ Dageville, Benoît et al, "Automatic SQL Tuning in Oracle 10*g*." VLDB Endowment, 2004.

▶ Database Language – SQL. ANSI, 1992.

▶ Database Language – SQL – Part 2: Foundation. ISO/IEC, 2003.

▶ Date, Chris, *Database In Depth*. O'Reilly, 2005.

▶ Dell'Era, Alberto, "Join Over Histograms." 2007.

▶ Dell'Era, Alberto, Alberto Dell'Era's Blog (http://www.adellera.it).

▶ Dyke, Julian, "Library Cache Internals." 2006.

▶ Engsig, Bjørn, "Efficient use of bind variables, cursor_sharing and related cursor parameters." Miracle White Paper, 2002.

▶ Flatz, Lothar, "How to Avoid a Salted Banana." DOAG Conference, 2013.

▶ Foote, Richard, Richard Foote's Oracle Blog (http://richardfoote.wordpress.com).

▶ Foote, Richard, "Indexing New Features: Oracle 11g Release 1 and Release 2", 2010.

▶ Geist, Randolf, "Dynamic Sampling." All Things Oracle, 2012.

▶ Geist, Randolf, "Everything You Wanted To Know About FIRST_ROWS_n But Were Afraid To Ask." UKOUG Conference, 2009.

▶ Geist, Randolf, Oracle Related Stuff Blog (http://oracle-randolf.blogspot.com).

▶ Grebe, Thorsten, "Glücksspiel Systemstatistiken – das Märchen von typischen Workload." DOAG Conference, 2012.

▶ Green, Connie and John Beresniewicz, "Understanding Shared Pool Memory Structures." UKOUG Conference, 2006.

▶ Goldratt, Eliyahu, *Theory of Constraints*. North River Press, 1990.

▶ Gongloor, Prabhaker, Sameer Patkar, "Hash Joins, Implementation and Tuning." Oracle Technical Report, 1997.

▶ Gülcü Ceki, *The complete log4j manual*. QOS.ch, 2003.

▶ Hall, Tim, ORACLE-BASE (http://www.oracle-base.com).

▶ Held, Andrea et al, *Der Oracle DBA*. Hanser, 2011.

▶ Hoogland, Frits, "About Multiblock Reads." Hotsos Symposium, 2013.

▶ Jain, Raj, *The Art of Computer Systems Performance Analysis*. Wiley, 1991.

▶ Kolk, Anjo, "The Life of an Oracle Cursor and its Impact on the Shared Pool." AUSOUG Conference, 2006.

▶ Knuth, Donald, "Structured Programming with go to Statements." Computing Surveys, 1974.

▶ Knuth, Donald, *The Art of Computer Programming, Volume 3 – Sorting and Searching.* Addison-Wesley, 1998.

▶ Kyte, Thomas, *Effective Oracle by Design.* McGraw-Hill/Osborne, 2003.

▶ Lahdenmäki, Tapio and Michael Leach, *Relational Database Index Design and the Optimizers.* Wiley, 2005.

▶ Lee, Allison and Mohamed Zait, "Closing The Query Processing Loop in Oracle 11g." VLDB Endowment, 2008.

▶ Lewis, Jonathan, "Compression in Oracle." All Things Oracle, 2013.

▶ Lewis, Jonathan, *Cost-Based Oracle Fundamentals.* Apress, 2006.

▶ Lewis, Jonathan, "Hints and how to use them." Trivadis CBO Days, 2006.

▶ Lewis, Jonathan, Oracle Scratchpad Blog (http://jonathanlewis.wordpress.com).

▶ Lilja, David, *Measuring Computer Performance.* Cambridge University Press, 2000.

▶ Machiavelli Niccoló, *Il Principe.* Einaudi, 1995.

▶ Mahapatra, Tushar and Sanjay Mishra, *Oracle Parallel Processing.* O'Reilly, 2000.

▶ Menon, R.M., *Expert Oracle JDBC Programming.* Apress, 2005.

▶ Mensah, Kuassi, *Oracle Database Programming using Java and Web Services.* Digital Press, 2006.

▶ Merriam-Webster online dictionary (http://www.merriam-webster.com).

▶ Millsap, Cary, "Why You Should Focus on LIOs Instead of PIOs." 2002.

▶ Millsap, Cary with Jeff Holt, *Optimizing Oracle Performance.* O'Reilly, 2003.

▶ Millsap, Cary, *The Method R Guide to Mastering Oracle Trace Data.* CreateSpace, 2013.

▶ Moerkotte, Guido, *Building Query Compilers.* 2009.

▶ Morton, Karen et al, *Pro Oracle SQL.* Apress, 2010.

▶ Nørgaard, Mogens et al, *Oracle Insights*: *Tales of the Oak Table.* Apress, 2004.

▶ Oracle Corporation, "Bug 10050057 - SQL profile not used in the Active Physical Standby (ADG))." Oracle Support note 10050057.8, 2013.

▶ Oracle Corporation, "Bug 13262857 Enh: provide some control over DBMS_STATS index clustering factor computation." Oracle Support note 13262857.8, 2013.

▶ Oracle Corporation, "Bug 14320218 Wrong results with query results cache using PL/SQL function." Oracle Support note 14320218.8, 2013.

▶ Oracle Corporation, "Bug 8328200 - Misleading or excessive STAT# lines for SQL_TRACE / 10046." Oracle Support note 8328200.8, 2012.

▶ Oracle Corporation, "CASE STUDY: Analyzing 10053 Trace Files." Oracle Support note 338137.1, 2012.

▶ Oracle Corporation, "Delete or Update running slow—db file scattered read waits on index range scan." Oracle Support note 296727.1, 2005.

▶ Oracle Corporation, "Deprecating the cursor_sharing = 'SIMILAR' setting." Oracle Support note 1169017.1, 2013.

▶ Oracle Corporation, "EVENT: 10046 'enable SQL statement tracing (including binds/waits).'" Oracle Support note 21154.1, 2012.

▶ Oracle Corporation, "Extra NESTED LOOPS Step In Explain Plan on 11g and Above." Oracle Support note 978496.1, 2013.

▶ Oracle Corporation, "Global statistics - An Explanation." Oracle Support note 236935.1, 2012.

▶ Oracle Corporation, "Handling and resolving unshared cursors/large version_counts." Oracle Support note 296377.1, 2007.

▶ Oracle Corporation, "How to Edit a Stored Outline to Use the Plan from Another Stored Outline." Oracle Support note 730062.1, 2012.

▶ Oracle Corporation, "How To Collect Statistics On Partitioned Table in 10g and 11g." Oracle Support note 1417133.1, 2013.

▶ Oracle Corporation, "How to Monitor SQL Statements with Large Plans Using Real-Time SQL Monitoring?" Oracle Support note 1613163.1, 2014.

► Oracle Corporation, "Init.ora Parameter CURSOR_SHARING Reference Note." Oracle Support note 94036.1, 2014.

► Oracle Corporation, "Init.ora Parameter OPTIMIZER_SECURE_VIEW_MERGING Reference Note." Oracle Support note 567135.1, 2013.

► Oracle Corporation, "Init.ora Parameter PARALLEL_DEGREE_POLICY Reference Note." Oracle Support note 1216277.1, 2013.

► Oracle Corporation, "Init.ora Parameter SORT_AREA_RETAINED_SIZE Reference Note." Oracle Support note 30815.1, 2012.

► Oracle Corporation, "Init.ora Parameter STAR_TRANSFORMATION_ENABLED Reference Note." Oracle Support note 47358.1, 2013.

► Oracle Corporation, "Installing and Using Standby Statspack in 11g." Oracle Support note 454848.1, 2014.

► Oracle Corporation, "Interpreting Raw SQL_TRACE output." Oracle Support note 39817.1, 2012.

► Oracle Corporation, Java Platform Standard Edition 7 Documentation.

► Oracle Corporation, "Master Note for Materialized View (MVIEW)." Oracle Support note 1353040.1, 2013.

► Oracle Corporation, "Master Note for OLTP Compression." Oracle Support note 1223705.1, 2012.

► Oracle Corporation, "Multi Join Key Pre-fetching." Oracle Support note 264532.1, 2010.

► Oracle Corporation, "Real-Time SQL Monitoring." Oracle White Paper, 2009.

► Oracle Corporation, "Rolling Cursor Invalidations with DBMS_STATS.AUTO_INVALIDATE." Oracle Support note 557661.1, 2012.

► Oracle Corporation, "Rule Based Optimizer is to be Desupported in Oracle10g." Oracle Support note 189702.1, 2012.

► Oracle Corporation, "Script to produce HTML report with top consumers out of PL/SQL Profiler DBMS_PROFILER data." Oracle Support note 243755.1, 2012.

▶ Oracle Corporation, "SQLT (SQLTXPLAIN) - Tool that helps to diagnose a SQL statement performing poorly or one that produces wrong results." Oracle Support note 215187.1, 2013.

▶ Oracle Corporation, "Table Prefetching causes intermittent Wrong Results in 9iR2, 10gR1, and 10gR2." Oracle Support note 406966.1, 2007.

▶ Oracle Corporation, "A Technical Overview of the Oracle Exadata Database Machine and Exadata Storage Server." Oracle White Paper, 2012.

▶ Oracle Corporation, "TRCANLZR (TRCA): SQL_TRACE/Event 10046 Trace File Analyzer - Tool for Interpreting Raw SQL Traces." Oracle Support note 224270.1, 2012.

▶ Oracle Corporation, "Understanding Bitmap Indexes Growth while Performing DML operations on the Table." Oracle Support note 260330.1, 2004.

▶ Oracle Corporation, Oracle Database Documentation, 10g Release 2.

▶ Oracle Corporation, Oracle Database Documentation, 11g Release 1.

▶ Oracle Corporation, Oracle Database Documentation, 11g Release 2.

▶ Oracle Corporation, Oracle Database Documentation, 12c Release 1.

▶ Oracle Corporation, *Oracle Database 10g: Performance Tuning*, Oracle University, 2006.

▶ Oracle Corporation, "Query Optimization in Oracle Database 10g Release 2." Oracle White Paper, 2005.

▶ Oracle Corporation, "SQL Plan Management in Oracle Database 11g." Oracle White Paper, 2007.

▶ Oracle Corporation, "Optimizer with Oracle Database 12c." Oracle White Paper, 2013.

▶ Oracle Corporation, "SQL Plan Management with Oracle Database 12c." Oracle White Paper, 2013.

▶ Oracle Corporation, "Use Caution if Changing the OPTIMIZER_FEATURES_ENABLE Parameter After an Upgrade." Oracle Support note 1362332.1, 2013.

▶ Oracle Optimizer Blog (http://blogs.oracle.com/optimizer).

▶ Osborne, Kerry, Kerry Osborne's Oracle Blog (http://kerryosborne.oracle-guy.com/)

▶ Pachot, Franck, "Interpreting AWR Report – Straight to the Goal", 2014.

▶ PHP OCI8, *PHP Manual*, 2013 (http://php.net/manual/en/book.oci8.php).

▶ Põder, Tanel, Tanel Poder's Blog (http://blog.tanelpoder.com).

▶ Senegacnik, Joze, "Advanced Management of Working Areas in Oracle 9i/10g." Collaborate, 2006.

▶ Senegacnik, Joze, "How Not to Create a Table." Miracle Database Forum, 2006.

▶ Shaft, Uri and John Beresniewicz, "ASH Architecture and Usage." Miracle Oracle Open World, 2012.

▶ Shee, Richmond, "If Your Memory Serves You Right." IOUG Live! Conference, 2004.

▶ Shee, Richmond, Kirtikumar Deshpande and K Gopalakrishnan, *Oracle Wait Interface: A Pratical Guide to Performance Diagnostics & Tuning*. McGraw-Hill/Osborne, 2004.

▶ Shirazi, Jack, *Java Performance Tuning*. O'Reilly, 2003.

▶ The Data Warehouse Insider Blog (https://blogs.oracle.com/datawarehousing).

▶ Vargas, Alejandro, "10g Questions and Answers." 2007.

▶ Wikipedia encyclopedia (http://www.wikipedia.org).

▶ Williams, Mark, *Pro .NET Oracle Programming*. Apress, 2005.

▶ Williams, Mark, "Improve ODP.NET Performance." *Oracle Magazine*, 2006.

▶ Winand, Markus, *SQL Performance Explained*. 2012.

▶ Wood, Graham, "Sifting through the ASHes." Oracle Corporation, 2005.

▶ Wustenhoff, Edward, *Service Level Agreement in the Data Center*. Sun BluePrints, 2002.

▶ Zait, Mohamed, "Oracle10g SQL Optimization." Trivadis CBO Days, 2006.

▶ Zait, Mohamed, "The Oracle Optimizer: An Introspection." Trivadis CBO Days, 2012.

讀者回函

讀 者 回 函

GIVE US A PIECE OF YOUR MIND

感謝您購買本公司出版的書,您的意見對我們非常重要!由於您寶貴的建議,我們才得以不斷地推陳出新,繼續出版更實用、精緻的圖書。因此,請填妥下列資料(也可直接貼上名片),寄回本公司(免貼郵票),您將不定期收到最新的圖書資料!

購買書號: 　　　書名:

姓　　名: _____

職　　業: □上班族　　□教師　　□學生　　□工程師　　□其它

學　　歷: □研究所　　□大學　　□專科　　□高中職　　□其它

年　　齡: □10~20　　□20~30　　□30~40　　□40~50　　□50~

單　　位: _____部門科系: _____

職　　稱: _____聯絡電話: _____

電子郵件: _____

通訊住址: □□□ _____
_____

您從何處購買此書:

□書局 _____　□電腦店 _____　□展覽 _____　□其他 _____

您覺得本書的品質:

內容方面: □很好　　　□好　　　□尚可　　　□差

排版方面: □很好　　　□好　　　□尚可　　　□差

印刷方面: □很好　　　□好　　　□尚可　　　□差

紙張方面: □很好　　　□好　　　□尚可　　　□差

您最喜歡本書的地方: _____

您最不喜歡本書的地方: _____

假如請您對本書評分,您會給(0~100分): _____ 分

您最希望我們出版那些電腦書籍:

請將您對本書的意見告訴我們:

您有寫作的點子嗎?□無　□有　專長領域: _____

歡迎您加入博碩文化的行列哦!

請沿虛線剪下寄回本公司

博碩文化網站　　http://www.drmaster.com.tw

Give Us a Piece Of Your Mind

221

博碩文化股份有限公司　產品部

台灣新北市汐止區新台五路一段112號10樓Ａ棟